지구의 깊은 역사

EARTH'S DEEP HISTORY

지구의 깊은 역사

트리시(Trish)에게

주님께 감사하며(*Deo gratias*)

12. 결론

부록: 심원함에서 헤어 나올 수 없는 창조론자

서론

지그문트 프로이트Sigmund Freud는 세 차례에 걸친 거대한 혁명으로 자연에서 인간이 점하는 위치에 대한 우리의 느낌이 완전히 바뀌었다고 주장한 바 있다. 첫 번째 혁명은 지구를 우주의 중심에서 끌어내려 무수히 많은 별 가운데 하나의 주위를 도는, 여느 행성과 다를 바 없는 존재로 바꾸어놓았다. 두 번째 혁명은 인간종을 나머지 동물계에 편입시켰으며, 이는 신의 유일무이한 피조물이었던 우리 인간종의 지위를 벌거벗은 유인원에 지나지 않는 존재로 떨어뜨리는 것으로 여겨졌다. 그리고 세 번째 혁명은 무의식적 환상의 심층을 드러내 우리가 합리적 존재라는 생각을 무너뜨렸다. 우리 자신에 대한 이 중대한 인식 변화에는 유명 인사의 이름을 딴 명칭을 붙였는데, 그들의 이름은 각각 코페르니쿠스, 다윈, 그리고 프로이트 자신이었다.

그러나 고인이 된 내 친구 스티븐 제이 굴드Stephen Jay Gould가 예전에 지적했듯이, 프로이트의 목록에는 다른 혁명과 같은 반열에 오르고도 남을 만한 네 번째 혁명이 빠져 있다. 유명 인사 한 명과 연관 짓기 어려워 불편하긴 하지만 말이다. 이 네 번째 대변화, 역사상의 순서로 따지면 두 번째 대변화에서 두드러지는 특징은 지구의 시간 척도timescale를 대폭 늘렸다는 점, 그리고 이와 함께 우주의 시간 척도도 암암리에 확장했다는 점이다. 첫 번째 혁명 혹은 코페르니쿠스 혁명이 우주의 공간 척도를 넓혔던 것처럼 말이다. 예전에는 서구인 대다수가 세상이 생겨난 지 수천 년밖에 되지 않았음을 당연하게 생각했다. 기원전 4004년이라는 구체적 연도나 이와 비슷한 몇몇 특정 시점이 거론되기도 했다. 그러나 이 혁명 이후에는 지구의 시간 척도가 적어도 수백만 년, 심지어 수십억 년에 이른다는 점을 자연스럽게 받아들이게 되었다. 오늘날 지질학자들은 도저히 이해하기 어려운 규모의 '심원한 시간deep time'을 일상적 연구 대상으로 삼는다. 그들의 동료인 천문학자와 우주론자가 말 그대로 헤아릴 수 없는 우주의 '심원한 공간deep space' 및 시간과 씨름하는 것과 마찬가지다.

이제 이 정도는 과학계 바깥에서도 잘 알고 있다. 그러나 시간 척도의 확장을 지나치게 강조하다 보니 이 대혁명이 지닌 다른 두 가지 특징이 제대로 주목받지 못했다. 종합적으로 보면 이 두 특징이 더욱 중요한데도 말이다. 첫 번째는 인간 자신의 위치가 급격히 변화했다는 점이다. 전통적으로 상정해온 '어린 지구'는 거의 전적으로 인간의 지구이기도 했다. 무대에 소품을 올려놓는 짧막한 서막이나 전주곡을 제외하면 지구의 역사는 처음부터 끝까지, 아담부터 미래에 닥칠 세상의 종말에 이르기까지 휴먼 드라마였다. 이와 달리 초기 지질학자들이 처음 발견하고 재구성한 '오래된 지구'는 대부분 인간이 없는 세계였다. 거의 전부가 인류 출현 전이었기 때문이다. 우리 종은 세상이란 무대에 한참 후에야 등장한 것처럼 보였다. 그렇기 때문에 새로 발견된 심원한 시간 대부분에는 광대하게 펼쳐진 심원한 공간과 마찬가지로 인간이 존재하지 않았다.

그와 동시에 상대적으로 짧은 인류 시대와 그보다 훨씬 긴 인류 이전 시대의 구분은 자연에 대한 관념의 대혁명이 몰고 온 두 번째이자 더욱 급진적인 결론을 암시했다. 인류가 없는 시대에서 인류 시대로 이어진다는 알기 쉬운 전후 관계는 그 자체만으로 지구에 **역사적** 성격을 부여하기에 충분했다. 그리고 인류 이전에 드넓게 펼쳐진 심원한 시간만 떼어놓고 봐도 인류사 못지않게 파란만장하고 극적인 역사로 가득하다는 점이 밝혀졌다. 요컨대 자연에는 고유의 역사가 있다는 점이 밝혀진 것이다.

따라서 이 책은 심원한 시간의 발견보다 지구의 심원한 역사와 그 속에서 인간이 점하는 위치를 재구성하는 모습에 중점을 두면서 이를 간략히 설명할 것이다. 이 네 번째 대혁명 이야기는 그간 도외시되었고, 일반 대중을 대상으로 한 책과 TV 프로그램에서는 더더욱 그랬다. 여기에는 서로 다른 두 원인이 있다. 첫째, 이 이야기는 더욱 흥미진진하다고 여겨진 다윈의 진화론 이야기에 앞선 전주곡으로 과소평가되었다. 물론 생물의 다양함과, 특히 인간 종의 기원을 제대로 설명하려면 지구의 심원한 역사에 대한 인식이 반드시 선행되어야 한다. 그러나 이 책에서 개괄하는 이야기는 다윈의 진화론이나 다른 진화론과 무관하게 고유의 경로를 따라 전개되었다. 왜냐하면 이 이야기는 식물과 동물뿐만 아니라 암석과 광물, 화산과 산맥, 지진, 대륙, 대양, 대기에 이르기까지 지구상에 있는 모든 것의 역사를 다루기 때문이다. 따라서 지구에 고유의 역사가 있고, 이를 믿음직스럽게 제법 상세히 재구성할 수 있다는 인식은 인간의 관념에 일어난 중대한 혁명에 필적하는 것이었다. 이 이야기는 그 자체만으로도 고유의 방식을 존중하며 들려줄 만한 가치가 있는 이야기다.

이 이야기가 소홀히 여겨진 두 번째 이유는 과학이 종교에 맞서 승리를 거둔 개선 행진의 삽화 가운데 하나로 축소되어왔기 때문이다. 앞서 언급한 기원전 4004년이란 악명 높은 연도는 계몽된 이성의 진보에 저항하는 교회의 억압적 반계몽주의를 상징하는 것으로 널리 받아들여졌다. 그러나 과학Science과 종교Religion, 교회Church와 이성Reason 같은 딱지(보통 단수이고 첫 글자를 대문자로 표기하는 경우가 많다)를 붙이는 일에는 의심의 눈초리를 보내야 한다. 진짜 역사는 그렇게 추상적이지도, 깔끔하지도 않다. 사실 과학과 종교가 끊임없이 갈등한다는 고정관념은 그런 갈등의 예로 언급되는 사건들을 면밀히 연구한 역사가들에 의해 폐기된 지 오래됐다. 그런 고정관념은 조잡한 역사를 낳지만, 당연하게도 현대의 무신론 근본주의자들은 이런 역사를 선동적 수사의 자양분으로 삼는다. 그와 반대로 이 책에서는 지구에 심원한 역사가 있다는 새로운 생각이 역사를 훨씬 짧은 것으로 바라보던 이전의 관념과 어떻게 결부되어 있는지 보여주고자 한다. 이들의 관계는 진부한 고정관념이 암시하는 것보다 훨씬 흥미롭고 중요했다. 현대의 일부 종교 근본주의자들이 갑자기 '어린 지구'라는 관념을 되살리고, 특정 지역에서 이런 생각이 놀라운 정치적 힘을 발휘하고 있다는 사실에 홀려 이 기본 줄거리를 놓치면 안 된다. 현대 창조론자에 대해서는 이 책의 말미에 간단히 다뤘는데, 이런 방식을 택함으로써 현대 창조론이 괴상한 촌극일 뿐 이 서사의 절정이 아니라는 점이 명확히 전달되길 바란다.

내 주장은 사실 과학과 종교의 끊임없는 갈등이라는 미심쩍은 고정관념이 적어도 이 사례에서만큼은 뒤집혀야 한다는 것이다. 자연에 고유의 역사가 있다는 깨달음이 인간 관념에서 일어난 이런 대혁명의 핵심에 놓여 있었다는 점을 일단 알게 되면, 그저 시간 척도를 늘리는 일은 부차적 문제가 된다. 그보다 중요한 일은 자연에 역사가 있다는 인식, 다시 말해 자연의 **역사성**에 대한 인식이 어디에 기원을 두고 있는지를 이해하는 일이다. 인류의 역사에 대한 당대의 이해가 그런 인식의 원류였으며, 이를 자연 세계에다가 의도적으로 신중하게 옮겼다는 점은 놀라운 일이 아닐 것이다. 물리학이나 천문학이 아니라 인류사가 자연의 역사를 더듬기 위한 모델이 된 것이다. 가령 행성의 움직임은 예측 가능하지만, 그와 달리 제국의 흥망은 후세에 되짚어보더라도 절대 예측이 불가능했다. 인류의 역사는 몹시 우연하다고 인식되었다. 어느 지점에서든 일이 달리 돌아갈 수 있었다는 말이다(바로 이 점 때문에 지난 일에 대해 반사실적 질문, 다시 말해 "만약 그렇지 않고 저랬다면 어떻게 됐을까?" 하는 질문을 던질 수 있고, 이런 물음은 사람들의 마음을 사로잡곤 한다). 바로 이런 역사성에 대한 인식이 문화에서 자연으로 옮겨지면서 자연, 그중에서도 특히 지구에 대하여 인류사와 비슷한 새로운 역사적 이해가 나타났다. 이런 이동이 놀라워 보인다면, 그 이유는 자연에 대한 학문이 이번만큼은 인류의 역사라는 학문으로부터 받아들인 내용 덕분에 풍성해졌다는 점을 인정해야 하기 때문일 것이다. 과학과 인문학이라는, 소위 두 문화 간에 존재한다고 여겨지는 간극을 뛰어넘어서 말이다. 유독 영어권에서는 분야별 지식 가운데 일부에만 단수형 '과학Science'을 쓰는 반면, 영어권 바깥의 사람들은 슬기롭게도 이런 지식을 모두 다 '학sciences'이라 부르기 때문에 이 정도로 곤혹스러워하지는 않는다.

이 혁명과 관련 있는 대략 17세기부터 19세기에 서구 문화가 지닌 성격을 고려한다면, 자연에 역사가 있다고 보는 이런 새로운 관점의 주된 전거, 논란의 여지는 있지만 심지어 유일하다고도 할 수 있는 전거가 유대교-기독교 경전에 확고히 내포되어 있는 역사 관념이었다는 사실 또한 그리 놀랍지 않을 것이다. 유대교-기독교 경전에 담긴 역동적 서사는 태고의 천지창조에서 강생Incarnation(기독교에서 말씀 혹은 신이 육신을 지닌 사람으로 현현한 사건을 말한다. — 옮긴이)이라는 중요한 순간을 거쳐 최후에는 신국City of God에 다다른다. 문화의 토대를 이루는 이런 문헌들은 지구의 심원한 역사를 발견하는 데 장애가 되기는커녕 그런 발견을 오히려 북돋웠다. 생물학에서 비유를 빌려 오자면, 이런 문헌 덕분에 독자들은 인간 활동의 배경이자 바로 그 때문에 신의 계획이 펼쳐지는 장소라고 신자들이 주장하는 **자연** 세계도 어려움 없이 역사적으로 사고하게끔 **전 적응**pre-adapted(어느 생물의 기관이나 행동이 예기치 않은 환경에서 적응을 돕는 역할을 할 때 사용하는 용어다. — 옮긴이)할 수 있었다. 물론 이런 주장은 문헌에 담긴 종교적 관점이 정당한지와 무관하다. 유대교-기독교 경전이 지구의 심원한 역사 발견에 도움이 되었다는 사실은 신앙을 옹호하거나 반대할 증거가 되지 못하며, 내가 이런 연결을 보여주는 의도는 역사를 밝히고자 함이지 신앙을 변증하고자 함이 아니다.

지구의 심원한 역사를 발견한 일이 그렇게 중요한가? 분명 이 이야기는 그 자체만 놓고 보더라도 워낙 흥미롭고 지금보다 훨씬 많은 사람이 알 가치가 있다. 다윈의 탄생 200주년(2009년 — 옮긴이)을 맞이해 진화론에 쏟아진 엄청난 관심과, 이 이야기에 대한 미미한 관심을 비교해보라. 그러나 나는 이 이야기가 재미를 떠나서도 대단히 중요하다고 생각한다. 왜냐하면 이 이야기는 우리에게 세상이 지닌 뜻밖의 어떤 면모를 드러내주며, 그것이 시사하는 바가 워낙 광범위하기 때문이다. 예전에 자연 세계 연구를 직업이나 소명으로 삼았던 사람들, 훗날 과학자라고 불리게 된 이 사람들은 대체로 계속된 연구를 통해 자연 세계가 더욱더 **예측 가능**해질 것이라고 가정했다. 그들은 정의상 어제든 오늘이든 변하지 않는다고 여겨지는 자연의 '법칙'을 드러내고자 했다. 자연의 법칙을 더 잘 이해할수록 개인과 사회가 자연 세계를 인간의 목표와 의도에 맞추어 통제하거나 변화시킬 수 있으리라 여겼다. 그런 까닭에 이들이 본보기로 삼았던 대상은 물리학, 천문학 같은 과학이었다. 숨겨진 자연의 법칙을 정량화하고 수학적 표현을 부여하면 할수록 일식이 일어나는 시간 등을 더욱 정확히 예측할 수 있었다.

이와 반대로 이 책에서 개관하는 발견은 지구의 심원한 역사와 미래를 그렇게 단순하고 예측 가능한 형태로 환원할 수 없다는 점을 보여주었다. 말하자면 지구는 초기 조건과 불변의 자연법칙을 바탕으로 과거와 미래 경로를 완벽히 결정할 수 있도록 프로그램된 적이 없다. 물론 지구상에서 자연을 이루는 각 요소는 확고히 불변의 법칙을 따라 움직인다고 상정된다. 예를 들어 해안 절벽에 부딪치며 침식을 일으키는 파도의 힘은 먼 과거에도 현재와 동일한 물리 법칙을 따랐으리라 여겨진다. 그러나 **특정한** 대륙과 **특정한** 대양이 과거에 겪은 이력과 앞으로 겪게 될 미래는 이런 비역사적 법칙으로부터 연역될 수 없으며, 하물며 지구 전체의 과거와 미래는 말할 것도 없다. 이러한 역사는 모두 **실제로** 무슨 일이 벌어졌는지를 일러주는 잔존 증거를 바탕으로 재구성해야 한다. 아직 남아 있는 문서와 유물로부터 뭍에서 살아가고 바다를 오가며 교역하는 사람들의 과거사가 재구성되어야 하는 것과 마찬가지인 셈이다. 달리 말해 지구의 심원한 역사는 자연 법칙을 '하향식top down'으로 적용해 재구성할 수 없으며, 역사적 증거를 종합하며 '상향식bottom up'으로 나아가는 수밖에 없다. 지구의 심원한 역사는 이를테면 태양 주위를 도는 행성의 움직임이나 달의 움직임처럼 극도로 정밀하게 예측할 수 있는 대상이 아니라 인류사에서 나타나는 너저분하고 예측 불가능한 우연성을 공유하는 것으로 밝혀졌다. 이런 예측 불가능한 우연성이 **중요하다**는 점은 애써 강조할 필요가 없을 것이다. 특히 현재 벌어지고 있는 논쟁, 우리의 보금자리 행성이 곧 맞닥뜨릴 미래에 인간이 어떤 역할을 수행해야 하는지를 둘러싼 논쟁을 고려한다면 말이다.

지질학은 인류의 역사에서 자연 자체가 본래부터 역사적이라는 새로운 인식을 처음으로 발전시킨 과학 분야지만 지질학은 그런 일을 해낸 마지막 과학 분야도, 유일한 과학 분야도 아니었다. 지질학자들이 알프스산맥의 길고도 복잡한 역사를 밝혀내지 않고서는 그것의 현 모습도 이해할 수 없다고 깨닫게 되었듯이, 후에 생물학자들은 동식물의 현재 형태와 습성에도 마찬가지로 고유의 진화 역사가 담겨 있으며 이런 역사에 대한 고려 없이 동식물에 대한 완벽한 이해는 불가능하다는 점을 밝혀냈다. 다윈이 대표적인데, 그가 지질학자로 경력을 시작했다는 점은 의미심장하다. 그리고 가장 커다란 규모를 다루는 과학인 우주론에서도 결국 이와 동일한 역사성을 받아들였다. 오늘날 우주론자들은 일상적으로 별과 은하의 역사, 심지어는 빅뱅이라는 추정 시점으로부터 이어지는 전 우주의 역사를 재구성하며, 이들이 쓰는 방법도 지질학자들이 지구의 심원한 역사에 쓰려고 처음 발전시킨 방법과 흡사하다. 따라서 이 책에서 내가 개괄하는 이야기의 중요성은 여기에서 주목하는 과학 분야에 국한되지 않는다.

마지막으로 나는 이 책이 나 자신의 연구뿐 아니라 여러 나라의 많은 역사가가 수행한 연구에 기대고 있음을 강조하고 싶다. 이런 연구라면 무릇 다른 연구에 기반을 두는 것이 당연하다. 내가 참고한 연구들은 대부분 최근에 출간되었으며 여러 언어로 저술되었다. 이 점은 강조할 필요가 있는데, 왜냐하면 과학사학자들의 최근 연구가 몇몇 바람직한 예외를 제외하고는 대중 과학 저술가, TV 과학 프로그램 제작자, 더욱 심각하게는 자기 분야의 역사를 알리는 과학자들에 의해 아무렇지도 않게 무시되거나, 좋게 표현한다 해도 제대로 활용되지 않는 경우가 다반사이기 때문이다. 그들은 과거에 대한 신화를 우려먹는 아늑한 안전지대에 머무르는 편을 선호하는 듯이 보인다. 이런 신화는 이런저런 '아버지'를 뽑으며 시답잖은 애국주의(와 성차별주의)의 냄새를 풍기곤 한다.

이용할 수 있는 믿음직스러운 역사 연구의 방대한 양을 감안하면, 이 짧은 책을 쓰면서 세세한 내용은 과감히 쳐내고 이 이야기의 주요 특징이라 생각하는 부분을 부각하고자 초점을 좁혀야 했다. 특히 나는 이 이야기에서 광범위한 사회 집단이나 사회 전체에 널리 퍼져 있던 관념 대신 스스로를 과학자라고 부르게 된 사람들의 주장과 활동에 집중했다. 과학자들이 발견했다고 내세우는 내용에 담긴 광범위한 문화적 함의에 대해서는 살짝만 다루며 넘어갔다. 그리고 오늘날 전 세계 지구과학 연구의 바탕에 깔려 있는, 지구의 심원한 역사에 대한 기본 발상은 대부분 다른 지역이 아니라 유럽에서 처음 발달했다. 그래서 내 이야기 대부분은 21세기 과학에서 점차 중요한 역할을 하고 있는 여타 세계보다 유럽 문화권에 초점을 맞추고 있다(또 이 이야기가 대체로 남성의 활동을 다루고 있는 이유는 예전의 역사적 현실이 그러했기 때문이다. 최근 수십 년의 역사를 더욱 상세히 들여다본다면 적어도 이런 종류의 과학에서는 젠더에 얽매이는 일이 점점 줄어들고 있다는 사실을 알게 될 것이다).

이 책을 통해 많은 사람이 인간 관념에 일어난 대혁명을 알고 이해할 뿐만 아니라, 케케묵은 구닥다리 발상도 몰아낼 수 있었으면 좋겠다. 특히 선과 악의 전통적 상징인 성 조지와 용처럼, 허상에 불과한 두 야수인 '과학'과 '종교'가 끝없이 충돌한다는 널리 퍼진 신화 말이다.

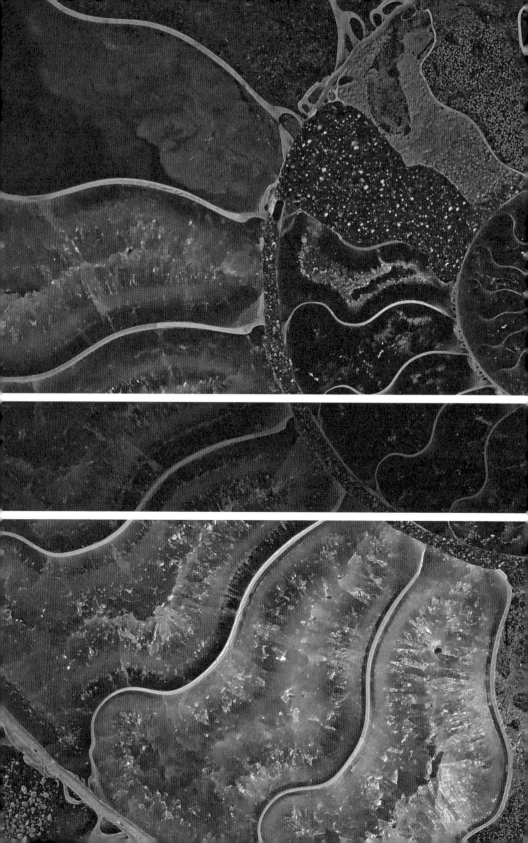

I

과학이 된 역사

EARTH'S DEEP HISTORY

연대기의 과학

"우리가 시간을 이해하지 못하란 법이 있는가. 시간은 우리보다 고작 5일 전에 태어났을 뿐인데." 17세기의 잉글랜드 저술가 토머스 브라운 경Sir Thomas Browne은 우리 세상, 우리 종, 그리고 시간 그 자체의 궁극적 기원이라는 심오한 문제를 태평스레 이렇게 정리했다. 갈릴레오와 뉴턴 같은 과학의 거장이 활동하던 시대에 서구인 대부분은 신앙심이 있든 없든 인류의 나이가 지구의 나이와 엇비슷하다는 것을 당연시했다. 그들은 지구만이 아니라 우주 만물이, 심지어는 시간마저도 인류가 존속해온 기간보다 그리 오래되지 않았을 것이라고 여겼다.

창세기의 첫 장이자 성서의 첫 장은 신이 닷새 동안 준비를 마치고 창조 엿새째에 '최초의 사람'인 아담을 빚어낸 뒤 안식일에 휴식을 취하며 첫 주를 마감했다는 짧막한 이야기로 시작한다. 브라운을 비롯해 당대의 사람들은 억압적 교회가 들들 볶지 않아도 이 이야기를 먼 옛날에 대한 믿음직스러운 서술로 받아들였다(어차피 기독교 세계는 종교개혁 세력과 반종교개혁 세력으로 분열되어 있었기 때문에 이런 믿음을 강요할 전능한 단일 조직체도 없었다). 세상이란 해와 달, 낮과 밤, 땅과 바다, 식물과 동물 등등 인간 생활에 필요한 소품이 무대에 오르는 짧은 서막을 제외하면, 어김없이 항상 인간 세상이라는 점은 뻔한 상식처럼 보였다. 인간 없는 세상은 조만간 휴먼 드라마가 펼쳐질 무대를 재빨리 마련해주는 역할 외에는 아무런 의미가 없었다. 그래서 사람들은 당연히 창세기가 세상의 시초를 제대로 설명해준다고 생각했다. 그들은 창세기가 세상의 초창기를 기록한 유일한 고대 역사가인 모세의 손에서 나온 것이며, 목격하고 기억할 만한 사람이 존재하지 않았던 역사의 최초 단계는 창조주 자신이 모세(또는 모세 이전의 아담)에게 밝히는 수밖에 없다고 믿었다. 무엇보다도 세상을 아무리 살펴본들 역사가 창세기에 적힌 내용과 달랐음을 일러주는 요소는 없는 듯했다.

브라운을 비롯해서 당시에 살던 사람 대부분은 학식이 있든 없든 인간의 역사와 자연 세계의 역사가 거의 같은 길이겠거니 여겼다. 그렇다고 두 역사 모두 짧으며 지구의 나이가 무척 적다고 생각했던 것은 전혀 아니었다, 기껏해야 "스무 해를 세 번 보내고 10년을 더 사는" 덧없는 인간의 생애와 비교하면 인간의 역사나 자연 세계의 역사는 장구하기 그지없다고 생각했다. 역사는 예수가 탄생한 때부터 흘러온 '주의 해Years of the Lord, Anni Domini, AD(연도 표기상의 '기원후'를 말한다. — 옮긴이)'라는 척도 위에 기입되었다. 예수의 탄생은 성스러운 강생降生이 일어난 결정적 순간으로 대접받았다. 예수의 탄생 시점과 그로부터 30년 후 로마의 총독 폰티우스 필라투스Pontius Pilate(성서에는 빌라도라는 명칭으로 나온다. — 옮긴이)가 예수를 처형하라고 명령한 뒤로 흘러간 16세기 넘는 기간은 역사가 되었다. 어떤 잣대를 들이대더라도 인간에게 이는 매우 긴 기간이었다. 그러니 로마인과 그들이 남긴 뛰어난 라틴어 문헌에 대한 연구에는 '고대사'라는 이름을 붙일 만했던 것이다. 그런데 '그리스도 이전의 해Years Before Christ, BC(연도 표기상의 '기원전'을 말한다. — 옮긴이)'라는 척도는 그 이전으로도 거슬러 올라가, 로마 문헌 못지않게 찬탄의 대상이었던 고대 그리스 문헌, 그리고 이를 작성한 고대 그리스인을 지나 남아 있는 기록이라곤 성서가 유일하다고 추정되는 아득히 먼 옛날까지 나아갔다. 역사가 대다수는 최초의 천지창조에서 강생에 이르는 기간이 강생에서 당시에 이르는 기간보다 세 배는 길다고 믿었다. 모두 합하면 세계의 역사는 상상조차 못 할 만큼 긴 셈이었다.

약 50, 60세기면 익히 알려진 인간 역사 전체가 전개되고도 남을 시간 같았고, 그러므로 인간 역사가 펼쳐지는 무대인 자연 세계에도 넉넉한 시간이었다. 세계의 초창기는 그리스와 로마의 '고대사'마저 무색케 할 정도였다.

한 17세기 역사가가 기원전 4004년의 어느 날 창조 주간이 시작되었다고 추산했을 때, 그 연도에는 의문을 제기할 수 있었고 실제로도 그랬지만 이런 추산이 겨냥했던 정확성만큼은 의심의 대상이 아니었다. 자릿수도 너무 작다고 여겨지지 않았다. 4004년이라는 이 특정한 숫자는 잉글랜드의 제임스 1세(스코틀랜드에서는 제임스 6세)라는 막강한 후원자를 모시며 그의 총애를 받던 아일랜드 역사가 제임스 어셔James Ussher가 발표한 것이었다. 제임스 1세는 죽기 직전 어셔를 아일랜드에 있는 아마Armagh의 대주교이자 기성 아일랜드 신교회의 수장으로 임명했지만, 이 학자는 공교롭게도 만년 대부분을 잉글랜드에서 보냈다.

근래에 와서 어셔와 기원전 4004년이란 그의 연도 추정은 놀림감과 조롱거리가 되었다. 그러나 어셔는 현대적 의미의 종교 근본주의자가 아니었다. 어셔는 당대 문화계에서 주류에 속하던 사회 참여 지식인이었다. 그의 저작은 잉글랜드의 국민 서사에다가 누가 봐도 '좋은 왕'과 '나쁜 왕', '좋은 것'과 '나쁜 것'을 버무려놓은 역사 패러디물의 고전인 『1066년과 기타 등등1066 And All That』에 나오는 농담 취급할 만한 책이 아니다. 어셔의 기원전 4004년은 당시만 해도 '나쁜 것'이 아니었다. 오히려 기원전 4004년이 말하던 바는 몇몇 중요한 측면에서 전적으로 '좋은 것'이었다. 세계사에 대한 어셔의 관점은 지구에 심원한 역사가 있다는 현대 과학의 상과 워낙 동떨어져 있어서 어셔의 관점과 현대 과학을 연결하기란 불가능한 것처럼 보이고, 이 둘은 화해할 수 없는 양자택일의 대상인 것만 같다(종교 근본주의자와 무신론 근본주의자를 가릴 것 없이 현대 근본주의자의 눈에는 딱 이렇게 보인다). 그러나 실은 어셔 같은 17세기 역사가가 하던 작업과 현대 세계에서 지구과학자가 하는 활동은 단절 없이 연결되어 있다. 그러므로 어셔는 지구의 심원한 역사라는 현대적 관념의 기원을 이해하기에 좋은 출발점이다. 더욱이 어셔의 생각을 그가 살았던 당시의 맥락에서 이해하면 그의 생각과 '어린 지구'라는 현대 창조론자의 관념 간의 겉보기 유사성은 극명한 차이로 바뀐다. 창조론자는 어셔와 달리 나뭇가지에, 그것도 곧 부러질 것만 같은 나뭇가지에 대롱대롱 매달려 누구의 도움도 받지 못하는 처지에 놓여 있다.

17세기에는 어셔 말고도 많은 학자가 유럽 각지에서 '연대학'이라 불리던 역사 연구에 몰두했다. 연대학은 일식, 혜성, '새로운 별(초신성)' 같은 놀라운 자연현상에 대한 기록을 비롯해 종교 문서부터 세속 문서까지 이용 가능한 온갖 문자 기록을 취합함으로써 상세하고 정확한 세계사 연표를 구축하려는 시도였다. 연대학자들은 어셔의 연표에 나오는 여러 세부 항목을 비판하거나 거부했지만 대부분 어셔의 폭넓은 목표를 공유했고, 어셔가 편찬한 책은 연대학자 모두가 하고자 했던 바를 매우 잘 보여준다.

어셔는 길고 꽤나 생산적이었던 학문 활동이 끝날 즈음 『구약 연보Annals of the Old Covenant, Annales Veteris Testamenti』(1650-1654)를 출간했다. 그는 라틴어로 책을 써서 다른 지역에 있는 학자들이 책을 읽을 수 있도록 했다. 라틴어는 오늘날 영어가 만국 공용어인 것처럼 유럽에서 식자층이 쓰던 국제 공용어였다. 어셔가 낸 두 대작에 연보라는 표제가 붙은 이유는 이 책들에서 세계사의 사건에 관해 알려진 내용을 1년 단위로 정리했기 때문이었다. 그러기 어려운 경우에는 최소한 각 사건을 그가 올바르다고 판단한 해에 할당하고 모든 사건을 엄격히 시간순으로 서술했다. 그래서 그의 책은 기원전 4004년의 천지창조에서 시작했다. 그러나 이 책은 기원전과 기원후가 나뉘는 시점과 예수의 생애를 지나 기원후 70년 로마인이 예루살렘의 유대교 성전을 철저히 파괴한 직후까지 이어졌다. 어셔의 기독교적 관점에서 볼 때 이 사건은 신을 유독 유대인과 연결 짓는 '옛 계약'의 확고한 결말을 뜻했다. 그래서 그의 연대기는 기독교 교회가 대변하는 원칙상 전 지구적이며 다인종적인 새로운 신의 백성이 신과 '새 계약'을 맺는 처음 몇 해에 이르기까지 세계사의 흐름을 추적했다.

어셔의 세계사는 그가 살던 시대의 모범적 학문 활동을 반영하고 있었다. 연대학은 역사학('science'라는 단어를 '학', '학문'이라는 원래 의미대로 사용한다면 말이다. 영어권 국가 말고는 여전히 이런 용법이 통용된다)의 지위를 누릴 자격이 있었다. 어셔의 세계사는 그가 아는 모든 고대 문헌 기록에 대한 엄밀한 해석에 기반을 두었다. 이 기록들은 대부분 라틴어, 그리스어, 히브리어로 된 원전에서 얻은 것이었다. 그보다 반세기 전, 가장 뛰어나고 박식한 연대학자였던 프랑스 학자 조제프 스칼리제르Joseph Scaliger도 시리아어와 아랍어같이 관련이 있는 몇몇 언어로 된 기록을 사용한 적이 있었다. 그러나 스칼리제르마저 가령 중국, 인도같이 멀리 떨어진 지역의 자료는 거의 알지 못했고, 고대 이집트 상형문자는 아직 해독되기 전이었다. 그럼에도 연대학자들은 다양한 문화권에서 나온 여러 언어로 된 방대한 증거를 확보해나갔다. 그들은 이렇게 다양한 기록들에서 정치상의 주요 변동이 일어난 날짜, 고대 왕조의 통치 기간, 중대한 천문 현상이 나타난 날짜 등을 얻어냈다.

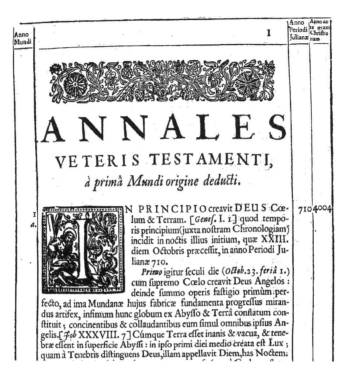

자료 1.1 어셔의 '기원전 4004년'은 그가 쓴 『구약 연보』(1650~54년) 권두의 일부로 인쇄물에 처음 모습을 드러냈고, 바깥쪽에 있는 세 개의 세로단에는 그의 연대 체계가 담겨 있다. 왼쪽 열에 있는 '세계의 해(Anno Mundi)'는 천지창조와 함께 1부터 시작한다. 오른쪽 열에 있는 '그리스도 시대 이전의 해(Anno ante æram Christianam)'는 4004년부터 시작해서 시간이 지날수록 점차 줄어들지만, 실제 역사와 무관한 준거 연표의 일종인 '율리우스 주기의 해(Anno Periodi Julianæ)'는 이미 710이다. 이 글의 첫 문장에서 어셔는 최초의 행위인 천지창조가 일어나고 그와 함께 실제 시간이 시작된 때가 율리우스 710년 10월 23일 전날 밤이라고 추정한다. 따라서 그보다 이전의 율리우스년은 일종의 '가상' 시간이었다. 연대학은 우둔한 이들의 학문이 아니었던 것이다! 어셔의 라틴어 표제는 신이 유대인과 '옛 **계약**(old covenant)'을 맺었다는 신학적 관념을 나타내며 유대인 경전이나 '구약**성서**(Old Testament)'를 말하는 것이 아니다. 그의 연대기는 신약성서나 기독교 경전에서 언급하는 시기도 다룬다.

그런 다음 여러 고대 문화권을 가로지르며 사건들을 맞춰보면서, 날짜가 기입된 사건들이 끊임없이 연결되도록 이들을 이어 붙이고자 했다(연대학은 사라지지 않았다. 현대의 연대학 연구 결과는 박물관에 전시되어 있다. 예컨대 고대 중국에서 나온 유물이건 이집트에서 나온 유물이건 BC나 BCE 연대 꼬리표를 붙인다. 이런 연대는 모두 상이한 문화권의 역사 사이에 존재하는 유사한 상관관계로부터 도출한 것이다).

어셔의 증거에서 훨씬 많은 비중을 차지하는 것은 다른 연대학자와 마찬가지로 성서가 아니라 고대의 세속 기록에서 끌어온 증거였다. 당연한 말이지만 어셔의 전거는 기원전에서도 최근에 가까운 시대에 대한 것일수록 풍부했고, 먼 과거로 가면 갈수록 그 수가 급격히 줄어들었다. 초창기에 대한 자료는 매우 빈약했고, 고작해야 인류의 초기 세대에 '누가 누구를 낳았더라'라는 창세기의 기록이 전부인 경우가 많았다. 이 점을 보면 어셔의 주요 목표가 세계에 대해 상세한 역사를 한데 엮는 것이었지 본래부터 천지창조의 연도를 확정하거나 전반적으로 성서의 권위를 드높이려던 것은 아니었음이 분명하다. 성서는 어셔의 관점에서 볼 때 가장 귀중하고 믿음직스러운 전거였지만, 그럼에도 그는 성서를 여러 전거 가운데 하나로 간주했다.

세계사의 연대 추정

어셔는 다른 연대학자들과 마찬가지로 스칼리제르가 고안한 복잡한 연대 추정 체계를 채택했다. 스칼리제르는 천문과 역법의 요소를 바탕으로 일부러 인위적인 '율리우스' 시간 척도를 만들었다. 율리우스 시간 척도는 중립적 시간 차원을 제공해서, 이를테면 이 척도를 바탕으로 서로 경합하는 연대기를 정리하고 비교할 수 있었다. 율리우스 시간 척도는 그저 편리한 장치에 그치지 않았다. 그것은 시간과 역사 사이의 중대한 차이를 부각했다. 시간 자체는 햇수로 측정되는 추상적 차원에 불과했다. 역사는 시간의 경과에 따라 일어나는 실제 사건의 총체였다. 연대학자가 실제 역사라고 주장하는 대상은 율리우스 시간 척도를 기준 삼아 천지창조부터 점점 숫자가 커지는 '세계의 해'로 기록하거나, 강생으로부터 거꾸로 세는 '그리스도 이전의 해'로 기록하거나, 강생부터 정 방향으로 세는 '주의 해'로 기록할 수 있었다. 연대학 연구를 추동하는 힘은 정밀한 수치를 향한 지적 열망이었다. 이런 열망은 그 시대의 특징이었고 연대학 같은 기획에만 국한되지 않았다. 이런 열망은 예컨대 튀코 브라헤와 요하네스 케플러 같은 천문학자들이 당대에 내놓은 저작처럼 여러 자연과학 분야에서 더욱 두드러졌다. 연대학과 자연과학 연구 모두에서 정밀한 수치는 이전 어느 때보다도 높이 평가되었다.

그러나 연대학은 우주론과 마찬가지로 논쟁의 여지가 매우 큰 연구였다. 사건의 연도를 기입한 연표를 만들다 보면 기록들이 불완전하거나 애매모호하고 서로 모순되는 경우가 다반사였다. 연대학자들은 학식을 토대로 어떤 기록이 가장 믿을 만한지, 그 기록들을 어떻게 하면 가장 그럴듯한 방식으로 연결하여 끊어지지 않는 연표를 만들 수 있을지 수시로 판단해야 했다. 그 결과 주요 사건마다 연대학자의 수만큼이나 많은 추정 연도가 경합하고 있었다. 천지창조의 연도는 유독 심했다. 어셔의 기원전 4004년은 온갖 숫자가 넘쳐나던 가운데 나온 하나의 제안에 불과했고, 어느 조사에 따르면 그 범위는 기원전 4103년부터 기원전 3928년에 이르렀다. 가령 스칼리제르는 천지창조 연도를 기원전 3949년으로 정했고, 여러 활동에 종사했지만 명민한 연대학자이기도 했던 아이작 뉴턴Isaac Newton은 나중에 기원전 3988년을 천지창조 연도로 받아들였다. 다는 아니지만 일부 연대학자들은 정확한 날짜를 내세우기도 했는데, 어셔 역시 이들처럼 매우 상세한 일시를 주창했다. 그 일시란 바로 추분이 지난 후 첫 주의 첫날이 시작하는 때(유대인 시간 기록법에 따르면 해가 질 무렵)였다. 이날은 기독교 햇수로 기원전 4004년에 해당하는 해의 유대인 설날을 가리켰다. 당시에는 복잡한 역법 계산과 역사적 추론을 거쳐 이 정도로 정확한 결과를 내놓는 일은 충분히 노려봄 직한 목표였다. 물론 우리의 눈에는 괴상해 보이지만 말이다.

어셔의 기원전 4004년이 적어도 영어권에서 그런 연도들 가운데 가장 널리 알려지고 악명을 떨치게 된 것은 그저 역사적 우연 때문이었다. 어셔가 죽은 지 약 반세기 후, 한 학식 높은 잉글랜드 주교가 싱서의 영어 번역본인 '흠정역Authorized' 혹은 '제임스 왕King James' 성서의 신판 여백에 편집자 주를 달면서 어셔가 추정한 일련의 연도를 포함시켰다. 흠정역 성서는 어셔의 왕실 후원자였던 제임스 1세의 명령으로 1611년 처음 출간되었다. 어셔의 연도는 관행이나 관성으로 거기 남아, 교회나 국가에서 공식적으로 인정한 적이 없는데도 불구하고 18세기 전체와 19세기 대부분 기간에 나온 영어판 성서 후속 판본에 그대로 들어갔다. 예를 들어 다윈과 당대의 영국인들은 가정용 성서 맨 앞쪽에 인쇄된 기원전 4004년을 보며 자랐을 것이다. 어리거나 교육받지 못한 많은 독자는 편집자의 역할을 이해하지 못한 채 이 연도를 성서를 이루는 필수 요소로 받아들였고, 이 연도를 존중하거나 믿고 따랐다. 어셔가 추정한 모든 연도가 성서의 새 '개정판' 여백에서 삭제된 것은 1885년 들어서였다. 이쯤 되면 어셔의 연도는 이미 역사적으로나

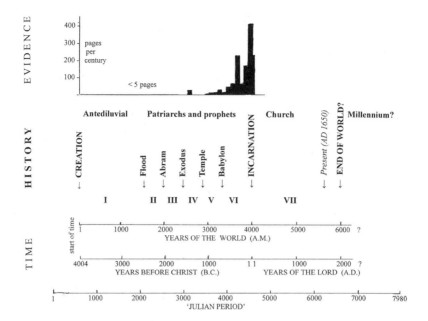

자료 1.2 연대학자들이 세계사 연도를 추정한 방법. 현대적 양식으로 그린 이 도표에서 시간은 왼쪽에서 오른쪽으로 흐른다. '율리우스 주기'는 인위적으로 만든 연표로, 천문과 역법의 요소를 조합하여 과거와 미래를 포함한 7980년을 연 단위로 명확히 나눌 수 있었다. 율리우스 주기는 **시간**의 준거 척도 역할을 했다. 연대학자들은 율리우스 주기 위에 천지창조, 노아의 홍수, 예수의 탄생과 그 밖의 결정적 사건, 다른 말로 '신기원(epoch)'이 일어난 **역사**상의 연도를 계산해 기원전(BC)과 기원후(AD)에 해당하는 해나 천지창조 이후인 '세계의 해(Anni Mundi, AM)' 형태로 기입한다. 그리고 나서 이 사건들을 통해 세계사 전체를 일곱 개의 '시대(Age)'로 규정하는데, 이는 물론 유대교-기독교의 관점을 따랐다. 이 도표는 어셔의 『연보』에 나온 수치에 기반을 두고 있지만, 다른 연대학자가 계산한 수치도 이 정도 축척에서는 크게 다르지 않다. 연관된 역사 기록의 양은 연대학자들이 과거로 나아갈수록 급격히 줄어들었다. 막대그래프는 어셔의 저작에서 각 세기마다 이용된 문헌의 양을 보여준다. 그의 『연보』는 기원전 4004년에서 시작해서 기원후 73년에 끝난다.

과학적으로 낡아빠진 것이 되어 있었다. 개정판 성서는 첫 영어판 완전 번역본으로서, 어셔와 제임스 왕 시대 이후 유대교 및 기독교 학자들이 성서를 연구한 결과 언어학적·역사학적으로 크게 증진된 성서 이해를 반영했다. 국제 기드온 협회가 호텔 객실에 비치한 성서를 읽은 사람들

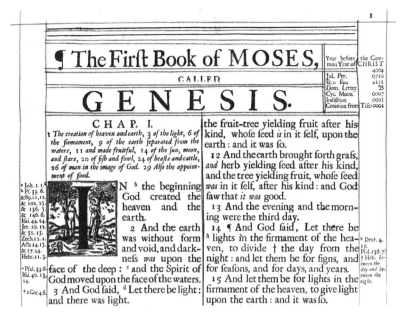

은 기원전 4004년에 대한 암시에서 풀려나기 위해 20세기 말까지 더 오랜 시간을 기다려야 했다. 반대로 다른 언어로 된 성서에는 여백에 연도가 적혀 있지 않은 경우가 보통이어서, 영어권 바깥의 사람들은 최초의 천지창조가 일어난 정확한 연도가 신적 권위에 의해, 혹은 적어도 교회 당국에 의해 확정되었다는 끔찍한 오해에서 대체로 자유로웠다.

세계사의 시기 구분

하지만 다시금 어셔의 시대로 돌아가보자. 정확한 세계사 '연보'를 치밀하게 정리하려는 어셔와 연대학자들의 노력은, 그들 대다수가 더 중요한 목표라고 여긴 무언가를 달성하기 위한 수단이었다. 정밀한 수치는 질적 의미를 산출하기 위한 것이었다. 연대학자들은 인간의 역사를 유의미하게 이어지는 여러 시대로 분할함으로써 자신이 생각하는 인간 역사의 전체 형상을 정교하게 다듬고자 했다. 전통적 연대 체계에서 볼 수 있는 기원전과 기원후의 1차 분할이 바로 이런 종류의 구분 짓기다. 왜냐하면 이 구분은 기독교의 관점에서 강생이라는 유일무이한 사건으로 처음 도래하게 된 완전히 새로운 인간 세계를 강생 이전의 옛 인간 세계와 떼어놓기 때문이다. 그러나 어셔는 다른 연대학자와 마찬가지로 결정적 사건, 즉 '신기원epoch'의 순서를 정하고 이를 통해 각기 구분되는 '시대age', '대era' 등의 순서를 명확히 함으로써 기원전의 수천 년 역사를 세분하기도 했다. 어셔는 천지창조와 강생이라는 일대 사건 사이에서 다섯 번의 중요한 전환점을 꼽았다. 이 전환점들은 시기상 노아의 홍수에서 유대인의 바빌론 유수까지 아우르고 있었다. 여기에 강생 이후의 시기를 더하면 세계사를 일곱 시대로 나눌 수 있었다. 일곱 시대는 창조 주간의 7'일' 순서와 맞아떨어지거나 그 순서를 상징적으로 반영한 것으로 여겨지곤 했다. 따라서 세계사의 전체 형상에는 기독교적 의미가 깊이 스며들어 있는 셈이었다.

그러니 17세기의 세계사는 질적으로 보자면 각별히 중요한 사건들을 경계로 삼아 구분되는 여러 시대의 연속으로 묘사되었고, 연대학자들은 각 사건들의 연도를 양적 시간 척도 위에 정확히 표기하고자 했다. 가장 중요한 점은 역사 전체가 신이 스스로를 드러내는 것, 다시 말해 '계시revelation'의 모음으로 여겨졌다는 것인데, 이는 대체로 인간의 역사이기도 했다. 자연이라는 비인간 세계는 대개 인간 드라마의 무대로, 인간의 행동과 신의 기획이 펼쳐지는 불변의 배경이나 상황으로 다루어질 뿐이었다. 자연 세계에서 일어난 사건이 신에 대한 역사든 세속에 대한 역사든 인간 역사에 대한 설명에서 두드러지는 경우는 어쩌다 한 번씩 있을 뿐이었다. 예를 들어 성서 이야기를 보면 홍해의 물이 잠시 물러간 덕분에 모세가 이끌던 유대인이 이집트에서 탈출해 자유를 얻을 수 있었다. 이와 비슷하게 태양도 전쟁 중이던 여호수아Joshua를 위해 딱 맞춰, 또는 신의 섭리에 따라 "운행을 멈추었다". (이 말이 무슨 뜻인지를 두고 치열한 논쟁이 벌어지긴 했지만 말이다.) 이보나 한참 뒤에는, 예수가 태어나고 죽을 때 각각 새로운 별이 출현하고 지진이 일어났다는 말도 있었다.

자연 세계가 성스러운 이야기 전면에 이보다 더 두각을 드러내는 부분은 딱 둘뿐이다. 천지창조와 노아의 홍수가 그것이다. 17세기에 이들은 서로 다른 종류의 역사적 해설에서 각기 주목받았다. 그러면서 문헌에 대한 학술적 연구가 자연에서 이끌어낸 자료로 얼마간 확대되었다.

첫 번째 해설은 천지창조의 6'일' 또는 여섯 단계에 대한 것이었다. 창세기의 짤막한 서사는 우주, 지구, 동식물 등 한데 모여 인간 생활의 환경을 이루는 것의 구조 및 기능에 대해 현재 알고 있는 내용을 재검토하는 틀로 자주 활용되었다. 이런 해설('6일'을 뜻하는 그리스어를 따서 'hexahemeral'이나 'hexameral'로 알려졌다)은 성서의 1차적 의미라고 여긴 내용을 다뤘다. 그래서 이런 해설에서는 자연 세계를 이루는

ÆTAS MUNDI SECUNDA.

1657
a.

Anno sexcentesimo primo vitæ Noachi, mensis primi die primo, (Octob.23. feriâ 6. ut novi Anni ita & novi Mundi die primo) cùm siccata esset superficies terræ, removit Noachus operculum Arcæ. [Genes.VIII.13.]
Mensis 2 die 27. (Decemb. 18. feriâ 6.) cùm exaruisset terra, Dei mandato exivit Noachus, cum omnibus qui cum ipso fuerant in Arca. [c. VIII.14,-19.]
Noachus egressus Soteria Deo immolavit. Deus rerum naturam, diluvio corruptam, restauravit : carnis esum hominibus concessit ; atque Iridem dedit signum fœderis. [c.VIII.& IX.]
Anni vitæ humanæ quasi dimidio breviores fiunt.

1658 d.	Arphaxad natus est Semo centenario, biennio post diluvium, [c.XI. 10.] finitum sc.	2368	2346
1693 d.	Salah natus est; quum Arphaxad pater ejus 35 vixisset annos. [c.XI. 12.]	2403	2311
1723 d.	Heberus natus est ; quum Salah Pater ejus 30 vixisset annos. [c.XI. 14.] Quum	2433	2281

자료 1.4 창세기 원전을 참고하여 노아의 홍수를 다룬 어셔의 『연보』 극초반 부분. 어셔는 세계사에서 이 정도로 머나먼 시점에 대해 접할 수 있는 믿을 만한 전거라고는 창세기밖에 없다고 믿었다. 대홍수가 일어난 연도는 세계의 해 1657년으로 추정되었다(자료 1.1과 마찬가지로 왼쪽 여백 칸에 기재). 그다음 대홍수 이후 첫 세대가 율리우스와 기원전 연도로 추가 기록되어 있다(역시 자료 1.1과 마찬가지로 오른쪽 칸에 기재). 어셔와 연대학자들에게 노아의 홍수는 세계의 '두 번째 시대(Aetas Mundi Secunda)' 개막을 가리킨다는 점에서도 매우 중요했다. 대홍수는 창조의 첫 6'일'을 제외하면 성서에 담긴 역사에서 인간 세계 못지않게 자연 세계의 역할이 가장 돋보이는 사건이었다. 이 점 때문에 대홍수는 인류의 초기 역사가 어떻게 지구 고유의 역사와 연관될 수 있는지를 두고 오래도록 이어지는 논쟁의 중심에 놓이게 되었다.

주된 특징의 출현을 실제 시간상에서 딱딱 순서에 맞춰 일어난 역사적 사건으로 취급했다. 천지창조 서사는 인간 드라마가 펼쳐지기 전 무대에 소품이 설치된 순서를 있는 그대로 묘사하고 있는 것으로 받아들여졌다. 그래서 인간의 삶이 펼쳐진 환경을 이런 식으로 검토하는 것은 자연물의 목록이나 자연에 대한 체계적 기록인 **자연사**natural history에 속할 뿐만 아니라, 자연의 진짜 **역사**(역사라는 단어의 현대적 의미에서 보았을 때)를 표방하는 기원에 대한 설명이기도 했다. 창조가 단기간에 일어났다고 여기긴 했지만, 천지창조 이야기는 자연 세계에 고유한 역사를 부여했다. 이 역사는 연달아 나타나는 독특한 기간들(천지창조 서사에 나오는 6'일')로 나뉘었으며 그 정점에는 인류의 등장이 있었다. 주요 사건과 새로운 생물 형태가 잇따라 나타난다는 측면에서 이런 식의 세계사 관념이 지구에 심원한 역사가 있다는 근대적 관점과 매우 유사하다는 점은 명백할 것이다. 비록 누가 보더라도 두 관점에서 상정한 시간 척도에 어마어마한 차이가 있지만 말이다. 이 점에 주목한다고 해서 창세기 이야기가 과학적 설명이 제시하는 진리를 미리 내다봤다고 주장하려는 것은 아니다. 17세기에 창세기 이야기를 해석한 방식이 지구의 역사에 대한 근대적 관념과 **구조적으로** 유사했다고 주장할 뿐이다. 유럽 문화는 창세기 서사에 **전 적응** 한 덕분에 지구와 그 위의 생명을 창세기 서사와 비슷하게 역사적 방법으로 사고하는 데 어려움이나 거리낌을 느끼지 않았다.

역사로 본 노아의 홍수

창세기 후반에서 묘사하는 노아의 홍수 또는 대범람은 더더욱 의심할 여지 없이 실제로 일어난 역사적 사건 대접을 받았다. 연대학자의 계산에 따르면 대홍수의 연도는 인간 드라마가 시작된 지 1500여 년 이후로 추정되었다. 대홍수의 세부 묘사는 천지창조 이야기와 달리 신의 직접적 계시에 의존하지 않았다. 방주에 올라 대홍수를 최초로 목격한 노아와 노아 가족으로부터 기록 또는 기억이 면면히 이어지다가, 창세기의 저자라고 여겨지던 모세에 이른 내용일 수도 있었던 것이다. 그래서 대홍수 이야기는 실제로 무슨 일이 어떻게 벌어졌는지를 알아내고자 했던 학자들의 면밀한 분석 대상이 되었다. 그들은 대범람이 파괴한 '범람 이전antediluvial'의 인간 세계, 노아의 가족이 방주를 타고 재난을 견뎌낸 과정, '범람 이후postdiluvial'의 인간 세계가 재난으로부터 복구된 과정을 재구성하고자 했다. 그들은 대범람이 어떻게 일어났으며 지구와 서식 동물, 기타 비인간 요소에 어떤 영향을 미쳤는지 또한 추리했다. 이런 추측은 모두 성서에 기반을 두었는데, 주된 이유는 이 사건에 대해 믿을 수 있는 역사 기록이 오로지 창세기뿐이라고 믿었기 때문이었다(그리스 기록에 있는 데우칼리온 홍수처럼 노아의 홍수와 비슷하지만 성서에는 없는 이야기는 그보다 전에 나온 성서 기록에서 파생된 전언이거나 나중에 더 좁은 지역에서 발생한 사건의 이야기로 여겨졌다).

지금까지 연대학자의 대표 격으로 다룬 인물이 어셔라면, 대홍수 이야기를 이런 식으로 분석하고 해설한 여러 17세기 역사가 가운데 모범이 되는 인물은 독일 예수회 학자 아타나시우스 키르허Athanasius Kircher다. 키르허는 유럽 전역의 교양 있는 독자들이 흥미를 느끼는 폭넓은 주제에 대해 책을 내던 매우 박식한 학자였다. 키르허도 어셔처럼 라틴어로 글을 썼기 때문에 이들 모두 키르허의 저작을 접할 수 있었다. 그는 당대의 자연과학에 대한 방대한 지식을 바탕으로 엄청난 양의 삽화를 써가며 『지하 세계Mundus Subterraneus』(1668)라는 책을 출간했는데, 이 책에서 그는 물리적 지구를 역동적이지만 역사의 산물이라고 보기는 어려운 복잡계로 묘사했다. 예컨대 그는 화산같이 육안으로 볼 수 있는 지구의 표면 특징이 지구의 보이지 않는 내부 구조와 관련되어 있을지도 모른다는 추측을 내놓았다(그는 이탈리아를 여행한 적이 있었고 베수비오 화산과 에트나 화산을 직접 보아 잘 알고 있었다). 그러나 키르허의 추측은 인체의 겉보기 특징이 눈에 보이지 않는 내부의 장기와 어떻게 연관되어 있는지를 이해하려 했던 당대의 외과나 내과의식 추측에 가까웠다. 키르허는 말 그대로 지구의 해부학과 생리학을 서술한 것이지, 지구가 처음 창조된 이래 지구에 심대한 주요 변화가, 즉 역사가 있었던 것처럼 서술하지는 않았다.

그러나 대홍수는 중대한 예외였다. 키르허는 또 다른 대작 『노아의 방주Arca Noë』(1675)에서 대홍수를 역사적으로 분석하면서, 탁월한 다국어 솜씨를 발휘해 그간 알려진 모든 종류의 성서 고판본을 활용했다. 그는 노아가 어떻게 방주를 건조해서 다양한 가축을 배에 실었는지, 방주가 어떻게 범람하는 물 위를 표류하다가 물이 빠진 후 아라랏산 꼭대기에 얹히게 되었는지, 홍수 이후의 시기에 인간 세계는 어떻게 재출발했는지를 탐구했다. 그는 창세기에 나온 자료를 토대로 방주의 예상 형태와 규모를 재구성하여 그림으로 자세하게 설명했다. 그는 알려진 동물 전부를 어떻게 방주에 한 쌍씩이나 태울 수 있었는지를 알아내려고 했다. 그가 자신의 설명에 살아 있는 여러 동물의 그림을 넣은(사실상 독자에게 '자연사'를 보여준) 이유가 바로 이것이었다. 대홍수는 전 세계적으로 일어났다고 했으므로 키르허는 당시 알려진 산 가운데 가장 높은 산의 정상까지 덮을 정도로 해수면이 전 세계적으로 상승하려면 여분의 물이 얼마나 많이 필요한지도 계산했다. 그리고 그는 딱 그때에 한해 물이 만들어졌다가 사라지는 믿기 어려운 경우가 아니라면 그 물은 도대체 어디에서 와서 어디로 갔을지도 추측해보았다.

현재의 문맥에서 가장 중요한 점은 키르허를 비롯해 일부 학자들이 대홍수 이전 땅과 바다의 분포가 대홍수라는 거대한 사건 이후의 대륙과 대양의 형태와 다르지 않았을까 추측했다는 점이다. 대홍수는 물리적 지구를 대폭 바꾸어놓음으로써 매우 실질적인 의미에서 인간 세계를 바꾸어놓았을 수도 있었다. 그는 적어도 이 지점에서만큼은 사실상 지구에 인간 역사와 상통하는 참된 물리적 역사가 있다고 주장하고 있었다. 그러나 책의 제목이 함축하듯이 그의 학술적 분석은 주로 노아와 방주에 초점을 맞추고 있었고, 대홍수 자체가 미친 물리적 효과는

자료 1.5 대홍수가 잦아드는 광경을 담은 키르허의 그림. 방주는 아라랏산(오른쪽) 꼭대기에 좌초해 있다. 이 그림과 짝을 이루는 판화는 물이 빠지기 전 최대 수위일 때 대홍수의 모습을 보여주며, 해당 그림에서 방주는 키르허가 아는 산맥 중 가장 높았던 코카서스산맥(왼쪽 가운데) 위에 떠 있다. 이런 재구성은 창세기 이야기라는 문헌 증거에 대한 키르허의 해석을 자연 증거, 즉 지구의 자연지리학에 대한 그의 지식과 결합시켰다. (그는 방주가 축척에 맞게 그려지지 않았다는 점을 잘 알고 있었다. 비록 바로크 양식으로 그려져 있긴 하지만, 근대의 여러 과학 삽화처럼 이것은 **도표**(diagram)였다.)

자료 1.6 홍수 이전과 이후의 세계를 키르허가 '추정한 지리(Conjectural Geography)'. 여기 나온 반쪽짜리 세계 지도에는 '홍수 이후' 세계에서는 물에 잠긴 '홍수 이전'의 육지 지역 (olim Terra modo Oceanus)에 대한 추측이 나타나 있으며, 그중에는 스페인 서쪽에 놓인 사라진 땅 아틀란티스도 있다. 반대로 이전에는 바다 아래에 있었지만 이제 육지가 된 지역 (olim Oceanus modo Terra)도 있다. 이 삽화는 지구의 지리가 대홍수로 인해 바뀌었다는 키르허의 주장을 그림을 통해 보여주었다. 따라서 최소한 이 경우만큼은 지구에 진짜 물리적 **역사**가 있는 셈이었다. 당대의 지도책에 실린 지도를 토대로 만든 그의 메르카토르 도법 지도는 거의 알려지지 않았던 오스트레일리아를 더 커다란 남극, 즉 '미지의 남부 대륙(Terra australis incognita)'의 일부로 그리고 있으며, 이와 유사하게 알려지지 않은 상태였던 북극 지방의 땅덩어리도 보여준다.

부차적 관심사였다. 그의 저작은 주로 어셔와 같은 학술적 연대학자의 사상계와 동일한 지평에 속해 있었다. 그들에게 역사는 기본적으로 인간의 이야기였으며 현대적 기준에서 볼 때 찰나에 불과했다.

유한한 우주

연대학자들이 보기에 인위적 율리우스 시간 척도가 지닌 한 가지 실용적 이점은, 한쪽 끝에 그럴듯한 천지창조 연도 계산치가 있고 다른 쪽 끝에 세계사가 궁극적으로 마무리되리라 예상되는 연도가 있을 만큼 전체 기간이 길더라도 이를 아우를 수 있다는 점이었다. 그러니까 가상 시간을, 예컨대 시간 척도의 양쪽 끝에 여분으로 넉넉히 남겨둘 수 있었다. 바로 이 점 때문에 율리우스 시간 척도는 서로 경합하는 연대기를 표기해 비교할 수 있는 차원으로 편리하게 쓸 수 있었다. 그러나 율리우스 시간 척도는 현대인이라면 웬만해서는 받아들이기 쉽지 않은 어셔와 스칼리제르식 연대기의 특징을 부각하기도 한다. 그 특징이란 이런 연대기가 현대 과학의 기준으로 볼 때 매우 짧다는 점(인간의 기준으로 보면 매우 길지만)이 아니라, 이들이 개관하는 세계사의 과거와 미래 양쪽에 유한한 경계가 있다는 점이다. 이런 특징은 지구가 중심에 있고 모든 별은 지구 주위에 있다는 우주에 대한 전통적 공간상인 '닫힌 세계closed world'와 놀랄 만큼 유사했다. 이런 우주관은 세계사의 유한한 경계와 마찬가지로 당연하게 여겨졌다. 코페르니쿠스, 케플러, 갈릴레오 같은 천문학자가 경계 없이 무한한 우주를 열어젖히기 전까지 말이다. 그러나 키르허와 당대의 여러 학자는 새로운 우주상이 아직 증명되지 않았다고 생각했기 때문에 이에 대해 여전히 의구심을 품고 있었다.

어셔를 비롯해 당대의 사람들은 대부분 자신들이 세계의 일곱 번째 시대이자 마지막 시대에 살고 있다고 믿었다. 많은 사람은 금방이라도 이 시대에 종말이 닥칠 것이라고 생각했고, 늦어도 가까운 장래에는 찾아오리라 예상했다. 당시 널리 퍼져 있던 어느 견해에 따르면 세계는 천지창조로부터 딱 6000년이 지나면 끝날 예정이었다(어셔의 계산에 따르면 1996년이 그때였다!). 이는 강생이라는 주요 사건이 일어난 시점이 천지창조 후 정확히 4000년 후라는 어셔의 계산과 일치했다. (전통적 시간 척도가 그리스도의 실제 탄생 연도와 딱 맞아떨어지지 않는다는 점은 오래전부터 알려져 있었다. 그리스도의 탄생 연도는 기원전 4년으로 추정되있다.) 기원전 4004년이라는 어셔의 수치는 이렇게 정확할 뿐 아니라 상징적 의미도 가득 담고 있었기 때문에 당대의 많은 사람에게 매력이 있었다. 어셔는 이런 수치를 제시한 첫 연대학자도, 유일한 연대학자도 아니었던 것이다.

어셔는 자신이 거둔 성과를 강조했으며 그것에 자부심을 느꼈다. 그러나 그는 자신의 주장에 논쟁의 여지가 있다는 점을 잘 알고 있었다. 앞서 언급했듯이 천지창조 연도를 두고 여러 제안이 나왔지만 모든 연대학자가 그렇게 제시된 연도 중 어느 하나를 정할 수 있으리라고 굳게 믿었던 것은 아니었다. 그리스도 기원(서력기원)이 시작된 지 얼마 지나지 않았을 때부터 일부 학자들은 창세기 이야기에서 태양이 4'일'째까지 만들어지지 않았다는 점을 지적해왔다. 태양의 겉보기 운동으로 하루를 정하는데 말이다. 그래서 천지창조가 일어난 일곱 번의 '하루'가 애당초 24시간 주기를 띠지 않을지도 모른다는 의견도 왕왕 제기되었다. 어쩌면 7일은 유대인 선지자들의 금언집에 나오는 다가올 '주의 날'처럼 신성한 의미가 있는 주요 시점을 표현하는 것일 수도 있었다(우리가 쓰는 "다윈의 시대에in Darwin's day" 같은 구절이 지칭하는 시기가 딱 떨어지지 않는 것과도 비슷하다). 만약 그렇다면 창조 '주간'의 지속 기간을 정확히 가늠하기란 어려울 테고 그 시점과 종점은 더더욱 불확실했다. 다시 말해 이 성서 원문도 다른 글과 마찬가지로 해석이 필요한 것처럼 보였다. '문자에 담긴' 날것 그대로의 의미란 불을 보듯 뻔하며 논의의 여지가 없다는 듯이, 성서 원문의 명확한 의미를 간편하게 읽어낼 수는 없는 노릇이었다. 연대학자와 여타 역사가들은 텍스트의 의미를 해석하려면 학술적 판단이 필요하다는 인식에 따라 성서 연구를 비롯해 역사 연구의 기초가 되는 **원전 비평**textual criticism 기법을 발전시켰으며 이는 현재까지도 계속되고 있다. 물론 여기서 사용한 '비평'은 예술비평, 음악비평, 문학비평과 같은 의미이며, 반드시 그 대상을 부정한다는 의미를 내포하는 것이 아니다.

오늘날 우리는 17세기 학자들의 해석이 지나치게 어구에 충실한 것 같다는 인상을 받을지도 모른다. 이는 17세기 학자들이 성서를 진지하게 **역사** 기록으로 받아들였다는 점에 일부 기인한다. 그러나 성서에 대한 그들의 접근에 뚜렷이 드러나는 '**축자주의**literalism(문자 하나하나를 곧이곧대로 받아들이며 텍스트를 해석해야 한다는 견해. ― 옮긴이)'는 고대 전통에서 온 것이 아니라 당시 기준으로 볼 때 꽤 최근에 일어난 혁신이었다. 그전 시대에는 상징적 의미, 은유적 의미, 풍유적 의미, 시적 의미 등으로 부를 만한 여러 다른 의미 층위가 두드러졌고, 대개 이들이 문자 그대로의 의미보다 더욱 높은 평가를 받았다. 그러나 이런 의미들이 정교하게 발전해 때로 기상천외한 정도까지 나아가다 보니, 특히 종교개혁 이후 신교 권역에서는 이런 의미들을 업신여기거나 아예 없애버렸고, 더 단순하다고 생각한 '문자 그대로의' 의미만이 남아 우위를 점하게 되었다. 그러나 프로테스탄트 학자들도 가톨릭 학자 못지않게 성서 해석의 주된 목적은 자연에 대한 지식을 전달하는 데 있는 것이 아니라 신학적 이해를 바탕으로 실천적 의미를 해명하는 데 있다고 인정했고 이 점을 진정으로 강조하기도 했다.

예를 들어 천지창조 이야기에서 가장 중요하게 여겨졌던 내용은 정확한 연도나 '하루'의 지속 기간이 아니었다. 사실상 인간의 삶에 훨씬 더 중요했던 것은 모든 피조물이 본래 "선하다"라고 선언한 유일무이한 조물주가 자유로이 만물을 창조했다는 점, 창조 행위는 제멋대로 벌어진 것이 아니라 신이 세심히 살피며 일관된 목적에 따라 순서대로 행한 것이라는 점, 태양이나 달, 그 밖의 자연물은 물론이고 천사나 천상의 권세들에 이르는 어느 피조물도 그것이 피조물인 이상 본래적 가치가 있는 존재나 숭배의 대상으로 여겨서는 안 된다는 점을 확고히 하는 것이었다. 이런 주제는 초기 기독교 시대부터 창세기에 대한 대중 설교와 학술적 주해 양쪽 모두에서 다루던 내용이었다. 성서의 신학적 의미와 그에 입각한 기독교 신앙 생활은 계속해서 강조되었고, 이 점은 세계의 기원에 대한 사실을 일러주는 지식의 원천으로 성서가 지닐 수 있는 유용성보다 우선시되었다(축자주의가 역사적으로 나중에 부상했으며 성서 해석에서 신학적 의미가 계속해서 우위를 점했다는 점은, 종교 근본주의와 무신론 근본주의를 막론하고 현대의 근본주의자에게 간과되거나 무시되기 십상이다).

연대학자들의 자신만만한 세계사 연도 추정에 도사리고 있던 미해결 문제는 정확한 창세기 연도만이 아니었다. 이집트의 상형문자 비문은 해독하지 못했지만 고대 그리스인들이 당시 알고 있던 내용에 대한 언급은 남아 있었는데, 이에 따르면 이집트의 초기 왕조는 천지창조가 일어났다고 널리 인정받은 연도 이전에도 몇 세기 동안 자리 잡고 있었다. 이집트 기록과 성서 기록은 둘 다 증거로 삼을 만한 전거였지만 양쪽이 다 옳을 수는 없었기에, 연대학자들은 하나를 택해야만 했다. 또다시 학술적 판단이 필요했던 것이다. 둘 중에 성서 기록이 더 믿을 만한 근거로 여겨진 것은 놀라운 일이 아니다. 천지창조 이전의 역사라던 이집트의 기록은 대개 정치적 선전이라며, 즉 이집트 고대 통치자의 정당성과 위신을 뒷받침하기 위해 오래전에 꾸며낸 허구라며 무시되었다. 그러나 초기 중국의 일부 기록도 이에 못지않게 곤란했다. 중국의 기록은 중국에서 생활한 예수회 학자들의 연구를 통해 유럽인들에게 알려지게 되었다. 이 기록도 고대 인류사가 연대학자들의 계산이 허용하는 범위보다 훨씬 길다는 점을 시사했다. 바빌로니아에 대한 고대 그리스 기록도 허구라며 무시되기 일쑤였지만 인류 문명이 더욱 오래되었음을 웅변하고 있었다.

그중에서도 가장 곤란했을 문제는 어셔의 대작인 『연보』가 출간된 직후 한 소형 책자에 발표된 추측이었을 것이다. 익명의 저자가 쓴 『아담 이전의 인간Prae-Adamitae』(1655)은 이내 널리 알려지며 악명을 떨치게 되었는데, 이 책은 신약성서의 어느 한 구절을 섬세하게 해석하여 성서에 나오는 아담 이야기가 원래는 최초의 유대인에 대해 언급하려고 한 것이지 최초의 인간에 대한 것이 아니라고 주장했다. 이런 주장은 아담을 인간 역사의 시점으로 삼은 모든 연대기에 커다란 의문을 제기했다. 이 추측은 세계의 인종이 어느새 그렇게 널리 퍼지고 각양각색이 되었는지 설명할 수 있다는 이점이 있었다. 바로 이런 인류의 다양성은 유럽인들이 몇 세기 전 대항해 탐사를 통해 아프리카를 돌아 아시아로, 대서양을 건너 남북아메리카로 진출하기 전까지 제대로 인식하지 못하던 것이었다. 그러나 거꾸로 이 추측은 기독교의 구원 드라마에서 상정하는 인류의 단일성을 부정하는 것처럼 보인다는 난점이 있었다. 가령 이런 추측은 구원 드라마에서 아메리카 대륙의 토착민을 배제하고, 아메리카 토착민에게 인간의 지위를 완전히 부여하지 않는 듯이 보였다. 이 소책자의 저자(그의 정체는 프랑스 학자 이삭 라 페레레Isaac La peyrère로 밝혀졌다)는 '아담 이전의Pre-Adamite' 인류가 있었다는 주장 때문에 가톨릭 당국과 마찰을 겪었지만, 명목상으로나마 그런 추측을 포기한 후 노년을 평화롭게 보냈다.

영원주의의 위협

그러나 현재의 맥락에서 아담 이전에 인류가 있었다는 생각이 중요한 이유는 진위가 의심스럽던 고대 이집트, 중국, 바빌로니아의 기록에 힘을 실어주었기 때문이다. 이들 기록은 모두 인류의 역사가 서양에서 관례적으로 인정하던 연대기보다 훨씬 길어서, 5000~6000년 정도가 아니라 1만 년 이상, 바빌로니아 기록을 믿는다면 심지어는 수만 년에 걸쳐 이어졌을 수도 있다는 함의를 던져주었다. 이런 생각은 모두 통념에 반하는 것이었다. 꼭 천지창조의 연도 추정이나 성서의 권위에 의문을 품어서라기보다 더욱 급진적 추측이 끼어들 여지를 열어주는 듯했기 때문이었다. 인류사가 그렇게 길다면, 여러 주제에 대한 논의로 유럽에서 오랫동안 높은 평가를 받은 아리스토텔레스와 플라톤 등의 고대 그리스 철학자들이 또 한 번 적중한 듯했다. 고대 그리스 철학자들은 우주와 지구, 인간 생명이 매우 오래된 것을 넘어 말 그대로 **영원불멸**하다고, 즉 창조가 일어난 시점도 모든 것이 끝나는 종점도 없다고 주장한 것으로 여겨졌다. 이런 주장은 뼛속 깊이 불온한 것이었다. 왜냐하면 인간이 어떤 식으로든 창조되었으며, 그렇기 때문에 그들을 만든 초월적 조물주에게 도덕적으로 책임을 져야 한다는 점을 부인한다면 인간 자신의 행위와 처신에 궁극적으로 책임이 있다는 점을 부인하는 셈이었기 때문이었다. 이런 주장은 도덕과 사회의 토대 자체를 위협하는 것 같았다.

언뜻 보면 이 '**영원주의**eternalism'(그때부터 이렇게 불렸다)는 기껏해야 수천 년에 불과한 연대학자들의 짧고 유한한 이야기와 극명히 대비되며 지구와 우주의 역사가 수십억 년에 이른다는 현대적 이해를 예견하는 것처럼 보일지도 모른다. 그러나 영원주의의 겉보기 현대성은 눈속임이며 커다란 오해를 낳을 소지가 있다. 사실 17세기에 고려의 대상이 되었던 유이二한 선택지인 '어린 지구'와 영원한 지구는 뭐가 낫다 할 것 없이 **비현대적**un-modern이었다. 두 선택지 모두 인류가 우주에서 언제나 제일 중요한 존재였고 앞으로도 그럴 것이라는 가정을 깔고 있었다. 연대학자들이 그린 지구(와 우주)의 짧고 유한한 역사는 인간이 등장하기 전 매우 짧은 무대 설치 시간을 제외하고는 처음부터 끝까지 전적으로 인간의 드라마였다. 영원주의자의 상도 이와 마찬가지였다. 그들이 그린 지구(와 우주)에 인류가, 적어도 이성을 지닌 아담 이전의 몇몇 인류라도 존재하지 않은 적은 없었고 앞으로도 그럴 터였다. 천지창조 연도의 일반적 추정 범위보다 한참 전으로 거슬러 올라가는 이집트, 중국, 바빌로니아의 초기 인류 기록이 신뢰할 만하다고 주장한 사람들은, 이런 기록도 우연히 아직까지 살아남은 기록 중 가장 오래된 것일 뿐이라고 가정했다. 그들은 당연히 그 이전에도 인류 문화가 오래도록, 거의 무한히 이어졌으며, 다만 시간의 심연 속에 모든 흔적이 사라졌을 따름이라고 생각했다.

따라서 영원주의에서 그리는 무한히 오래된 지구(와 우주)는 지구의 역사가 엄청나게 길지만 유한하다고 보는 근대 과학의 상을 예견한 것이 아니었다. 그러나 17세기에, 심지어는 그 이후 시대까지도 영원주의는 문화적으로 주류였던 짧고 유한한 우주라는 상에 급진적 대안이 되었다. 영원주의는 종교적 측면뿐 아니라 사회적·정치적 측면에서도 위협적이라고 여겨졌다. 그래서 영원주의는 대체로 수면 아래에 잠복해 있었다. 영원주의가 눈에 띄는 경우는 비정통파 지지자가 공개적으로 의견을 표출할 때가 아니라 대개 정통파 비판자가 공격할 때였다. 영원주의가 인간 사회에 급진적 위협을 초래한다고 여겨졌다는 사실은 일부 집단이 창세기의 천지창조 이야기를 매우 축자적으로 해석하여 이끌어낸 '어린 지구'를 왜 그렇게 집요하게 수호했는지 설명하는 데 큰 도움을 준다. 그러나 반대로 영원주의자들이 종교적 회의주의, 더 나아가 무신론 같은 자신만의 의제를 펼치고자 한 경우도 많았다. 그래서 이는 결코 계몽된 이성Reason 대 종교적 독단Dogma으로 단순하게 정리될 수 있는 있는 투쟁이 아니었다. 강렬한 '이데올로기적' 의제는 논쟁 양편에 모두 깔려 있었다.

그러나 영원주의가 함축하는 대로 인간의 삶이 계속해서, 무한히 이어진다는 생각은 전 세계적으로 보면 예외라기보다 표준에 가까웠다. 대다수의 전근대 사회에서는 시간이란, 아니 그보다 시간에 따라 전개되는 역사란 되풀이되거나 어느 정도 주기를 따르지, 화살처럼 한

쪽으로만 나아가며 되돌릴 수 없는 것은 아니라는 가정이 문화에 녹아 들어 있었다. 이 가정의 바탕에서 이를 상식처럼 보이게 해주는 것은 세상에 태어나서 성장하다가 죽음에 이르는 인간 삶의 주기에 대한 보편적 경험, 세대마다 반복되어온 이와 같은 경험이었다. 대다수 전근대 사회에서 인간의 삶을 강력히 규정하는 요소였던 계절의 순환도 여기에 한몫했다. 이들은 다함께 인류 문화, 지구, 나아가 전 우주가 이와 비슷하게 순환한다거나 '정상 상태定常 狀態, steady-state'에 있다는 관점을 발전시켰다. 이런 배경을 고려한다면 세계에 유일무이한 시작점이 있고 선형적이며 한 방향으로만 흐르는 역사가 있다는 생각, 유대교에서 처음 나타나 기독교로, 나중에는 이슬람교로 확대된 이 생각은 두드러지는 변칙 사례에 해당한다. 이런 아브라함 계통 신앙에서는 역사가 한 방향으로 흐른다는 관점을 금식과 축제(유월절, 부활절 등)로 이루어진 1년 주기로 압축했다. 1년 주기는 우주의 모습을 평범한 일상에 와 닿는 수준으로 축소하여 모사하는 것이었다. 그러나 더 규모가 큰 우주관도 여전히 매우 중요했다. 즉, 인류, 지구, 우주에는 공통의 진짜 역사가 있으며, 그 방향은 화살처럼 비가역적이라는 생각 말이다.

역사에 대한 의식이 이렇게 확고했기 때문에 유대교-기독교 전통의 바탕에 놓인 구조는 지구(와 우주)의 심원한 역사를 유한하고 일방향적인 것으로 바라보는 현대적 관점과 매우 유사하다. 더 구체적으로 말하면, 인류사에 정확한 수치를 부여하고 그것을 질적으로 중요한 시대와 시기들의 연쇄로 분할하는 학술적 연대학은 지구의 심원한 역사에 그와 유사한 정확성과 구조를 부여하고자 하는 현대 과학인 '지질연대학geochronology'과 매우 닮았다. 이 점이 '그저' 유사성에 불과한지 그 이상의 무언가가 있는지는 이 책의 나머지 부분에서 탐구할 것이다.

요약해보자. 서양에서 전통적으로 인식한 우주, 지구, 인간 삶의 역사는 현대의 관점에 비해 매우 짧았다. 그러나 이 점은 상대적으로 대단치 않은 차이다. 양적 차이는 질적 유사성에 비하면 그리 크지 않다. 사소한 것으로 치부하기 어려운 차이는 어셔 같은 연대학자가 그린 학술적 역사가 거의 전적으로 **문헌** 증거에 기반을 두었다는 점이다 (과거의 일식, 혜성 등등 천문학적 증거도 문헌 기록에서 유래했다). 키르허 같은 학자가 노아의 홍수를 역사적으로 분석했을 때도 문헌 증거가 지배적이었고 자연 증거를 사용한 경우는 미미했다. 그러나 이와 거의 동시대에, 17세기도 지나기 전인데도 다른 학자들은 지구 고유의 역사를 둘러싼 논쟁에 자연 증거를 더욱더 실질적으로 활용하기 시작했고, 그럼에도 그 역사의 바탕이 될 시간 척도를 꼭 늘려야 한다고 생각지 않았다. 다음 장의 주제는 바로 이것이다.

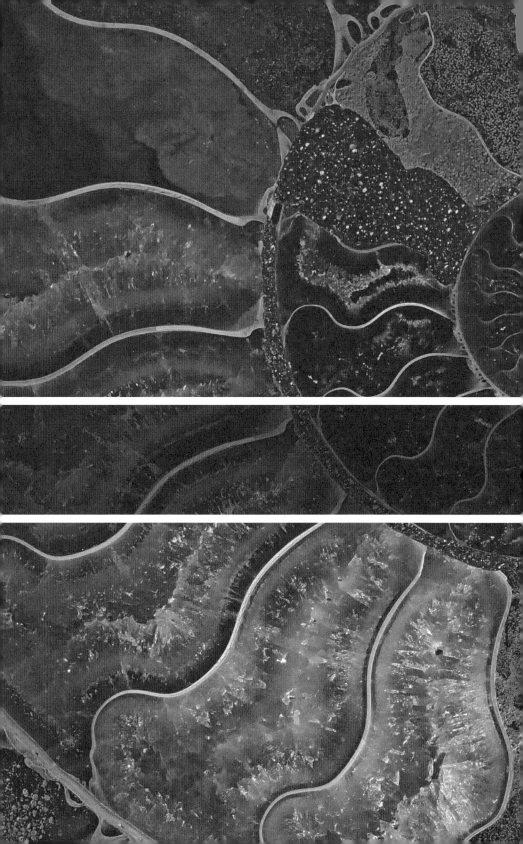

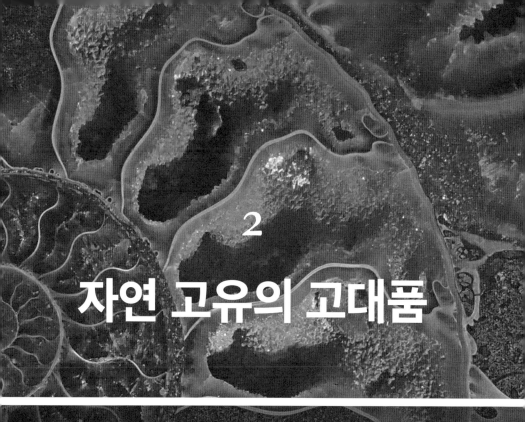

2

자연 고유의 고대품

EARTH'S DEEP HISTORY

역사가와 고대품 연구자

지금 생각하면 '어린 지구'라는 관념은 암석, 화석, 화산과 산맥 등 자연 세계에서 나온 증거 때문에 애초부터 흔들렸을 것만 같다. 그러나 사실 이렇게 겉으로 보이는 요소들이 지닌 의미는 결코 자명하지 않았으며, 거기에는 그럴 만한 이유가 있었다. 여러 이유가 있지만, 창조 '주간'(말 그대로 한 주로 보든 아니든)에 주요 소품이 무대에 오른 후에도 자연에 진정한 역사가 있을 수 있다는 생각부터가 새로웠다. 창조보다 훨씬 나중에 일어난 유일무이한 대사건인 대홍수를 제외한다면, 자연 세계는 인류의 역사라는 현재 진행형의 연극이 벌어지는 중에도 변하지 않는 배경 막으로 받아들여졌다. 자연도 자연 나름대로 연극을 펼칠 수 있다는 생각은 역사가의 생각과 방법이 자연 세계로, 문화가 자연으로 **옮겨진**transposed 후에야 비로소 그럴듯해 보이게 되었다. 역사학, 다시 말해 인간을 대상으로 한 역사학은 17세기의 유망한 학문 분야였으며, 다양하고 수준 높은 역사 서술이 이런 중요한 이동이 일어날 수 있는 비옥한 토양을 마련했다.

제임스 어셔가 말한 기원전 4004년 말고도 연대학자들이 최초의 천지창조가 일어난 주간으로 추산했던 연도는 많았다. 마찬가지로 17세기에 연대학자만 역사 연구를 하던 것은 아니었다. 연대학은 그저 전문화된 역사학의 일종일 뿐이었다. 연대학에서는 여러 언어로 되어 있으며 다양한 문화권에서 나온 원전을 활용하고, 세계사를 신의 자기 현현, 곧 '계시'의 누적이라는 기독교적 서사로 해석하며, 보통 그 결과물을 연대학자가 최대한 정밀하게 연 단위로 사건을 정리한 연대기인 '연보annal' 형태로 정리했다. 다른 학자들은 다른 방식으로 역사를 서술했다. 그들은 연대학자보다 세속적인 경우가 많았으며, 고대 그리스와 라틴의 저술가를 귀감으로 삼았다. 이들이 쓰는 역사는 특정한 장소나 사람들을 다루거나, 특정한 시기나 옛 일화를 대상으로 삼거나, 매우 중요한 개개인의 삶과 영향력을 다루었다. 어떤 역사가들은 연대학자처럼 과거를 구분 가능한 시기로 나누거나, 이미 널리 쓰이던 시기 구분을 받아들였다. 시기는 연도를 정확히 정의하지 않더라도 서술에 유용할 수 있었다. 예컨대 '중세'는 그리스·로마의 '고대'나 고전 세계가 쇠락한 뒤 '근대' 세계의 시작을 알리는 르네상스가 열리기 전의 몇 세기를 채워주었다.

기록 보관소나 도서관에 보관된 문서와 서적은 어느 역사 연구에서든 가장 중요한 것이었다. 역사학자들도 연대학자들과 마찬가지로 점점 더 높아지는 학술적 엄격성의 기준을 받아들였고, 원전의 신빙성 등등을 더욱 꼼꼼히 평가하게 되었다. 성서 못지않게 세속 문서 기록도 비판적으로 따져보아야 했다. 사건이 일어난 바로 그때와 동시대의 기록을 더욱 값진 것으로 평가했고, 역사가들은 시대착오가 엿보이는 흔적을 찾는 법을 익혔다. 문서는 나중에 위조되었을지도 모르고, 위조되었다는 사실 자체에 중대한 정치적 함의가 담겨 있을 수도 있었다. 반대로 많은 역사가는 상대적으로 기록이 많이 남아 있는 그리스·로마 시대보다 이전인 인류사 초기의 귀중한 단서가, 그냥 봐서는 믿기 힘든 신화, 전설, 우화에 남아 있을지도 모른다고 믿었다. 신, 초인, 영웅에 대한 이야기는 사실 고대의 위대한 지배자나 이례적인 자연현상에 대한 소문이 와전된 것일 수도 있었다. 이런 이야기는 언뜻 보기에는 앞뒤가 맞지 않거나 말이 안 되는 것처럼 보이지만, 제대로 비신화화(매우 일찍부터 이를 옹호해왔던 고대 그리스 저술가 에우헤메로스Euhemerus의 이름을 따서 '에우헤메로스식euhemerist'이라고 부르는 방법)를 한다면 인류사의 초창기인 '전설'이나 '신화' 단계에 실마리를 던져줄 수도 있었다.

그러나 역사가들은 다른 종류의 증거도 점점 더 많이 사용했다. 과거에 무슨 일이 있었는지를 알리는 다른 기록을 이용해 글로 된 기록을 보완할 수도 있었다. 그리스와 로마 같은 고전 시대를 예로 들자면, 고대 건축물에 새겨지거나 옛터에서 발굴한 명문처럼 종래의 문서와 비슷하게 글로 되어 있으면서도 먼 과거의 사건에 대해 중요한 새 정보를 일러줌으로써 문서를 보완해주는 기록들이 있었다. 고대 집터에서 발굴한 동전도 있었는데, 여기에는 약간의 글자가 고대 지배자의 초상이나 여타 중요한 형상과 함께 기록되어 있어 연대 추정에 도움을 주곤 했다. 아무 글자도 없는 유물이라도 찬란한 고대 문화에서 벌어진 대사건이나 평범한 일상생활의 추가 증거가 되었다. 이런 유물은 그리스 항아리와 로마 조각부터 그리스 사원과 로마 극장 같은 '유적monument'까지 다양했다. 문서로 된 원전을 보완하는 이런 유물은 모두 '고대품antiquities'으로 알려졌다. 그중에서도 작고 수집 가치가 높은 물건들(현대의 용어로는 간단히 '골동품antique'이라고 부른다)은 자연과 인간에서 유래한 희귀하고 궁금증을 자아내는 온갖 신기한 물건들과 함께 학자들이 꾸민 개인 박물관인 '진귀한 것의 방cabinets of curiosities'에서 돋보이곤 했다. 이런 학자들은 스스로를 고대품 애호가antiquarians 또는 '고대품 연구자antiquaries'라고 불렀다.

고대품을 역사적 증거로 사용하지 말라는 법은 없었다. 문자 기록이 전혀 남아 있지 않을 경우에는 더더욱 그랬다. 유럽 대부분의 지역에서 로마인과 문자 문화가 함께 나타나기 이전 시대에 관한 증거는 땅에 놓여 있던 석기石器나 무기, 고분에서 파낸 청동기나 도기처럼 연대를 추정하기 힘든 유물이거나 잉글랜드 남부에 있는 거대 환상열석環狀列石인 스톤헨지처럼 멋지지만 수수께끼 같은 유적이 전부였다. 이런 유물 중 일부는 지중해 연안의 고대 그리스 세계처럼 다른 곳에 있던 초기 문자 문화와 같은 시기에 생겼다고 추정할 수도 있었다. 그러나 몇몇 유물은 성서에 드문드문 남아 있는 기록과 여타 문화권의 초창기 신화처럼 논쟁의 여지가 있는 증거를 제외한다면 전 세계의 어떤

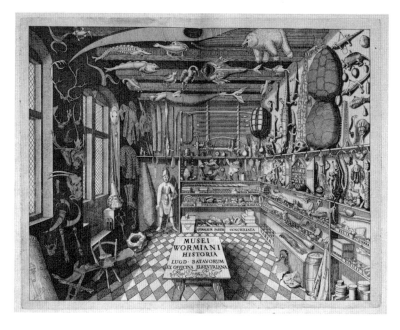

자료 2.1 코펜하겐에 살던 덴마크의 학식인 올레 웜(Ole Worm)이 꾸민 '진귀한 것의 방'. 여기에는 자연과 인간에서 유래한 흥미롭거나 정체를 알 수 없는 온갖 물건이 있었으며, 모두 세심하게 분류되었다. 예컨대 화석 대부분은 아래쪽 선반에 보관하고 '라피데스(Lapides)', 즉 '돌'로 분류했을 것이다. 이 판화는 웜의 소장품을 묘사하고 도해한 책인 『웜 박물관(Museum Wormianum)』(1655)의 화려한 권두 삽화 또는 시각적 개요로, 여기에는 크기를 대폭 축소하여 실었다. 이 책은 라틴어로 되어 있어 유럽 전역의 식자층이 이해할 수 있었다.

문자 증거보다도 오래되었다고 해도 무방했다. 그래서 고대품 연구자들이 연구한 유물들은 설사 연도를 모른다 해도 어떤 믿을 만한 문자 기록도 남아 있지 않은 인류사 초창기에 빛을 던져줄 수 있었다. 실로 이 유물들은 역사적 증거의 전통적 출처를 보완하는 데 그치지 않고 그런 출처를 대신할 수도 있었다.

자연의 고대품

이런 고대품들이 다시 다른 고대의 물건으로 보완되거나 심지어는 대체되지 말라는 법 또한 없었다. 인간이 아니라 자연에서 유래했으니 유물은 아니더라도 말이다. 은유적으로 말해서 자연에는 자연 고유의 고대품이 있을 수도 있었다. 그런 물건 중 가장 놀라운 것은 조개껍질이었다. 일부 지역은 바다에서 멀리 떨어져 있는 데다 때로는 해수면보다 한참 높은 곳인데도 바닥에서 조개껍질들을 주울 수 있었다. 일찍이 고전 시대에도 이런 '**자연의 고대품**natural antiquities'에 관심을 기울이고 그에 대한 의견을 제시한 사례가 있었다. 17세기에 많은 학자는 고대 세계의 선구자들이 그랬듯이 이 조개를 통해 먼 옛날에는 바다가 당시보다 훨씬 넓었음을 알 수 있다고 믿었다. 예를 들어 시칠리아의 학자이자 직업 화가였던 아고스티노 실라Agostino Scilla는 그가 살던 시칠리아섬 및 그와 인접한 이탈리아 지방에서 수집한 조개껍질을 설명하는 책을 펴냈다. 그는 직접 관찰해보니, 그 물건들이 한때 정말로 살아 있었던 조개의 껍질임이 분명하다고 주장했다. 그는 그 외의 주장이 '감각'에 위배되는 '헛된 억측'에 불과하다며 단호히 일축했다.

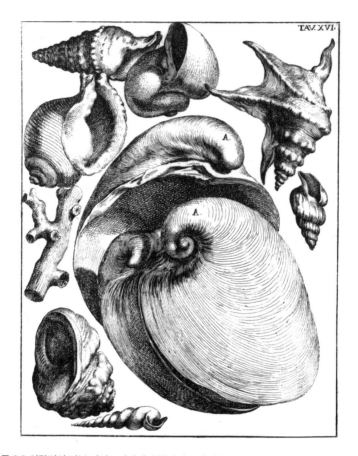

자료 2.2 이탈리아 남부 카라브리아에서 발견된 조개껍질 화석과 산호 일부. 이 그림은 아고스티노 실라가 『헛된 억측(La Vana Speculazione)』(1670)에 펴낸 여러 삽화 가운데 하나다. 이런 삽화들은 이런 물건이 한때 정말로 살아 있던 조개와 여타 생물의 잔존물이라는 그의 주장을 뒷받침했다. 이 물건들은 근처 지중해에 있던 연체동물, 성게, 산호 등의 껍질과 워낙 비슷하므로 그렇게 설명하는 것 말고는 다 '헛된 억측'에 지나지 않는다는 것이 실라의 주장이었다(판화를 찍는 동판이 비쌌기 때문에 조개껍질을 구리판 위 둘 수 있는 자리에 맞추어 알뜰히 배치했다).

사람들이 알고 있는 인간의 역사 가운데 지리상 그렇게 거대한 변동을 일으킬 만한 시점으로는 노아의 홍수가 가장 눈에 띄었다. 노아의 홍수는 키르허 및 다른 여러 학자의 의견에 따르면 신빙성 있는 문서 자료에 믿음직스러운 직접 증언이 기록되어 있는 유일한 사건이었다. 창세기 서사의 기록을 곧이곧대로 본다면 노아의 홍수는 전 세계적 규모로 일어났는데, 그렇다면 바다에서 멀리 떨어진 데다 해수면보다 높은 곳에서 널리 발견되는 바다 조개도 설명 가능했다. 노아의 홍수 또는 대범람은 달리 설명하기가 난감한 자연물을 "범람을 통해diluvial"설명해주었다. 이런 식으로 해석한 사람들은 억압적 교회 권력의 강요를 받지 않은 것은 물론이요, 편협한 성서 축자주의에 굴복한 것도 아니었다. 이런 설명은 적어도 처음에는 설명 대상인 바다 조개 못지않게 자연에 기반을 둔 것처럼 보였다. 그리고 이는 역사적 설명이었기 때문에 노아의 홍수가 어떻게 일어났는지 확실치 않다는 점은 이 설명을 배제할 근거가 되지 못했다. 대홍수의 역사적 실재성(또는 비실재성)은 대홍수의 원인을 알아내는 문제(그 원인이 자연에 있다고 생각했지만 동시에 홍수의 궁극적 목적은 신의 뜻에 부합한다고 여겼다)와는 별개의 문제로 인식되었다.

바다 조개를 노아의 홍수로 설명하던 학자들은 이런 설명 덕택에 창세기, 더 나아가 성서 전체의 신빙성이 더욱 높아지리라 기대했다. 그러나 이런 목표를 거부하며 홍수 때문에 그런 변화가 일어났다는 설명을 의심하거나 부정하던 사람들도 이 조개들이 지리상 대변동을 보여주는 믿을 만한 자연 증거라는 점만큼은 받아들일 수 있었다. 이런 변동은 인간의 역사에서 워낙 먼 옛날에 일어난 일이라 신화와 전설처럼 왜곡된 형태의 기록만 남아 있는 것일지도 몰랐다. 그러나 이런 신화와 전설은 에우헤메로스식으로 비신화화할 수 있었다. 키르허와 몇몇 사람이 주장한 대로, 예전에 사람이 살던 아틀란티스 대륙(아틀란티스가 있었을 법한 위치를 두고서는 치열한 논쟁이 있었지만)이 바다에 잠겼다는 전설을 플라톤이 기록했듯이, 반대로 현 대륙의 상당 부분은 한때 바다 아래 있었을 수도 있었다. 이때에도 이런 지리적 변동이 어떻게 일어났는지는 별개의 문제였다. 어쨌거나 많은 학자는 내륙 한가운데에서 발견된 바다 조개 같은 자연의 고대품을 열심히 수집해 누가 봐도 인간이 만들어낸 더 친숙한 고대품들과 함께 진열장에 보관했다. 이들은 모두 인류의 초기 역사에 대한 잠재적 증거였다.

대홍수나 다른 주요 지리 변동 때문에 생겼다던 흔적 모두가 실라의 바다 조개처럼 쉬이 해석되지는 않았다. 바다 조개는 통틀어 '화석fossils'이라고 알려진 더욱 광범위하고 다양한 물건들 중 한 부류에 불과했다. 이 말은 그냥 '파낸 물건'이란 뜻이었고, 지면 위에서 발견되기도 하지만 보통은 지면 아래에서 발견되는 **모든** 특이한 사물이나 물질이 여기 포함되었다(이 단어의 원래 의미는 지구 깊숙이에서 파내거나 뽑아 올린 석탄과 석유를 일컫는 '화석 연료fossil fuels'라는 용어에 남아 있다). 17세기 학자들이 수집해 진열장이나 박물관에 보관한 '화석'에 들어가는 물건은 매우 다양했다. 연속선상의 한쪽 끝에는 수정 결정체와 여러 광물이, 다른 쪽 끝에는 바다 조개가 있었다. 그 사이에는 살아 있는 동식물(아니면 적어도 그 일부)과 닮은 영문 모를 물건들이 여럿 있었다. 그래서 문제는 '화석'이 유기체에서 **유래했느냐 아니냐**가 아니라 무엇이 유기체(또는 그 일부)의 잔존물이고 무엇은 아닌지를 결정하는 것이었다. 이런 질문인 셈이었다. 동식물의 일부에서 유래했기 때문에 해당 생물과 닮은 '화석'은 무엇이고, 어쩌다 보니 우연히 모습이 닮은 것은 또 무엇인가? 정말 유기체에서 유래한 화석만 자연 고유의 고대품이라 볼 수 있었고, 그래야 인간과 주변 환경의 **역사**에 대한 다른 종류의 증거를 보완하거나 대체하는 데 쓸 수 있었다.

사실 문제는 생각처럼 간단하지 않았다. 많은 사람은 수많은 '화석'과 살아 있는 동식물 간에 '다소간' 존재하는 유사성이 우연이나 단순한 인과 관계 때문이라고 보는 대신, 무기물계와 유기물계 사이에 근원적 유사성이 있기 때문이라고 여겼다. 무기물계 혹은 광물계는 정말로 살아 있었던 적이 없더라도 유기물계 혹은 생물계에서 생성된 형상과 얼마간 엇비슷한, 또는 얼마간 '조응하는' 형상을 만들어낸다고 널리 알려져 있었다. 예를 들어 큰 돌덩이가 쪼개지면 바위 표면에서 얼핏 양치류처럼 생긴 광물 형태(현대의 용어로는 **모수석**模樹石, dendritic 모양)가 나타나는 경우가 종종 있었다. 오늘날에는 이런 식의 설명이 정당하다고 보는 자연관을 이해하기가 꽤 어렵지만, 이런 관념은 17세기에 널리 퍼져 있었고 심지어는 우위를 점하고 있었다. 특정한 '화석'의 경우에 이런 설명은 당혹스러운 물건이 지닌 모든 당혹스러운 특성을 자연스럽게 설명하는 듯이 보인다는 강점이 있었다. 간단히 말하자면 이런 물건의 **형상**form은 알려진 어떤 살아 있는 동식물과도 다른 경우가 많았고, **질료**substance는 보통 유기물이 아니라 광물이었으며, **위치**position로 미루어보건대 이 물건들은 지면 아래에서 '파냈기' 때문에 광물처럼 지하에서 자란 것이지 지금은 사라진 바다에 서식하던 생물 유기체 안에서 자라지는 않았을 터였다.

이런 생각이야말로 실라가 쫓아버리고자 했던 '헛된 억측'이었다. 그는 '감각'이나 관찰을 내세우며 이런 억측 대신 조개껍질 화석이 한때 정말로 살아 있었던 조개의 잔존물이라는 설명을 제시하려 했다.

그러나 실라는 비교적 쉬운 사례를 가지고 주장을 펼친 것이었다. 그의 '화석'은 연속선상에서 이해하기 쉬운 한쪽 끝에 놓여 있었다. 조개 껍질은 지중해에 사는 조개와 모습이 비슷했고, 해변에 놓인 조개와 구성 물질 면에서도 다를 게 없었으며, 지금의 바다와 가까운 곳에서 발견되었으니 말이다. 대부분의 다른 '화석'은 훨씬 이해하기 어려웠다. 살아 있는 동식물과 비슷하지 않은 경우도 허다했다. 적어도 세세한 부분까지 닮지는 않았다. 화석은 보통 돌 같은 물질로 '석화petrified'된 상태였다. 또 많은 화석은 내륙 한가운데, 해수면보다 높은 곳에서 견고한 바위로 에워싸인 채 발견되곤 했다. 이런 화석은 생물계와 무생물계 간의 미묘한 '조응'이란 용어로 설명하는 편이 훨씬 그럴듯해 보였으며, 전혀 '헛된 억측'이 아니었다. 그래서 '화석'은 유럽 전역에서 열띤 논쟁의 중심에 놓여 있었다. 자연에 대해 근본적으로 다른 관념이 경합 중이었기 때문이었다. 17세기 말과 18세기 초, 다양한 '화석'의 해석을 두고 벌어진 논쟁은 자연의 근본 힘, 물질의 궁극적 구조, 생명 자체의 본질적 성격을 둘러싼 논쟁 못지않게 격렬했다.

그런 논쟁은 책과 여타 문서 자료를 주로 연구하는 학자나 고대의 인간 유물을 연구하는 고대품 연구자만 펼친 것이 아니었다. 화석은 동물과 식물처럼 자연사natural history의 대상으로 여겨졌으며 '자연사학자naturalist'로 알려진 사람들의 연구대상이었다(이 단어에는 지금처럼 아마추어라는 함의가 없었다). 화석이나 대홍수의 유래 같은 자연적 원인을 둘러싼 질문은 '철학자', 더 구체적으로는 스스로를 '자연철학자natural philos-opher'라 부르는 사람들의 영역에 속했다. 물론 이 범주가 뚜렷이 구분되지는 않았다. 왜냐하면 이 모든 사람들이 자신을 '학sciences'(앞서 언급한 대로 영어권 밖의 지역에서 오늘날까지도 사용되는 광범위하고 다원적 의미의 용어)이라고 알려진 상호 연결된 정교한 지식 체계에 기여한다고 생각했기 때문이었다. 그들은 스스로를 학식이 있는 사람이라는 의미에서 '학식인savants'이라고 불렀고 대중도 그들을 그렇게 보았다. 이 단어는 19세기까지도 널리 사용된 포괄적 단어였다(여기서 이 단어를 씀으로써 훨씬 협소한 의미를 지닌 영어 단어 '과학자scientist'를 시대착오적으로 사용하지 않아도 될 것이다. '과학자'라는 단어는 19세기 들어서야 만들어졌으며 20세기에 들어서야 널리 사용되었다).

17세기에 몇몇 유럽 도시에, 특히 두 정치적 강대국이었던 프랑스와 잉글랜드의 수도에 과학 단체가 설립되고 학식인을 대상으로 한 첫 정기 회보나 간행물이 출간되면서 여러 학식인들이 서로 토론을 할 기회가 크게 늘어났다. 이 새로운 논쟁의 장은 파리 과학 아카데미Académie des Sciences와 그곳에서 출간한 《학식인지Journal des Savants》, 그리고 런던의 왕립학회 및 그곳에서 출간하던 《철학회보Philosophical Transactions》였다(여기서 '철학'은 '자연철학'을 의미하며 현대적 용어로 따지면 '과학'과 대충 비슷하다). 그러나 많은 과학 논쟁은 학식인들이 유럽을 여행하며 교유하거나 서로에게 편지를 쓰고, 아니면 책이나 소논문pamphlet을 출간 배포하는 식으로 한층 전통적인 경로를 통해서도 계속 이루어졌다.

화석에 대한 새로운 관념

이런 학식인 가운데 화석 문제에 대해 유독 중요한 연구 결과를 내놓은 두 인물이 있었으니, 저작을 출간할 때 쓴 라틴어 이름인 '스테노Steno'로 더 잘 알려져 있는 덴마크 의사 닐스 스텐센Nils Stensen과 잉글랜드인 로버트 후크Robert Hooke가 바로 그들이다. 덴마크와 네덜란드, 프랑스에서 수학한 스테노는 이탈리아 중부의 강국인 토스카나 대공국의 수도 피렌체에서 중요한 의사 직책에 임명되었다(이런 세계 시민 같은 이력은 당시에 흔했다. 현대 과학자들과 마찬가지다). 여기서 그는 17세기 초의 위인인 갈릴레오에게 영감을 받은 학식인 집단에 합류했다. 후크도 이와 약간 비슷한데, 그는 피렌체 집단을 부분적으로 본떠 새로 만들어진 런던의 왕립학회에서 근무했다. 후크는 실험과 시연을 통해 학회 구성원을 가르치고 즐겁게 하는 일에 종사했다. 이들 단체의 구성원과 유럽 전역에 있던 여러 학식인은 자연 세계를 연구하는 새로운 방법을 탐구하고 있었다.

1667년 스테노는 토스카나 해안에 떠밀려 온 거대한 상어의 머리를 해부하여 짧은 보고서를 출간했다. 그는 '여담'이라고 말하며 글로소페트라이glossopetrae 또는 '설석tongue-stone'이라 불리던 널리 알려진 화석에 대한 이야기를 보고서에 담았다. 이 물체는 약간 혀 모양처럼 생겼지만, 크기가 훨씬 크다는 것만 빼면 상어 이빨과 매우 비슷했다. 그러나 글로소페트라이는 석화되어, 다시 말해 돌처럼 굳어 육지에서 단단한 바위에 박힌 채 발견되었다. 스테노는 글로소페트라이가 중요하다고 생각해서 '화석' 일반의 해석에 도전하는 역작을 구상했다. 그는 고향인 코펜하겐에서 의료 업무로 그를 다시 부르기 전까지 짤막한 예고편인 『서설Prodromus』(1669)만 내놓았다. 그는 나중에 이탈리아로 돌아왔지만, 로마 가톨릭으로 개종한 뒤 사제로 서임되어 다른 종무宗務가 우선시되었던 탓에 이 주제에 대해서는 더 이상 책을 내지 못했다(이 주제가 그의 종교적 신앙에 미치는 함의가 두려웠기 때문에 포기했다는 이야기는 스테노나 그의 종교에 적대적인 근대의 평론가들이 꾸며낸 신화다). 그러

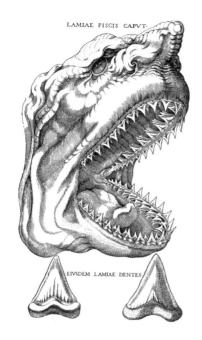

LAMIAE PISCIS CAPVT.

EIVSDEM LAMIAE DENTES.

자료 2.3 상어 머리를 그린 스테노의 삽화 (1667)로, 이빨이 매우 많고 그 대부분이 사용에 앞서 대기 중이라는 점을 보여준다. 아래는 이빨 중 하나를 안쪽과 바깥쪽에서 본 모습이다. 얼마 후에 출간된 책에서 스테노는 이 이빨들을 **글로소페트라이** 또는 설석이라 불리던 잘 알려진 '파낸 물건(fossil objects)'과 비교했다. 이 물체는 그런 '화석'을 어떻게 해석해야 하는지를 보여주는 본보기였다.

나 그가 전에 출간한 저작은 유럽 전역에 널리 알려졌고 학식인들 사이에 열띤 논쟁을 불러일으켰다. 런던에서 그 저작은 후크가 이미 도달했던 결론과 비슷한 결론을 피력한 책으로 받아들여졌다. 후크는 자신의 책 『마이크로그라피아Micrographia』(1665)에서 당시 최신 발명품이던 현미경으로 드러난 미시 자연의 놀라운 신세계를 묘사한 바 있었다. 조그마한 벼룩, 파리의 겹눈 등등 정밀한 대상을 담은 여러 화려한 삽화 말고도 그는 석화된 나무 화석과 숯 조각을 현미경으로 본 모습을 묘사하기도 했다. 이 삽화는 나무 화석과 숯에 작은 '세포'와 유사한 미세 구조가 있다는 점을 보여주었다. 이는 후크에게 스테노의 상어 이빨에 해당하는 물건이었다. 상어 이빨과 숯은 스테노와 후크가 각각 원래 유기체에서 유래했다고 주장한 '화석'들이었다. 적어도 이 물건들

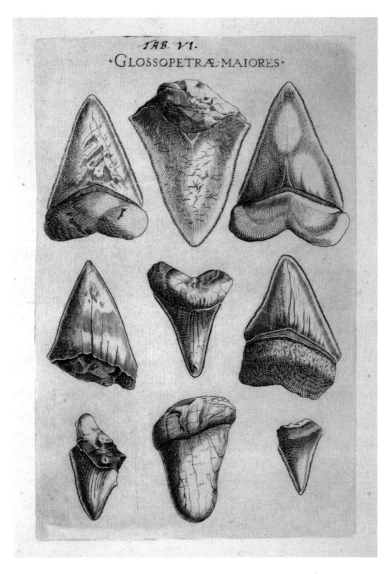

자료 2.4 견고한 바위 안에서 발견된 거대 **글로소페트라이**(설석)를 그린 스테노의 삽화 (1667). 그는 『서설』에서 이런 '화석'이 당시 사람들이 알고 있던 어떤 현존 상어보다도 커다 란 상어의 이빨임이 확실하며, 이 화석은 역사의 초창기부터 내려온 것이라고 주장했다. 이 는 더 제한된 현대의 의미에서 보더라도 **화석**에 해당하는 셈이었다.

만큼은 바다에서 멀리 떨어진 곳에서 발견된 바다 조개와 함께 자연 고유의 역사에 대한 단서로 활용될 수 있는 진정한 자연의 고대품이었다.

두 학식인은 먼저 유기물계와 광물계 사이에 내재적 '조응'이 존재한다는 생각을 반박하는 근거를 제시했다. 그들은 "자연은 헛된 일을 하지 않는다"라는 전통적 원리에 호소했다. 상어, 조개, 나무로 살아갈 수 있는 물건을 자연이 그저 영원히 바위에 가둬두기 위해 만들지는 않았으리라는 것이었다. 이와 밀접하게 관련이 있는 원칙은 '자연신학natural theology'(인간 본성을 비롯한 자연 세계와 신의 관계에 대한 주장을 분석하는 신학의 한 분야로, 인간의 역사에서 신의 자기 현현에 대한 주장들을 평가하는 '계시신학revealed theology'과 상보적이다)에서 도출했다. 이 원칙이란 모든 형태의 동식물은 적절한 삶의 방식을 따르도록 신에 의해 설계되었다는 것으로, 동식물에게 어울리는 삶의 방식이 바위 속에서 가능할 리 만무했다. 스테노는 상어의 턱에서 이빨이 자라는 경우와 지하의 바위에서 결정이 자라는 경우의 차이도 분석했다. 두 종류의 성장에 진짜 유사성이란 존재하지 않는다는 것이었다.

그다음 두 학식인은 그들의 '화석'과 살아 있는 동식물 간에 존재하는 형상, 질료, 위치의 차이를 설명해야만 했다. 그들을 비롯한 당대의 사람들은 질료에 대한 질문을 상대적으로 간단히 해소해주는 물질 일반에 대한 이론을 발전시키고 있었다. 당대인들은 용해되어 바위에서 빠져나온 광물질이 원래 유기물이었던 물질 안에 침전되거나 아예 유기물을 대체하는 식으로 나무나 상어 이빨, 조개껍질에 미세한 광물질 입자가 스며들어 돌로 변하는 과정을 어렵지 않게 떠올릴 수 있었다. 그리고 화석을 함유한 견고한 바위도 스테노가 바위의 원형이라고 주장했던 부드러운 퇴적물로부터 굳어지면서 거의 비슷한 방식으로 만들어질 수 있었다. 스테노보다 훨씬 다양한 '화석'을 고찰한 후크도 반대로 왜 어떤 화석에는 조개껍질을 이루는 물질이 전혀 없는지를 알아냈다. 퇴적물이 딱딱한 바위가 된 후 물이 스며들어 원래의 조개껍질을 용해시킴에 따라 보석 세공인이 금이나 은으로 보석을 뜨려고 만든 거푸집처럼 속이 빈 '틀'밖에 남지 않는다는 것이었다.

상어 이빨과 조개껍질이 바다에서 멀리 떨어져 있고 해수면보다 높은 육지에서 자주 발견된다는 위치 문제는 설명하기 더욱 까다로웠다. 스테노는 바다가 현재의 해수면보다 훨씬 높은 곳까지 차 있었을 때 암석의 '층strata'이 뻘 같은 부드러운 침전물 형태로 쌓여 있다가 물이 빠지면서 차차 드러나게 되었을 것이라고 추측했다. 그는 성서에 나오는 대홍수 기간에 해수면이 현재보다 높았을 것이라 생각했다. 반면 후크는 과거의 지진을 끌어들이며, 지진으로 지각 일부가 해저에서 솟아올라 새로운 육지가 만들어졌을지도 모른다고 추측했다. 그러나 두 추측 모두 추가적인 문제를 야기했다. 후크는 다른 많은 논평가가 그랬듯이 대홍수가 그런 관찰된 효과를 일으키기에는 지나치게 짧은 막간극에 불과하다며 대홍수를 근거로 한 설명을 거부했다. 그러나 다른 자연사학자들은 후크가 지진을 끌어들인 것을 두고 비판을 가했다. 왜냐하면 그의 고국인 잉글랜드에는 관련 화석이 한 가득이었지만 잉글랜드는 지진이 거의 일어나지 않는 곳이었기 때문이었다(딱 이 시기에 일어난 소수의 잉글랜드 지진이 많은 관심을 끌었던 이유는 지진 자체가 유별난 일이었기 때문이었다).

화석의 형상을 그것과 외관상 닮은 생명체와 대조했을 때 나타나는 문제는 스테노보다 후크에게 더욱 치명적이었다. 글로소페트라이 화석은 상어 이빨과 매우 유사했다. 잘 알려진 글로소페트라이의 표본들

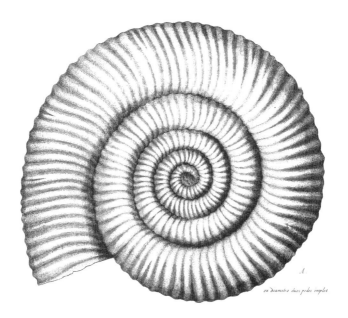

ex diametro duos pedes implet

자료 2.5 마틴 리스터(Martin Lister)의 두툼한 삽화집 『조개껍질의 역사[자연사](Historia Conchyliorum)』(1685-1692)에서 묘사한 지름 60센티미터짜리 거대 암모나이트. 의사이자 런던 왕립학회의 회원이었던 리스터는 이것을 비롯해 그와 유사한 조개껍질 '화석'이 정말로 한때 살아 있던 동물의 잔존물인지 미심쩍어했다. 왜냐하면 당시에 조개에 대해서는 누구보다도 많이 알고 있던 그가 보기에도 그 화석들은 살아 있는 조개와 다르게 생겼고, 조개껍질 성분도 없이 온전히 암석으로만 구성된 것처럼 보였기 때문이었다(현대적 용어를 쓰자면 이들은 '외형 화석(mold)'이었다). 암모나이트와 형태상 가장 가까운 조개껍질은 현재의 인도네시아에 해당하는 동인도제도 주변 열대 해역에서 나온 '진주 앵무조개' 껍질이었다.

은 상어 이빨에 비해 훨씬 크긴 했지만, 스테노의 연구를 처음 자극했던 것이 거대 상어였기 때문에 그 차이가 상쇄되었다. 그리고 스테노와 실라가 이탈리아 암석에서 발견한 조개껍질도 살아 있는 조개와 상당히 비슷했다. 반면 후크는 훨씬 다양한 잉글랜드 '화석'을 분석했다. 예를 들어 그는 진기한 물건을 수집하는 사람들이 매우 귀중한 것으로 평가했던 다양한 모습의 아름다운 '암모나이트'를 두고 논쟁을 벌여야 했는데, 암모나이트는 당시 알려진 어떤 조개의 껍질과도 닮지 않았다. 그러나 그는 멀리 떨어진 곳에 사는 동식물에 대해 아는 바가 매우 적다는 사실을 알았기 때문에 화석으로만 알려진 조개일지라도 언젠가는 살아 있는 채로 발견되리라 예상하는 편이 사리에 맞다고 여겼다. 장거리 항해나 탐험이 이루어질 때면 처음 보는 새로운 형체의 물건이 유럽에 여럿 유입되었다. 후크는 그게 아니라면 마치 품종 개량으로 새로운 가축 품종이 나타나듯이 어떤 종은 시간이 흐르며 형상이 바뀌었을 것이라고 추측했다(이 부분에서 그의 생각은 진화에 대한 후대의 생각과 비슷하다는 오해를 불러일으키기도 한다). 이 문제는 후크가 이후 30년간 왕립학회에서 '화석'과 지진에 대해 강의하는 동안 그를 끈질기게 괴롭혔고, '화석'과 지진은 계속해서 학회 구성원들이 큰 관심을 보이는 주제였다. 당시의 많은 사람이 이 문제로 당혹스러워했다.

역사에 대한 새로운 관념

스테노의 글로소페트라이, 후크가 논의했던 암모나이트나 여타 '화석들'이 있었지만, 당대인들은 거의 모든 학식인이 당연시하고 연대학자들이 엄밀하게 정량화하고자 했던 지구의 시간 척도에 의문을 제기하지 않았다. 당대인들은 이 기간이 거의 대부분 인간의 역사라는 점도 의심하지 않았다. 가령 스테노는 몰타섬에서 발견되어 유명세를 떨친 설석이 아무리 많다 한들, 그것들이 유기체에서 유래했다거나 짧은 시간 내에 만들어졌다는 주장을 반박할 수는 없다고 지적했다. 왜냐하면 살아 있는 상어 한 마리만 해도 실제로 사용하는 것과 예비용을 합쳐서 이빨이 200개 정도가 되기 때문이었다. 그는 고대 에트루리아인들이 토스카나의 언덕 마을 볼테라에 벽을 축조할 때 근처 지역에서 조개껍질 화석이 들어 있는 암석 덩어리를 캐서 사용했다는 점에도 주목했다. 그때는 로마가 이 지역을 점령하여 에트루리아 문화를 파괴하기 전이었다. 이 점은 암석 덩어리와 화석이 로마 이전의 것일 뿐만 아니라 에트루리아 문화보다도 이전의 것으로, 매우 오래전의 고대사에 속한다는 점을 보여주었다. 그래서 스테노는 이 암석과 화석이 더욱더 예전에 형성되었으며 어쩌면 성서에 나오는 대홍수 때까지 거슬러 올라갈지도 모른다고 주장했다. 그는 결코 자신의 증거를 찰나의 시간에 욱여넣어야 한다고 생각지 않았고, 오히려 이 자연의 고대품이 고대의 여러 인간 유물과 달리 그렇게 오랜 기간 동안 멀쩡한 상태로 보존될 수 있다고 독자들을 설득할 필요가 있겠다고 예상했다.

후크도 스테노와 마찬가지로 그가 재구성한 모든 사건이 오래되었을지언정 인류사의 범위를 벗어나지 않는 기간에 일어났다고 가정했다. 그는 당시 스테노가 살던 이탈리아처럼, 잉글랜드도 먼 옛날에 매우 강한 지진에 시달렸으며 이 지진들로 암석과 화석이 해수면 위로 융기하게 되었다는 가설을 제기했다. 그러나 그는 이에 대한 추가 증거를 자연이 아니라 고대 인류의 기록에서, 다시 말해 우화와 전설에서 찾을 수 있다고 예상했다. 이들을 통상적인 에우헤메로스식 방법을 통해 고대 지진과 화산 폭발이 와전된 이야기로 비신화화할 수 있다는 것이었다. 그는 당대의 사람들이 제기한 반론에 맞서 암모나이트가 아직 알려지지 않은 조개로부터 만들어졌다고 주장했다. 어떤 암모나이트는 매우 거대한 데다가 높은 평가를 받는 아름다운 열대 '진주 앵무조개'와 형태가 매우 비슷했기 때문에, 후크는 잉글랜드가 한때 열대 기후 지역이었을 것이라 생각했다. 그러나 그는 여기서도 이에 대한 추가 증거를 자연이 아니라 고대 문서 기록에서 찾을 수 있으리라 기대했다. 또한 후크는 화석으로 '연대표를 수립할' 수도 있을 것이라는 의견을 내놓았다. 그러나 그가 이런 표현을 통해 의미한 바는 화석이 연대학자가 사용하는 문서 자료를 보완하거나 기껏해야 그들을 대신하여 확실한 문서가 남아 있지 않은 인류사 초창기로 기록을 확장할 수 있으리라는 것이었다. 그는 연대학자 대부분이 고려하던 것보다 훨씬 오랜 역사를 다루는 이집트와 중국의 기록을 알고 있었다. 그는 이 기록의 진위를 의심했지만, 설사 기록이 사실이라 하더라도 이 기록으로 늘어나는 기간은 수천 년에 불과했고 그나마도 여전히 인간의 역사였다.

'화석'을 어떻게 해석해야 하는지를 고민하는 동안, 후크와 스테노의 발상은 세계사의 전통적 윤곽과 시간 척도가 대체로 올바르다는 상식적인 가정 때문에 왜곡되기는커녕, 그런 가정의 방해를 받지도 않았다. 그러나 그들은 각각 인류와 자연 환경의 역사를 둘러싼 현재 진행형의 논쟁에 중요한 새 요소를 도입했다. 둘 모두 그들을 비롯한 당대인이 당연시하던 세계사의 시간 척도를 현격히 늘려야 한다는 생각 없이 역사가의 관념과 방법을 자연 세계에 의도적으로 옮겨놓았던 것이다.

스테노는 토스카나에서 관찰한 암석과 화석을 사용해 자연에서 일어난 사건의 역사적 순서를 재구성했다. 그는 이를 자기 나름대로 성서의 창세기 및 대홍수 서사와 어긋나지 않게 맞추어보았다. 스테노는 볼테라 주위의 언덕에서 특이한 두 바위를 발견했다. 한 바위가 다른 바위에 얹혀 있었고 각 암석층은 어떤 곳에선 수평을 이루었지만 다른 곳에서는 기울어져 있었다. 위쪽 암석에는 조개껍질 화석이 있었지만 누가 봐도 더 오래된 아래의 암석층에는 화석이 없었다. 그래서 그는 아래쪽 암석층의 연대를 어떤 생물체도 없었던 천지창조 때로 추정했고, 위쪽 지층의 연대는 그 이후인 대홍수 때일 것으로 추정했다. 그는 이 자연의 고대품이 역사 초창기에 대한 성서의 서사를 입증하거나 적어도 그 서사와 부합한다고 거침없이 결론 내렸다. 그의 표현을 따르면, "성서와 자연은 일치"하거나 "자연이 성서를 증명하며 성서는 자연과 모순되지 않는다". (그의 두 암석층 각각이 **포함하는** 층도 더 작은 규모의 사건 순서를 보여주며 각각의 층은 반드시 그 위에 있는 층보다 이전에 퇴적되었다는 점은 너무나 뻔한 추론이었다. 그렇기 때문에 이런 추론을 후대에 공식화하여 '지층 누중의 법칙'으로 승격시킬 가치가 있다고 보기는 힘들며, 당연히 스테노가 이 법칙을 사용했다고 유별난 영예를 누릴 이유도 없다.)

이런 역사적 순서에 대한 스테노의 정리를 보면 그의 추론법이 연대학자들의 추론법과 아주 유사하다는 것을 알 수 있다. 연대학자들이 최근과 가까워서 상대적으로 기록이 잘되어 있는 과거(어서의 경우 로마 시대)에서 출발해 한층 더 파악하기 어려운 이전의 시대로 파고들면서 증거를 한데 모으는 것처럼, 스테노도 토스카나 지방의 현 상태에서 출발해 과거로 추론을 이어갔다. 이후 등장할 연대학자들이 방향을 뒤집어 자신들이 재구성한 역사를 연도까지 정확히 추정한 '연보' 형태에 맞춰 시간 순으로 정리했듯이, 스테노도 연대만 확정하지 못했을 뿐 지구의 역사에서 잇따라 존재했던 여러 국면을 가장 먼 시대부터 현재에 이르기까지 시간 순으로 재구성했다. 스테노가 이 주제에 대해『서설』에 짤막하게 실은 글은 바위와 화석을 '자연의 고대품'으로 활용하여 연대학자들이 수집한 문서 증거를 보완·추가하고, 더 나아가 대체함으로써 지구 초기의 역사를 어떻게 재구성할 수 있는지를 보여준 놀

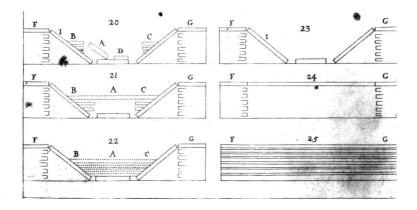

자료 2.6 토스카나 지방의 물리적 역사를 재구성하여 그린 스테노의 도해로 『서설』에 실렸다. 숫자는 조사 순서를 나타내며, 관찰 가능한 암석의 현 상태(20)에서 원래 상태에 대한 추론(25)으로 거슬러 올라간다. 그러나 글은 그와 반대 방향으로 스테노가 추론한 역사를 시간순으로 더듬으며, 원래 상태(25)에서 현 상태(20)를 향해 나아간다. 화석이 없는 예전의 암석(직선으로 그린 암석층)은 수평을 이루며 퇴적되어 있었지만(25), 이후 침식되면서(24) 위의 암석층이 경사진 곳으로 무너진다(23). 훗날 화석이 있는 어린 암석(점선으로 그린 암석층)은 위와 비슷하지만 별개인 사건을 연달아 겪으며 이전의 암석 위에 수평층을 이루며 퇴적되었다가(22), 침식되어(21) 윗부분이 현재의 위치로 무너졌다(20). 갈릴레오의 물리 연구 전통은 스테노와 그의 피렌체 동료들에게 영감을 주었는데, 이 도해도 갈릴레오의 물리 연구를 떠올리게 하는 추상 기하학의 형식을 따라 그려져 있다.

라운 본보기였으며, 그렇기에 영향력도 매우 컸다.

후크도 이와 마찬가지로 중요한 한 걸음을 내디뎠는데, 그는 의도적으로 고대품 연구자의 방법을 지구의 연구에 적용했다. '자연 고대품 연구자nature antiquary'는 문서 기록이 더 이상 남아 있지 않는 인류사의 시기를 밝히기 위해 바위와 화석을 고대의 지리적 변동에 대한 역사적 증거로 사용할 수 있었다. 암석과 화석은 자연의 유적이자 자연의 동전이었다. 이는 물론 비유였지만 '단순한' 비유 이상의 역할을 했다. 이런 비유가 진지한 설명을 제공했던 것이다. 암석과 화석은 자연이 손수 남긴 기록으로, 먼 과거에 일어난 사건에 대해 자연이 직접 남긴 증언

고대품 연구자에게 이러저러한 장소가 어느 군주에게 속해 있었는지 알려주는 데 동전만 한 것이 없듯이, 이것들(조개껍질 화석)은 자연 고대품 연구사에게 이러저러한 장소가 수면 아래 있었다는 점, 그런 종류의 동물이 있었다는 점, 예전에 지구의 겉면에 이러저러한 변질과 변화가 일어났다는 점을 증언할 것입니다. 그리고 생각건대 신의 섭리가 이들의 변치 않는 외형을 설계한 듯이 보이며, 이는 유적과 기록물이 이전(시대)의 과거 모습을 후세에 알려주는 것과 같습니다. 그리고 이들(은) 고대 **이집트인**의 상형문자보다 훨씬 읽기 쉬운 글자로 쓰여 있으며, 거대한 피라미드와 오벨리스크보다 더욱 오래 가는 유적에 새겨져 있습니다.

자료 2.7 1668년 후크가 런던 왕립학회에서 한 강의에서 흥미로운 부분을 인용했다. 후크는 화석을 연구하는 '자연 고대품 연구자'의 작업이 **인간**의 유물을 연구하는 보통의 고대품 연구자가 하는 작업과 매우 유사하다고 주장했다. 또 다른 강의에서 그는 조개껍질 화석의 연대가 가장 오래된 '유적'보다도 이전일지 모른다는 의견을 제시했지만, 그렇다고 조개껍질 화석이 인류사 초창기의 '신화'나 '우화' 시대보다 오래되었다고 생각했는지는 확실치 않다.

으로 취급할 수 있었다. 그러나 그렇다면 그것들은 고대 인류가 남긴 기록처럼 해독하여 그 의미를 해석해야만 할 터였다. 자연의 고대품을 역사의 재구성에 활용할 수 있으려면 '자연의 문법', 자연의 언어를 배워야만 했다. 그렇지 않으면 그것들은 잘 알려져 있지만 해독되지 않은 고대 이집트인의 상형문자 문서처럼 아무런 정보 가치가 없는 셈이었다.

화석과 대홍수

스테노와 후크는 고독한 천재들이 아니었으며 당대인들과 활발한 논쟁을 펼쳤다. 그들은 17세기 남은 기간과 18세기에 걸쳐 다른 자연사학자들이 추가 연구의 발판으로 삼을 만한 생산적 본보기를 제시하는 데 성공했다(후크의 생각은 스테노의 생각보다 많은 영향을 미치지 못했는데, 그 이유는 그의 강의가 사후에야 출간된 데다 영어판만 있었기 때문이었다). 그들보다 어리면서 당대에 가장 활발히 활동했던 사람 중 한 명이 잉글랜드 의사였던 존 우드워드John Woodward였다. 그는 사방에서 훌륭한 화석 소장품을 긁어모았다. 사망할 당시 그는 화석 소장품을 케임브리지대학교에 유산으로 남겼으며, 화석에 대한 자신의 생각을 자세히 설명하고자 강의 기금도 기부했다(이 화석들은 오늘날 일류 지질학박물관이 되었고, 이 강연 자리는 어느 걸출한 학과(케임브리지대학교 지구과학과를 말한다. — 옮긴이)를 이끄는 기명 교수좌가 되었다. 나도 그 학과에서 20세기의 '우드워드좌 교수'에게 고생물학자 훈련을 받았다). 우드워드의 주요 저작인『지구의 자연사에 대한 논고An Essay on the Natural History of the Earth』(1695)는 아나 다를까 유기체에서 유래했음이 확실한 화석들에 중점을 두었다. 그는 화석들이 전부 대홍수가 일어나기 전의 세계에 살았던 생물이라고 해석했다. 그러나 그는 대홍수가 몹시 격렬하게 벌어진 사건이었다고 보면서 대홍수로 온 세상이 파괴되었다고 주장했다. 당시에 아직 새로운 아이디어였던 뉴턴의 만유인력은 이 기간에 잠시 작동을 멈추었고, 유기물을 제외한 지구상의 물질들이 마구 뒤섞이면서 수프나 걸쭉한 흙탕물처럼 변했다. 그러더니 중력이 되돌아오고 이 물질들이 가라앉으며 절벽과 채석장에서 널리 확인할 수 있는 연속된 암석층이 형성되었다. 재앙 이전의 세계에 대한 증거로 남은 것은 화석 뿐이었지만, 증거로서의 능력은 간접적일 수밖에 없었다. 우드워드의 주장에 따르면 화석들은 원래 생물들이 살았던 장소에 남아 있지 않을뿐더러, 원래의 거주지를 가리키는 흔적도 없었기 때문이다. 화석은 홍수로 만들어진 수프가 가라앉으며 놓이게 된 위치만 알려줄 뿐이었다(현대의 용어로 말하자면 이 화석들은 모두 '유도derived' 화석 혹은 '재분포reworked' 화석인 셈이었다). 우드워드도 선배들과 마찬가지로 연대학자가 상정한 짧은 시간 척도 내에 이 모든 일이 일어났다는 점을 당연시했다. 기간이 더 길 필요는 없었다.

18세기 초 여러 자연사학자는 대홍수의 성격과 원인에 대한 우드워드의 사변을 받아들이건 받아들이지 않건 우드워드의 뒤를 따라 화석이 역사상 대홍수가 실제로 있었음을 강력히 뒷받침한다고 주장했다. 스위스의 의사였던 요한 쇼이처Johann Scheuchzer도 그런 사람들 가운데 하나였다. 그는 우드워드의 책을 라틴어로 번역 출간해 국제적으로 알린 인물이었다. 쇼이처도 책을 여러 권 저술하면서 우드워드처럼 유기체에서 유래한 모든 화석이 성서에 나오는 대사건 때 생겼다고 보았다. 반세기 전 키르허는 대홍수 이야기에 대한 주석서에 노아의 방주에 가득 탄 살아 있는 모든 동물의 그림 일람을 삽화로 실은 바 있었다. 쇼이처는 키르허의 책과 꽤 비슷한 편집본의 해당 부분에 살아 있는 동물 대신 자신이 가지고 있던 훌륭한 화석 소장품의 그림을 실었다. 이는 중대한 변화였다. 화석은 대홍수의 잔재인 자연의 고대품으로서 지구 고유의 역사를 둘러싸고 당시 진행 중이던 논쟁의 중심에 서게 되었다. 쇼이처는 심지어 자신의 표본 중 하나가 "대홍수의 증인이자 신의 전령인 남자"의 뼈로, 쇼이처 당대의 사람들에게 이 무서운 사건이 역사상 실제로 일어났던 일임을 경고하는 역할을 한다고 주장했다. 그는 이 독특한 화석이 이전까지 찾아 헤매던 결정적 증거라고 확신했다. 이 화석은 그렇게 많은 동식물의 유해를 매몰시킨 사건이 곧 성서에 나오는 대홍수이며 이 홍수로 노아의 당대인 또한 사라졌다는 증거였다.

화석을 홍수로 설명하는 이런 설명에 반론이 없었던 것은 아니었다. 이런 설명은 창세기 서사를 글자 그대로 받아들이는 것과는 거리가 있는 해석으로 이어졌다. 성서에서 '40일'밖에 지속되지 않았다고 한 이 홍수 기간에 훗날 암석층으로 굳어지는 두꺼운 퇴적층이 전부 쌓이고 그 안에 조개와 화석이 전부 묻힐 수 있는가? 또는 모종의 거대 쓰나미가 삽시간에 밀어닥쳐 토사와 화석들이 갑자기 쓸려 갔다가 땅 위로 격렬히 쏟아졌다면, 해수면의 상승과 하강이 고르게 일어나

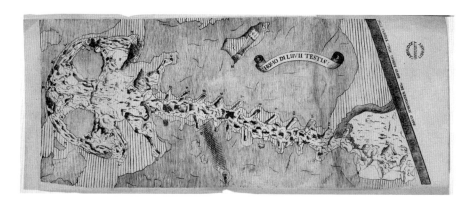

자료 2.8 "대홍수의 증인이자 신의 전령인 남성(Homo diluvii testis et theoskopos, 1725)"을 담은 쇼이처의 판화. 의사 교육을 받았던 그는 이 화석이 무엇인지는 몰라도 인간의 것이 아니라는 점만큼은 분명히 알았을 것이다. 그의 과학적 판단은 **모든** 화석이 성서에 나오는 대홍수의 유물이라는 우드워드의 해석을 무비판적으로 수용하면서 엇나가게 되었을 것이다 (100년 후 이 화석은 당시의 일류 비교 해부학자 조르주 퀴비에(Georges Cuvier)에 의해 멸종한 양서류인 거대 도롱뇽으로 확인되었다).

노아의 방주가 쉽지 않은 항해를 무사히 넘길 수 있었다는 성서의 설명과 조화를 이룰 수 있겠는가? 이런 질문은 반드시 비판적 성서 해석이 필요하다는 점을 강조했다. 물론 이런 지적이 처음 나온 것은 아니었지만 말이다.

지금 우드워드의 작업과 그로부터 영감을 받은 쇼이처 및 다른 사람의 작업을 돌이켜본다면, 성서에 나오는 대홍수가 역사적으로 실재했음을 증명하겠다는 어리석은 강박관념에서 나온 보잘것없는 결과물로 치부하기 쉬울 것이다. 그러나 그들이 제시한 범람 이론은 지구에 진짜 물리적 역사가 있으며 자연의 고대품이라는 물질적 증거로 이 역사를 재구성할 수 있다는, 그때까지만 해도 생소한 관념이 굳건해지는 데 기여했다. 또한 이 이론으로 자연사학자들은 화석에 관심을 기울이게 되었고, 나중에 화석은 예상치 못했던 생산적 방식으로 지구의 역사를 탐구할 수 있는 길을 열어주었다.

지구의 역사를 그려내다

그러나 당시에는 대홍수라는 유례없는 대사건을 제외하면 자연 세계를 보며 지구와 지구상의 생물에 사건으로 가득한 역사가 있다고 생각하기란 어려웠다. 18세기 초까지만 해도 대홍수 이전의 자연적 사건이나 시대에 독자적 순서가 있다는 느낌을 뒷받침하고 북돋는 역할은 여전히 화석 증거가 아니라 창세기 서사의 몫이었다. 이를 잘 보여주는 사례가 첫 천지창조 이야기에 나오는 6'일'을 묘사하며 '6일hexameral'의 장면을 순서대로 담은 쇼이처의 그림이었다. 이 그림은 방대한 삽화를 곁들이며 성서상의 역사를 다룬 주석서 『성스러운 자연학Physica Sa-cra』(1731-1735) 맨 앞부분에 게재되었다(당시 '물리학physics'의 의미는 매우 광범위했다). 여기서 쇼이처는 자신의 폭넓은 과학지식을 아낌없이 활용했다. 이 그림들에는 태고에 있었던 천지창조 '주간' 매 순간의 세계에 대한 상상이 담겨 있었다(이 저작 대부분은 대홍수부터 그 이후에 일어난 사건까지, 주로 천지창조보다 훨씬 나중에 일어난 사건들을 묘사했다). 가령 '3일'째에는 생물이 보이지 않는 풍경이 무성히 자란 나무와 낯익은 식물이 있는 풍경으로 바뀌었다. 그 후인 '6일'째에는 실존하는 다양한 동물이 막 들어찬 에덴동산의 장면이, 아담이 정원을 돌보기 위해 당도한 장면으로 이어졌다. 쇼이처는 정말 천지창조에 나오는 하루하루가 말 그대로 24시간으로 이루어진 1일이라고 생각했던 것일까? 쇼이처가 다른 주석자의 뒤를 따라 '1일'이 하루보다 긴 기간을 나타내거나 어쩌면 그 기간이 명확치 않을 수도 있다고 추론했더라도 무리는 아니다. 이런 추론은 당시 확립되어 있던 성서 해석 원칙에도 부합했다. 그러나 쇼이처가 그린 장엄한 장면들은 그가 지닌 방대한 화석 소장품을 시각적으로 떠올리게 하면서 화석을 이 머나먼 기간들에 대한 잠재적 증거로 삼지 않았다. 앞서 언급한 대로 그의 모든 화석은 천지창조가 아니라 저술 뒷부분에서 대홍수를 설명할 때 사용되었다.

시간 척도와 무관하게 쇼이처의 장면들에서 가장 중요했던 것은 그 장면들이 이 작품에 영감을 준 창세기 서사와 마찬가지로 일관성 있는 순서를 이룬다는 점이었다. 이 장면들은 생명이 없는 세상에서 출발해 식물, 해양 생물, 고등 육상 생물, 마지막으로는 인간이 차근차근 추가되며 이어졌다. 이 장면들은 자연 세계에 고유한 **역사**가 있으며 이를 이해할 수 있다는 느낌을 시각적으로 강화했다. 설사 그것이 기나긴

TAB. XXII.

GENESIS Cap. I. v. 24. 25.
Opus fextæ Diei.

I. Buch Mofis Cap. I.v. 24. 25.
Sechstes Tagwerck.

자료 2.9 시각화한 천지창조 이야기. 쇼이처가 상상한 역사적 장면 중 하나로 이 장면들은 그가 쓴 성서에 대한 여러 권짜리 삽화 주석서인 『성스러운 자연학』(1731-1735) 첫머리 부근에 차례대로 수록되어 있다. 이 판화는 "여섯째 날의 과업"을 다룬 그림으로, 아담을 창조하기 직전의 세계를 보여준다. 라틴어와 독일어로 설명문이 달려 있는데, 각각 전 세계의 독자와 그보다 특정 지역에 국한된 독일어권 독자를 상정한 것이다. 이 장면은 화려한 바로크풍 액자 안에 들어 있어 미술 작품처럼 보인다. 시간을 여행하는 자연사학자가 묘사했을 법한 과거의 그림인 셈이다. 쇼이처의 그림은 모두 성스러운 역사와 세속의 역사 속 장면을 그릴 때 쓰던 기성의 회화 관례를 따랐으며, 여기서는 에덴동산의 장면이 모방의 대상이었다. 그림에 나오는 동식물은 **현생종**이지만, 이런 종류의 그림은 현생종과 꽤 다르게 생긴 동식물이 서식했을 심원한 지구 역사 속 장면을 상상으로 그릴 때에도 본보기가 되었다.

인간의 역사에 앞선 짤막한 전주곡에 불과할지라도 말이다. 자연의 역사가 시작될 때는 인간이 나타나기 전이었고, 정말 초기 단계에는 아무런 생명체도 없었다. 다만 이렇게 순서가 있다는 생각과 그 순서를 뒷받침하는 증거는 거의 전적으로 창세기 서사에서 끌어왔으며 자연 세계 자체에서 유래하지 않았다.

이렇게 그린 지구 전체 역사의 윤곽은 그에 맞는 자연 증거가 발견되기만 하면 더 긴 시간 척도에 맞추어 얼마든지 늘릴 수 있었다. 다만 이 장에서 초점을 두는 17세기 말과 18세기 초에는 어셔 같은 연대학자가 신중하게 추산한 짧은 전통적 시간 척도를 굳이 늘릴 이유가 없었다. 수천 년이 당시에 차차 알려지고 있던 사실을 모두 설명하기에 넉넉한 기간인지 의구심을 표하는 학식인들도 일부 있었는데, 이런 주장은 논쟁의 초점이 되지 못했으며 그나마도 이따금씩만 제기될 뿐이었다. 가령 여러 화석이 유기체에서 비롯되었다고 확신했지만, 그렇다고 화석을 우드워드처럼 대홍수로 설명하는 것이 못마땅했던 위대한 잉글랜드 자연사학자 존 레이John Ray는 다른 학식인에게 보내는 편지에 화석으로부터 "세계의 탄생에 대한 성서상의 역사를 뒤흔드는 것처럼 보이는 일련의 결론"이 뒤따를지도 모른다는 의견을 적었다. 그러나 그는 이런 의견을 밀어붙이기를 주저했는데, 그 이유는 틀림없이 그렇게 하면 성서가 역사로서 지닌 신빙성에 의문을 제기하는 셈이라고 보았기 때문이었을 것이다. 그를 비롯해 당대에 살던 대다수의 사람은 성서의 신빙성을 당연하게 여겼다. 후크는 이런 의심의 눈초리에 연연하지 않으면서 조개껍질 화석 같은 자연의 고대품이 가장 오래된 인간의 고대품보다도 오래된 것으로 밝혀질지 모른다는 의견을 제시했다. 그러나 후크조차 자연의 고대품이 역사의 범위를 인류 초창기 또는 '신화' 시대보다 더 이전으로 확장할 것이라고 생각했는지는 분명치 않다.

시간 척도를 훨씬 늘릴 수 있으리라고 추측한 몇 안 되는 사례 중 하나는 잉글랜드의 학식인 에드먼드 핼리Edmund Halley(혜성의 궤도를 계산하여 혜성이 다시 돌아오리라고 정확히 예측한 것으로 잘 알려져 있다. 이 혜성은 그의 이름을 따서 핼리혜성으로 불린다)가 내놓은 견해였다. 그는 당시 염분이 전 세계의 강을 통해 바다에 쌓이는 속도를 어림하여 지구의 전체 나이를 계산하는 방법을 고안하려 했다. 그는 "이를 통해 전에 많은 사람이 상상했던 것보다 이 세계의 나이가 훨씬 많다는 점이 밝혀질지도 모른다"라고 결론 내렸다. 그러나 핼리가 런던 왕립학회에서 자신의 논문을 읽을 때 이 부분에서 명시적으로 목표로 삼았던 것은, 지구의 역사가 아무리 먼 옛날에 시작되었을지라도 분명 어느 순간 시작되었을 수밖에 없다는 점을 증명함으로써 지구가 영원불멸하다는 주장을 반박하는 것이었다. 17세기 말과 18세기 초 언저리에 활동했던 학식인 대다수에게 실질적 위협은 영원불멸하고 창조 없는 세상이었지 긴 시간 척도가 아니었다.

이 장에서 간략하게 개관한 논쟁은 화석에 초점을 맞추긴 했지만 더욱 폭넓은 이슈와 관련이 있었다. 이런 이슈들은 더욱 야심 찬 이론을 세우는 과정에 통합되었다. 다음 장에서는 17세기부터 18세기 말에 이르기까지 이런 이론화 시도를 추적해야 한다. 그제야 비로소 이 이야기는 지구 고유의 역사에 대한 상세한 재구성이라는 중심 주제로 돌아갈 수 있다.

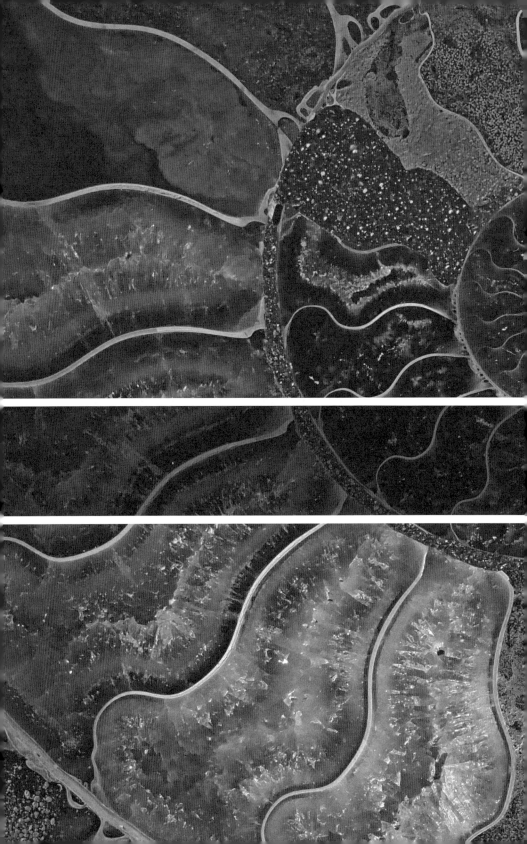

3

큰 그림 그리기

EARTH'S DEEP HISTORY

새로운 과학 장르

화석(지금부터 요새의 의미대로 이 단어를 쓰고자 한다)이 정말 자연 고유의 고대품이라면, 화석으로 인간이 남긴 문서나 다른 고대품을 보완하고 인류사 초창기와 그때의 물리적 환경을 해명할 수 있을 것이다. 스테노, 후크를 비롯해 17세기 후반과 18세기 초반의 여러 학식인은 이런 결론을 옹호했다. 하지만 당대에는 지구를 탐구하는 전혀 다른 방법이 이에 맞서고 있었다. 지구의 **역사**에서 돋보이는 사건들을 차례대로 이어 맞추는 대신, 이 사건들의 배후에 놓인 원인을 알아내려고 할 수도 있을 터였다. 연대학자, 고대품 연구자, 역사학자로부터 개념과 방법을 빌리는 대신 자연철학자(이 맥락에서는 물리학자라는 현대의 용어와 대충 동일한 의미라고 할 수 있다)의 연구에 기대어 기본적 '자연법칙'을 지구의 물리적 특성에 적용하려고 해볼 수도 있었다. 원칙상 두 기획은 상호 보완적이었다. 예를 들어 대홍수가 성서만이 아니라 자연 고유의 고대품에도 기록된 실제 역사적 사건이었다고 주장하는 일과 그런 극적인 물리적 사건이 어떻게 일어날 수 있는지를 알아내는 일은 얼마든지 양립 가능했다. 스테노와 후크는 물이 없는 육지에서 바다 조개 화석이 발견되는 물리적 원인을 제시하면서 두 문제를 모두 다루었다. 그러나 자연적 원인 측면에서 지구를 이해하려는 시도는 지구의 역사를 재구성하려는 시도와 뚜렷이 다른 이론화의 길을 걸었다.

인과적 이론을 제시한 사람들은 지구 전체를 설명할 수 있는, 말 그대로 큰 그림Big Picture을 구축하겠다는 포부를 품곤 했다. 그리고 단지 지구가 현 상태까지 거쳐온 과거를 설명하는 것에 그치지 않고, 끊임없이 작동하는 불변의 자연법칙에 따라 필연적으로 도래할 미래까지 설명하고자 했다. 17세기 초반에 출간된 어느 저명한 저작은 과거와 미래 모두를 아우르는 이런 시나리오의 본보기가 되었다. 프랑스 철학자 르네 데카르트는 『(자연)철학의 원리Principia Philosophiae』(1644)에서 자신이 내세웠던 자연의 근본 법칙에 따라 우주 만물이 굴러가는 모습을 상상한 바 있었다. 그는 이런 원대한 상상의 일환으로 지구를 분석했다. 이에 따르면 지구는 더 이상 전통적 견해에서 바라보는 것처럼 우주의 한가운데에 있는 독특한 존재가 아니라, 온 우주에 널리 흩뿌려져 일정 궤도를 따라 돌고 있는 여러 엇비슷한 별들 중 하나였다(지구처럼 생명체가 살고 있는 '세계가 여러 개 존재할plurality of worlds' 가능성, 다수 세계의 가능성은 우주 탐사와 SETI 활동이 이루어지는 현대가 오기 한참 전부터 뜨거운 논쟁거리였다). 새로운 천문학의 관점에서 보면 지구가 특별한 구석은 유사한 별들 가운데 가장 접근성이 좋다는 점 말고는 없었다. 데카르트는 지구와 비슷한 천체라면 우주 어디에서든 예외 없이, 애초부터 정해져 있는 일련의 변화를 이미 비슷하게 겪었거나 앞으로 겪을 것이라고 주장했다.

말하자면 별이 겪는 단계는 천체의 초기 상태(추정컨대 이전의 별)와 그에 작동하는 자연법칙에 따라 결정되어 있거나 프로그램되어 있다는 뜻이었다. 따라서 데카르트가 보기에 천체의 구조는 시간에 따라 반드시 예측 가능한 방식으로 변화할 터였다. 천체는 처음에 빛나는 물질로 이루어진 구체 상태였다가 서로 조성을 달리하는 여러 층으로 서서히 분리될 것이다. 그중 하나가 가장 바깥쪽에 있는 단단한 층인 지각이다. 데카르트는 어느 시점이 되면 지각에 금이 가면서 쪼개질 것이라고 주장했다. 그러면 그중 일부는 아래쪽에 있는 액체층으로 내려앉고, 다른 일부는 위쪽에 있는 기체층으로 튀어나올 것이다.

우리가 사는 지구의 경우, 이로 인해 우리가 알아볼 수 있는 산, 대륙, 바다 같은 다채로운 지형과 이들을 둘러싸고 있는 위쪽의 대기, 아래쪽에 있는 보이지 않는 핵(과 그가 가정했던 액체층)도 생겨났을 터였다.

데카르트는 지구와 비슷한 천체가 겪을 것이라 본 이런 식의 변화가 어느 정도의 기간에 걸쳐 일어날지 구체적으로 언급하지 않았다. 그럴 필요가 없었다. 자연적 과정의 속도야 어찌 됐든, 중요한 점은 자연법칙에 따라 이와 같은 단계를 반드시 거치리라는 것이었다. 그러나 반종교개혁이라는 엄혹한 정세에서 시간 척도를 애매하게 남겨둔 것은 분별 있는 행동이기도 했다. 갈릴레오가 자신의 우주론이 지닌 폭넓은 함의 때문에 로마 가톨릭 당국과 분쟁에 휘말린 사건은 널리 알려져 있었다. 데카르트는 갈릴레오와 비슷한 운명을 자초하고 싶지 않았다. 그러나 사실 데카르드의 이론을 지구에 직용하면 수천 년이라는 연대학자의 계산 결과에 어렵지 않게 부합할 수 있었다. 그리고 데카르트 자신도 스테노, 후크를 비롯한 여러 학식인처럼 이 기간에 의문을 제기할 만한 설득력 있는 이유가 없다고 보았을지 모른다(우주 전체의 시간 척도는 또 다른 문제였겠지만 말이다).

어쨌거나 17세기 나머지 기간과 18세기 상당 기간에 걸쳐, 데카르트의 유명한 이론은 데카르트처럼 지구의 물리적 변천을 관장하는 자연법칙에 주목한 많은 사람에게 본보기로 활용되었다. 원론적으로는 이런 이론으로 지진이나 화산 폭발 같은 개별 현상뿐 아니라 지구상의 모든 주요한 물리적 특징과 자연적 과정에 대한 설명을 시도할 수 있었다. 이런 이론은 과거-현재-미래를 관통해서, 지구에서 일어나는 작용의 바탕에 놓인 전체 물리 '시스템'을 인과적으로 설명해줄 터였다(이와 제일 유사한 현대 용어인 '지구 시스템 과학Earth-systems science'에서 같은 키

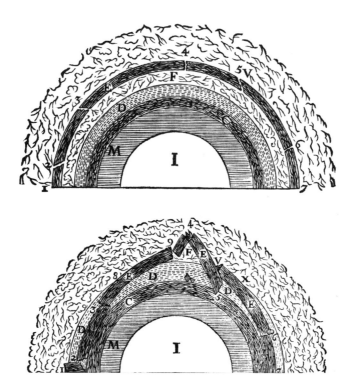

자료 3.1 예상되는 순서대로 변화를 겪고 있는 지구형 천체에 대한 데카르트의 단면도. 단단한 지각(E, 바깥쪽에 있는 검은색 층)이 부서지기 전과 후의 연속된 두 국면을 보여준다. 지각 일부는 위로 튀어나와 가장 바깥쪽에 있는 기체막을 침범하고, 다른 일부는 아래쪽의 액체층(D)으로 내려앉는다. 이 때문에 표면에는 들쭉날쭉한 지형이 있고 위에는 대기, 아래에는 보이지 않는 핵이 있는 천체가 생겨난다(각 국면마다 구체의 절반만 보여준 이유는 『철학의 원리』 조판 비용을 절감하고 지면 여백을 줄이기 위해서였다).

워드를 사용한다는 점은 우연이 아니다). '지구 이론'이라 불리던 이런 시도는 소설, 소네트, 풍경화, 교향곡이 문학이나 예술 장르인 것처럼, 독자적 과학 장르가 되었다.

'성스러운' 이론이라고?

　의미심장한 단어 하나가 덧붙긴 했지만 지구 이론을 표제로 삼은 첫 주요 저작은 바로 잉글랜드의 학식인 토머스 버넷Thomas Burnet이 낸 『성스러운 지구 이론Telluris Theoria Sacra』(1680-1689)이었다. 버넷은 반세기 전의 어셔처럼 당대 지성계의 중심에 있었다고 해도 과언이 아닌 인물이었다. 버넷은 현대적 의미에서 근본주의자는 아니었지만, 서로 보완하며 믿을 만한 인류 지식을 낳는 두 전거로 오랫동안 여겨져 왔던 자연과 성서, 곧 신의 '작품'과 신의 '말'을 결합하고 싶어 했다. 그래서 그는 불변의 자연법칙 아래 벌어지는 물리적 사건과 과거를 기록하고 미래를 예언한 성서의 진술 둘 다를 언급했다. 그의 저작 권두화에는 버넷 이론의 요점이 적나라하게 담겨 있었다. 권두화는 지구를 묘사했는데, 이미 정해져 있는 지구의 과거 및 미래 모습을 그리고 현재의 모습은 가운데에 두었으며 우주에는 전 드라마를 처음부터 끝까지, 알파에서 오메가에 이르기까지 상징적으로 주재하는 그리스도를 담았다.

　데카르트가 생각한 태초의 온전한 지각층은 원시 인류 세계인 에덴동산의 평탄하고 완전무결함과 동일시되었다. 나중에 지각층이 부서지면서 발생한 전 지구 차원의 대홍수는 당연히 노아의 홍수로 여겨졌다. 물이 빠지자 대륙과 대양이 제멋대로 놓인 울퉁불퉁하고 불완전한 현재 세계가 모습을 드러냈다. 미래로 나아가면 대홍수를 일으킨 자연법칙이 계속 작동하다가 어느 시점이 되면 세계적 화산 대폭발을 일으키는데, 이는 성서에서 예언하고 있다고 여겼던 불바다와 동일시되었다. 화산 대폭발은 세상을 쓸어버리고 다시금 평탄하고 완벽한 세계를 만드는데, 이 세계는 앞으로 지상에 도래할 그리스도의 천년 통치에 딱 들어맞았다. 마지막으로 지구는 또다시 자연법칙의 계속된 작동 때문에 별로 바뀔 예정이었다. 이 전 과정은 암암리에 연대학자가 상정하는 시간 척도 안에서 일어났다(끝에서 두 번째 시기인 '천년'은 말 그대로 1000년간 지속되리라 생각했다). 버넷은 세상이 영원하다거나 역사가 반복된다는 암시를 명백히 거부했다. 버넷의 순서가 원 모양을 띠는 것은 그리스도가 "알파이자 오메가"라는 말에 담겨 있듯이 이 과정이 완결됨을 나타냈다. 버넷의 원형 순서는 영원주의자가 묘사하듯이 엇비슷하게 무한히 이어지는 순환 가운데 하나에 불과한 것이 아니었다.

버넷 이론의 파장은 대단했고, 학식인들에게만 영향을 미친 것도 아니었다. 역설적이게도 그는 책 제목에 '성스러운'이라고 언급하며 성서에 나오는 증거를 학술적으로 다뤘고 영원주의를 명시적으로 거부했음에도 무신론자 혐의를 받았다. 그는 중요한 과학적 증거를 무시했다는 비판도 받았다. 예컨대 성서의 이야기에 따르면 원시 인류는 에덴동산에서 '타락한' 세상으로 쫓겨났으며, 타락의 대가로 그들의 자손은 노아의 가족을 빼고는 모두 대홍수에 휩쓸려 사라졌다. 반대로 버넷은 타락을 도외시하고 범람하기 전의 기간이 전부 낙원 같았으며 완벽한 것처럼 묘사했다. 태초의 완전무결함은 바다가 전혀 없었다는 뜻을 담고 있었다(성서에서 바다는 무질서한 자연을 상징하곤 했다). 그래서 버넷의 이론에 따르면 바다 화석이 암석층에 끼어 있을 방도가 분명치 않았고, 실제로 버넷은 왕립학회나 다른 곳에서 암석과 화석을 두고 활발하게 벌어지던 당대의 논쟁을 무시했다. 더 심각한 문제는 버넷이 대홍수와 불바다 모두 오로지 자연법칙의 작동에 따른 것으로 보았다는 점이었다. 그렇게 되면 이런 커다란 사건은 미리 결정되거나 프로그램된 셈이므로 이론상 예측이 가능했다. 이런 결론은 그러한 대사건

자료 3.2 『성스러운 지구 이론』에 대한 버넷의 시각적 요약. 영어판 번역본(1684)의 권두화다. 연대학자가 그리는 선 모양의 유한한 역사가 여기서는 앞으로 다가올 끝맺음을 상징하기 위해 둥그렇게 휘어져 있다. 자신을 가리키는 표현인 "내가 알파이자 오메가요"라는 설명이 그리스어로 달려 있는 그리스도는 지구의 일곱 국면 중 처음과 마지막 국면 위에 올라타 있다. 그로부터 시계 방향을 따라 태초의 혼돈은 매끄럽고 완벽한 범람 이전의 낙원으로, 다시 전 지구적 대홍수(조그만한 노아의 방주가 떠 있는 모습이 보인다)로 이어진다. 낯익은 대륙과 대양이 있는 현재의 세계는 가운데에 놓여 있다. 불변의 자연법칙이 계속 작동하기 때문에 예측이 가능한 미래에는 화산 폭발로 지구 전체에 '불바다'가 일어나 현재의 세계가 파괴될 것이며, 뒤이어 그리스도의 천년 통치로 지구가 완성에 이르고, 지구가 별이 되는 마지막 결말에 다다른다. 현재의 양쪽에 있는 과거와 미래가 놀랍도록 대칭을 이루고 있다. 지구의 시공간 틀 바깥에서 이러한 연쇄를 관찰하고 있는 존재는 천사로, 신의 왕국이 영원함을 나타낸다. 그러나 지구 자체는 영원하지 않으며, 원 모양의 순서에는 뚜렷하게 시점과 종점이 있다.

을 타락한 인류가 저지른 예기치 못한 행실에 신이 내린 심판의 징표로 보는 전통적 해석과 조화를 이루기 어려웠다.

그러나 버넷의 이론을 비판하던 사람들뿐 아니라 그 이론이 설득력 있다고 생각하던 사람들도 버넷의 이론을 매우 진지하게 받아들였다. 가령 아이작 뉴턴Isaac Newton은 버넷에게 이론을 개선할 수 있는 방안을 제안했다. 초기에 지구의 회전 속도가 달랐다면 창세기의 '며칠'이 몇 년이 될 수도 있다는 것이었다. (그렇다고 시간 척도가 늘어날 정도는 아니었다!) 뉴턴의 숭배자였으며 나중에 뉴턴의 케임브리지대학교 교수 자리를 넘겨받은 윌리엄 휘스턴William Whiston은 데카르트의 자연법칙을 뉴턴의 자연법칙으로 대체한 『새 지구 이론A New Theory of the Earth』(1696)을 출간했다. 그는 자신의 저작이 버넷의 이론보다 나으며 그의 이론을 최신의 정보에 입각해 바로잡은 것이라고 주장했다. 특히 그는 혜성이 과거의 대홍수와 미래의 불바다 모두를 일으킬 수 있는 유력한 물리적 원인이라는 의견을 제시했다(뉴턴의 연구 덕분에 혜성에 대한 이해가 깊어졌지만, 그 정도의 대규모 효과를 일으킬 만큼 육중한 천체일 것이라 여겨졌다). 그러나 휘스턴의 주된 목표는 버넷과 매한가지였다. 부제에도 달았듯이 성서에 담긴 역사가 "이성과 철학에 완벽히 부합"한다고 증명하는 것이야말로 그의 목표였다. 종교와 자연과학의 관계가 계속해서 격렬한 논쟁의 대상이 될지라도, 둘은 양립 가능하며 양자가 본질적으로 충돌할 수밖에 없는 것은 아니라는 주장이었다.

이 시기부터 '지구 이론'은 하나의 과학 장르로 자리 잡았다. 매우 논란이 많은 장르였지만 말이다. 실제로 버넷의 저작에 자극을 받아 수많은 책과 소논문이 쏟아져 나왔고, 그중 다수가 유일무이한 **참된** 이론을 자임했다. 그 양이 얼마나 많았던지, 한 비평가는 이런 기획이 모조리 터무니없는 사변에 기댄 '세계 창조world-making'라며 업신여길 정도였다. 그럼에도 버넷의 이론은 18세기 내내 학식인들에게 인기가 있었다. 다만 이 이론은 두 가지 측면에서 중대한 변화를 겪었다. 첫째, 지구의 시간 척도가 어쩌면 훨씬 길 수도 있다는 18세기에 나타난 관념이 이 이론에 매우 자연스럽게 스며들었다(이를 보여줄 만한 전거는 이 장르 자체와는 다소 거리가 있기 때문에 다음 장에서 다룰 예정이다). 둘째, 계몽주의라는 지적 운동이 일어나던 문화적 풍토에서 '지구 이론'은 전적으로 물리 세계의 자연법칙에만 관련이 있는 기획으로 범위가 축소되는 경향이 있었다. 버넷이나 다른 사람의 이론에서 보이는 것처럼 자연과 성서의 증거를 종합하려는 시도는 대체로 포기되었으며, 설사 있다 쳐도 주변으로 밀려났다. 무신론을 표방하면서 신적 차원을 거부하는 경우는 거의 없었다. 그러나 계몽주의 학자들이 널리 받아들인 '이신론deism' 신학은 신적 차원을 변두리로 밀어냈다. 신은 완벽히 초월적 존재지만 인류사의 진행 과정에서 세계에 개입한다고 보면서 신의 활동을 중시하는 전통적 기독교(와 유대교) '유신론theism'과 달리, 이신론자들은 사실상 거의 인격이 없다고 여겨지는 '제1의 존재Supreme Being'가 태초에 우주를 설계하고 창조했지만 그 후로는 우주가 알아서 돌아가도록 놔두었다는 의견을 제시했다. 이신론자들은 대개 성서의 대홍수 때문에 생겼다던 물리적 효과를 경시하거나 아예 부정했으며 천지창조 이야기는 과학적으로 가치가 없는 이야기라고 일축하곤 했다. 이런 관점은 지구에 대한 연구에 심대한 영향을 미쳤다. 지구에 대한 연구가 지구의 인과적 진행 과정을 관장하는 영원한 자연법칙에 초점을 맞춘 것은 도움이 되었다. 그러나 반대로 성서에 나오는 증거를 모조리 거부함으로써 되풀이되지 않는 우연한 지구의 역사에서 관심을 딴 데로 돌리기도 했다. 여기서는 중요한 계몽주의 학식인 두 명을 예로 들며 이 점을 보여줄 것이며, 이와 반대로 성서의 역할을 복권함으로써 지구에 대한 진정한 역사적 연구 또한 되살린 세 번째 인물도 소개할 것이다. 이들이 내놓은 큰 그림은 제각기 19세기, 심지어는 그 이후까지도 영향력 있는 유산으로 남았다.

지구가 서서히 식어간다고?

이런 거대 이론 중 하나를 제시한 인물은 수년간 파리 왕립 자연사 박물관과 식물원(현재 식물원Jardin des Plantes 소재 국립 자연사 박물관)의 관장직을 역임한 조르주 르클레르 뷔퐁 백작Georges Leclerc, count Buffon이었다. 그는 프랑스 문화계와 정계의 중심에 서 있던 유력 인사였다. 그가 쓴 여러 권짜리 대작인 『자연사Histoire Naturelle』(1749–1789)는 자연 세계의 세 '왕국'인 '동물, 식물, 광물'계를 모두 다룬 포괄적 조사서로 기획되었지만 대부분 동물만 다루게 되었다. 이 책은 정지 상태의 자연을 서술한다는 점에서 전통적 의미의 '자연사'였으며, 시간에 따른 변화를 서술하는 현대적 의미의 자연'사'가 아니었다.

뷔퐁은 한 서설序說에서 지구 이론을 개괄하면서 지구를 그가 서술하고자 하는 유기체의 환경으로 간주했다. 그의 묘사에 따르면 지구는 점진적 변화가 부단히 일어나는 무대였지만 이런 변화를 아우르는 종합적 방향이 있는 것은 아니었다. 그는 과거에 일어난 변화의 물리적 원인이 침식이나 퇴적같이 현재 우리가 관찰할 수 있으며 앞으로도 지속되리라 여겨지는 원인과 동일하다고 주장했다. 어떤 곳에서는 바다가 육지를 침식하는 것으로 보였고, 다른 곳에서는 새로운 육지가 형성되어 바다의 자리를 대신하고 있었다. 때에 따라 지구상의 모든 부분은 육지였던 적도, 바다였던 적도 있었고, 아직 그렇지 않은 곳이라도 앞으로 그렇게 될 터였다. 뷔퐁의 이론에서 지구는 동적 평형을 이룬 '정상 상태steady state'에 놓여 있었다. 그러므로 지구에는 역사라 할 만한 것이 없는 셈이었다. 의미심장하게도 그의 이론에는 태초의 천지창조나 그 이후의 대홍수에 대한 어떤 언급도 없었다(뷔퐁은 다른 지면에서 대홍수는 기적이었기 때문에 아무런 물리적 흔적도 남기지 않았다는 의뭉스러운 주장을 펼쳤다). 지구가 지속적이되 방향이 없는 변화만 일어나는 무대라면, 지구의 전체 시간 척도는 무의미했으며 명확히 규정하지 않아도 상관없었다. 하지만 그렇게 되면 지구는 시작도 끝도 없는, 무엇으로부터 창조되지도 않았으며 영원히 사라지지도 않는 것으로 여겨질 수도 있었다. 얀센파에 속하는 파리의 일부 신학자들은 바로 이 부분을 지적하며 그의 저작을 비판했지만(다른 논점은 지구에 대한 뷔퐁의 생각과 관련이 없었다), 예수회 소속의 다른 신학자들은 한결 긍정적이었다. 한 세기 전에 갈릴레오를 두고도 로마 교황청에서 이런저런 의견이 나왔듯 '교회'는 뷔퐁에 대해서도 한목소리를 내지 않았고, 심지어 같은 가톨릭 분파 내에서도 의견이 갈렸다. 뷔퐁은 워낙 왕실의 거물이라 공식적으로 견책을 받지는 않았지만, 교계 정통파에 유화적인 성명서를 내면서 자신의 과학적 견해가 가설에 불과하다고 시인했다(사실이 그랬다).

어쨌거나 뷔퐁은 곧이어 지구의 기원에 대한 다른 논문을 발표하면서 그가 비밀리에 영원주의를 신봉한다는 의혹을 일축했다. 지구에 기원이 있다면 끝도 있을 터이기 때문이었다(늘 그렇듯 우주는 또 다른 문제일 수 있었다). 그는 과거 어느 시점에 거대한 혜성이 태양에 가까이 다가가다가 하얗게 타오르는 물질 덩어리로 쪼개진 뒤 일련의 행성으로 응축되었고, 지구도 그중 하나라는 의견을 내놓았다. 휘스턴의 이론과 마찬가지로 뷔퐁의 이론은 많은 존경을 받던 뉴턴의 자연철학에서 영감을 받았으며, 그 덕분에 과학적으로 인정받았다(뷔퐁은 뉴턴의 저작 일부를 프랑스어로 번역했다. 당시 프랑스어는 모든 학문 분야에서 라틴어를 대신하여 주된 국제어로 서서히 자리 잡고 있었다).

지금까지 뷔퐁은 지구에 대한 정반대의 두 이론을 소개했다. 지구에서 일어나는 현재의 과정을 바탕으로 한 정상 상태 이론과 머나먼 옛날 어느 시점에 지구가 갑자기 생겨났다는 이론이 그것이었다. 수년 후 그는 『자연사』의 마지막 권호쯤에 책 한 권 분량의 논문인 『자연의 신기원Des Époques de la Nature』(1778)을 발표하며 두 이론을 결합했다. 그사이에 이루어진 많은 발견 덕택에 새로운 지구 이론은 꽤 그럴듯해 보였다. 광산 깊은 곳에서 온도가 올라간다는 측정 결과(현재의 용어로 '지온 경사geothermal radiation')로 지구 내부에 열이 존재한다는 점이 확인되었는데, 뷔퐁은 이 열이 자신을 비롯해 사람들이 지구의 기원으로 이미 제시한 하얗게 타오르는 물질에서 나왔다고 보면 가장 잘 설명된다고 생각했다. 라플란드와 페루 지역 과학 탐사에서 시행한 정밀 측정은 지구의 전체 모양이 편구면偏球面, oblate spheroid(회전으로 생긴 타원체면)임을 증명했는데, 지구가 한때 회전하는 유체였다면 이 결과는 뉴턴 법칙의 예측과 맞아떨어졌다. 스테노는 가장 아래쪽에 있는 암석에 화석이 전혀 들어 있지 않으므로 해당 암석은 생명이 나타나기 이전부터 내려온 것이라 추론했는데, 이는 유럽 전역에서 이루어진 현지 조사를 통해 확인되었다. 그 위에 놓인 암석과 그보다 생긴 지 얼마 되지 않은 암석에는 이상한 화석이 여럿 들어 있었고, 거대 암모나이트 등의 일부 화석은 열대지방에서 온 것이 분명해 보였다. 단단한 암석층 위에 놓인 무른 퇴적층에는 코끼리와 코뿔소의 뼈가 있었는데, 이 화석이 발견된 곳은 무려 시베리아 북부였다. 그리고 쇼이처의 수상한 '대홍수를 목격한 사람'을 무시한다면, 인간 화석의 흔적은 어디에도 없었다.

뷔퐁 자신은 이 가운데 어느 연구에도 직접 기여한 적이 없었지만, 파리 과학 아카데미에서 이루어진 보고나 논의를 통해, 또 그가 관장으로 있던 박물관에서 입수한 화석을 통해 이런 결론을 잘 알고 있었다. 이런 결론을 바탕으로 그는 앞서 제안한 대로 지구가 원래 매우 뜨거운 물질이었다가 서서히 식었을지도 모르며, 점진적 냉각이 일어나는 단계를 순서대로 재구성할 수 있겠다는 생각을 품게 되었다. 그의 책 제목은 의미심장하게도 연대학자에게서 키워드를 따온 것이다. 연대학자들은 인류사의 주된 전환점을 '신기원epoch'으로 정의한 바 있었다. 뷔퐁은 자연의 신기원을 순서대로 재구성하기 시작했다. 한 세기 전 후크가 그랬듯이 뷔퐁은 고대품 연구자에게서 다른 키워드도 빌려 왔다. 화석 같은 발견물은 과거로부터 살아남은 흔적인 자연의 '유적monument'이었다. 뷔퐁은 이런 물건을 동전과 비문, 문서와 기록 보관소에 빗대면서 자신이 지구 고유의 역사를 재구성하고 있다는 주장을 더욱 명확히 드러냈다.

뷔퐁은 여섯 개의 신기원을 규정하며 지구 역사의 윤곽을 짐작해 보았다. 신기원은 지구가 회전하는 고온의 유체, 이른바 불덩이 지구Fireball Earth였던 기원 시점부터 거대 열대 육상동물이 고위도 지역에도 출현하는 순간까지 아울렀다(새로운 생명 형태의 기원은 뷔퐁과 당대인들에게 썩 대단한 수수께끼가 못 되었다. 그들은 새로운 생명 형태가 다른 생

세속의 역사civil history에서는 혁명이 일어난 신기원을 명확히 하고 인간사의 발생 연대를 정하기 위해 토지 문서를 참조하고 동전을 연구하며 고대 비문을 해독한다. 마찬가지로 자연사에서도 세계의 기록 보관소를 파헤치고, 지구의 내부에서 고대 유적을 발굴하며, 그 잔해를 수집하고, 우리를 상이한 자연의 시대로 데려다줄 모든 물리적 변화의 자취를 여러 증거와 조합할 필요가 있다. 이것이야말로 무한한 공간 속에 몇몇 지점을 설정하고, 영원한 시간의 길 위에 이정표를 세우는 유일한 방도다.

자료 3.3 뷔퐁의 『자연의 신기원』 서두. 여기서 그는 역사가가 **인간** 세계에 쓰는 것과 같은 방법을 쓰며 지구의 **역사**를 재구성하고 있다는 주장을 폈다. 묘사 중심의 전통적 '자연사'는 현대적 의미에서 자연 고유의 동적 '역사'로 바뀌어야 했다. '영원한 시간의 길 위에 이정표'를 두겠다고 언급했다고 해서 그가 이정표 간의 간격을 동일하게 생각했다는 뜻은 아니며, 영원한 것은 시간의 추상적 차원일 뿐 역사상 실제 사건의 연대기는 그렇지 않았다.

명 형태에서 진화하거나 신이 직접 만들어낸 것이 아니라 '자연 발생'이라는 일종의 자연 과정으로 나타났다고 보았다). 이는 명확히 창조의 6'일'과 유사했다. 물론 창세기를 존중하며 재해석한 것이 아니라 간교한 패러디일지도 모르지만 말이다. 어쨌거나 뷔퐁의 신기원이 창조의 6일과 유사하다는 점은 뷔퐁의 서사에 방향이 있음을 분명히 보여준다. 이것이야말로 이전에 내놓았던 정상 상태 이론과 다른 주요 변화 지점이었다. 그는 창세기에서 사람이 6일째에 만들어졌듯이 여섯 번째 신기원에 인류가 처음 출현했다고 말하려 했다. 그러나 이렇게 되면 사람이 거대 포유류 화석과 같은 시대에 존재하게 되는데, 이 거대 포유류 중 적어도 한 개의 종은 멸종했을 것 같았다. 그래서 뷔퐁은 저작이 막 출간될 즈음에 인간이 처음으로 출현한 일곱 번째 신기원을 추가했다. 그 덕분에 인간의 출현은 이 이야기에서 마지막 주요 사건이라는 전통적 위치를 지키게 되었다(이 때문에 창세기에서 신이 안식을 취하는 날로 마련해놓은 최상의 자리에 인간이 놓이게 되었지만 말이다!). 그러나 이보다 더 중요한 것은 뷔퐁이 막판에 변경을 가하면서 다른 학식인들이 이미 당연시하던 부분을 뚜렷이 드러냈다는 점이었다. 바로 지구와 생명체의 역사를 이루는 거의 대부분의 기간이 인간 이전에 해당한다는 것이었다. 이야기의 절정에는 여전히 인류가 있을지 몰라도 인류 없는 서곡이 이제 엄청나게 길어졌다. 달리 말하자면 인류사는 더욱 긴 드라마의 마지막 장면으로 축소된 셈이었다.

다른 학식인들이 이미 암암리에 당연시하던 내용을 뷔퐁이 명시적으로 드러내면서 또 다른 문제가 생겼다. 이 드라마가 얼마나 긴가 하는 문제, 다시 말해 전통적으로 받아들여졌던 수천 년을 아득히 뛰어넘는 전체 시간 척도의 문제였다. 그러나 뷔퐁은 다른 이들과 달리 시간 척도에 정확한 수치를 부여하려 했다. 그는 자신의 영지에 있는 대장간을 이용해 크기가 서로 다르고 구성 물질도 다양한 소형 구체가 백열 상태에서 상온까지 냉각되는 속도를 잰 다음, 그 결과를 지구 크기에 맞추어 늘렸다. 이에 따라 뷔퐁은 지구의 전체 나이가 약 7만 5000년이란 결론을 얻었지만, 이 값이 원래 수치를 한참 밑돈다고 의심했고 개인적으로 그 수치가 1000만 년에 이를 것이라 추정했다. 그가 발표한 작은 수치만 해도 연대학자들의 통상적 계산을 뒤집는 값이었다. 그러니 뷔퐁이 교회 당국으로부터 비판을 받을지 모른다는 두려움 때문에 더 높은 추정치를 비밀에 부친 것은 아니었다. 그보다 뷔퐁은 작은 수치에는 그것을 뒷받침한 실험 증거가 있는 반면 높은 수치는 그저 감에 불과할 뿐이라고 생각했다. 그가 정말 두려워했던 문제는 다른 학식인들에게 사변적이라는 비판을 받는 것이었고, 이런 걱정은 타당했다. 그가 제시한 모든 수치는 작은 모형에서 얻은 결과를 실제 지구에 확대 적용하는 방법에서 나왔고, 당연히 그의 냉각 이론 자체가 정당하다는 전제에 기대고 있었다.

뷔퐁은 지구의 나이에 대한 자신의 추정치를 폭넓은 맥락에 집어넣었는데, 이 맥락은 뷔퐁의 이론이 지닌 더욱 중요한 면모를 드러낸다. 그의 전 과정은 원래 불타오르던 천체가 냉각되는 속도에 기반을 두었기 때문에 태양계의 모든 천체에 똑같이 적용할 수 있었다. 이들 천체의 냉각 속도는 주로 각 천체의 크기에 좌우되겠지만 태양에서 나오는 열에 얼마나 가까이 있는가도 영향을 미칠 터였다. 사실상 뷔퐁의 이론은 한참 전에 나온 데카르트의 이론을 본뜬 것이었다. 사건의 순서는 오로지 백열 상태라는 초기 조건과 물체의 냉각에 대한 물리 법칙에 의거하여 엄격히 결정되어 있었다. 말하자면 미리 프로그램되어 있는 셈이었다. 그리고 이는 각 천체의 과거뿐 아니라 미래에도 똑같이 적용될 터였다. 지구의 경우, 뷔퐁은 지구가 더욱 냉각되어 북극의 눈밭이 지구 나머지 지역까지 잠식하고 (훨씬 나중에 나온 용어를 빌리자면) 눈덩이 지구Snowball Earth로 바뀌면서 모든 생명이 끝내 멸종할 것이라 예측했으며, 심지어는 그 날짜까지도 계산해냈다. 이 점은 뷔퐁이 자연의 동전, 비문, 신기원, 유적 같은 유비를 수사적으로 사용했지만, 그의 지구 이론이 매우 제한적 의미에서만 역사적이라는 점을 보여준다. 그는 불덩이와 눈덩이를 과거와 미래의 시나리오 삼아 지구가 불변의 자연법칙 아래 시간이 지나며 겪을 것으로 예측되는 물리적 변화 과정을 재구성했다. 그러나 여기에는 인류사에 있는 복잡하고 종잡을

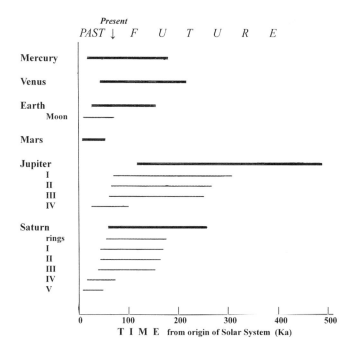

자료 3.4 태양계가 처음 형성된 이후 수천 년(Ka)간 각각의 행성과 위성에서 생명이 지속되는 기간에 대한 뷔퐁의 계산. 이 도표는 1775년 뷔퐁이 내놓은 수치에 의거해 왼쪽에서 오른쪽으로 시간이 흐르게끔 현대식으로 그린 것이다. 뷔퐁은 백열 상태의 작은 모형 구체가 냉각되는 속도에 대한 실험 결과를 각 천체의 실제 크기에 맞게 부풀려 이 수치들을 얻어냈다. 그는 천체 표면이 '만질 수 있을 만큼' 식자마자 생명이 각 천체에서 '저절로' 발생했다가, 표면 온도가 물의 어는점에 도달하면 끝장날 것이라 생각했다(그는 이 천체들이 모두 고체이며 물리적으로 지구와 비슷할 것이라고도 가정했다). 과거와 미래의 구분은 없었으며, 현재의 위치는 빽빽이 들어선 여러 수치 가운데 7만 4832년이라는 지구와 관련된 수치 하나를 가지고 추론할 수밖에 없었다. 과거보다 다가올 미래가 훨씬 길다는 점이 놀랍다. 뷔퐁은 자신의 모든 계산이 '가설'이라고 인정했지만, 이런 계산을 통해 지구를 비롯한 모든 천체의 발달 과정이 물체의 냉각에 관한 보편 물리 법칙에 따라 결정되어 있으며 예측 가능하다는 그의 관점을 확실히 알 수 있다.

수 없는 우연성이 결여되어 있었다. 이런 점에서 뷔퐁의 지구 이론은 창세기의 천지창조 서사에서 변화에 방향이 있음을 강조하는 부분은 받아들이되 신의 계획을 바탕으로 하기 때문에 생기는 뿌리 깊은 우연성은 폐기한, 사실상 천지창조 서사를 세속화한 판본이나 다름없었다.

뷔퐁의 새로운 지구 이론에 대한 반응은 복합적이었다. 지난번과 마찬가지로 파리의 신학자들과 약간의 갈등이 있었지만, 그들도 전보다 훨씬 조용했다. 계몽주의의 문화 수도에서 그런 비판은 논점 일탈로 치부되어 사실상 무시당했다. 『자연의 신기원』은 뛰어난 문체 때문에 일반 독자들에게는 매우 인기가 있었지만, 학식인들은 뷔퐁의 소논문이 너무 사변적이라는 이유로 '소설' 취급하기 일쑤였다. 구체적 관찰에 기반을 둔 부분이 있더라도 그 관찰은 대체로 다른 사람이 행한 것이었지 뷔퐁 본인이 한 것이 아니었다(생각 실험이 유일한 예외였다). 그는 현지 조사를 거의 하지 않았는데, 이제 현지 조사는 이런 식의 저작을 진지하게 쓰고자 한다면 피할 수 없는 필수 자격 요건으로 여겨지고 있었다. 모든 것을 설명하는 뷔퐁의 체계 덕분에 독자들은 지구에 인류사 초창기를 뛰어넘어 한참 전으로 거슬러 올라가는 광대하고 다채로운 역사가 있겠다는 상상을 펼칠 수 있었다. 그러나 이런 헤아릴 수 없는 장엄한 파노라마가 상상력 넘치는 공상 과학 소설의 일부에 불과한 것이 아님을 보여주는 일은 다른 사람의 몫으로 남아 있었다.

세계 기계가 순환한다고?

불과 몇 년 후, 넘쳐나던 추측성 '체계'에 꽤 색다른 지구 이론이 더해졌다. 스코틀랜드의 학식인 제임스 허턴James Hutton이 내놓은 이론이었다. 그는 데이비드 흄David Hume, 애덤 스미스Adam Smith 같은 유명한 계몽주의 사상가들과 함께 에든버러 학파에 속한 인물이었다. 허턴은 흄, 스미스와 마찬가지로 자신이 본디 철학자라고 생각했다. 그가 쓴 가장 비중 있는 저서는 인식론에 대한 책이었다. 『지식의 원리에 대한 탐구Investigation of the Principles of Knowledge』(1794)는 제목에서 알 수 있듯이 다루는 폭이 넓었다. 그가 쓴 『지구 이론Theory of the Earth』(1788년 개요를 발표한 후 보완해서 1795년 발표)은 더 야심 찬 지적 프로젝트의 일부에 불과했다. 허턴은 지구에 대해 사유하면서 뷔퐁과 마찬가지로 자연에 시간이 충분하다는 점을 당연하게 생각했다. 자연에는 응당 일어나야 하는 효과가 완료되기까지 필요한 시간이 넉넉히 주어진다는 말이었다. 달리 표현하자면 철학자에게는 관찰 가능한 현상들을 설명할 때 필요한 시간을 마음껏 끌어다 쓸 권한이 부여된 셈이었다. 뷔퐁과 비슷한 구석은 또 있었는데, 허턴은 이런 설명이 당연히 침식이나 퇴적처럼 주변 세계에서 생생하게 관찰할 수 있으며 대개 서서히 일어나는 자연 과정에 의거해야 한다고 생각했다. 이 두 원칙은 모두 18세기 후반의 학식인들에게 이미 널리 받아들여지고 있었고, 허턴이 이 원칙을 창의적으로 사용한 첫 번째 인물은 아니었다(허턴이 이런 인물이라는 잘못된 믿음에 영어권 우월주의, 심지어는 스코틀랜드 우월주의가 곁들여지면서 허턴은 근대에 접어들어 지질학에서 독보적으로 중요한 역할을 한, 지질학을 정초한 '아버지'라는 과분한 명성을 누리게 되었다). 허턴은 뷔퐁의 저작에 대해 언급하지 않았지만 그 책을 모를 수가 없었다. 뷔퐁은 국제 과학계에서 걸출한 인물이었고 허턴은 당시의 교양 있는 영국인들이 그랬듯이 프랑스어를 술술 읽을 수 있었다.

허턴은 네덜란드의 명문인 라이덴대학교에서 라틴어로 인체의 혈액 순환에 대한 논문을 써 의학 학위를 취득했다. 그는 나중에 스코틀랜드로 돌아와 현재 수문 순환hydrological cycle이라 불리는 논의에 기여했다. 수문 순환은 물이 비의 형태로 떨어져 강을 따라 흘러 바다로 향하고, 그곳에서 증발해 구름이 만들어지고 다시 땅으로 빗방울이 떨어짐으로써 완성되었다. 이런 순환계 또는 정상 상태 체계는 자연계와 인간 세계에 속한 대상을 이해하는 방식으로 계몽주의 학식인들 사이에서 대유행이었다. 그래서 허턴이 초기 뷔퐁처럼 지구 자체를 대상으로 또 다른 정상 상태 순환계를 구상했다는 점은 놀라운 일이 아니었다.

허턴은 인간의 삶이 동물과 식물의 삶에 의존하고 있으며 동식물의 삶은 다시 토양에 의존하고 있다고 추론했다(그는 에든버러 근교에 농장을 소유하고 있었고 농업에 대해 오랫동안 골똘히 생각해왔다). 토양은 아래 놓인 기반암이 부서지면서 형성되었다가 지속적으로 강으로 씻겨 들어가 바다로 향했다. 따라서 허턴은 언젠가는 육지가 해수면 높이까지 침식되면서 사라져 더 이상 인간 생활을 지탱할 수 없을 것이라고 주장했다. 그러나 새로운 육지를 만들어내 사라진 육지를 대체하는 또 다른 과정이 있을 수도 있었다. 육지에서 씻겨 내려가 바다로 흘러든 물질은 결국 해저에 쌓일 수밖에 없다. 이런 물질이 해저에서 굳어져 새로운 암석을 형성하고 해당 부분의 지각이 해수면 위로 서서히 융기한다면 새로운 육지가 만들어지며 순환이 반복될 터였다. 허턴은 지구 내부 깊은 곳에 있는 열의 막대한 팽창력이 이 본질적 '개조' 과정을 일으킨다고 주장했다. 바로 이 힘이 지표면을 영구적 변화의 무대로 만드는 셈이었다.

이렇게 동적이지만 정상 상태에 놓여 있는 '거주 가능한 지구 체계'(허턴은 갓 설립된 에든버러 왕립학회에서 1785년에 예비 논문을 발표하며 이런 의미심장한 표현을 썼다)의 궁극적 목적은 지구를 인간이 살 수 있는 곳으로 길이길이 보존하는 것이었다. 허턴의 이론은 그의 자연신학에 기반을 두고 있었으며, 특히 지구는 자신이 지적이며 은혜롭게 설계되었음을 알아차릴 수 있는 합리적 존재를 부양하기 위해 만들어졌다는 그의 이신론적 믿음을 바탕으로 삼고 있었다(지적 설계Intelligent Design를 옹호하는 현대의 창조론 지지자들은 낡은 아이디어를 재탕하고 있을 뿐이다). 허턴의 표현을 옮기자면 지구는 "지혜와 자애가 변화하는 세상의 끝없는 요구를 처리하는 체계"였다. 그는 이렇게 덧붙였다. "이 체계는 이 점을 알 수 있는 지구상의 유일한 생명체인 인간을 위해 고안되었으니, 인간에게는 얼마나 다행스러운 일인가." 이런 식의 표현은 소련 체제 하에서 발표된 과학 저술을 볼썽사납게 만들곤 했던 마르크스주의 용어처럼 그저 무신론을 숨기기 위해 정치적으로 신중하게 사용한 위장술이 아니었다. 허턴의 저술에는 이런 어법이 곳곳에 배어 있으며, 이를 이해하려면 허턴이 자신의 이신론적 믿음을 바탕으로 이런 믿음을 진실하게 표현하고 있다고 보는 수밖에 없다.

허턴은 자신의 정상 상태 지구 이론을 널리 발표한 뒤, 적어도 다른 에딘버러 학식인들에게 자신의 이론을 발표한 뒤에야 스코틀랜드 곳곳에서 대대적으로 현지 조사를 진행하면서 자신의 이론이 옳다면 나타날 것으로 예상되는 현상들을 찾아 나섰다(오늘날 '가설 연역적hypothetico-deductive'이라 불리는 과학적 방법을 사용한 셈이었다). 예상했던 대로 그는 보통 제일 아래에서 발견되는 특유의 암석인 화강암이 정말로 가장 오래된 암석일 수는 없다는 증거를 찾아냈다. 왜냐하면 화강암은 몹시 뜨거운 액체가 그 위에 놓인 암석의 틈새로 뿜어져 나온 후 결정성 고체로 냉각되어 형성된 것처럼 보였기 때문이었다. 그는 이 점을 증거로 삼아 지각 아래쪽에 엄청나게 뜨거운 유체로 이루어진 내

자료 3.5 두 지층군이 각을 이루는 '접합부'(현재 용어로 하면 **대부정합**^{major unconformity})를 담은 허턴의 판화(1795). 이 '접합부'는 1787년 스코틀랜드 남부 제드버러^{Jedburgh}의 어느 강 협곡에서 발견되었다. 최하단에 있는 가장 오래된 지층은 원래 수평층으로 퇴적되었다가 수직 방향으로 융기했고, 그 후 침식을 거치며 지층이 잘려 나갔다(일부 파편이 위쪽에 보전되어 있다). 그다음 위쪽에 젊은 지층군이 쌓인 후 융기하여 식물, 동물, 인간이 서식하는 현재의 육지를 이루었다. 허턴이 보기에 이 암석들은 바다에서 퇴적이 이루어진 후 융기해 새로운 육지가 형성되었다가, 다시 침식되는 주기가 두 번 잇따라 이루어졌다는 점을 보여주었다. 이 지층군들은 잇따라 존재했던 두 거주 가능한 '세계'가 남긴 유물인 셈이었다.

부가 있어 그 힘으로 지각을 밀어 올려 새로운 육지가 형성될 수 있다는 주장을 폈다. 그는 이런 식의 융기가 몇 번이고 일어났다고 주장했다. 허턴은 지구를 영국 산업혁명 초기의 놀라운 구경거리였던 증기기관에 빗대어 '기계'라고 불렀다. 증기기관은 열의 막대한 팽창력을 보여주었고, 열팽창은 무한히 작동할 수 있는 반복적 순환의 한 단계에 해당했다. 허턴은 바로 이런 순환적 성격 때문에 지구가 증기기관과 유사한 자연 기계가 된다고 주장했다.

이제 우리는 추론의 끝자락에 다다랐다. 실재가 어떠한지 더 나은 결론을 곧장 이끌어낼 만한 자료가 우리에게는 없다. 그러나 우리가 알아낸 것만 해도 충분하다. 우리는 자연에 지혜와 체계, 일관성이 있다는 점을 충분히 알아냈다. 이 지구의 자연사에서 세계의 연쇄를 확인했으므로 우리는 이로부터 자연에 체계가 있다고 결론 내릴 수 있다. 행성의 회전을 보면서 행성을 계속해서 회전시키려는 의도가 깔린 체계가 있다고 결론지을 수 있는 것과 마찬가지다. 그러나 만약 자연의 체계가 세계의 연쇄를 보장한다면, 지구의 기원에 대해 고매한 답을 찾으려고 하는 일은 헛수고다. 그러므로 현 탐구의 결론은 시작의 흔적도, 끝의 가능성도 찾지 못했다는 것이다.

자료 3.6 허턴이 쓴 『지구 이론』(1795)의 마지막 문단. 유명한 마지막 문장에서는 지구의 '체계'에는 시작이나 끝을 보여주는 표지가 아무것도 없다는 주장을 폈다. 이 문장은 허턴의 정상 상태 영원주의 이론의 핵심을 잘 요약하고 있다. 그의 이론에 따르면 태양 주변을 끊임없이 도는 행성의 궤도와 유사성이 뚜렷한 '세계의 연쇄'가 있으며, 이러한 연쇄는 시작점도 없고 과거에서 미래로 무한히 이어진다. '지혜'와 '의도'라는 용어는 물론이고 '체계'라는 용어만 봐도 허턴의 이신론적 신학이 드러난다. 지구 기계Earth-machine의 지적 설계로 인간은 거주 가능한 육지에서 영원히 생을 영위할 수 있다는 것이다.

또 허턴은 자연 기계가 순환하며 작동한다는 추가 증거를 찾고자 했고 결국 찾는 데 성공했다. 그가 눈여겨본 지점은 한 번의 순환 과정을 통해 형성된 암석과 그다음 순환 과정을 통해 형성된 암석이 서로 만나는 지점이었다. 오래전에 해저에서 수평을 이루며 퇴적된 일군의 지층이 이후 융기하여 육지가 되었다가 비와 강으로 다시 해수면 높이까지 침식된 다음, 해저에서 그 위에 두 번째 지층이 퇴적된 채 다시 융기하여 육지가 되었다면, 이는 적어도 연속된 두 '거주 가능 세계'가 있었다는 증거가 될 수 있었다. 허턴은 그 이전에도 다른 지층이 있었고 앞으로도 다른 지층이 생길 것임을 의심할 이유가 없다고 생각했다. 허턴이 좋아했던 유추를 쓰자면, 지구의 '체계'는 태양계 행성의 공전과 마찬가지로 반복되는 것이었다. '세계'가 이어지는 것은 공전 궤도가 이어지는 것과 다를 바 없었다. 그는 화석도 이런 생각에 어긋난다고 생각하지 않았다. 화석에 대해 그가 유일하게 신경 쓴 것은 식물 화석과 동물 화석이 이전 '세계'에 육지와 바다가 존재했음을 증명한다는 점이었다. 허턴은 기록으로 남아 있는 인류의 역사 이전에 인간이 살았다는 화석 증거가 없다고 시인했지만, 식물 화석과 동물 화석이 이렇게 빠진 부분을 대체하거나 그에 준하는 증거라고 간주했다. 허턴의 이신론적인 지적 설계 체계에서는 '세계'에 아무리 비인간 생명체가 많더라도 의미가 없었으며, 세계의 궁극적 목표를 충족시키려면 인간도 실제로 존재해야 했다.

그래서 허턴에게는 지구가 현재의 모습과 크게 달랐다거나 앞으로 달라질 수도 있다고 생각할 이유가 없었다. 육지가 계속 침식되어 바다 아래로 사라지더라도 늘 또 다른 육지가 다른 곳에서 떠올라 사라진 육지를 대신하는 중이었다. 허턴의 정상 상태 지구는 영원히 인류 생활을 뒷받침하도록 현명하게 설계된 '체계'이기에 변화가 있는 뷔퐁의 지구보다도 덜 역사적이었다. 허턴이 생각한 연속된 '세계들'은 시간순으로 끝없이 이어지지만, 행성 궤도의 반복이 태양계의 진짜 역사가 아니듯이 이 또한 지구의 진짜 역사가 아니었다.

허턴의 이론은 모국과 다른 유럽 지역의 학자들에게 널리 알려졌다. 당대인이라면 허턴을 지지하든 비판하든 그의 이론이 지구를 영원한 것으로 묘사한다는 점을 모를 수가 없었다. 예컨대 찰스 다윈의 할아버지인 이래즈머스 다윈Erasmus Darwin은 허턴의 의견에 동의했는데, 허턴에 따르면 "육지와 물로 된 지구는 지금까지도 변함이 없었고 앞으로도 그럴 것"이라고 적었다. 다른 저술가는 허턴을 지지하며 『우주의 영원성The Eternity of the Universe』이라는 명확한 제목의 저술에서 허턴의 이론을 인용했다. 한편 이를 비판하는 입장에 있던 어느 논평가는 허턴이 "처음부터 지구의 정기적 연쇄!"가 일어났고 "이러한 연쇄는 끝없이 반복된다!"라고 주장했다며 비웃었다. 그리고 암석에 대해 상당한 지식을 보유한 어느 광물 감정인은 허턴이 "이른바 세계의 영원성이라는 이상한 체계를 뒷받침하기 위해 견강부회를 일삼고 있다"라며 항의했다. 이런 식의 비판은 얼마간 허턴의 이론이 지닌 과학적 특성을 겨냥하고 있다. 가령 부드러운 퇴적물은 모두 뜨거운 열을 받거나 심지어는 해저에서 용해되어 단단한 암석으로 바뀔 수밖에 없다는 허턴의 주장도 비판의 대상이었다.

허턴의 체계는 무시당하거나 홀대를 받은 것이 아니었다. 당연한 말이지만 계몽주의 문화의 중심지 가운데 한 곳이었던 에든버러에서 살던 허턴이 자신의 의견 때문에 박해받았으리라 생각하기는 어렵다. 그러나 18세기 말이 되면 학식인들은 '지구 이론' 장르가 효용이 다했다고 생각하는 경우가 많았다. 많은 사람은 허턴의 지구 이론 사례가 뷔퐁의 이론과 마찬가지로 진지하게 받아들이기에는 지나치게 사변적이라고 생각했다. 허턴의 세부적 관찰 몇몇은 가치 있는 것으로 받아들여졌지만, 그의 이론이 같은 장르에 속한 여타 18세기 저작들처럼 잊힌다고 해도 하등 이상한 일이 아니었다. 허턴 사후 그의 이론이 새로운 세기의 과학적 취향에 맞게 재포장되지 않았다면 말이다.

이전 세계와 현재 세계라니?

그러나 허턴을 비판하던 사람 중에는 이 장르의 변형과 몰락을 암시하는 저작을 펴낸 명민한 인물이 한 명 있었다. 장 앙드레 드뤽Jean-André Deluc(또는 de Luc)은 아직 스위스로 편입되기 전이었던 도시국가 제네바의 시민이었으며 기상학자이자 과학 기구 제작자로 훌륭한 평판을 쌓았다. 30대에 그는 잉글랜드로 이주해 왕립학회에 가입했고 조지 3세의 아내인 독일 태생의 샬럿 왕비Queen Charlotte에게 지적 자문을 제공하는 조언자로 임명되었다. 그는 서유럽 곳곳을 여행하고 저작 대부분을 모국어인 프랑스어로 출간하며 긴 여생을 보냈다. 드뤽은 자신을 뷔퐁, 허턴과 마찬가지로 계몽주의 철학자라고 생각했지만, 그들과 달리 이신론자가 아니었다. 물론 무신론자도 아니었다. 그는 자신을 '기독교 철학자' 또는 유신론자라고 일컬었다. 그는 종교 근본주의자는 아니었지만 성서야말로 인간 생활을 안내해주는 믿을 만한 지침서라고 생각했으며, 특히 신의 계획에 대한 믿을 만한 기록이 성서에 담겨 있다고 믿었다. 성서를 역사로서 진지하게 받아들였던 것이다. 드뤽 이전의 많은 사람과 마찬가지로 드뤽 역시 성서에 담긴 천지창조와 대홍수 서사가 역사로서 신뢰할 만하다는 점을 보여주고자 유달리 애썼다(이 때문에 근대에 그는 어셔만큼 부정적인 평판을 얻었지만, 이런 평가는 어셔에 대한 평가보다도 온당치 못하다).

이 주제들에 대한 드뤽의 초기 저작은 뷔퐁의 『신기원』이 출간된 직후이자 허턴의 『이론』이 나오기 불과 몇 년 전에 발간되었지만, 지구에 대한 해석은 어느 쪽과도 완벽히 달랐다. 그의 여섯 권짜리 저서 『지구와 인류의 역사에 대한 서한Lettres sur l'Histoire de la Terre et de l'Homme』

(1778-1779)은 왕실 후원자인 샬럿 왕비에게 바친 책으로, 뛰어난 지성의 소유자였던 샬럿 왕비는 이 서한을 꼼꼼히 읽었을 것이다. 드뤽은 책의 서두에서 지구에 대한 이런 식의 이론화를 우주 전체를 다루는 '우주론cosmology'에 빗대어 '지구론geology'으로 불러야 한다는 의견을 조심스레 제시했다. 이 단어는 의미가 다소 변하기는 했어도 그대로 굳어졌다(현재 'geology'는 지질학을 의미하며, 드뤽 이후의 논의에서 사용되는 'geology'는 지질학으로 번역했다. — 옮긴이). 나중에 그는 유럽 전역에서 출현하고 있던 몇몇 과학 정기간행물에 프랑스어, 독일어, 영어로 된 장황한 논문을 발표하며 자신의 생각을 가다듬었다. 그러니 다른 학자들도 분명 그의 저작을 잘 알고 있었다. 드뤽은 프랑스에서 뷔퐁이 했던 연구는 물론이고 허턴이 스코틀랜드에서 했던 연구보다도 광범위한 현지 조사를 서유럽 곳곳에서 수행했고, 이를 토대로 최근에 지구에서 어느 주요 사건이 역사상 실제로 일어났음을 뒷받침한다고 본 물리적 증거를 서술했다. 그가 볼 때 이 증거는 노아의 홍수에 대한 성서의 기록과 일치했다.

뷔퐁, 허턴과 마찬가지로 드뤽도 침식, 퇴적처럼 명확히 현재 일어나고 있는 작용에 대한 연구를 바탕으로 주장을 펼쳤다. 그는 이 작용들을 '현 원인'causes actuelles(요즘 영어에서는 'actual'을 '현재'라는 의미로 거의 사용하지 않지만, 여러 유럽 언어에는 이런 의미가 아직 어느 정도 남아 있다)이라 불렀다. 드뤽은 훗날 나올 지질학의 표어를 예견하기라도 한듯 현재야말로 과거의 열쇠라고 생각했다. 그러나 그는 뷔퐁과 달리 현 원인을 현장에서 직접 조사했다. 현 원인이 지금 관찰되는 지점에서 무한히 작동하지 않았다고 주장했다는 점에서는 허턴과도 달랐다. 그는 현장의 증거를 통해 현 원인이 상대적으로 얼마 되지 않은 과거 시점부터 일정 기간 현재의 대륙에 작동하기 시작했다는 점을 알 수 있다고 주장했다. 예를 들어 라인강이나 론강과 같이 상류에서 침식된 퇴적물이 많은 주요 하천은 하구에 삼각주를 형성하는데, 이 삼각주의 팽창 속도는 역사 기록을 통해 추정할 수 있었다. 드뢱은 당시에는 매우 흔한 장치였던 모래시계에 이를 빗댔다. 어느 시점에 아래로 졸졸 흘러내린 모래의 양은 시계를 뒤집은 후 소요된 시간의 양을 보여준다. 삼각주의 크기는 정해져 있으므로, 모래시계와 마찬가지로 삼각주 역시 과거 어느 시점에 만들어지기 시작했음이 틀림없었다. 후에 드뢱은 이런 지형을 두고 매우 정밀했던 존 해리슨의 해상 시계를 암시하며 '자연의 정밀시계'라고 불렀다(해상 시계는 항해하면서 경도를 파악하는 문제를 마침내 해결한 18세기의 위대한 기술적 업적이었다). 드뢱의 '시계'는 정확성과는 거리가 멀었지만, 드뢱은 이 비유를 통해 자신이 '현 세계'라 부른 세상이 기껏해야 시작된 지 수천 년밖에 되지 않았다는 주장을 펼 수 있었다(그가 분석한 여러 특징은 오늘날 빙하기가 끝나면서 북유럽에서 빙하 환경이나 주빙하 환경이 사라진 뒤 수천 년이 지났음을 보여주는 특징으로 여겨질 것이다).

드뢱은 이런 근사치만으로도 세계가 영원하다는 허턴의 주장을 모조리 반박하고도 남는다고 주장했다(그가 발표한 여러 서한 가운데 한 통은 허턴 앞으로 보낸 것이었다). 이 수치는 연대학자들이 계산해 내놓은 대홍수의 추정 연도와 자릿수도 딱 맞아떨어졌다. 따라서 이 수치는 '현 세계'가 성서에 기록된 것과 동일한 주요 물리적 사건과 더불어 시작되었다는 그의 주장을 뒷받침하는 셈이었다. 그러나 드뢱은 성서 축자주의자가 아니었다. 그는 이때 육지와 바다가 갑자기 뒤바뀌었다고 추측했다. 범람 이전의 육지가 바다 아래로 가라앉고 전에는 바다 바닥이었던 곳이 솟구쳐 오르면서 범람 이후의 새 육지가 되었다는 것이었다. 이런 추측은 바다가 갑자기 밀려왔다가 곧 물러났다는 성서의 묘사와 거리가 멀었다. 그러나 그렇게 보면 사건이 일어나기 전 인류 세계의 흔적은 지금 모두 바다 아래에 있을 테니 인간 화석이 없는 것도 설명이 됐다. 거꾸로 광범위한 해양 화석이 육지에서 발견되는 일 또한 설명되었다. 드뤽이 보기에 이들은 자신이 "이전 세계"라고 불렀던 세상의 유물이었다.

그래서 드뤽은 규모 면에서 유일무이한 물리적 '혁명revolution'이 갈라놓은 대조적인 두 '세계'로 지구의 전체 역사를 재구성했다. 그가 쓴 『서한』의 원래 제목에서 뚜렷이 드러나듯이 그의 목표는 역사였고, 창세기의 대홍수 서사에 어렴풋이 기록된 물리적 사건이 역사상 실재했음을 입증하는 데 중점을 두었다. 드뤽은 이 사건의 원인은 별개의 문제라고 인식했다. 그는 이 사건의 원인이 당연히 자연에 있다고 보았지만, 이와 관련해서는 일종의 지각 붕괴 때문에 사건이 일어났을지도 모른다는 간단한 의견만 제시했다(데카르트의 모형은 간접적으로나마 계속해서 영감을 주고 있었다). 드뤽은 '현대 세계'의 시작점을 가급적 정확히 추정하려고 끈질기게 시도한 반면, 그에 앞서는 '이전 세계'의 시간 척도는 모호한 채로 두었고 수량화하지도 않았다. 그러나 그는 인간의 기준에 비추어보면 그 시간 척도를 헤아리기도 어려울 것이라고 강조했다. 그는 '어린 지구' 축자주의자가 아니었던 셈이다. 마찬가지로 대홍수 이야기에 대한 그의 분석도 문구 하나하나에 얽매이지 않았으며 당대의 성서 연구를 참고했다. 그는 이런 연구가 이 사건의 종교적 의미를 명확히 하는 데 도움이 되며 사건이 실재했다는 사실을 위협하지 않는다고 주장했다.

드뤽은 후기 저술에서 거대하고 다양한 지층에 대해 다른 학식인들이 새로이 알아낸 사실들을 받아들였다(이 사실들에 대해서는 다음 장에서 서술할 것이다). 그는 여행하면서 관련 증거 몇몇을 몸소 목격한 바 있었다. 그래서 그는 별다른 구분이 없는 범람 이전의 '이전 세계'를 범람 전 지구의 역사를 구성하는 여러 국면의 연속으로 바꾸어놓았다. 드뤽은 뷔퐁처럼 이 역사를 전통적 창조의 '날짜'와 연관지어 해석했으며, 이에 따라 창조의 '하루'는 상상하기도 힘든 기간으로 대폭 확장되었다. 하지만 뷔퐁의 '신기원'과 달리 드뤽의 순서는 창세기에 피상적으로 대응하는 것이 아니라 창세기와 어울리도록 신중히 고안된 것이었다. 다만 드뤽의 대홍수 서사 분석이 그랬듯 이 대응이 꼭 맞아떨어질 필요는 없었고, 자구를 충실히 따를 필요는 더더욱 없었다. 드뤽이 중요시한 점은 자연 세계에서 유입되는 새로운 자료를 활용해 두 서사의 종교적 의미를 온전히 유지하는 데서 더 나아가, 그 의미를 한결 심화하는 것이었다. 뷔퐁과 반대로 드뤽의 사건 순서는 미리 프로그램되어 있는 필연적인 순서도 아니었고, 미래를 예측하는 척하지도 않았다. 또 드뤽은 허턴과 달리 자연의 지적 설계를 끌어들이지도, 영원함을 주장하지도 않았다. 물리적 사건의 원인은 시종일관 자연에 있다고 간주되었고, 다만 이 자연적 원인이 모두를 아우르는 신의 '계시'라는 맥락에 놓여 있을 따름이었다. 무엇보다 드뤽의 이론은 지구 고유의 역사가 그 정점에 있는 '현 세계'의 인류사만큼이나 우연하며, 그렇기 때문에 과거를 돌이켜보더라도 예측은 불가능하다고 보았다.

이런 내용은 하나같이 뷔퐁의 이론이나 허턴의 이론 같은 대다수의 지구 이론과 결정적으로 차이가 나는 지점이었다. 드뤽의 이론 역시 어마어마하게 큰 그림이었지만, 그는 이전 모형에서 나타난 주요 특징을 거부했다. 그의 이론은 과거와 현재에 대한 시나리오였지 미래에 대한 것이 아니었다. 그는 지구의 미래가 자연법칙에 의해 완벽히 결정되어 있으므로, 달리 말해 미리 프로그램되어 있는 셈이나 다름없으므로 이론상 예측 가능하다는 몰역사적 가정을 거부했다. 드륄의 이론에서 지구는 철저히 우연하고 역사적이었으며, 그렇다고 원인의 자연적 성격을 간과하지도 않았다. 그리고 드륄을 이런 뚜렷한 근대적 관점으로 이끈 영감이 어디에서 왔는지는 너무나 명확했다. 그 영감의 원천은 드륄이 노골적으로, 심지어는 열렬히 옹호하던 기독교 유신론이었다.

뷔퐁, 허턴과 달리 드륄은 19세기까지 장수했다. 그러나 그의 지구 이론은 다른 사람들의 지구 이론과 마찬가지로 시대에 뒤떨어졌다며 대체로 밀려났다. 큰 그림이라는 장르 전체가 효용을 다했다고 여겨졌다. 그럼에도 세 거대 이론에서 유래한 특정 요소들은 꾸준히 살아남거나 나중에 되살아났으며, 지구 역사의 폭넓은 탐사에 활용되어 성과를 낳았다. 이와 같이 탐사 범위가 대규모로 확장된 것은 19세기 '지질학geology'의 특징이었다. 그러나 다음 장에서는 18세기 후반에 머무르면서 이 장의 지면 아래 감추어진 두 연관된 주제를 추적하고자 한다. 첫째, 지구 역사상의 사건이 놓이리라 여겨진 시간 척도가 이 시기에 극적으로, 그러나 대개 눈에 띄지 않게 늘어났다. 둘째, 드륄의 이론과 비슷하게 지구를 역사적으로 해석하는 방법이 발전하고 활용되기 시작했다. 이런 작업은 모든 것을 설명하는 큰 그림이나 지구 이론, 과거와 미래에 대한 시나리오와 비교했을 때 포부는 뒤떨어질지 몰라도 문자 그대로 땅에 더 가까이 붙어 있었다.

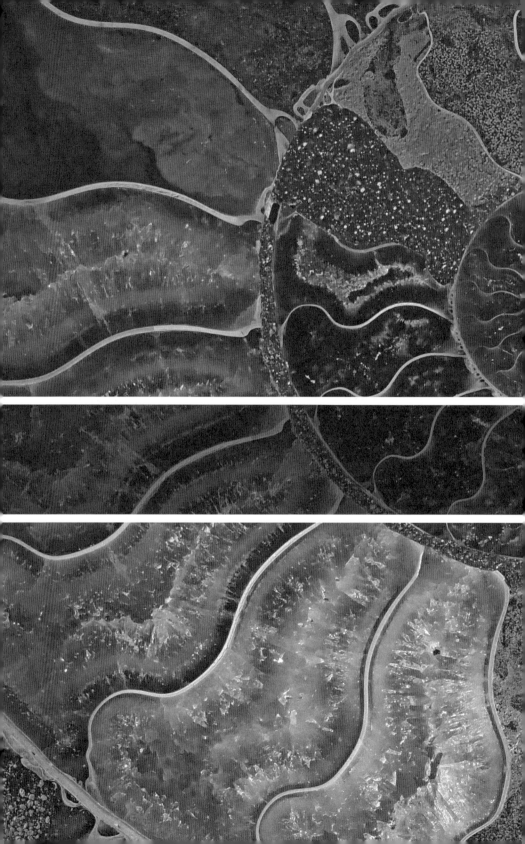

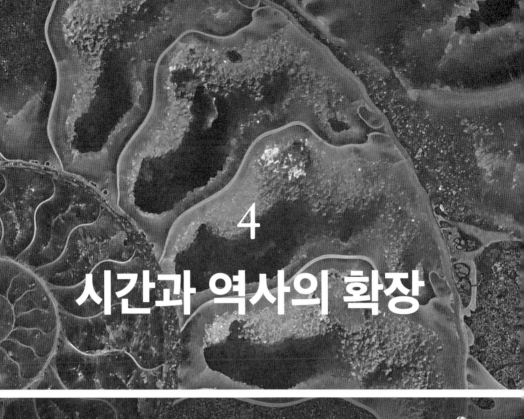

4

시간과 역사의 확장

EARTH'S DEEP HISTORY

화석, 자연의 동전

　17세기의 학자들은 세계사에 대한 전통적 시간 척도의 자릿수가 잘못되었다고 의심할 이유가 없다고 생각했다. 연대학자들의 학술 연구도 이 시간 척도를 뒷받침했다. 자연의 역사가 기껏해야 수천 년에 불과하다는 생각은 일찍부터 당연시되었고, 18세기 초반까지 활약한 우드워드와 쇼이처 같은 인물도 화석이 주를 이루던 자연 고유의 고대품에서 이를 부정하는 증거를 발견하지 못했다. 18세기 후반, 지구의 시간 척도가 훨씬 길다고 암시하는 증거가 빠르게 축적되기 시작했다. 그러나 점점 더 관건이 된 문제는 이렇게 확장된 시간을 역사적으로 해석하는 방법이었다. 그저 시간의 총 길이를 재는 일보다 시간에 따라 지구에서 무슨 일이, 언제, 어떻게 일어났는지를 추적하는 일이 훨씬 중요했다. 시간과 역사가 함께 확장되었지만, 심원한 시간deep time보다 심원한 역사deep history가 더욱 중대한 문제로 밝혀졌다.

　계몽주의의 비옥한 문화적 풍토 속에서 지구와 그 산물에 대한 호기심이 크게 높아졌다. 화산, 산맥처럼 거대한 물리적 지형부터 크기가 작아 박물관에서 수집·정리해 전시할 수 있는 본보기인 '표본'에 이르기까지 호기심을 가진 대상의 크기도 천차만별이었다. 18세기는 17세기보다도 수집 열풍이 대단했던 그야말로 대수집시대였다. 특히 서술적 과학인 '자연사'와 관계가 있는 물건들은 각별한 수집 대상이 되었다. 동물학, 식물학과 연관된 동물 표본, 식물 표본 옆에는 자연의 커다란 세 번째 '왕국'에 속하는 물건들이 있었으니, 이들은 '광물학'이란 과학의 주제였다(당시 광물학에는 현재 사용되는 더욱 협소한 의미의 광물 연구 말고도 암석, 화석에 대한 연구가 포함되었다). 모든 표본 중에서 특히 관심이 쏠린 물건은 화석이었다. 그것은 바로 당시의 관례상 화석이 자연 고유의 역사를 보여주는 유물로 여겨졌기 때문이었다. 후크처럼 화석을 자연의 '동전'이라고 부르는 일은 상투적 비유로 자리 잡았다. 그리고 화석 수집가의 노력에 힘입어 자연산 동전의 범위와 종류는 더욱 늘어났으며, 그에 따라 지구의 역사에 대한 증거로서 이들이 지닌 잠재적 가치도 대폭 상승했다. 17세기에는 영 수상쩍거나 유기체에서 비롯되지 않았다고 여겨진 각종 화석이, 18세기에는 한때 실존했던 생물체의 잔존물로 받아들여지게 되었다. 이는 대개 수집가들이 이전의 수집품들보다 훨씬 보존 상태가 좋은 표본을 발견한 덕택이었다. 예컨대 셰일shale 위에 흔적만 남거나 납작하게 눌려 있던 독특한 형체의 아름다운 암모나이트는 우아하게 평면 나선형으로 돌돌 말려서 안에 공간이 있는 조개로 확인되었으며, 당시 높이 평가받던 살아 있는 진주 앵무조개와 유사한 구석이 있었다. 이보다 더 놀라운 예는 '벨렘나이트belemnite로 알려진 총알 모양의 단단한 물건으로, 암모나이트와 동일한 암석에서 자주 발견되었다. 벨렘나이트는 결정성 광석 구조를 띠었기 때문에 전혀 유기체의 일부처럼 보이지 않았다. 그러나 18세기에 더욱 상태가 좋은 표본이 발견되면서, 벨렘나이트가 앵무조개와 비슷하지만 나선형으로 꼬이지 않은 정교한 고둥에서 가장 단단한 부위(따라서 가장 보존되기 쉬운 부위)였음이 증명되었다. 이에 따라 벨렘나이트는 암모나이트류에 추가되어 자연 고유의 고대품 취급을 받을 수 있는 화석이 되었다.

우드워드의 사후 케임브리지대학교에 기증된 그의 방대한 화석 개인 소장품은 18세기에 사회적으로 신분이 높은 교양인들이라면 유럽 여러 도시의 박물관에서 접할 수 있었던 여러 소장품 가운데 하나에

자료 4.1 석회암 판에 놓인 바닷가재(lobster) 화석을 그린 판화로 1755년 '지면 박물관', 다시 말해 자연사에 대한 풍부한 삽화가 수록된 서적에 발표되었다. 이 화석은 유명한 출토지인 바이에른주 솔른호펜에서 나왔다. 이런 정교한 화석은 납작하게 눌리긴 했지만 그 점 말고는 얇은 암석층 표면에 훌륭하게 보존되어 있었다. 이런 화석으로 미루어보건대 이 석회암이나 다른 곳에 있는 비슷한 암석은 찰나의 대홍수나 대범람 기간은 물론이고, 어떤 식으로든 격렬한 사건이 일어나는 와중에 퇴적되었다고 보기 힘들었다.

불과했다. 트롱프 뢰유tromp l'oeil(실물과 혼동할 정도로 대상을 생생하게 묘사한 그림. — 옮긴이) 기법으로 최상의 표본을 그린 판화를 풍부하게 수록하고 있어 사실상 '지면 박물관'이나 다름없었던 서적들이 출간되면서, 일부 소장품은 장소에 구애받지 않고 훨씬 많은 사람들이 접할 수 있었다. 실제로든 지면상으로든 박물관에서 특히 눈에 잘 띄는 대상은 유럽 여기저기에 있는 몇몇 출토지에서 유난히 좋은 상태로 발굴된 화석이었다. 이런 출토지로는 바이에른주 솔른호펜, 콘스탄츠 근교에 있는 외닝겐, 베로나 근교 볼카의 채석장이 있었다(요새 말로 하면 이곳들은 모두 라거슈태텐Lagerstätten(화석의 보존 상태가 좋은 퇴적층을 말하며, 산소가 없고 세균이 적은 환경에서 부패가 서서히 일어났기 때문일 것으로 추정된다. — 옮긴이)으로, 캐나다 브리티시컬럼비아주의 버제스 셰일Burgess Shale이 현재 가장 널리 알려져 있다). 각 지역이 유명세를 떨치면서, 화석 소장품 소장자나 학예사에게 질 좋은 표본을 판매하는 짭짤한 국제 무역이 생겨났다. 세밀한 부분까지 정교한 구조가 남아 있는 화려한 화석들은 매우 얇은 암석층에 보존되었는데, 잔잔한 물속에서 곱디고운 진흙 침전물에 아주 천천히 쌓인 것이 확실했다. 이들의 존재는 우드워드, 쇼이처를 비롯해 여러 사람이 상상했던 것처럼 짧은 기간 격렬하게 일어난 '대홍수'로 모든 화석이 생겼다는 이전의 주장을 뒤흔들었다. 그리고 이런 생각 말고도 여러 추론을 통해 지구의 시간 척도를 대폭 늘려야 할 수도 있다는 의견이 나타나기 시작했다.

지층, 자연의 기록 보관소

화석이 훌륭하게 보존되어 있던 드문 지층들은 훨씬 두터운 암석 더미의 일부에 불과했다. 이는 암석 전체가 방대한 기간을 보여줄 수도 있다는 유력한 단서였다. 그러나 박물관 관내에서 암석과 화석을 연구한다고 이를 알아챌 수는 없었다. 현지 조사가 필요했던 것이다. 당시에는 계몽주의 시대를 살고 있다는 자각이 있었기 때문에, 일반 대중까지는 아니어도 자연사학자들만큼은 현지 조사의 가치를 점점 더 높이 평가하고 있었다. 현지 조사는 야외에서 이루어졌다. 말 그대로 벌판field이 아니면 채석장이나 해안 절벽이, 높은 산과 깊은 광산이 현지 조사를 하는 장소였다. 현지 조사는 문명의 안락함과는 거리가 먼 고된 작업인 경우가 많았다. 아랫사람을 시킬 수도 없고 자연사학자 자신이 반드시 해야 하는 일이었다(자연사학자는 거의 언제나 남자였다. 당시의 사회적 관습상, 표본 소장품을 모으는 실내 작업 외에 여성의 현지 조사는 엄격히 제한되었다). 자연사학자들은 '현지에서' 암석이나 산이 어떻게 생겼는지 자신의 눈으로 직접 봐야 했으며, 종종 농민, 채석공, 광부같이 낮은 사회적 계층 사람들이 지닌 현지 지식에 기대어 더 중요한 지점으로 안내를 받기도 했다.

많은 자연사학자가 현지 조사를 수행한 주된 이유는 자신의 과학적 호기심을 충족하기 위해서가 아니었다. 그보다 훨씬 현실적 이유가 있었다. 18세기 후반 유럽의 각국 정부는 급격히 성장하는 광업에 필요한 과학 인력을 훈련하기 위해 광업 전문학교를 창설했는데, 현지 조사는 이런 시류를 반영했다(영국은 예외였다. 영국은 광업 전체를 민간사업으로 남겨두었다). 어느 특정한 지역에서 새 광물 자원을 발견하고 채굴하려면 암석의 지하 구조를 조사하여 기술할 필요가 있었으며, 이는 채석장을 새롭게 개장하고 광산을 개발하기 위해 수직 갱도를 굴착할 때 지침으로 삼을 수 있었다. 이런 식의 상세한 3차원 조사는 새로운 광물학 분야를 낳았으니, 이 분야는 '지구에 대한 앎Earth-knowledge'을 뜻하는 '지구구조학geognosy'이라 불렀다('geognosy'의 어원만 놓고 보면 '지구학'이라 옮기는 편이 한결 어울리지만, 'geognosy'가 현재 지구구조학을 의미하는 단어로 사용되고 있고 당시의 활동을 따져보더라도 지구구조학이란 단어가 이해에 크게 장애가 되지 않는다고 판단해 지구구조학으로 통일해서 번역했다. ─ 옮긴이). '지구구조학자'를 자임한 사람들은 주로 지각의 조성과 구조를 서술하려 했으며, 지구의 과거 역사를 재구성하기는커녕 자신들이 관찰한 바를 인과적으로 설명하려고 하지도 않았다. 그들은 자신들의 냉정한 사실 조사를 드룅이 '지구론geology'이라 부르자고 했던

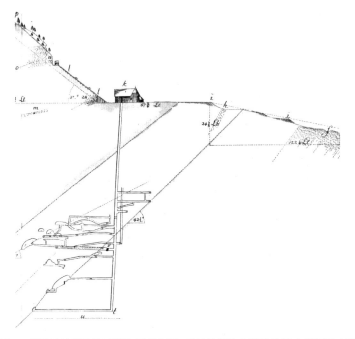

자료 4.2 독일 북부 하르츠 지역의 구릉에 있는 광산의 단면. 여기에서 볼 수 있듯이 수직인 **'수갱**(shaft)'과 수평인 **'횡갱**(adit)'을 따라가면 퇴적층에서 채굴이 이루어지는 트인 공간이 나온다. 이런 지하 작업을 지면에서 보이는 암석과 결합하면 **구조**를 3차원에 사상할 수 있다. 이 경우에는 약 45도 기울어진 암석들이 그 대상이 된다. 이런 작업이 지구구조학의 주된 과업이었다. 이 단면도는 1785년 프라이베르크의 작센 광산 전문학교 첫 졸업 기수인 지구구조학자 프리드리히 폰 트레브라(Friedrich von Trebra)가 발표했다.

이론화와 대비하곤 했다. 그들은 이런 이론화가 괴상한 사변이나 다름 없다고 폄하했다.

그러나 고집 센 지구구조학자라 하더라도 암석과 그 구조를 원인 이나 역사의 측면에서 해석하는 일부 기본적 방법은 믿을 만하며 이를 피할 방도도 거의 없다고 보았다. 그들은 여러 지역에서 암석이 두 개의 주요 범주로 나뉜다는 점을 발견했다. 이 범주는 한 세기 전 스테노가 토스카나 지방에서 알아챈 두 암석층을 연상케 했다. 지구구조학자들은 화강암, 편암, 점판암처럼 가장 아래에 있어 겉보기에 가장 오래된 암석은 '1차Primary' 암석(또는 '원시Primitive' 암석)이라고 불렀으며, 지구의 역사 초기 국면에 만들어졌다고 생각하곤 했다. 여기에서는 화석이 전혀 발견되지 않았기 때문에 일반적으로 생명이 나타나기 전으로 연대를 추정했다. 그 위에는 사암, 셰일, 석회암 같은 다양한 암석이 놓여 있었다. 이 암석은 더 젊었고 그중 일부는 1차 암석의 잔해로부터 형성된 것처럼 보였기 때문에 '2차Secondary' 암석이라 불렀다. 2차 암석에는 화석이 들어 있는 경우가 많았고, 그 양이 상당한 경우도 꽤 있었다. 1차 암석, 2차 암석 할 것 없이 이들 암석 대부분에는 층이 있었으며, 이를 두고 '층리를 이루었다stratified'라고 말했다. 이 말은 암석이 서서히 층을 이루며 쌓였다는 뜻이었다(화강암 같은 몇몇 암석은 크기가 엄청나거나 '층리를 이루지 않았다unstratified'. 이는 이런 암석이 상당히 다른 방식으로 만들어졌다는 허턴의 주장을 얼마간 뒷받침했다). 모든 종류의 암석은 '층formation'이라고 알려진 구별 가능한 단위로 분류할 수 있었다. 층은 표면이 겉으로 드러나 있어서, 국경을 건너 추적할 수도 있고 지도상에도 표시할 수 있었다. 2차 암석 중 잘 알려진 예는 북서유럽에 광범위하게 걸쳐 있는 백악층Chalk formation이었다. 영국과 프랑스를 가르는 도버해협의 양안에는 백악절벽이 있는데, 여기서 볼 수 있는 새하얀 백악이 이 백악층의 가장 눈에 띄는 성분 암석이었다. 또 다른 예는 석탄층Coal formation인데, 여기에는 사이에 끼어든 여러 사암, 셰일 지층과 함께 얇지만 귀중한 석탄 지층이 포함되었다. 이 석탄은 영국에서 갓 시작되었던 산업혁명을 말 그대로 지피는 역할을 했다.

지구구조학자들은 식물학자가 식물을 분류하고 동물학자가 동물을 분류하듯이 이런 다양한 암석층을 전부 분류하고자 했다. 예를 들어 프라이베르크의 작센 광업 전문학교에서 교직을 맡았던 선구적 지구구조학자 아브라함 베르너Abraham Werner는 『상이한 층의 종 분류 및 서술 개요Kurze Klassifikation und Beschreibung der verschiedenen Gebirgsarten』(1787)를 출간했다. 이 책은 베르너가 광범위한 현지 조사를 통해 직접 목격한 바와 당대인들이 여타 다양한 지역에서 발견한 내용에 대한 지식을 질서정연하게 정리하려는 목적에서 쓰였다(베르너는 한 세기 전 스테노가 책자를 낼 때처럼 이 소책자를 방대한 저작의 예고편으로 삼고자 했지만, 후속 저작은 나오지 못했다). 제목에서 뚜렷이 드러나듯이, 이 책은 식물학자와 동물학자가 식물종과 동물종에 대해 고민하듯 종species, 즉 사물의 종류를 분류하고 서술했다. 지구의 역사에 비추어 층을 해석하기는커녕, 층을 형성한 인과적 과정에 관심을 기울이며 층을 해석하는 책도 아니었던 것이다. 적어도 그것이 주된 목적은 아니었다. 베르너는 다양한 '종'의 목록을 정리하면서 종이 쌓인 순서가 일정하다는 언급을 하지 않았다.

그러나 좀 더 폭넓게 보면 지구구조학자들은 스테노처럼 생명이 처음 출현하기 전의 기간으로부터 생명체가 번성하는 이후의 기간으로 이어지는 일방향적인 지구 역사의 윤곽을 반영하기 위해 1차 암석층과 2차 암석층을 구분했다. 그리고 베르너는 나중에 '전이층Transition'이라는 범주를 제안했다. 암석 더미에서 위치상 중간에 있었을 뿐 아니라 다소 이해하기 어려운 화석만 몇 개 들어 있었기 때문이었다. 이러한 지구 역사의 윤곽에서 가장 현재와 가까운 끝부분에는 예전부터 베르너를 비롯한 지구구조학자들이 공인한 대로 성긴 모래와 자갈로 이루어진 '충적Alluvial(씻겨 내려온)'층이란 범주가 있었다. 충적층은 위에 놓여 있었으므로 단단한 암석보다 최근에 형성되었음이 분명했다. 그리고 이들은 다른 곳의 기반암과 일치하는 특유의 화강암 및 석회암 조각이나 덩어리 등등 오래된 암석에서 나온 잔해로 이루어져 있었다.

지구구조학자들은 신중한 현지 조사를 통해 몇몇 유럽 지역에서 1차 암석층, 2차 암석층과 그 위에 놓인 충적층을 드러냈다. 이들은 대체로 토양과 식생으로 덮여 가려져 있었지만, 절벽과 강바닥, 채석장과 광산 등 여기저기에서 눈으로 확인할 수 있었다. 뜻밖에도 이들의 총 두께는 엄청난 데다 종류도 매우 다양했다. 이 점이 지구의 역사를 이해하는 데 던지는 함의를 외면하기란 사실상 불가능했다. 2차 암석층 전부가 한 번의 짧은 대홍수만으로 형성된다는 가정은 도저히 받아들이기 어려웠다. 전체 해수면이 평화롭게 오르락내리락했다고 보든, 일시적으로 거대 쓰나미가 격렬하게 일어났다고 이해하든 마찬가지였다. 18세기 중반 이후, 2차 암석층과 대홍수에 대한 성서의 기록을 연결하자고 나서는 일은 거의 없었다. 사실상 우드워드와 쇼이처의 전 지구적 대범람이나 대규모 홍수로 대표되는 범람 이론은 학식인 간의 논쟁에서 자취를 감추었다(이런 이론을 입에 올리는 것은 사정을 잘 모르는 대중들뿐이었다). 대홍수 자체는 결코 논의에서 사라지지 않았지만, 대홍수가 역사적으로 실재했다고 주장하는 사람들도 더 이상 2차 암석층과 그 안에 들어 있는 화석을 전부 대홍수로 설명할 수 있다고 주장하지 않았다. 이제부터 2차 암석층은 **범람 이전**의 지구 역사에 속하는 것이었다. 반대로 이후에 일어난 대홍수가 남겨두었을지 모를 잠재적 흔적은 충적층에 국한되었다. 충적층은 아주 두껍지는 않아도 널리 분포되어 있었기 때문에 전 지구적으로 일어났다고 추정되는 사건의 잔재로 볼 수 있었다. 이와 같이 지각을 이루는 암석층의 구조와 순서에 대한 지구구조학자들의 새로운 이해에는 대홍수가 정말 일어났다면 그 시점은 분명 지구의 역사에서 상대적으로 최근에 해당한다는 함의가 들어 있었다. 인류의 역사에서는 대홍수가 먼 옛날에 벌어진 사건인데도 말이다. 이는 다시 지구의 전체 역사가 연대학자들이 추정한 수천 년을 훌쩍 넘을지도 모른다는 점을 시사했다.

게다가 아무리 화석을 빠짐없이 모았어도 인간의 뼈나 물건 화석 표본은 찾아볼 수가 없었다. 비슷해 보이는 표본이 있더라도 하나같이 의혹이나 논란의 소지가 있었다. '대홍수를 목격한 남자'를 확인했다는 쇼이처의 이전 주장은 앞서 언급한 바 있다. 그 후인 18세기에도 비슷한 주장이 더러 제기되었다. 한 자연사학자는 파리 외곽에 있는 채석장의 2차 암석에서 철로 된 열쇠를 발견했다고 보고했지만, 물건 자체는 남아 있지 않았고 물건을 봤다는 채석공의 증언만 있었다. 다른 자연사학자는 브뤼셀 외곽의 채석장에서 정밀하게 다듬은 손도끼에 대해 서술했지만, 이때에도 손도끼의 가치는 손도끼가 단단한 2차 암석 안에서 발견되었으며 땅에 떨어져 있던 것이 아니라는 채석공의 증언이 얼마나 믿을 만한지에 달려 있었다. 또 다른 자연사학자는 독일의 어느 동굴 안 퇴적층에 널린 수많은 동물 뼈 화석에서 사람 뼈 한두 개를 발견했다고 보고했지만, 이 뼈는 나중에 사람을 동굴 밑바닥에 매장한 흔적일 수도 있었다. 이런 주장들은 믿기엔 너무 불확실하거나 사회적으로 낮은 계층 사람들의 증언에 지나치게 의존하고 있었다. 이런 사람들은 자연사학자가 보상을 해줄 만한 발견 내용을 보고하는 것일 수도 있었다. 물론 이런 논의는 모두 소극적 증거에 불과했지만, 2차 암석층이나 충적층에서 출토된 수많은 화석에서 **사람**이 살았다는 명백한 흔적을 발견하는 데 계속 실패했으니, 이들 퇴적층은 인간이 없는 기간에 퇴적되었으며 인간이 지구에 등장한 지는 얼마 되지 않는

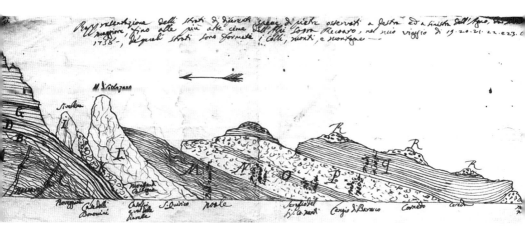

자료 4.3 1758년 베네치아 지구구조학자 조반니 아르두이노(Giovanni Arduino)가 그린 지각의 단면도. 언덕의 측면에 보이는 여러 거대 암석 더미들이 이탈리아 북부 평야에서 알프스산맥으로 이어지는 모습을 보여준다(화살은 북쪽을 가리킨다). 밑에 있는 더 오래된 암석(왼쪽)은 '**1차**'이고, 그보다 위에 있는 젊은 암석(오른쪽)은 '**2차**'이다. M부터 Q까지 표기되어 있는 암석에는 두께가 적혀 있는데, 이를 모두 합치면 수천 피트에 달한다(이 암석층은 최근 용어로 페름기에서 올리고세에 걸쳐 있다). 이처럼 암석 더미가 두꺼웠기 때문에 각 지층은 전통적 시간 척도에서 다루는 수천 년을 훌쩍 넘는 광대한 시간을 뜻하는 듯이 보였다. 이 그림은 출판된 적이 없지만, 여행 중에 아르두이노의 집에 머물렀던 자연사학자들은 이 그림을 보았을 것이 거의 확실하며, 심지어는 **현장**의 해당 지점에서 이에 대한 설명을 들었을 수도 있다. 이 단면의 길이는 약 30킬로미터이며, 수직 비율은 구조를 뚜렷이 보여주기 위해 부풀린 것이다.

다고 볼 수 있었다(이런 느낌은 당시 널리 퍼져 있었고, 뷔퐁은 이를 겉으로 드러낸 것이었다).

화산, 자연의 유적

현지 조사를 할 만한 자연 지형 중에 18세기 교양인의 상상력을 가

자료 4.4 1767년 베수비오 화산의 분화. 용암류가 산기슭에 있는 도시 나폴리를 위협하고 있다. 이 에칭화는 윌리엄 해밀턴 경의 『캄피 플레그레이(Campi Phlegraei)』(1776)에 발표되었다(본문은 이탈리아어가 아니라 프랑스어와 영어로 되어 있다). 이 책에서 그는 풍부한 삽화를 곁들여 화산지대를 묘사했다. 이 그림에서 분화 때문에 밝게 빛나고 있는 거대한 베수비오 화산추는 이후 용암이 흐르고 화산재가 쌓이면서 만들어진 것이 분명했으며, 그보다 최근에 일어난 분화는 악명 높은 기원후 79년의 화산 폭발 때부터 남아 있는 역사 기록으로 시기를 추정할 수 있었다. 왼쪽에 있는 어두운 언덕인 몬테 소마는 그보다 더 오래된 화산추의 잔재로 해석되었다. 이 오래된 화산추는 훨씬 예전에 몇 차례에 걸쳐 폭발한 듯했다. 이 장면은 당시 풍경화의 특징이던 극적 화풍으로 그렸는데, 이런 화풍은 이렇게 과학적으로 중요한 지형을 묘사하기에도 적합했다.

장 잡아끄는 것은 화산이었다. 이탈리아 남부의 대도시 나폴리를 굽어보는 베수비오 활화산은 그랜드 투어Grand Tour의 일환으로 고전 세계의 유적과 명승지를 두루 둘러보던 유럽의 학식인과 귀족 여행자에게 빠트릴 수 없는 명소였다. 베수비오산을 구경하고, 화산 활동이 잠잠하다면 되도록 꼭대기에 있는 분화구까지 산을 오르는 일은 산기슭에 있는 파묻힌 로마 도시인 헤르쿨라네움과 폼페이의 옛터 관광 못지않게 중요한 일로 여겨졌다. 두 도시는 18세기 초에 발견되었고, 발굴이 진행되면서 세상을 떠들썩하게 만드는 성과가 나오고 있었다. 로마 시대인 기원후 79년에 일어났다고 기록에 고스란히 남아 있는 화산 폭발로 두 도시가 파괴된 사건은 인류의 역사와 자연의 역사가 뜻밖에 연결되어 있음을 보여주는 상징이었다. 훗날 넬슨 제독Admiral Lord Nelson의 애인이 되는 매혹적 여성 에마Emma의 남편으로서, 유명한 삼자 동거ménage à trois의 한 축을 이룬 주 나폴리 영국 대사 윌리엄 해밀턴 경Sir William Hamilton은 화산과 고대품 양쪽에서 탁월한 전문가가 되었다(넬슨 제독은 1798년 나일강 하구에 있는 아부키르만에서 프랑스 해군을 격파한 뒤 당시 영국의 동맹국이었던 나폴리에 기항했는데, 이때 해밀턴 경의 부인인 에마와 사랑에 빠졌다. 곧 세간의 화제가 된 넬슨 제독과 에마의 관계는 이들이 영국으로 돌아온 후에도 지속되었으며, 세 사람은 1803년 해밀턴이 사망할 때까지 한 집에서 동거 생활을 했다. — 옮긴이). 고대품 연구자 해밀턴은 나폴리 방문객들이 고대 '에트루리아' 꽃병이라며 고국으로 가져갈 법한 고대품이 사실 그리스의 유물임을 밝혀냈다. 또한 그는 자연사학자로도 활약하면서 나폴리 방문객이 챙기는 화산암과 화산 광물질을 런던 왕립학회에 표본으로 보내 특정 화산 폭발에 대한 보고를 시각적으로 뒷받침하기도 했다. 해밀턴은 역사에 기록된 기원후 79년 이후의 베수비오 화산 폭발과 그보다 규모가 컸던 시칠리아섬 에트나 화산의 폭발 이전에도 그와 유사한 폭발이 여러 번 일어났으며, 이런 사건들이 고대 그리스가 등장하기도 전 기록되지 않은 시기까지 거슬러 올라간다는 점을 알아챘다. 그리고 화산재와 용암류로 이루어진 이 거대한 화산추는 딱 봐도 그보다 오래된 암석 위에 쌓여 있었다. 이런 점으로 미루어보았을 때, 기록되지 않은 시절은 아무리 짧게 잡더라도 예전의 추측을 한참 넘어설 듯했다.

이런 추론은 놀랍게도 기존 활화산에서 수백 마일 떨어진 프랑스의 구릉지대 마시프상트랄Massif Central에서 사화산이 발견되면서 탄력을 받았다. 원래 이 지역을 여행하면서 프랑스 정부에 지역 산업에 대한 보고서를 제출하려던 자연사학자 니콜라 데마레Nicolas Desmarest는 이런 외딴 지역에서 화산암이 발견되었다는 소식을 듣고 후속 조사에 착수했다. 데마레는 전에 한 젊은 귀족을 따라 나폴리와 베수비오산 방문 일정이 포함된 그랜드 투어를 다닌 적이 있었기 때문에 설혹 그 지역이 최근의 식생으로 덮여 있더라도 화산의 특징을 분간할 만반의 태세를 갖추고 있었다. 그가 오베르뉴Auvergne 지방에서 발견한 지형은 푸석푸석한 화산재로 이루어진 화산추와 꼭대기에 있는 분화구가 틀림없었으며, 분화구로부터 나온 용암이 언덕 아래로 몇 마일 흘러내리다가 응고하면서 만들어진 용암류도 똑똑히 보였다. 그러나 프랑스 어느 곳에서도 화산이 폭발했다는 역사 기록은 없었고, 민간 전승에서도 이를 목격했다는 단서를 찾을 수 없었다. 데마레는 로마 후기의 시인이자 초기 기독교 주교가 낚시를 즐겼다는 어느 작은 호수가 생긴 것이 애당초 용암류가 언덕을 에둘러 자연 댐을 형성한 덕분임을 알아냈다. 이는 이런 화산 폭발이 전부 로마 시대보다 이전에, 어쩌면 인간이 남긴 현존하는 최초의 기록보다 앞서 일어났다는 강력한 증거였다. 곧 과학계에 널리 알려진 프랑스 중심부의 사화산은 화산 활동이 지구 역사에서 오래전부터 이어졌을지도 모른다는 점을 시사했다.

이런 가능성은 데마레가 오베르뉴 화산 지대 전체를 상세히 연구한 결과를 내놓으면서 더욱 커졌다. 데마레의 지도는 7년전쟁이 끝나 더 이상 할 일이 없었던 어느 군인 측량기사가 작성했다. 그는 골짜기 바닥에 있는 용암류가 부근에 있는 일부 언덕 꼭대기의 닮은꼴 암석과 동일하다는 점을 발견했다. 만약 이 암석도 화산 활동으로 생겼다면,

CRATERE DE LA MONTAGNE DE LA COUPE, AU COLET D'AISA,
Avec un Courant de Lave qui donne naissance à un pavé de basalte prismatique.

자료 4.5 프랑스 외딴 지역에 있는 마시프상트랄 구릉지대의 사화산. 다소 도식화된 형태이 긴 하지만, 꼭대기의 분화구에서 폭이 좁은 용암 줄기가 흐르고 있다. 앞쪽에 보이는 강의 기 슭에서는 용암이 침식되면서 용암의 구성 물질인 **현무암**이라 불리는 암석이 특유의 수직 기 둥 형태를 띠며 나타났다. 오베르뉴 남부 비바레 지방의 쿠페데작산을 그린 이 판화는 1778 년 데마레보다 어린 당대인 바르텔레미 포자 드 생퐁(Barthélemy Faujas de Saint-Fond)이 발표했다. 그는 나중에 파리에서 세계 최초의 '지질학' 교수가 되었다.

용암이 지금은 사라진 오래전 계곡을 따라 흐르며 형성된 것이 틀림없 었다. 데마레는 옛 용암류가 지나갈 길을 만든 언덕이 드뢱의 '현 원인' 에 속하는 빗물, 강물처럼 느리지만 관찰 가능한 작용 때문에 닳아 없 어졌으며, 그 결과 새로 생긴 계곡을 굽어보는 언덕 꼭대기에 고대 용 암이 남게 되었다고 주장했다(이 지역의 기반암은 상대적으로 부드러워서 단단한 용암에 비해 훨씬 빠르게 침식될 터였다). 사실상 언덕과 계곡이 자 리를 바꾼 셈이었다. 침식 과정이 눈에 보이는 것처럼 정말 그렇게 천 천히 꾸준하게 일어난다면, 오베르뉴의 현재 지형이 형성되는 데 걸리는 시간은 인류사 전체 기간을 뛰어넘을 만큼 어마어마하게 늘어날 수밖에 없다는 뜻으로 볼 수 있었다. 그리고 대홍수 같은 사건으로 이런 과정이 중단된 적도 없는 것처럼 보였다.

의미심장하게도 데마레는 연대학자들에게서 '신기원'이라는 주요 개념을 차용해 이 개념을 인류의 역사에서 자연의 역사로 옮겨놓았다. 스테노의 작업은 여전히 과학계에 널리 알려져 있었다. 데마레는 스테노에게서 관찰 가능한 현재로부터 모호한 과거로 거슬러 올라간 뒤 방향을 바꾸어 과거에서 현재에 이르는 참된 역사를 재구성하는 방법을 빌려 왔다. 데마레는 초기 보고에서 가장 최근의 화산추 및 용암류를 현재와 가장 인접해 있다는 이유로 '첫 번째 신기원'의 산물이라고 언급했다. 그러나 나중에 그는 이때가 지역의 역사에서 차지하는 위치를 반영해 '세 번째이자 마지막 신기원'이라고 이름을 바꿨다(데마레는 과학계에서 훨씬 거물이었던 뷔퐁이 『자연의 신기원』을 출간하여 인기를 가로채기 한참 전부터 '신기원'이라는 말을 사용하고 있었다). 그리고 그는 새로 발굴되었으며 폼페이보다 보존 상태가 좋았던 헤르쿨라네움 옛터를 특별히 언급하면서, 자신이 오베르뉴의 과거 역사를 재구성한 결과도 이와 비슷하다고 말했다.

그러나 데마레의 결론은 '현무암basalt'이라 알려진 오베르뉴 언덕 꼭대기의 암석이 정말로 옛날에 용암이었다는 자신의 주장에 기대고 있었다. 사실 어둡고 결이 고운 이 암석의 유래는 격렬한 논쟁의 대상이었다(도자기 업자 조사이어 웨지우드Josiah Wedgwood가 발명한 '검은 현무암'이라는 유명한 도자기는 이 암석의 외양을 꽤 정확히 모방했다). 현무암은 매우 규칙적인 육각기둥이 서로 맞닿아 있는 형태를 띠곤 했다. 18세기 유럽 전반에 걸쳐 유명해진 사례로 아일랜드 북부 해안에 있는 '자이언트

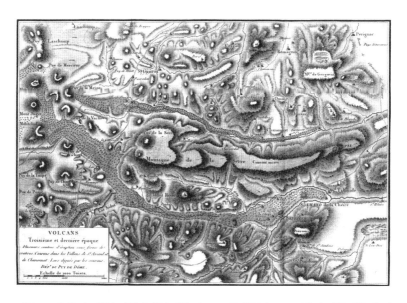

자료 4.6 오베르뉴 일부 지역에 대한 정밀 지도. 두 용암류(점으로 표현)가 서쪽(왼쪽)에 있는 작은 화산추에서 나와 평행한 계곡을 따라 동쪽으로 흐르는 모습을 보여준다. 그 사이에는 길고 좁은 고원이 있는데, 마찬가지로 동쪽으로 경사져 있으며 견고한 현무암이 그 위를 덮고 있다. 데마레는 이 현무암이 앞선 용암류와 유사하게 계곡을 따라 흘러내린 적 있는 먼 옛날의 용암이라고 해석했다. 근처에 있는 일부 언덕들도 현무암으로 덮여 있는데, 이는 다른 예전의 용암이 남긴 흔적이 더 심하게 침식된 것이라 해석했다. 데마레는 이 용암이 전부 이 지역에서 서로 다른 두 차례의 화산 활동 '**신기원**'을 거치며 만들어진 산물이라고 해석했다(맨 아래의 기반암에서 발견되는 현무암 자갈은 세 번째이자 더욱 오래된 신기원을 나타냈다). 가장 최근의 용암류로 에다 호수(Lac Aidat, 왼쪽 아래)라는 작은 호수가 형성되었는데, 이 호수는 로마 시대에도 존재했다고 알려져 있었다. 따라서 이 '**세 번째이자 마지막 신기원**'의 연도조차 인간의 역사 기록 이전으로 추정되었다. 이 지도는 1806년까지 발표되지 않았지만, 1775년 데마레가 파리 과학 아카데미(Académie des Sciences)에서 선보인 지도에 기반을 두고 있었다. 이 지도가 묘사하는 영역의 폭은 약 20킬로미터다.

코즈웨이Giant's Causeway'와 스코틀랜드 서쪽 해안 앞바다의 스타파섬Isle of Staffa에 있는 '핑갈의 동굴Fingal's Cave'이 있었다. 하지만 두꺼운 현무암층은 사암, 셰일, 석회암 같은 2차 암석 더미에 끼인 채로 발견되는 경우도 많았는데, 이런 2차 암석들은 모두 한때 존재했지만 지금은 사라진 바다에서 퇴적된 것처럼 보였다. 이에 해당하면서 수직 기둥으로 이루어진 유명한 예는 허턴의 에딘버러 저택 위로 우뚝 솟은 솔즈베리 크렉스Salisbury Crags 절벽에서 볼 수 있었다.

그러나 데마레는 현무암이 확실히 용암이라고 주장했다. 예컨대 그는 상대적으로 최근에 만들어졌으며 화산 활동에서 나온 것이 분명한 오베르뉴의 용암에서도 육각기둥을 볼 수 있다는 점을 알아냈다. 종국에는 관련된 자연사학자 대다수가 이런 현장 증거를 바탕으로 현무암이 화성암이라고 확신하게 되었지만, 베르너를 비롯해 영향력 있는 소수 사람들은 계속해서 현무암이 단단하게 굳은 퇴적물의 일종이라고 주장했다(결이 고운 암석의 미세 구조를 연구하는 기법이 있었다면 이 수수께끼를 해결하는 데 도움이 되었겠지만, 그런 기법은 19세기 중반 들어서야 발달했다). 이 자연사학자들은 모두 고전에 대한 교양이 풍부했기 때문에 이 논쟁은 농담처럼 '화성론자Vulcanist' 대 '수성론자Neptunist', 즉 한 고대 신을 신봉하는 사람들과 다른 고대 신을 신봉하는 사람들 간의 싸움이라고 불렸다. 마침내 자연사학자 대부분은 현무암이 불의 신인 불카누스의 세계에 속한다는 데 동의했지만, 대다수의 다른 암석은 계속 바다의 신인 넵투누스의 통치하에 있었다. 한 저명한 자연사학자는 현무암 논쟁이 찻잔 속의 태풍에 불과하다며 싸잡아 깎아내렸다. 그럴 만도 했다. 왜냐하면 이 논쟁은 여러 암석 가운데 한 종류의 암석 분류에만 관련이 있었기 때문이었다. 이 논쟁이 지구 고유의 역사에 중대한 함의를 던지지 않았더라면 이 논쟁은 상대적으로 중요하지 않은 과학적 언쟁에 불과했을 것이다. 그 함의란 바로 현무암을 화산암으로 인정하면서 다양한 2차 암석 더미가 쌓인 '이전 세계'에서도 '현재 세계'와 유사한 화산 활동이 일어났음을 알게 되었다는 것이었다. 말하자면 화산도 분명히 지구의 섭리에서 빼놓을 수 없는 일부였으며, 현 상태의 표면에만 드러나는 지형에 불과한 것이 아니었다(당시에는 2차 암석에 끼어 있는 얇은 석탄층이 지하에서 연소하며 나오는 힘으로 화산이 생긴다는 의견도 있었다).

자연사와 자연의 역사

데마레는 고대품 연구자의 헤르쿨라네움 발굴과 자신이 오베르뉴의 사화산에서 하고 있는 일이 비슷하다고 말했다. 이렇게 인류사에 빗대는 강력한 비유를 더욱 대대적으로 활용한 사람이 있었는데, 마시프상트랄이 걸쳐 있는 또 다른 지역인 비바레 지방에서 데마레와 비슷한 작업을 했던 어느 젊은 자연사학자였다. 장 루이 지로 술라비Jean-Louis Giraud-Soulavie는 젊은 시절 한 마을의 교구 사제로 봉직했는데, 마침 이 마을에서는 사화산 하나가 훤히 보여서 사화산이 던지는 흥미로운 질문을 자연스레 접하게 되었다. 학식인의 길을 걷기 위해 파리로 이사한 그는 일곱 권짜리 책인『프랑스 남부의 자연사Histoire Naturelle de la France Méridionale』(1780−1784)에서 자신이 진행한 폭넓은 현지 조사를 풀어 쓰고 그에 대한 해석을 정리했다. 사실 이 저작은 당시 일반적이었던 서술적 '자연사'를 넘어서는 책이었다. 이 책에는 자연 고유의 역사(현대적 의미에서)를 재구성한다는, 술라비가 보기에 여전히 기발하면서도 많이 탐구되지 않은 아이디어가 가득했다. 그는 스스로를 "자연의 기록 담당자"라 불렀으며 화산의 '물리적 연대'를 알아냄으로써 '물리 세계의 연보'를 편찬하고 있다고 주장했다. 그가 오래된 용암이라고 해석한 현무암을 포함해서 이런저런 암석층들은 저마다 자연이 남긴 '유적'이자 '비문'이었다. 여기에는 오랜 기간에 걸쳐 해당 지역에서 일어난 자연의 '신기원'들이 기록되어 있었다.

데마레와 술라비는 이전의 스테노와 후크와 비슷하지만 그보다 철저하게 연대학자와 고대품 연구자의 방법 및 개념을 인간 세계에서 자연 세계로, 인류사의 짧은 기간에서 헤아릴 수 없을 만큼 오래된 지구 고유의 역사로 옮겨놓았다. 이런 작업을 하던 때가 고고학에서 흥미로운 새 발견이 이루어졌을 뿐 아니라 에드워드 기번의 명작『로마제국 쇠망사Decline and Fall of the Roman Empire』(1776-1788)처럼 인류사 저술에서 걸출한 학술 저작들이 나온 시대였다는 것은 우연이 아니었다. 그리고 술라비가 나중에 기번 식의 역사로 선회해 구체제(앙시엥 레짐ancien regime)하의 프랑스 정체에 대한 상세한 연구를 출간한 점도 별로 놀랍지 않다. 술라비와 데마레는 자연의 역사도 세심히 관찰하고 검토한 증거들을 토대로 인류사 못지않게 정밀하고 탄탄하게 재구성할 수 있다는 점을 설득력 있게 보여주었지만, 다른 자연사학자들이 이를 곧바로 따르지는 않았다. 술라비의 지적대로 이런 식의 추론은 아직 신기하고 낯설었다. 그러나 인류사 저술에 빗대는 방법은 장기적으로 볼 때 지구 역사의 재구성에서 결정적인 전략이 되었다.

술라비는 비바레 지방의 모든 화산암 이외에 세 2차 암석층 더미도 서술했다. 그는 이 암석층들에 속한 독특한 화석을 이용해 여러 지역에 걸쳐 각각의 층을 식별할 수 있다는 사실을 알아냈다(이 층들은 현재의 용어로는 쥐라기, 백악기, 마이오세의 암석층이었다). 유럽 다른 지역에서 2차 암석을 연구하던 자연사학자들도 층과 화석 사이에 이런 관계가 있다는 점을 알고 있었다. 그동안 눈여겨본 적은 없었지만, 가령 아

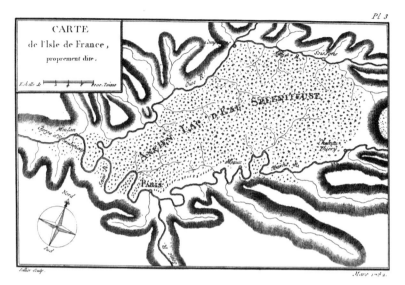

자료 4.7 파리 북쪽에 있는 거대한 옛 호수(점으로 표현). 이 지역의 2차 암석층 더미에 있던 국지적 석고 퇴적층에서 나온 증거를 바탕으로 새구성한 것이다. 현데 용어로 "**고지리**(palaeo-geographical)"도라 하는 이 지도는 1782년 프랑스의 자연사학자 로베르 드 라마농(Robert de Lamanon)이 발표했다. 그는 이 석고, 다른 말로 셀레나이트가 '셀레나이트가 녹은 옛 호수'의 증발 퇴적층(이 용어도 현대의 용어다)이라고 해석했다. 이 퇴적층의 너비는 약 120킬로미터로 나타나 있다. 이런 해석은 암석과 광물에 대한 구조적 또는 지구구조학적 조사에서 나온 특징을 명백히 **역사**적으로 해석한 예로, 18세기 후반만 해도 이런 예는 아직 드문 편이었다.

래쪽의 오래된 2차 암석층(현재 용어로는 대부분 중생대층에 해당)에는 암모나이트와 벨렘나이트가 들어 있는 경우가 많은 반면 위쪽의 젊은 2차 암석층(지금은 신생대층이라 불림)은 그렇지 않았다. 반대로 젊은 층의 조개껍질 화석은 생김새가 오랜 지층의 조개껍질 화석에 비해 현재 바다에 서식하는 조개에 가까웠다. 그러나 이 모든 내용을 어떻게 해석해야 할지는 분명치 않았다. 술라비는 암석층에 들어 있는 화석의 순서에 생명의 진정한 역사가 일부 담겨 있다고 주장했다. 그러나 다른 자연사학자들은 이런 화석의 차이가 단순히 동물이 서식하는 환경 조건이나 침전물이 퇴적되는 환경 조건(현재의 용어로 상facies이라 한다)의 변화를 나타낼 가능성이 크다고 생각했다. 오래된 층은 깊은 물속에서 퇴적되었기 때문에 지금도 그런 환경에서 살고 있는 조개가 그 안에 들어간 것일 수도 있었다.

이는 전혀 터무니없는 생각이 아니었다. 후크가 오래전에 깨달았듯이 세상의 식물과 동물에 대해 모르는 것이 너무 많았기 때문이다. 장거리 여행이나 탐사를 할 때마다 이전에 알려지지 않았던 동식물 종이 유럽에 들어왔다. 깊은 바다 속에 대해서는 더욱더 아는 바가 없었다. 가령 암모나이트가 바다 아래서 아직도 번성하고 있을 가능성도 얼마든지 있었다. 지금 '살아 있는 화석living fossil'이라 부르는 생물들의 발견은 이를 간접적으로 보여주는 좋은 증거처럼 보였다. 가장 놀라운 사례는 기다란 다림줄로 카리브해 심해에서 건져 올린 살아 있는 바다나리(현재의 용어로는 크리노이드crinoid)였다. 이 종은 2차 암석층 일부에서 이미 잘 알려져 있던 바다나리 화석과 동일하지는 않았지만 뚜렷한 유사성이 있었다. 이렇게 심해에서 '살아 있는 화석'인 바다나리를 발견했으니 암모나이트도 머지않아 살아 있는 채로 발견할 수 있을 듯했다(현대에 발견된 '살아 있는 화석' 물고기 실러캔스는 이런 의견이 계속 유효하다는 점을 일깨우는 좋은 예이다. 실러캔스는 인도양 코모로 제도 근처의 심해에 많이 살고 있다고 알려져 있다).

아무리 흔한 화석이라도 그중 여럿 혹은 전부가 어딘가에서 '살아 있는 화석'으로 번성하고 있을 가능성이 있었기 때문에 비바레나 여타 지역의 암석층을 바탕으로 전 지구 차원에서 생명의 역사를 확고히 밝혀낼 수는 없었다. 그러나 암석층에는 분명 지구의 물리적 상태에

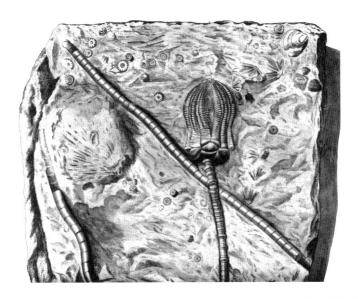

자료 4.8 2차 석회암으로 이뤄진 석판에 있는 '엔크리나이트(encrinite)' 또는 바다나리 화석. 1755년 자연사의 한 '지면 박물관'에 발표된 판화이다. 화석 수집가들이 높이 평가했던 이 유명한 화석은 멸종한 것으로 추정되었다. 그러나 비슷한 바다나리들이 심해에서 잡혔고, 1755년 인쇄본에 처음 묘사되었다(우연히도 앞의 판화와 같은 해였다). 이런 '살아 있는 화석' 때문에 종이 사라진다는 생각 자체를 도통 믿을 수가 없었으며, 생명의 **역사**를 재구성하는 일도 마찬가지로 의문시되었다. 이 암석판에 보이는 작은 구형 물체는 유기체에서 나왔는지 의심을 받았던 여러 화석 중 하나였다. 그러나 이처럼 잘 보존된 표본에서는 이 물체가 잘 구부러지는 바다나리의 자루(stalk)에서 떨어진 부분임을 볼 수 있었다. 겉보기에 식물처럼 생긴 바다나리 또는 '크리노이드'는 곧 불가사리, 거미불가사리, 성게와 기본적으로 유사한 것으로 알려졌고, 이들은 나중에 모두 '극피동물'로 분류되어 현재까지 내려오고 있다.

서 일어난 **국지적** 변화의 순서가 담겨 있었다. 동식물의 지리적 분포는 시간에 따라 바뀌었을지라도 역사를 통틀어 지구에 서식한 동식물의 종류는 비슷했을 수도 있었다. 예를 들자면 방향이 있고 매우 역사적인 드뤽의 체계보다 허턴이 내세운 지구의 정상 상태 '체계'가 더 올바른 노선일 수 있다는 뜻이었다. 그러니 창세기 서사를 그대로 따르지는 않더라도 그로부터 영감을 받아 서로 구분되는 시기들이 잇따른다고 본 드뤽의 개념은 지구 전역에서 '이전 세계'가 '현재 세계'와 뚜렷이 나뉜다는 점을 보일 때에야 비로소 정상 상태 체계보다 설득력이 있었다. 그리고 이런 구획에는 각 세계의 물리적 특성만이 아니라 각각의 세계에 서식하는 동식물도 포함되었다. 지금도 그렇지만 당시에도 가장 흔한 화석이었던 조개껍질과 여타 해양 동물의 유해는 이 점에서 모호한 면이 있었다. 그들 중 다수 또는 전부가 '살아 있는 화석'으로서 아직도 존재할 가능성이 컸기 때문이었다. 그러나 살아 있는 육상 동물, 아니면 최소한 거대 포유류처럼 눈에 잘 띄는 동물에 대해서는 더욱 많이 알고 있었다. 그래서 이런 동물은 '이전 세계'에 살았던 유사한 동물과 비교할 때 기준으로 삼기에 더 적합할 수 있었다.

이 때문에 18세기 말 충적층에서 발견되곤 했던 거대 뼈 및 이빨 화석에 자연사학자들의 관심이 집중되었다. 오래전부터 일반인들은 유럽에서 발견된 이 화석들이 대홍수 이전에 살았던 거인에게서 나왔다고 생각했지만, 초기 해부학자들은 이런 화석이 절대 인간의 것이 아니라는 점을 밝혀냈다. 그중 많은 수가 사람이 아니라 코끼리의 유해로 확인되자 한니발Hannibal이 로마와 전쟁을 치르기 위해 북아프리카에서 들여온 것으로 유명한 코끼리의 화석이라고 생각했다. 그러나 유럽 각지와 유럽에서 동쪽으로 멀리 떨어진 시베리아(이곳 토착민은 이 뼈들을 '매머드mammoth'라 불렀다), 서쪽 멀리 떨어진 북아메리카에서도 유사한 뼈 여러 점이 새로 발견되면서, 이런 분포를 가능케 하는 자연적 원인으로 관심이 이동했다. 예를 들어 대홍수가 사실 거대한 쓰나미였다면 아프리카와 아시아에 있는 코끼리의 열대 서식지에서 시체를 휩쓸어 북쪽 지역으로 옮겨놓았을 수도 있었다(이 설명은 북아메리카 화석에는 잘 들어맞지 않았다).

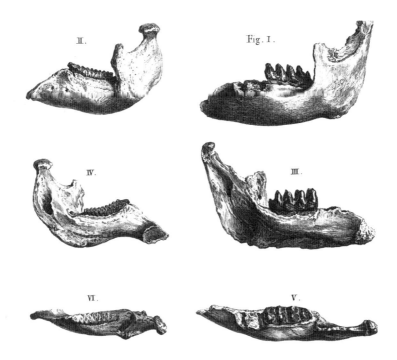

자료 4.9 나중에 **마스토돈**(mastodon)'이라는 이름이 붙은 정체 모를 '오하이오 동물'의 아래턱(오른쪽)과 현존 코끼리의 아래턱(왼쪽)을 각각 바깥쪽, 안쪽, 위쪽에서 비교한 그림. 이 판화는 외과의이자 해부학자인 윌리엄 헌터(William Hunter)가 1768년 런던 왕립학회에서 발표한 논문에 삽화로 들어갔다. 그는 '미국산 **정체불명 생물체**(incognitum)'가 생존이 확인되지 않은 별개의 종이며 진짜 멸종 사례일 것이라고 주장했다. 그러나 다른 자연사학자들은 이 동물이 아직 탐사가 이루어지지 않은 지구상 어딘가에 '살아 있는 화석'으로 생존해 있을 가능성이 더 크다고 생각했다.

그러나 이런 뼈와 이빨 중 일부가 살아 있는 어느 종과도 닮지 않은 동물에서 나왔다는 증거가 나오면서 수수께끼는 더욱 복잡해졌다. 코끼리 상아처럼 생긴 부위와 하마 이빨처럼 생긴 부위가 동일한 포유류에서 나온 듯했다. 북아메리카 영국 식민지 서부의 유명한 지역 이름을 따서 '오하이오 동물'이라 불렸던 이 동물은 구세계와 신세계 할 것 없이 북위도 지방에서 널리 서식했음이 분명했다. 일부 자연사학자은 바로 이 점이야말로 이 동물이 완전히 멸종했다는 결정적 증거라고 여겼다. 뷔퐁은 이 동물이 지금의 열대지방보다 무더운 환경에 적응했다가 지구가 식으면서 몰살했을 것이라 생각했다. 그러나 훗날 토머스 제퍼슨 같은 사람들은 이제 막 독립국이 된 미국의 미탐험 내륙 지역에 이 동물이 아직 살아남아 번성하고 있지 않을까 의심했다. 아마도 국민적 자부심을 고양하기 위해 이 동물이 살아 있기를 내심 바랐을 것이다. 제퍼슨은 대통령 재임 시절에 서쪽 해안을 향해 유명한 내륙 탐사에 나선 루이스와 클라크에게 이 동물을 찾아보라고 지시하기도 했다. 이런 불확실성을 고려했을 때, 많은 자연사학자가 받아들이기 어려워했던 완전 멸종이 자연계에서 자주 일어나는 현상이라고 확고히 증명하려면 미심쩍은 이 사례 하나로는 부족했다. 더 나아가 일련의 암석층과 그 이후의 충적층에서 발견된 화석만으로 진정한 생명의 역사를 뒷받침할 수 있다고 장담하기란 어려울 터였다.

지구의 시간 척도에 대한 추측

이미 지적한 대로, 지구의 시간 척도가 광대함을 일러주는 단서나 낌새 대부분은 도서관의 책을 읽는 것은 고사하고 박물관에 있는 화석이나 암석 표본을 연구하더라도 제대로 알아채기 어려웠다. 지구의 역사가 매우 길고 그 대부분은 인간이 나타나기 전이었을 가능성이 높다고 생각한 사람들은 현장에서 직접 암석층 더미의 규모와 거대 화산의 크기를 목격한 자연사학자들이었다. 막대한 시간이 걸렸으리라는 의심이 커져갔지만 이러한 의심은 대개 겉으로 드러나지도, 수량화되지도 않았다. 교회 당국의 비판이 두려워서가 아니라 시간을 확실히 잴 방법이 마땅치 않았고 사변에 빠져 있다는 평가를 받고 싶지도 않았기 때문이었다. 그럼에도 아직 남아 있는 미출판 비공식 기록을 살펴보면, 18세기 후반의 많은 자연사학자는 아무런 거리낌 없이 기계적이며 태연하게 지층이나 그보다 최근의 화산이 만들어지는 데 최소 수십만 년, 심지어는 수백만 년이 걸렸을 것이라 생각했다. 예를 들어 베르너는 자신이 익히 알던 거대 암석층이 100만 년쯤 되었을 것이라고 말했다고 전해지며, 다른 사람들이 내놓은 추측도 엇비슷했다. 현대 지질학자들의 눈에는 이 정도 추측도 한심하리만치 부정확해 보이겠지만, 이는 18세기 후반 그들의 선배들이 지구 고유의 역사를 사고하면서 수천 년이라는 전통적 시간 범위를 크게 넘어서는 상상의 결정직 한 걸음을 내딛었다는 뜻이었다. 이 당시에는 수십만 년을 상상하는 것만 해도 수십억 년을 상상하는 것 못지않게 커다란 충격을 주었다. 이보다 자릿수가 더 작더라도 사람들이 알고 있는 인류사 전체를 왜소하게 만들기엔 충분했다. 말 그대로 거의 **생각조차 할 수 없는** 광막한 시간 범위였다.

18세기 후반 믿을 만한 현장 증거에 힘입어 많은 자연사학자는 지구에 대해 온갖 추론을 하면서 시간 척도가 대단히 길다는 가정을 당연하게 받아들였다. 긴 시간 척도를 명시적으로 제안하고 발표한 뷔퐁이 비판을 받은 이유는 자릿수 때문이 아니었다. 굳이 따지면 그가 제안한 수치는 당대의 기준에서 봤을 때 오히려 작은 축에 속했다. 문제는 그가 딱 떨어지는 수치를 도출해내면서 전제로 삼은 추측이 미심쩍다는 것이었다. 시간 척도에 한계가 없음을 당연하게 생각한 허턴도 시간 길이를 정하지 않았다고 비판을 받은 것이 아니라 지구가 영원하다는 함의를 숨길 수 없었기 때문에 비판 대상이 되었다. 드뤽은 더욱 전형적이었다. 최근의 기간('현재 세계') 말고는 어느 기간에도 숫자를 매기려 하지 않았고, 나머지('이전 세계') 기간은 광대하되 수량화할 수 없다고 가정했다. 이런 과학 활동의 추후 전개 과정을 살펴보더라도, 관련 현장 경험을 한 사람들 중에서 인류의 역사 시대를 전부 따져도 지구의 시간 척도에 비하면 보잘것없다는 데 의문을 품은 사람은 아무도 없었다. 반면 직접 지식이 없는 일반 대중의 의견은 꽤 차이가 있었다. 18세기 후반 무렵의 학식인들은 한 세기 전의 선조가 기껏해야 수천 년이면 지구 역사를 나타낼 수 있으리라는 가정을 당연하게 받아들였듯 지구가 상상도 하지 못할 만큼 오래되었다는 사실을 당연한 것으로 생각했다. 이제 학식인들은 시간 척도가 엄청나게 길다는 의견이나 추측을 마음껏 내놓았으며, 지구가 매우 오래되었다는 사실을 아무런 거리낌없이 당연한 것으로 받아들였다(19세기 초에 들어서야, 심지어는 더 나중에 다윈의 진화론이 나온 후에야 비로소 이와 같은 결정적 관점의 변화가 일어났다는 생각은 현대에 생긴 오해다).

자신이 기독교 신자라 생각한 많은 학식인은 종교가 없는 당대인들과 마찬가지로 늘어난 시간 척도를 불편해하거나 문제라고 여기지 않았다. 앞서 언급했듯이 성서학자는 창세기 서사에 나오는 키워드인 '하루'의 모호함을 알고 있었다. 이는 자연계에서 도출한 증거를 토대로 '하루'가 24시간으로 이루어진 하루를 뜻한다는 전통적·상식적 가정에 의혹을 제기하기 훨씬 전부터 알려져 있었다. '일'이 24시간이 아니라 앞으로 다가올 '주의 날Day of the Lord' 같은 것이나 천지창조라는 성스러운 드라마의 주요 전환점을 의미한다면, 세계사의 길이는 성서의 권위나 그보다 더 중요한 성서의 종교적 의미에 아무런 영향을 미치지 않고도 수천 년을 훌쩍 넘을 수 있었다. 그러니 18세기 후반에 기나긴 시간 척도를 당연하게 여긴 사람들이 전방위적 갈등, 억압, 박해에 시달렸다는 현대의 신화와 달리, 이들이 교회 당국의 비판을 받지 않았다는 점은 놀라운 일이 아니었다. 이따금씩 매우 특수한 국지적 환경에서 이루어진 비판을 제외한다면 말이다. 종교적 관점에서 볼 때 시간 척도보다 중요한 문제는 우주란 영원하므로 창조된 것이 아니라는 입장에 맞서 전 우주가 유한한 '피조물'이라는 점을 끊임없이 주지시키는 것이었다. 이는 물론 과학적 관찰로 해결할 수 없는 철학적·신학적 문제였다. 이와 같은 근본 문제를 두고 자신들이 궁지에 몰린 소수라고 느꼈던 사람들은 대개 회의론자가 아니라 종교인이었다. 가령 드뤽은 지배적 관점이나 고압적 정설을 대변하기는커녕 문화에 큰 영향을 미치는 다수파인 계몽주의 이신론자와 무신론자, 프리드리히 슐라이어마허Friedrich Schleiermacher의 유명한 표현을 빌리자면 종교를 "멸시하는 교양인들"에 맞서 기독교 유신론을 수호하고 있다고 생각했다.

그러므로 드뤽 같은 기독교 학식인이 예전에는 상상할 수 없었던 지구 역사의 시간 척도를 받아들이고 옹호하기란 그리 어렵지 않았다. 그들은 고전 문헌을 이해할 때 사용했던 텍스트의 역사적 해석법이 성서에도 비로소 적용되기 시작했다는 점을 잘 알고 있었다(성서 비평이 19세기에 접어든 후에야 이루어지기 시작했다는 생각은 현대에 생겨난 또 다른 오해다). 어셔가 활동한 시대의 수준을 뛰어넘어, 18세기에 눈에 띄게 발전한 성서 비평은 흔히 묘사되는 것처럼 필연적으로 종교에 반하는 무기가 아니었다. 성서 비평은 양날의 검이었다(그리고 당연한 말이지만 성서 비평은 앞서 지적했듯이 문학 비평, 음악 비평, 예술 비평과 같은 의미의 '비평'이었다). 정말로 전통적인 신앙의 기반을 허물고 정당성을 부정하려는 의도에서 성서 비평이 이루어지는 경우도 많았다. 이는 보통 세속주의자의 정치적 목표를 달성하기 위한 것이었다. 그러나 성서 비평은 텍스트가 성서의 원저자와 독자들에게 어떤 의미였는지를 더욱 깊이 이해하고 싶다는 기대에서 이루어질 수도 있었다. 깊이 있는 이해는 텍스트의 의미를 당대의 신앙 생활에 적합하며 유용한 표현으로 번역하려면 반드시 갖추어야 할 전제 조건이었다. 그래서 천지창조 서사는 새로운 과학적 증거에 익숙한 사람들이 그 이야기를 더 이상 예전처럼 '문자 그대로' 해석하지 않게 된 뒤로도 한동안 지구를 하나의 전체로 사고할 때 풍성한 영감의 원천이 되었다.

결론적으로 지구의 시간 척도 자체가 늘어난 것보다 훨씬 중요한 일은 대폭 늘어난 시간 속에서 재구성되는 지구 역사의 성격이었다. 앞서 말한 대로, 심원한 역사가 심원한 시간보다 훨씬 문제였다. 구체적으로 말하자면, 성서에 나오는 천지창조 서사는 종교를 적극적으로 거부하지 않은 학식인들을 전 적응시켜 암석과 화석, 화산과 산맥을 지구의 역사에 대한 증거로 생각하는 데 어려움이나 거부감을 느끼지 않도록 했다. 되풀이되지 않는 사건들이 이해 가능하면서도 예기치 못한 방식으로 이어짐으로써 현재의 지구와 지구상 생명이 나타났다는 창세기 이야기는 명목상의 한 '주week'에서 헤아릴 수 없는 시간 범위로 쉽게 확장될 수 있었다. 인간이 무대에 오르기 전인 창조의 첫 5'일'은 무대 구성을 위한 단순한 전주였다가 드라마 전체에서 제일 긴 부분으로 확장되었다. 이것이야말로 18세기 후반, 적어도 학식인들 사이에서는 받아들여진 변화였다.

그러나 18세기 말, 이 드라마의 세부 사항은 상당히 모호한 상태였다. 먼 과거의 지구가 현재 상태와 뚜렷이 다른지, 다르다면 얼마나 다른지 명확하지 않았다. 특히 생명에 진정으로 역사가 있는지, 아니면 동일한 동식물종이 계속해서 존재했는지 확실치 않았다. 지구의 역사가 인류의 역사 전체와 비교했을 때 상상하기조차 힘들 만큼 길다는 것은 분명했다. 그러나 인간이 인간 이전의 먼 과거에 무슨 일이 일어났는지 상세하게, 인류사만큼 자신 있게 아는 것이 가능할지는 여전히 불분명했다. 이 문제는 19세기 초까지도 풀어야 할 근본적인 문제로 남아 있었다. 다음 장의 주제가 바로 이 문제다.

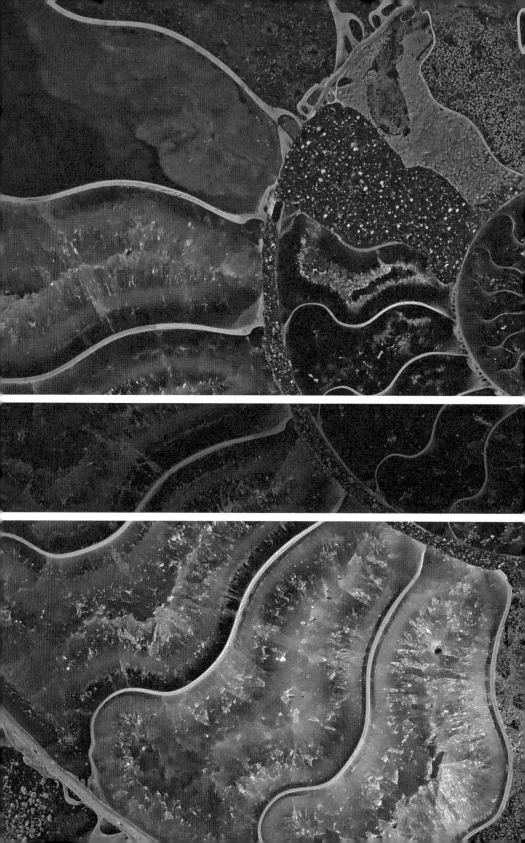

5

시간의 한계를 깨트리다

EARTH'S DEEP HISTORY

멸종의 실재성

18세기 후반, 관련 증거를 직접 접해본 자연사학자들은 지구의 역사를 아우르는 전체 시간 척도가 이전 세대의 상식이었던 수천 년을 훌쩍 넘어설 것이라는 암묵적 합의에 다다랐다. 그러나 새로 늘어난 심원한 시간 동안 정확히 무슨 일이 일어났는지에 대해서는 깜깜부지였다. 몇몇 유럽 지역에서 탐사하고 기술한 암석층에 따르면 생명체가 존재하기 전인 초창기(1차 암석이 대표적)에 이어 바다에 생명이 바글바글한 시기(대체로 화석이 풍부한 2차 암석)가 찾아왔으며, 인간은 마지막 순간에야 무대에 등장한 것 같았다(이 시기를 보여주는 화석 없음). 그러나 심원한 지구의 역사에 대한 이런 기초적 얼개조차 확실치 않았고 논쟁의 여지가 있었다. 예를 들어 뷔퐁은 지구의 역사를 확장하여 창세기 창조 서사의 세속적 변형본으로 만들었지만, 그의 설명을 뒷받침하는 증거는 별로 없었고 사변적인 공상 과학 소설로 쉽게 무시할 수 있었다. 드뤽은 풍부한 증거를 바탕으로 비교적 최근의 과거에 파괴력이 남다른 '혁명'이 일어났다고 주장했다. 그러나 드뤽은 이 사건을 노아의 홍수 서사와 동일시했기 때문에, 종교적 전거에서 유래한 자료나 자연의 정상 진로에서 벗어난 예외를 모조리 거부한 허턴 같은 사람들은 이를 단호히 거부했다. 사실상 허턴은 서로 구분되는 '신기원'이 잇따랐다는 뷔퐁의 생각과 근래에 극적인 '혁명'이 일어났다는 드뤽의 생각을 모두 거부한 셈이었다. 허턴은 그 대신 지구가 매끄럽게 작동하는 자연 '기계'이며, 엇비슷한 '세계'들이 주기를 반복하며 영원히 계속되고 있다고 주장했다.

이런 큰 그림들은 거창하고 미흡한 구석이 많다며 죄다 밀려났지만, 규모가 작되 현장 작업을 더욱 철저히 수행하는 다른 자연사학자들의 연구도 지구의 오랜 역사를 믿음직스러운 수준에 이르기까지 재구성하는 데 딱히 큰 성과를 거두지는 못했다. 특히 한참 뒤에 인간이 등장했다는 점을 제외한다면 생명에 정말 역사라는 것이 있는지 도무지 확신하기 어려운 상태가 이어졌다. 심해에서 '살아 있는 화석'이 발견되는 것을 보면, 생명의 역사가 이전에 거쳐온 듯이 보이는 순서도 현재 세계에 대한 지식이 부족해서 생긴 착각일 가능성이 있었다. 예컨대 아래쪽에 놓인 오래된 1차 암석에는 암모나이트와 벨렘나이트가 풍부한데 젊은 암석층에서는 나타나지 않는 이유는 단지 이들이 그때나 지금이나 바다 깊은 곳에 서식하기 때문일 수도 있었다. 멸종하지 않았을 수도 있는 셈이었다. 화석을 지구의 심원한 역사 초기 국면을 탄탄하게 뒷받침하는 믿음직스러운 자연의 '동전'이나 '유적'으로 취급하려면 멸종이 자연계에서 정기적으로 일어나는 일이어야 했다. 그런데 정말 그러한지 아무도 장담하지 못했다. 인도양 모리셔스섬에 살던 날지 못하는 유명한 새 도도처럼, 멸종에 대한 기록이 남아 있는 사례는 최근의 인간 행위 때문에 벌어진 일이었다. 그리고 자연에서 멸종이 정말 일어나는지에 대한 의구심은 사람들이 품고 있던 직감 때문에 더욱 심해졌다. 요컨대 인간이 죄받을 짓을 하거나 최소한 부주의하게 행동한 탓에 멸종이 일어나는 경우가 아니라면, 만물을 보살피고 다스리는 유대교-기독교의 인격신이 됐든 계몽주의 이신론에서 상정하는 거의 인격이 없는 신이 됐든, 한 번 창조된 종이 멸종하도록 놔두지는 않을 것이라는 생각이었다.

따라서 멸종 문제는 심원한 과거를 이해하려는 시도에서 늘 중심에 놓여 있었다. 1800년 무렵 자연사학자들이 유독 뼈 화석에 관심을 집중했던 이유도 바로 이것이었다. '오하이오 동물' 화석은 비록 당시 알려져 있던 현존 포유류와 확연히 달랐지만 멸종 문제에 결정적 역할을 하지 못했다. 아직 탐사가 제대로 이루어지지 않은 북아메리카나 중앙아시아 내륙 지방에 '살아 있는 화석'으로 아직 생존해 있을 수도 있었기 때문이었다. 그러나 다른 뼈 화석도 '오하이오 동물' 뼈처럼 기존 생물종의 뼈와 뚜렷이 다른 것으로 밝혀진다면, 멸종이 진짜 일어났다는 주장이 한층 힘을 얻을 수도 있었다. 따라서 이 불확실성을 해소하는 최선의 방법은 광범위한 종에 걸쳐 뼈 화석과 살아 있는 동물의 뼈를 매우 상세하게 비교하는 것이었다.

이 작업을 하기에 알맞은 때와 장소에 있었고 나중에는 그에 걸맞은 특출한 능력으로 두각을 드러낸 한 자연사학자가 있었다. 프랑스 혁명에서 제일 진혹한 국면이었던 공포정치 식후, 조르주 퀴비에Georges Cuvier라는 젊은이가 국립 자연사 박물관Muséum d'Histoire Naturelle의 조수로 부임했다. 이 박물관은 구체제 왕정하에서 뷔퐁이 전권을 쥐고 있던 파리 왕실 정원을 '민주화'한 기관이었다. 여기서 퀴비에는 전 세계의 훌륭한 동물학 표본을 접했는데, 이들은 화석과 현생종을 비교하기 가장 좋은 데이터베이스였다. 퀴비에가 파리에 당도한 지 얼마 되지 않아, 왕실 산하의 옛 과학 아카데미를 대신하는 프랑스 학사원Institut de France에 거대 골격을 그린 한 판화가 배송되었다. 얼마 전 마드리드에서 에스파냐 치하에 있던 아메리카 지방의 뼈 화석들을 짜 맞춰 만든 골격이었다. 퀴비에는 이 뼈를 세계 각지의 현존 포유류 뼈와 비교했다. 그가 내놓은 주장은 큰 파장을 불러일으켰다. 이 동물이 그보다 덩치가 훨씬 작으며 나중에 퀴비에가 '빈치류'로 분류하는 포유류인 현존 나무늘보, 개미핥기에 가장 가깝다는 것이었다. 이 주장에는 이 동

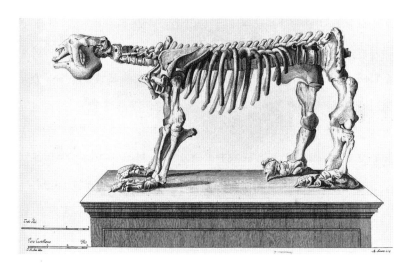

자료 5.1 마드리드 왕립 박물관에서 근무한 에스파냐의 자연사학자 후앙 바우티스타 브루 데 라몬(Juan-Bautista Bru de Ramón)이 에스파냐 치하 남아메리카의 부에노스아이레스 근교 충적층에서 발견된 뼈 화석을 조립하여 만든 거대 골격. 길이 4미터, 높이 2미터에 이른다. 1796년 아직 발표된 적 없었던 이 판화의 복제화가 파리의 프랑스 학사원으로 보내졌고, 젊은 조르주 퀴비에는 이 동물을 거대 나무늘보로 판정하여 **메가테리움**이라는 이름을 붙이고 이 동물이 멸종되었을 것이라 결론 내렸다(현대의 연구에서 이 동물은 뒷발로 지탱하며 두 발로 선 자세를 취한다).

물이 아마 멸종했을 것이라는 뜻이 내포되어 있었다. 그가 '메가테리움megatherium(거대 야수)'이라 부른 이 동물이 아직 살아 있다면, 남미에 거주하거나 그곳에서 일하고 있는 유럽인들이 그 정도 크기의 동물에 대한 보고를 받지 못했을 리 없기 때문이었다. '오하이오 동물'과 마찬가지로 메가테리움은 자연사의 자료가 세계 각지에서 모이게 되었는데도 자료에 대한 과학적 해석은 여전히 유럽인만이 내놓는 상황을 보여주는 인상적인 사례였다.

　이와 거의 동시에 퀴비에는 매머드의 뼈와 이빨 화석을 살아 있는 코끼리의 뼈와 이빨과 비교하여 상세히 분석하면서 자신의 주장을 뒷받침했다. 퀴비에에게는 국립 자연사 박물관에 이와 관계 있는 새로운 표본이 제때 들어오는 행운이 따랐다. 프랑스혁명전쟁(프랑스혁명으로 새로 들어선 프랑스 공화국 정부와 오스트리아, 프로이센, 영국을 비롯한 유럽 각국이 1792년부터 1802년까지 벌인 전쟁. ― 옮긴이)으로 막 점령지에 편입된 네덜란드에서 문화 전리품을 빼앗아 온 것이었다. 퀴비에는 인도코끼리와 아프리카코끼리가 서로 다른 종임을 입증했다. 더 중요했던 것은 그가 이 둘과 매머드 역시 다른 종이라고 주장했다는 점이었다. 그는 이 차이가 이를테면 염소와 양의 차이만큼이나 크고 확고하다고 주장했다. 단지 연령, 성별, 환경 때문에 생긴 차이로 볼 수 없다는 뜻이었다. 이 주장은 시베리아에서 나온 열대 포유류의 유해를 가지고 전 지구가 서서히 식었다는 사실을 증명할 수 있다는 뷔퐁의 주장을 뿌리부터 뒤흔들어놓았다. 대홍수가 거대 쓰나미의 형태로 유해들을 열대지방에서 쓸어다가 거기로 옮겨놓았다는 또 다른 아이디어도 무너뜨렸다. 매머드가 정말로 현존하는 종과 판이하게 다르다면, 뼈가 발견된 지방의 한랭 기후에 잘 적응하며 서식했을 가능성도 있었다. 이런 가능성은 얼마 안 있어 시베리아 동토에 묻혀 있던 매머드 골격에서 두터운 털가죽이 함께 발견되면서 확인되었다. 퀴비에는 이렇게 결론 내렸다. 비교 해부학에서 나온 사실은 "내가 보기에 우리 이전의 세계가 존재했으며 그 세계가 모종의 재해 때문에 파괴되었음을 알려주는 듯하다". 퀴비에는 파리에 오기 전 드뤽의 책을 읽은 적이 있었다. 현재 세계와 구분되는 '이전 세계'가 있었으며 두 세계의 분기점에 격렬한 자연적 '혁명'이 일어났다는 원로 학식인의 발상은 퀴비에에게서 뚜렷이 되풀이되고 있었다.

그다음에 퀴비에는 '오하이오 동물'을 연구하고는, 이 동물이 코끼

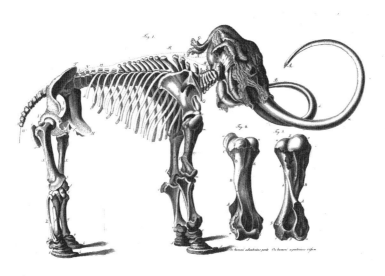

자료 5.2 1799년 시베리아의 동토에서 발견되어 상트페테르부르크로 옮겨진 매머드의 완전한 골격으로, 이 재현 그림은 1815년에 발표되었다. 원래 동물의 온몸을 덮고 있었을 두꺼운 털가죽의 잔해가 두개골에 소량 붙어 있다. 퀴비에가 일찌감치 내놓은 의견대로, 두꺼운 털가죽은 이 종이 인도코끼리나 아프리카코끼리가 현재 서식하는 열대 기후보다 시베리아 북부의 극지 기후에 잘 적응했다는 것을 의미했다. 매머드는 더 이상 지구가 서서히 식었다거나 격렬한 대홍수 또는 거대 쓰나미가 일어났다는 증거로 활용될 수 없었다(약 1미터 정도인 넓적다리 뼈, 다른 말로 대퇴골을 확대한 자료 두 장도 함께 있는데, 이는 판화를 찍는 값비싼 동판을 유용하게 활용하기 위한 방편이었다).

리나 매머드와 상이하기 때문에 새로운 속genus으로 분류해야 한다고 결론 내렸다. 그는 동물의 거대한 이빨에 젖꼭지 모양의 돌기가 있다는 점에 착안해 새로운 속에 '마스토돈'이라는 이름을 붙였다(마스토돈은 가슴이라는 뜻의 고대 그리스어인 마스토스mαστός와 이빨이라는 뜻의 고대 그리스어인 오두스ὀδούς의 합성어다. ─ 옮긴이). 퀴비에는 뒤이어 시베리아에서 매머드와 함께 발견된 코뿔소 뼈 화석, 바이에른 지방의 동굴에서 발견된 거대 뼈 화석, 그 외에 전 세계의 충적층에서 발견된 포유류 화석 모두 그와 닮은 현존 생물과 별개의 종이라고 주장했다(그의 연구 대상은 현재의 용어로 말하자면 플라이스토세의 대형 동물상이었다). 이 연구가 매우 중요하다는 점을 깨달은 프랑스 학사원은 자연사학자와 화석 수집가들에게 추가 표본이나 적어도 표본을 정확히 묘사하는 그림을 보내달라고 요청하는 퀴비에의 호소문을 발송했다. 사실상 전 지구를 무대로 하는 첫 번째 전쟁이었던 나폴레옹전쟁이 한참 벌어지고 있는 와중이었는데도, 이 호소문에 쏟아진 뜨거운 국제적 호응 덕택에 퀴비에는 유관 종에 대한 데이터베이스를 크게 늘렸으며, 포유류 화석을 하나하나 분석하고 각각을 그와 가장 유사한 현존 동물과 비교·대조하는 과학 논문을 꾸준히 발표했다.

과학적 안목이 뛰어났던 퀴비에는 대형 육상 동물의 유해 연구에 집중했다. 왜냐하면 대형 육상 동물은 만일 '살아 있는 화석'으로 생존해 있다면 그 후손을 발견하지 못하고 지나치기 어려운 종들이기 때문이었다. 대형 동물은 아직 탐험이 제대로 이루어지지 못한 대륙의 오지에 서식하고 있더라도 사람들의 시야에서 벗어나기 어려울 터였다. 설사 자연사학자가 살아 있는 동물을 목격한 적이 없다 해도, 사냥하고 덫을 놓는 사람들이 목격하고 보고하거나 원주민의 구전 설화에 등장할 가능성이 높았다. 퀴비에는 멸종이 사실이라는 자신의 주장이 확률에 의존할 수밖에 없다는 점을 인정했다. 현존하는 어느 유사종과도 다른 화석종의 수를 많이 대면 댈수록 해당 화석종은 정말 멸종했을 **확률**이 높았다(퀴비에의 저작은 1812년 완간되었는데, 같은 해에 수학적 확률을 다룬 또 다른 걸작이 출간되었다. 퀴비에보다 연로한 동료 학자인 피에르 시몽 라플라스Pierre-Simon Laplace가 쓴 이 책을 통해 확률 개념이 널리 알려지고 이 개념의 위상도 높아지게 되었다). 퀴비에가 펼치는 주장의 정당성은 누적되는 셈이었고, 그가 온갖 뼈 화석에 대해 상세한 분석을 계속해서 발표하면서 실제로도 그런 일이 일어났다.

　박물관에 있던 퀴비에의 동료 중 한 명은 퀴비에가 과학 무대에서 '버섯처럼' 쑥쑥 자라났다고 긍정적으로 평가했다. 파리는 오랜 전란을 겪었지만 의심할 여지 없이 과학계의 중심지였고, 바로 그곳에서 퀴비에는 젊은 나이에 금세 탁월한 학식인의 반열에 올랐다. 비교 해부학에 대한 독보적 학식 덕분에 그는 따로따로인 뼈 화석 무더기만 있는 상황에서도 포유류 화석 골격을 재구성할 수 있었다(훗날의 전설과는 달리 그의 주장은 뼈 하나만으로 동물 전체를 재구성할 수 있다는 말이 아니라, 상황만 따라준다면 그 뼈가 어떤 종류의 동물에 속하는지 식별할 수 있다는 뜻이었다). 퀴비에는 동물 신체의 기능과 구조 간 관계에 대해 깊이 이해하고 있었기 때문에 화석 포유류가 어떻게 살고 움직이며 존재했는지를 자신 있게 추론할 수 있었다("살고 움직이며 존재"한다는 표현은 저자가 사도행전 17장 28절을 모방한 것이다. — 옮긴이). 퀴비에는 마른 뼈가 가득한 골짜기를 본 성서의 예언자 에제키엘을 언급하면서, 자신이 마음의 눈으로나마 뼈 화석에 생기를 불어넣고 있는 셈이라고 주장했다. 퀴비에가 비꼬는 투로 언급했듯이 신의 나팔 소리도 없이 말이다(에제키엘서는 여호와가 마른 뼈에 생기를 불어넣을 때 소리가 났다고 말하고 있는데, 이를 신의 나팔 소리라 보기도 한다. — 옮긴이). 박물관 경내에 있던 퀴비에의 집 옆에는 동물원이 있었는데, 그는 이 동물원에 있는 동물들처럼 옛 동물들을 생생하게 '부활시키고' 있는 셈이었다. 사실상 퀴비에는 '이전 세계'에 전대미문의 포유류로 이루어진 동물원을 만들어 채워나감으로써 '이전 세계'가 있다는 드릭의 발상을 한층 풍부하게 만들었다. 급속히 팽창해가는 이 동물원의 동물들은 모두 멸종했을 가능성이 컸고 몸집이 큰 동물도 많이 있었다. 설사 '살아 있는 화석'이 추

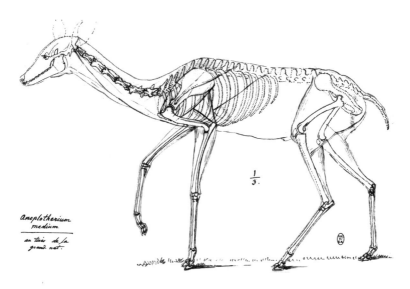

자료 5.3 퀴비에가 '부활'시킨 멸종한 포유류 중 하나인 아노플로테리움 메디움(Anoplotherium medium). 파리 근교였던 몽마르트르의 석고층에서 출토되었다. 퀴비에는 다양한 현존 포유류에 대한 압도적인 비교 해부학 지식과 이해력을 활용해 흩어져 있는 여러 뼈 화석들로부터 전체 골격을 재조립했을 뿐만 아니라 신체의 윤곽, 동물이 취했음직한 자세도 재현해냈으며, 심지어는 눈과 귀까지 덧붙였다. 그러나 그는 이 그림이나 유사한 그림을 발표하지 않았는데, 아마도 과학계의 동료들이 그림들을 사변적이라며 받아들이지 않을지도 모른다고 염려했기 때문이었을 것이다.

가로 나타난다고 해도(가끔이지만 실제로 나타나기도 했다) 그것을 가지고 화석종과 현존하는 종의 차이를 종합적으로 설명하기란 점점 더 어려워졌다. 이제 멸종은 자연 세계에서 실제로 일어나는 현상으로 받아들여야 했다. 따라서 화석종은 현재와 확연히 다른 과거를 목격한 믿을 만한 증인으로 간주될 수 있었다. 심원한 과거는 정말로 낯선 나라인 셈이었다.

지구상의 마지막 혁명

이윽고 퀴비에는 자신의 논문을 묶어 네 권짜리 『뼈 화석 연구Recher-ches sur les Ossemens Fossiles』(1812)로 다시 펴냈다. 그는 파리의 교양인을 대상으로 한 이전의 강의를 토대로 이 책의 서설을 썼는데, 긴 서설의 첫머리에서 퀴비에는 자신을 "새로운 고대품 연구자"라고 묘사했다. 자신의 작업이 상대적으로 조사가 덜 이루어진 뼈 화석이라는 자연의 '유적'에 집중하고 있기 때문에 새롭다는 말이었다. 그는 이들 뼈 화석을 '복원'해서 동물을 재구성함으로써 '지구의 고대사'를 되짚어볼 수 있었다. 한 세대 전 슐라비의 저작에 인류사에서 빌려 온 은유가 넘쳐났던 것처럼, 퀴비에도 인류사의 은유를 잔뜩 빌려 왔다. 퀴비에는 전통적으로 서술에 그쳐왔던 '자연사'를 현대의 의미 그대로 진정한 자연의 역사로 바꿔야 한다고 주장한 신진 인사였으며, 슐라비보다 영향력이 큰 인물이었다.

퀴비에는 뚜렷하게 자신의 작업을 권위 있는 학문 분야인 천문학과 우주론에 빗대었다. 그는 자신의 저작을 라플라스에게 헌정했는데, 라플라스는 파리에서 퀴비에를 후원한 인물이자 당대 최고의 우주론자였다. 우주론자들이 작은 행성에 얽매인 인류에게 태양계의 운행을 관장하는 자연법칙을 알림으로써 "공간의 한계를 깨트렸"다면, 퀴비에는 현재에 얽매여 있는 인간이 인류 이전의 지구 역사를 확실히 알 수 있도록 밝힘으로써 "시간의 한계를 깨트리고자" 했다. 깨트려야 할 대상은 시간 척도 그 자체가 아니었다. 퀴비에는 다른 학식인들과 마찬가지로 지구 역사의 시간 척도가 당연히 인류사의 시간 척도보다 상상하기 어려울 만큼 길다고 생각했다(당대의 천문학자들은 별의 시차를 전혀 감지하지 못했는데, 이는 별과 별 사이의 공간 역시 상상하기 어려울 만큼 어마어마하다는 증거였다). 진짜 쟁점은 포유류 화석과 그에 상응하는 현존 동물 사이에 시종일관 차이가 나타나는 이유가 상대적으로 최근에 벌어진 대량 멸종 사건이며, 그렇기 때문에 화석은 인류의 역사 기록을 벗어나는 완전히 다른 세계인 '이전 세계'의 유물이라는 퀴비에의 주장이었다.

그러나 화석종들은 인류가 살던 시기까지 살아남았다가 도도처럼 인간의 행위 때문에 멸종했을지도 모른다고 반론을 제기할 수 있었다. 퀴비에는 이런 주장을 반박하기 위해 고전학자의 임무를 떠맡으며 당시 알려진 고대 그리스와 로마 시대의 방대한 동물 관련 서술과 그림을 검토했다. 그리고 신화 속 존재가 명백한 경우 외에는 그 동물들이 전부 아직까지 살아 있는 것으로 알려진 종과 일치함을 알아냈다. '살아 있는 화석' 논변을 빼면 현존하는 종과 화석종의 차이를 설명할 수 있는 대안적 설명은 단 하나뿐이었는데, 퀴비에보다 나이 많은 한 동료가 당시 막 그런 설명을 옹호하고 나선 참이었다. 박물관에서 연체동물과 그 밖의 하등동물(나중에 **무척추동물**이라는 명칭이 붙었다)을 전공하던 장 밥티스트 드 라마르크Jean-Baptiste de Lamarck는 동물 종이 근본적으로 실재하지 않거나 임의로 부여된 단위라고 주장했다. 왜냐하면 모든 유기체는 본성상 끊임없이 유동하기 때문이었다. 시간만 넉넉히 주면 종은 서서히 자연스럽게 다른 종으로 **변형**transmute될 터였다('진화'라는 현대 용어 대신 이 당대의 용어를 사용하면 라마르크의 생각과 나중에 다윈을 비롯해 여러 사람들이 내놓은 생각을 구분하기 수월할 것이다). 라마르크는 화석이 현생종과 다른 이유가 그동안 화석종이 변형되었기 때문이라고 주장했다. 둘이 같다면, 눈에 띌 만한 변형이 일어날 만큼 충분

우리는 자연이 우리의 시야에서 영원히 숨겨놓은 것만 같았던 천체[행성]의 운행을 헤아리게 해준 인간 정신의 힘을 찬탄해 마지 않는다. 천재성과 과학은 공간의 한계를 깨트렸으며, 이성을 이용해 관찰 결과를 해석함으로써 세계의 기제를 밝혀냈다. 시간의 한계를 깨트릴 방도를 깨닫고, 관찰을 통해 이 세계의 역사와 인간 종 출현 이전의 사건 흐름을 복원할 사람에게도 이러한 영광이 돌아가지 않겠는가?

자료 5.4 퀴비에의 역작인 『뼈 화석 연구』의 서설 첫머리에 나오는 비유(원저는 프랑스어). 지구에 대한 새로운 과학, 즉 드뤽이 말한 '지구론'을 우주론에 빗대고 있다. '깨트린' 적 있거나 '깨트릴' 수 있는 '한계'는 단지 시간과 공간 규모의 한계가 아니라 직접 경험한 일 너머의 것을 **깨닫는** 인간 능력의 한계였다. 퀴비에는 '천체역학'을 다룬 라플라스의 걸작을 넌지시 언급했는데, 이 책은 뉴턴의 우주론을 완성했다고 여겨지는 책이었다.

한 시간이 아직 흐르지 않았다는 말이었다. 어느 경우가 되었든 라마르크는 인간의 행위 없이 멸종이 일어난 적이 있다는 주장을 거부했다.

퀴비에는 고대 이집트인이 성스럽게 여겼던 따오기를 본보기로 삼아 라마르크의 주장을 반박했다. 미라화된 따오기 사체는 혁명전쟁 시기에 나폴레옹의 이집트 원정을 따라갔던 학식인이 수집한 것이었다. 퀴비에는 이를 박물관에 있는 현존 조류 표본과 비교해 고대 따오기가 나일강 유역에서 여전히 번성하는 종과 동일하다는 점을 확인했다. 새의 해부학적 구조에는 약 3000년 동안 눈에 띌 만한 변화가 일어나지 않은 셈이었다. 퀴비에는 3000년이 지구의 광대한 역사와 비교하면 극히 짧은 시간이라고 인정했다. 그러나 정말로 모든 종이 연속적으로 변형된다면 매우 짧은 기간일지라도 약간의 변화는 나타나야 했다(천문학자들은 짧은 기간에 걸친 정확한 관찰 결과를 긴 외행성 궤도에 외삽해 적용할 때 이와 비슷한 추론을 펼쳤다). 그리고 퀴비에는 어차피 이론상으로도 라마르크식의 느린 변형이 불가능하다고 생각했다. 퀴비에와 그 밖의 대다수 동물학자들이 보기에 각각의 종은 특정한 생활양식에 맞추어 모든 기관이 서로 통합되어 있는 '동물 기계'였다(현대의 용어로 말하자면, 대다수 동물은 특정 환경에 꼭 맞게끔 적응한다). 변형이 서서히 일어나면 해부학적 구조가 생존 가능한 상태를 벗어나 살아남기에 적합하지 않은 종이 될 터였고, 새로운 종이 이전과 전혀 다른 새로운 생활양식에 적응하여 다시금 생존 가능한 상태에 도달하려면 많은 시간이 흘러야 했다. 그래서 퀴비에는 종이 모종의 급격한 환경 파괴로 사라지지 않는 한 형태와 습성 면에서 안정성을 띨 수밖에 없는, 실재하는 자연 단위라고 생각했다.

만약 현재의 종이 화석종을 완전히 대체했지만 그렇다고 어떤 종이 다른 종으로 변형된 것은 아니라면, 첫 번째 집단이 멸종하게 된 원인은 무엇이고 두 번째 집단은 어디에서 나타났을까? 퀴비에는 자연상의 중대한 '혁명'이나 '재앙'으로 과거의 종이 대량 살육되었다고 가정했다. 드뤽의 주장처럼 고대 대륙이 바다 밑으로 갑자기 가라앉았을수도 있고, 다른 사람들의 의견대로 대규모 지진이 거대 쓰나미를 일으켰을 수도 있었다. 이보다 규모는 작지만 1755년에 쓰나미가 리스본 도심을 파괴한 악명 높은 사건처럼 말이다. 새로운 종이 어디에서 나타났는지를 설명하기 위해 퀴비에는 창의적인 사고실험을 제안했다. 이 사고실험에는 오스트레일리아와 아시아 각 대륙이 물에 잠기거나 솟아오르면 당시 오스트레일리아에서 막 발견된 유대류와 유명한 아시아의 태반포유류가 장차 어떻게 이주하게 될지 상상한 것도 있었다.

이런 상상은 편의상 사라진 종을 대체할 새로운 종의 기원을 설명하는 문제를 뒤로 밀어놓았다. 그러나 종이 소멸하고 생겨난 원인이 무엇이냐는 질문은 퀴비에의 연구와 별반 관계가 없었다. 그는 자연의 역사를 재구성하려 애썼던 것이다. 멸종이든 신종의 출현이든 그의 목표는 이런 사건들이 역사적으로 실재했음을 확고히 하는 것이었지, 그런 사건의 물리적 원인을 밝히는 일은 별개의 문제였다.

퀴비에는 자신의 주장에 종의 소멸이나 출현이 순전히 **자연적으로** 일어난 사건이 아니라는 암시를 은근슬쩍 담으려 하지 않았다. 그는 이론을 펼치면서 현대식 창조론을 뒷받침하고 싶은 은밀한 욕심에 넘어가지도 않았다. 퀴비에는 루터교 신자로 자랐으며 평생에 걸쳐 규모가 작은 프랑스의 프로테스탄트 소수파(주로 개혁교회 혹은 칼뱅파) 문화에 충실했다. 나중에는 프로테스탄트 소수파를 대변하여 정부와 접촉하는 공식 연락 담당자로 활동했으며 프로테스탄트 소수파의 시민권 수호에 일조하기도 했다. 그러나 개인적 차원에서 그에게 종교란 형식적인 것이거나 심지어는 겉치레에 불과했다. 신앙심이 깊었던 퀴비에의 딸은 일찍 세상을 뜨기 전에 아버지가 진정으로 종교에 귀의하기를 기원했다. 파리의 무신론자 학식인들은 퀴비에가 자신들과 동류라고 생각했다. 물론 이들은 포유류의 대량 멸종을 일으킨 지구의 최근 '혁명'이 다름 아닌 대홍수라는 퀴비에의 주장을 듣고 실망하게 되었다. 그러나 이런 주장은 퀴비에가 지닌 더 큰 계획의 일부에 불과했다. 그는 드뤽의 뒤를 좇아 성서에 나오는 사건을 활용해 지구 고유의 역사 끄트머리에 초기 인류사를 엮었고, 그렇게 함으로써 둘을 통합하려 한 것이었다.

노아의 홍수가 역사적으로 실재했다는 드뤽의 생각을 퀴비에가 지지한 것은 성서에 나오는 이야기를 뛰어넘는 폭넓은 논변의 일환이었다. 그는 다시금 역사학자의 역할을 자임했다. 그는 머나먼 중국에 이르기까지 당시 알려진 고대 문자 문화권의 기록을 전부 뒤져, 역사가 시작할 즈음에 홍수 재해가 일어났다는 전설이 비슷비슷하게 남아 있다는 사실을 알아냈다. 퀴비에는 이들을 모조리 검토한 후 창세기 이야기가 여러 이야기 가운데 가장 오래되었다고 생각해 이를 첫머리에 두었다(물론 독자들에게 가장 널리 알려진 이야기이기도 했다). 그는 어느 일류 독일 동양학자와 성서 비평학자를 인용하며 창세기 텍스트의 작성 연대를 추정했고, 창세기를 그보다 오래되었지만 아직 해독되지 않은 고대 이집트 기록의 대용물로 삼았다. 어쩌면 유대인이 이집트에서 기나긴 타향살이를 하는 동안 모세가 고대 이집트의 기록을 접했을 수도 있었기 때문이었다. 이런 작업은 도저히 성서 근본주의자의 추론이라고 보기 어려웠다. 어쨌거나 퀴비에는 여러 문화권에 걸친 기록이 모호하고 심지어는 왜곡되었을 수 있더라도, 모두 드뢱과 그전 학식인들의 의견에 부합한다고 결론 내렸다. 그 의견인즉, 지구에서 최근에 일어난 '혁명'이 수천 년 전으로 거슬러 올라가진 않는다는 것이었다.

이런 결론에 따르면 이 '혁명'은 현재 세계와 이전 세계를 가르는 접경 사건일 뿐 아니라 인간 세계와 인간 이전 세계를 나눈다고 봐도 무방한 사건이 되었다. 퀴비에는 재앙이 닥치기 전에 '홍수 이전의' 인류가 살았을 것이며 그렇지 않다면 이 사건에 대한 기억도, 그에 대한 기록도 없었을 것이라고 시인했다. 그러나 그들은 메소포타미아 지방과 그 외 한두 군데 정도에 그치는 몇 안 되는 좁은 지역에 머물렀을 것이므로, 전 지구적 차원에서 보았을 때 그리 중요치 않다고 가정했다. 그렇다면 사라진 종으로 이루어진 퀴비에의 전 세계 동물원이 인간 활동으로 전멸했을 가능성은 적었다(인간에 의해 멸종한 도도는 작은 섬 딱 한 곳에 살고 있었다). 이를 확증하기 위해 퀴비에는 비교 해부학 분야의 독보적 전문성을 활용하여 인간의 뼈가 멸종한 동물의 뼈와 함께 발굴되었다는 여러 주장을 검토했다. 그리고 체계적으로 이들을 전부 배제했다. 그 뼈들은 한참 전 쇼이처가 주장한 '대홍수를 목격한 남자'처럼 아예 인간의 뼈가 아니거나(퀴비에는 이것이 거대 도마뱀의 뼈라고 판별했다!) 다른 뼈와 동일한 퇴적층에서 발견됐는지 확실치 않아 같은 시대의 뼈가 아닐 공산이 크거나, 최근의 뼈여서 화석이라고 볼 수도 없었다. 그는 알려진 화석 중 진짜 인간의 화석은 없다고 결론 내렸다. 지구의 최근 '혁명'으로 파괴된 '이전 세계'는 거의 완벽히 인간 이전의 세계인 셈이었다. 이런 결론은 많은 학식인이 일찌감치 품었던 의혹을 확고히 해주었다. 인간은 지구의 전 역사라는 길고 긴 드라마에서 매우 최근에야 무대에 등장한 것이었다.

퀴비에는 멸종한 포유류로 가득한 화려한 동물원을 '부활'시키고, 그 동물들이 최근에 일어난 모종의 지질학적 '혁명' 또는 '재앙' 때문에 파괴되어 사라진 '이전 세계'에 속한다고 해석했다. 퀴비에의 활동은 전 세계의 학식인들뿐 아니라 파리에서 퀴비에의 강연을 듣거나, 더 접하기 쉬운 그의 프랑스어 저작이나 번역본을 읽은 대중들에게도 큰 영향을 미쳤다. 퀴비에는 설득력 있는 글을 쓸 줄 알았던 데다 과학계의 중심에 서 있는 유력 인사였다. 그 덕분에 지구를 자연 고유의 역사가 빚어낸 산물로 보는 퀴비에의 관점은 비록 그의 독창적 견해는 아닐지라도 19세기 초 학식인들에게 당연한 것으로 여겨지게 되었으며 서양의 교양인에게도 널리 받아들여졌다.

현재, 과거의 열쇠

그러나 모든 일이 퀴비에와 그를 지지하는 사람들의 뜻대로 진행되진 않았다. 어떤 학식인들은 멀지 않은 과거에 지구에서 유일무이한 사건은 고사하고 특이한 사건이 일어났다는 생각도 받아들일 수 없었다. 예를 들어 데마레는 오베르뉴의 물리적 역사를 상세히 재구성하면서 그와 같은 사건이 일어났다는 증거를 발견하지 못했다. 그는 비와 강물에 따른 일상적 침식 과정이 지형을 조금씩 꾸준히 바꿔나가는 유일한 원인이라고 결론지었다. 19세기에도 원기왕성하게 노년을 보낸 데마레는 이런 일상적 과정만으로도 충분하다고 계속해서 주장했다. 에든버러에 있던 허턴의 친구 존 플레이페어John Playfair도『허턴식 지구 이론의 도해Illustrations of the Huttonian Theory of the Earth』(1802; 그런데 도해는 그림이 아니라 텍스트로 이루어졌다)에서 데마레와 비슷한 주장을 대담하게 일반화했다. 이 책 덕택에 허턴이 세상을 떠난 후 그의 지구 이론은 후대 사람들의 입맛에 더욱 맞아떨어지는 이론이 되었고, 후에 프랑스 번역본이 나오면서 더 많은 사람이 플레이페어의 저작을 접했다. 플레이페어는 허턴의 이론을 고쳐 쓰는 구실로 그의 산문체를 들먹였다(허턴의 산문체는 플레이페어의 주장만큼 모호하지 않았다). 그는 자연의 지적 설계를 바탕으로 한 허턴의 이신론적 논변을 폄하하며 책 곳곳에 스며 있는 이신론적 논변을 눈에 띄지 않게 지우다시피 했다. 플레이페어는 무엇보다 물리학자이자 천문학자였으므로 그가 이신론적 논변 대신에 불변하는 자연법칙을 강조한 것은 새삼스러운 일이 아니다. 이 자연법칙은 드뤽이 '현 원인'이라 부른 작용, 즉 현재 세계에서 작동하고 있는 관찰 가능한 일상적 물리 작용의 밑바탕에 놓여 있음이 분명했다. 그래서 이런 작용이 플레이페어의 논변에서 두드러진다는 점 또한 놀랍지 않다. 그는 '현 원인'만으로 먼 옛날에 일어난 일들의 흔적을 남김없이 설명할 수 있다고 주장했다. 다른 인과적 동인을 끌어들이거나, 상궤에서 벗어난 사건, 파국적 사건을 제시할 필요가 없다는 것이었다.

사실 학식인들은 최소한 스테노와 후크의 시대부터 이런 식의 추론이 지구의 과거 역사를 이해하는 데 가장 효과적인 전략이라고 응당 생각해왔다. 나중에 이런 생각은 현대 지질학자들에게는 친숙할 격언인 "현재는 과거의 열쇠다"라는 말로 표현되었다. 드뤽이 현재 작용을 관찰할 때 쓴 특유의 단어가 현 원인causes actuelles이었기 때문에, 이런 연구 방법은 훗날 '현재론actualism'으로 불리게 되었다('현재'나 '오늘날'이라는 뜻의 'actual'은 영어에서 거의 사라졌기 때문에 현대 영어권 지질학자들에게 '현재론'이란 표현은 지금도 어색하지만, 나머지 지역의 지질학자들은 이 용어를 오랫동안 사용했다). 그러나 관찰할 수 없는 먼 옛날에 지구에서 일어난 모든 사건을 '현재' 작용을 통해 인과적으로 설명하는 것이 타당한지를 두고 심각한 의견 대립이 일어났다. 예를 들어 이에 대한 퀴비에의 의견은 꽤나 명쾌했다. 그는 우리가 알고 있는 어떤 현재 작용으로도 자신이 언급한 대량 멸종을 적절히 해명할 수 없으며, 대량 멸종의 원인은 현재 세계에서 볼 수 있는 것과 차원이 다른 예외적 '혁명'일 수밖에 없다고 주장했다. 그렇다고 이런 사건이 침식 같은 일상적 과정보다 덜 자연스러운 것도 아니요, 물리적 자연법칙이 이를 제대로 뒷받침하지 못하는 것도 아니었다. 단지 이런 자연 작용이 때때로 워낙 격렬하게 진행되어 완전히 다른 작용이 된다는 의미였다. 가령 앞서 언급한 대로 거대 쓰나미가 대량 멸종을 일으킨 '혁명'일 수도 있는데, 이는 반세기 전에 리스본에서 목격하고 기록한 바 있는 파괴적 자연 재해와 같은 종류이긴 하나 규모가 훨씬 큰 사건인 셈이었다.

그러나 플레이페어는 현재론적 **방법**을 옹호했을 뿐 아니라 지구가 영원히 순환 체계 또는 정상 상태 체계로 작동한다는 허턴의 이론도 널리 알렸다. 허턴의 이론은 더욱 논란의 소지가 컸다. 당시에는 상대적으로 가까운 과거에 보기 드물게 격한 사건이 있었다는 증거뿐 아니라 그보다 이전의 지구 역사에 대체로 방향이 있다는 증거도 늘어나고 있었는데(후자는 다음 장에서 다시 다룰 것이다), 이 이론은 둘 다 무시했기 때문이었다. 대다수의 학식인들은 설사 창세기의 대홍수를 '혁명'과 동일시하는 퀴비에의 생각에 의심을 품더라도 먼 옛날 예사롭지 않은 사건이 일어났을 가능성을 전면적으로 거부하는 것은 대단히 미심쩍으며 부당한 처사라고 보았다. 플레이페어의 관점을 지지하는 사람은 단기적으로만 보자면 거의 없있다.

표석의 증언

멀지 않은 과거에 파괴적 '혁명'이 정말로 일어났다는 증거는 퀴비에의 뼈 화석 말고 유럽 몇몇 지역의 지면 위에 흩어져 있던 거대한 암석 덩어리에서도 나타났다. 뼈 화석보다 깊은 인상을 남긴 이 암석 덩어리들은 그 아래에 있는 기반암과 조성이 크게 다른 경우가 많았고, 대개 수십 마일, 심지어는 수백 마일 떨어진 지역의 기반암과 동일했다. 이 '움직이는 덩어리', 즉 '**표석**erratic blocks'은 그 수가 많고 거대해서 인간 활동 때문에 생겼다고 보기 힘들었다. 그러나 이들은 워낙 거대한 데다 원래 있어야 할 장소에서 한참 벗어나 있었기 때문에 이들을

자료 5.5 1차 화강암으로 이루어진 거대 표석. 스위스 뇌샤텔을 굽어보는 쥐라 구릉지대 비탈의 2차 석회석 기반암 위에 놓여 있으며, 이로부터 60마일(약 100킬로미터) 떨어진 몽블랑 부근 알프스 고산지대의 기반암이 이와 같은 종류의 화강암으로 이루어져 있다. 이 특이한 표석은 레오폴트 폰 뷔흐가 1811년 베를린 과학 아카데미에서 발표한 주요 논문의 핵심 사례로 활용한 후 자연사학자들에게 널리 알려지게 되었다. 이 스케치는 1820년 이 명소에 들른 잉글랜드 지질학자 헨리 드 라 비치(Henry De la Beche)가 그렸다. 그는 이탈리아로 현지 조사를 하러 가던 길이었고, 그곳에서 많은 대형 표석을 발견했다. 표석은 아주 국제적인 수수께끼였던 것이다.

옮길 수 있는 것은 상상하기 어려운 규모의 물리적 '혁명'뿐인 듯했다. 표석은 백문이 불여일견이었다. 익명의 스코틀랜드인이 퀴비에의 저작에 대한 서평에서 그런 사건이 실제로 벌어졌을지 모르겠다며 공공연히 의심을 표하자, 제네바의 한 학식인은 스코틀랜드인이 이리 와서 제네바 근교에 있는 거대 표석을 보기만 하면 의심을 쉽게 해소할 수 있을 것이라 지적했다. 그 암석들은 몽블랑과 가까운 알프스 고산지대에서 어떻게든 운반된 것이 틀림없었다.

사실 제네바의 표석은 알프스산맥의 북쪽 경사면에 길게 늘어선 몇몇 표석 흔적들 중 하나에 불과했다. 당시 프로이센 영토인 뇌샤텔Neuchâtel 일대에서 원래 광물 자원을 조사하느라 머무르는 중이던 프로이센의 선도적 학식인 레오폴트 폰 뷔흐Leopold von Buch는 표석의 흔적들을 탐사한 후 이에 대해 서술했다. 그는 표석들을 보고 몹시 당혹스러웠다고 시인했지만, 거대 쓰나미처럼 갑작스럽고 거센 물의 움직임 때문이라고 설명하는 편이 그나마 가장 덜 어색해 보였다. 폰 뷔흐의 수수께끼는 몇 년 후 알프스 협곡에서 일어난 어느 끔찍한 재해에 대한 보고서로 다소 해결되었다. 발 드 바니Val de Bagnes 꼭대기 근처에 있는 넓은 호수는 커다란 암석과 얼음 장벽으로 막혀 있었다(지금은 바로 그 자리에 콘크리트 댐을 지어 수력 발전용 저수지를 조성해놓았다). 1816년 어느 날 이 자연 제방이 갑자기 무너지면서 엄청난 양의 흙탕물이 맹렬한 기세로 쏟아져 여러 마을을 집어삼켰고 거대 암석 덩어리도 빠른 속도로 이동해 계곡 아래쪽으로 몇 마일 옮겨졌다. 이 사건은 거대 표석을 옮겨놓을 만한 훨씬 대규모의 사건을 작게 축소해놓은 훌륭한 모형처럼 보였다. 폰 뷔흐가 추적해보니 이 표석들은 알프스 고산지대에서 스위스 고원평야를 지나 북쪽에 있는 쥐라Jura 구릉지대의 비탈까지 움직였다. 현재의 용어로 지표 '저탁류turbidity current'라 부르는 이 진정한 '현원인'은 소위 '혁명'도 자연현상에 입각해 알기 쉽게 설명할 수 있다는 증거였다. 사건이 일어난 연도를 추정하기는 어렵지만 그 사건이 오랜 지구의 역사에서 상대적으로 최근에 일어났다는 점은 분명했다. 물론 이를 성서에 나오는 대홍수와 동일시할 수 있는지는 또 다른 문제였다.

그러나 나중에 폰 뷔흐를 비롯한 사람들이 수백 마일에 걸쳐 추적한 각기 다른 표석들의 흔적은 설명하기 더욱 까다로웠다. 이 흔적은 발트해를 사이에 두고 마주 보고 있는 스웨덴과 핀란드의 비교적 낮은 지대에 있었으며, 다시 러시아의 평원과 독일 북부로 이어졌다. 예컨대 어느 거대 표석은 상트페테르부르크시에서 도시 설립자인 표트르 대제의 유명한 기마상에 주춧돌로 사용되었다. 베를린 인근에 있는 또 다른 표석은 거대 화강암 그릇으로 모양이 바뀌어 도시 중심가 공터의 장식물이 되었다. 학식인들은 모종의 예외적 사건을 뒷받침하는 이런 주변의 증거들을 무시하기 어려웠다. 어쩌면 이 암석들은 겨울철에 얼음에 박힌 채 바다를 떠다니다가 북유럽에 구석구석 퍼졌을지도 모른다는 의견이 나왔지만, 이렇게 보더라도 과거에 일어났을 사건의 규모가 어마어마했으리라는 점은 거의 변함이 없었다.

스코틀랜드의 학식인 제임스 홀James Hall은 가까운 과거에 격렬한 사건이 실제로 일어났다고 주장한 또 다른 인물이었다. 그는 이 사건의 잠재적 원인도 탐구했지만 성서의 대홍수와 그 사건의 관계 문제는 제쳐두었다. 홀은 젊은 시절 에든버러에서 지낼 때 허턴과 친구였다. 그러나 허턴과 달리 그는 이탈리아로 떠난 문화 그랜드 투어에서 돌아오다가 쥐라 구릉지대에 있는 알프스 표석을 직접 본 적이 있었고 표석의 함의가 무엇인지 알아챘다. 고향에 돌아온 그는 에든버러 근교에서 발견한 기반암 표면에 홈이 평행하게 파여 있고 다른 선 자국도 나 있는 모습을 보고 또 한 번 깊은 인상을 받았다. 그는 작은 돌멩이가 잔뜩 뒤섞인 흙탕물이 그 지역을 맹렬히 휩쓸고 지나갔다면 그 과정에서 아래에 있는 기반암에 흠집이 날 것이라 생각했다. 그는 더 거대한 표석도 마찬가지로 설명하려고 표석이 얼음에 박혀 부력을 받았을 것이라고 생각했다. 그리고 홀은 사건 자체를 설명하기 위해 해저의 갑작스러운 융기가 충분히 큰 규모로 일어나면 거대 쓰나미가 발생해 딱 이와 같은 효과가 나타나리라는 의견을 제시했다(늘 그렇듯 리스본 쓰나

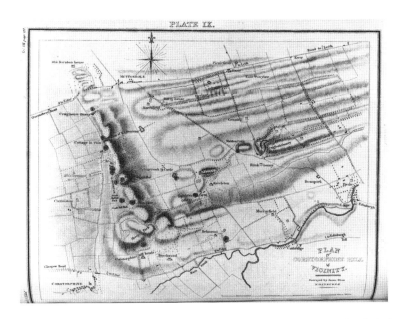

자료 5.6 현재 에든버러 교외에 있는 코스토핀 힐(Corstorphine Hill)을 그린 제임스 홀의 지도. 그가 서쪽에서 동쪽으로 맹렬히 흘러간 '**대범람의 물결**' 또는 일시적 거대 쓰나미의 흔적이라고 해석한 선 모양의 지형을 보여준다. 그는 언덕 위를 쓸고 간 돌이 그 방향을 따라 단단한 기반암에 흠집을 냈다는 의견을 제시했다. 검은 점은 이렇게 긁힌 기반암에서 주목할 만한 '표본'이라고 홀이 목록에 올려놓은 장소들이다. 이 '표본'들은 자연의 고대품이 전시된 야외 박물관에 보존되어 있는 셈이었다. 그가 1812년 에든버러 왕립학회에서 발표한 논문은 사실상 증거를 직접 와서 보고 판단해달라고 다른 학식인들에게 보낸 초대장이었다.

미는 작은 규모로 일어난 본보기가 되었다). 홀은 허턴의 거대 이론을 예찬했지만, 그가 보기에 지구의 정상 상태를 유지하는 데 필요한 신대륙의 융기가 갑작스럽게 일어나서는 안 될 이유가 없었다. 그래서 그는 자신이 재구성한 이 사건이 무한히 긴 지구의 역사에 단절을 일으킨 가장 최근의 사례라고 주장했다. 사건이 일어난 시점이 비교적 최근이라는 점 말고는 이런 사건에 특별할 것은 없었다. 그의 주장에 따르면, 가끔씩 일어나는 난폭한 '혁명'은 지구가 움직이는 방식의 일부였다.

성서의 대홍수와 지질학적 대범람

표석은 퀴비에의 화려한 멸종 동물들과 함께 비교적 얼마 되지 않은 과거 어느 시점에 격렬한 '혁명'이 실제로 일어났다는 유력한 증거였다. 이런 사건이 일어난 시기가 인류사에 동이 틀 즈음이라는 퀴비에의 주장은 특히 흡인력과 설득력이 있었다. 그 사건을 창세기와 그 밖의 고대 기록에서 서술하는 대홍수와 동일시할 수 있다면, 인간이 도래하기 전의 심원한 지구 역사에 대해 지질학자들이 새로이 내놓은 설명을 인류사와 연결함으로써 그럴싸한 단일 서사를 만들어낼 수 있을 터였다.

그러나 학식인 대다수는 지구 역사상 멀지 않은 과거에 이례적 사건이 일어났다는 주장과 그 사건이 최근에 발생했으니 노아 이야기와 내용이 일치한다고 봐도 무방하다는 주장은 별개라고 생각했다. 물리적 사건이 정말 일어났다고 친다면, 이 사건 자체를 부르는 명칭은 대체로 '지질학적 대범람geological Deluge'이었다. 이 사건이 창세기에 기록된 성서의 대홍수biblical Flood인지 그보다 훨씬 전, 인간도 등장하기 전의 시대에 일어난 사건인지는 별개의 문제였다. '범람 이론diluvial theory'이라고 알려지게 되는 이론은 예전에 우드워드, 쇼이처 등등이 내놓은 아이디어와 확연히 구분되었고, 지질학적 대범람이 물리적으로 정말 일어났다는 주장은 노아의 홍수가 역사적으로 실재했다는 주장을 반드시 뒷받침하지는 않았으며 경우에 따라서는 그런 주장과 명시적으로 대립했다. 이런 의미에서 앞으로 '대범람Deluge'은 소위 물리적 사건을 나타내는 단어로 사용할 것이며, 그 사건이 창세기에 기록된 '대홍수Flood'라고 믿었는지 여부와 상관이 없다(당대의 학식인들은 이 단어를 이렇게 일관되게 사용하지 않았고, 게다가 영어를 쓰는 사람은 두 단어를 마음대로 갖다 쓰는 호사를 누렸다).

그러나 많은 자연사학자는 폰 뷔흐, 홀 등과 달리 당시 스위스와 북유럽에서 흔적이 발견되어 충격을 안겨준 대규모 범람에 대해 퀴비에의 주장을 공공연히 지지했다. 거대한 대범람이 일어난 때가 워낙 최근이라 성서에 나오는 홍수로 볼 수 있다는 주장이었다. 에든버러 대학의 자연사 교수 로버트 제임슨Robert Jameson은 퀴비에의 유명한 서설을 영어로 번역하면서 이런 관점을 불어넣었다. 그는 퀴비에의 작업이 허턴의 영원주의에 들어 있는 무신론적 함의를 반박하는 데 도움을 줄 새로운 '지구 이론'이라고 소개했다. 기실 퀴비에 자신은 이런 큰 그림을 비웃으며 죄다 거부했는데도 말이다. 제임슨은 퀴비에의 과학이 지닌 엄청난 명성을 동원해 영국에서 전통 종교와 동맹을 맺은 정치적 보수주의의 문화적 권위를 공고히 했다(제임슨의 편집 방향 탓에 퀴비에는 억울하게도 그 후로 줄곧 영어권에서 좋지 않은 평판을 얻었다). 제임슨은 에든버러 동향 사람이던 플레이페어를 비롯해 창세기의 역사적 신빙성을 두고 회의적 목소리를 내는 사람들이 있었지만, 이제 퀴비에가 이들의 의견을 반박했다고 주장했다. 그러면서 영국에서는 다른 유럽 지역과 달리 지질학과 창세기 해석의 관계가 논란이 벌어지기 쉬운 정치적·문화적 논점과 얽히게 되었다(이야기를 하다 보면 다시 이 문제로 돌아오게 될 것이다).

제임슨이 편집한 퀴비에의 저작을 읽은 사람들 중에는 이제 막 광물학 강의를 배정받은 옥스퍼드대학교의 젊은 교수 윌리엄 버클랜드William Buckland도 있었다. 그는 자신의 강의에 활기 넘치는 새 과학 분야였던 지질학을 포함시키기로 했다. 그는 빠르게 지질학을 섭렵해나갔고, 특히 퀴비에의 『뼈 화석 연구』 전편을 열심히 공부했다(교양 있는 다른 영국인들처럼 그도 프랑스어를 유창하게 읽을 줄 알았다. 현재 비영어권 과학자들이 영어를 당연히 읽을 줄 알아야 하는 것과 마찬가지다). 그는 지질학적 대범람에 대한 퀴비에의 연대 추정을 받아들였지만, 이를 퀴비에가 검토했던 다양한 문화권의 각종 기록과 맞추어보는 대신 드뤽의 뒤를 따라 성서 이야기와 맞아떨어지는지만 집중적으로 살펴보았다. 그는 대범람이 실재했다는 증거를 강조했는데, 그 증거야말로 잉글랜드 국교회의 지적 중심지였던 옥스퍼드대학교의 동료들에게 지질학이 하등 위협이 되지 않으며 대학에서 가르칠 만한 과학이라는 확신을 심어줄 수 있는 기회가 되리라 생각했기 때문이었다. 지질학적 대범람과 성서의 대홍수를 동일시할 수 있다면 지질학은 창세기 이야기의 역사적 신빙성을 입증함으로써 성서 전반의 권위를 한층 높일 터였다.

이윽고 버클랜드는 거의 집 앞에서 폰 뷔흐, 홀 등 여러 사람이 설명한 증거에 덧붙일 새로운 대범람의 증거를 발견했다. 버클랜드는 나중에 아내가 되는 메리 몰랜드Mary Morland(지질학 현지 조사에서 여성은 보통 배제되었는데, 몰랜드는 눈에 띄는 예외였다)의 도움을 받아 옥스퍼드 부근의 충적 사력층에 대한 지도를 작성하다가 그 지역에서 유래하지 않았음이 분명한 특이한 자갈이 있다는 사실을 알게 되었다. 그는 이 자갈과 사력층이 런던으로 흐르는 템스강 계곡으로 연결되어 있을 뿐 아니라, 상류로 거슬러 올라가면 높게는 코츠월드 힐Cotswold Hills, 낮게는 북쪽의 미들랜드 평야에 이른다는 점을 발견했다. 이런 수수께끼 같은 분포를 낳은 역사를 재구성하면서 그는 작은 자갈이 알프스의 거대 표석과 마찬가지로 자연의 고대품 역할을 할 수 있다고 추론했다. 자갈들은 거대한 '범람류diluvial current'가 지질학적으로 가까운 과거에 이 잉글랜드 지역을 휩쓸고 지나간 흔적이라는 것이었다. 이내 지질학자들은 이런 퇴적층을 뭉뚱그려 '홍적층diluvium'이라고 부르기 시작했다. 이 용어는 이런 퇴적층을 그보다 좁게 정의된 '충적층alluvium'과 구분했고, 충적층은 이제 더 최근의 퇴적층이나 범람 이후의 퇴적층에 쓰기 위한 예비 단어가 되었다. 홍적층에는 사력층, 거대 표석 말고도 온갖 크기의 모난 암석 덩어리가 가득한 광범위한 '빙력토till'나 '빙력 점토boulder clay' 퇴적층도 포함되었다.

버클랜드는 폰 뷔흐나 홀과 달리 물리적 '범람류'에 대한 자신의 재구성을 같은 사건의 화석 증거에 주목한 퀴비에의 논의와 결합시켰다. 버클랜드는 첫 대륙 여행(1815년 나폴레옹이 워털루에서 돌이킬 수 없는 패배를 당했기 때문에 영국인들도 비로소 이런 여행을 갈 수 있었다)에서 바이에른의 유명한 동굴을 직접 보기로 했다. 이 동굴에서는 뼈 학석이 다량 발굴된 바 있었다. 퀴비에는 그 뼈가 곰에서 나왔다고 보았지만, 이 곰은 현존하는 어느 종보다도 몸집이 컸으며 멸종했으리라 여겨졌다. 그러나 이 동물이 대범람이 들이닥치기 전에 동굴 안에서 서식했는지, 대범람 와중에 머나먼 타지에서 여기로 휩쓸려 온 것인지는 확실치 않았다.

운 좋게도 1821년 버클랜드의 집 근처에서 동굴이 하나 발견된 덕분에 그는 이 수수께끼를 해결하고 뼈 화석을 이용해 지구의 심원한 역사를 한 단계 높은 차원에서 재구성할 수 있었다. 잉글랜드 북부의 요크셔주 커크데일 동굴에서 발견된 뼈들은 역설적으로 이 동굴이 바이에른의 동굴보다 작고 보잘것없었기 때문에 확고한 증거가 되었다. 퀴비에의 방법에 따르면 이 뼈들은 물쥐부터 매머드까지 크고 작은 다양한 동물의 것으로 추정되었다. 그러나 거대 동물의 유해가 범람하는 물에 휩쓸려 들어왔다고 보기에는 동굴이 너무 작았다. 대신 버클랜드는 이 동굴이 멸종한 거대 하이에나의 소굴로 사용되었다는 증거를 풍부하게 발견했다. 이 하이에나들이 바깥에서 유해를 뜯어 먹다가 나중에 느긋하게 먹을 요량으로 일부를 좁은 동굴에 끌어다 놓았음이 틀림없었다. 버클랜드는 표준적인 현재론 기법을 활용해 동물원에서 살아 있는 하이에나의 식습관을 관찰해 뼈 화석에 있는 잇자국과 동일한 자국을 발견했다. 또한 뼈들 사이에서 발견된 다른 물건들은 뼈를 물어 뜯는 하이에나가 남긴 독특한 배설물이라고 간주했다. 그래서 동굴과 뼈는 대범람이 닥치기 직전의 '이전 세계'를 보여주는 창으로 활용할 수 있었다. 바이에른 동굴과 마찬가지로, 이 사라진 세계에 대한 증거는 차례차례 쌓인 석순층 아래에 보존되어 있을 터였다. 이 퇴적층의 두께가 그리 두텁지 않다는 점은 드뢱의 '자연 시계' 같은 역할을 했다. 이는 동굴 하이에나와 매머드의 세계를 쓸어버린 지질학적 대범람이 지질학적 측면에서 매우 최근에 일어났다는 증거였다. 버클랜드는 훗날 이 사건이 워낙 최근에 일어난 일이라 성서의 대홍수일 수밖에 없다고 주장했다.

버클랜드는 초식동물, 육식동물, 썩은 고기를 먹는 동물 등등 커크데일 동굴 인근에 서식한 동물군 전체를 재구성했다. 그가 '하이에나 이야기hyaena story'라고 부른 이야기는 퀴비에처럼 단일 동물을 되살려낸 것이 아니라 상호작용 하는 일군의 종(현대 용어로 생태계)에 생명을 불어넣었다. 당시 사람들은 버클랜드의 이야기가 현재에 갇힌 인간도 인간 이전의 과거를 확실히 알 수 있게 함으로써 '시간의 한계를 깨트리자'라는 퀴비에의 포부에 멋지게 부합한다고 생각했다. 버클랜드의 연구는 개념상의 타임머신을 만드는 일이 가능하다는 점을 퀴비에의 연

자료 5.7 전부터 유명했던 바이에른주 무겐도르프 부근의 가일렌로이트(Gaillenreuth) 동굴을 그린 버클랜드의 삽화(1823년 발표). 동굴 바닥의 석순층 아래에서 출토된 다량의 곰 뼈 화석을 보여준다. 당시에도 동굴에서 똑똑 떨어지는 물이 서서히 응결되며 자라나던 석순은 '자연 시계' 역할을 했다. 버클랜드는 석순이 '현재 세계'가 시작하기 전 먼 옛날에 곰이 동굴에 서식했거나 곰의 유해가 휩쓸려 들어왔다는 증거라고 주장했다.

구보다 더욱 명확하게 보여주었다. 인류는 버클랜드가 한 것처럼 철저한 조사를 통해 머나먼 과거로 이동할 수 있었다. 심원한 과거는 그저 상상력 넘치는 공상 과학 소설이 아니라, 모방의 대상이었던 학술적 인류사만큼이나 탄탄한 증거에 굳세게 뿌리 내린 자연의 **역사**였다. 이것이 바로 버클랜드가 커크데일 동굴에 대해 길게 작성해서 왕립학회에 제출한 보고서의 결론이었고, 이 보고서로 그는 최고상을 받았다. 그 후 버클랜드가 낸 후속작『대범람의 유물Reliquiae Diluvianae』(1823; 제목

자료 5.8 커크데일 동굴로 기어들어 멸종한 동굴 하이에나가 멀쩡히 살아서 크고 작은 뼈를 마음껏 먹고 있는 모습을 발견한 버클랜드. 버클랜드도 동굴 하이에나를 보고 놀랐지만 동굴 하이에나도 깜짝 놀라 그를 쳐다보고 있다. 버클랜드는 '과학의 빛'을 손에 들고 동굴에 들어 갔을 뿐만 아니라, 자신의 면밀한 연구를 통해 확실히 알게 된 범람 이전의 세계로 시간을 거 슬러 올라가는 여행을 하고 있다. 익살스러운 양식을 취하고 있지만 진지한 의미가 담긴 이 풍자화에는 그의 친구이자 옥스퍼드대학교 전 동료인 윌리엄 코니비어(William Conybeare) 가 쓴 역시나 익살스러운 시가 같이 실렸는데, 이 시는 지구의 심원한 역사로 들어가는 '염탐 용 구멍'을 연 버클랜드의 업적을 찬양했다. 이 석판 인쇄 신문(1823)의 사본은 영국과 다른 지역의 지질학자들에게 널리 회람되었다. 이를테면 파리에 있던 퀴비에도 하나를 받았다.

만 라틴어이다)은 더욱 많은 사람에게 그의 작업을 알렸다. 버클랜드는 가능한 한 많은 뼈 동굴을 직접 보기 위해 프랑스와 독일 이곳저곳을 여행했고 고국에 있는 다른 동굴 발굴에도 나섰다. 이를 통해 그는 유 럽 차원에서 지질학적 대범람이 일어났음을 뒷받침하는 증거를 여럿 기술했으며, 이제 대놓고 이 지질학적 대범람을 성서의 대홍수와 동일시했다. 그의 옥스퍼드대학교 동료가 쓴『성스러운 유물Reliquiae Sacrae』은 기독교의 초석이 되는 사건들을 뒷받침하는 역사적 증거를 검토하는 책이었는데, 버클랜드는 이 책을 따라 표제를 붙이면서 이 수수께끼 같은 예전 사건에 대한 자신의 재구성이 그와 동등하게 역사적 성격을 띤다고 강조했다.

버클랜드가 지적으로나 개인적으로나 지질학적 대범람과 성서의 대홍수가 동일하다는 생각에 빠져 있었다는 점을 고려한다면, 실제로 인류가 멸종한 포유류와 같은 시대에 있었다는 증거가 새로 나올 때마다 그가 두 손 들어 반겼으리라 짐작할지도 모른다. '대범람' 동물군에서 발견되는 인간 뼈는 정말로 '대홍수를 목격한 남자'의 뼈일 터였다. 그러나 버클랜드는 퀴비에처럼 인간의 것이라 알려진 화석의 진위를 끈질기게 의심했다. 그는 그런 주장들을 대하는 퀴비에의 과히저 신중함을 공유했던 것이다. 버클랜드 자신도 웨일스 남부 해변에 있는 동굴 바닥 아래쪽에서 매머드의 두개골 옆에 놓여 있는 인간의 해골을 발견했다. 그러나 해골과 매머드 두개골의 보존 상태가 달랐기 때문에 그는 그곳이 오래전의 충적층 위에 조성된 로마시대의 매장지라고 주장했다. 이 해골은 '붉은 여인'으로 유명세를 탔다. 그러나 '붉은 여인'도 대범람과 대홍수가 같다는 버클랜드의 자신감을 흔들지는 못했다. 대범람이 일어나던 시점에 인간이 유럽에서 멀리 떨어진 지역(아마도 메소포타미아 지역에만)에 틀어박혀 있었을 것이라고 믿었기 때문이었다. 그는 당시 영국에는 여러 거대 야생 맹수가 서식했으므로 인간이 번성하기 좋은 장소가 아니라고 생각했을 것이다. 맹수들이 휩쓸려 간 후에야 인간이 유럽으로 안전하게 퍼져나갈 수 있었던 셈이었다. 그러므로 대범람은 인간이 있는 세계와 인간이 거의 없는 것이나 다름없는

'범람 이전' 세계를 나누는 예리한 구분선으로 남아 있었다.

19세기 초, 버클랜드는 면밀한 연구를 통해 지질학적으로 가까운 과거에 이례적인 대범람 사태가 실제로 일어났음을 보여주는 유력한 증거를 일부 제시했다. 이 사건은 퀴비에의 또 다른 면밀한 연구로 처음 밝혀진 대량 멸종의 원인일 수도 있었다. 그리고 폰 뷔흐와 홀 등의 현지 조사는 표석의 경로는 물론이고 긁힌 자국이 있는 기반암, 빙력 점토나 빙력토같이 '범람류'를 보여주는 다른 유물들의 경로를 추적하면서 이런 논의를 탄탄하게 뒷받침했다. 알프스산맥의 양쪽 비탈, 북유럽의 광활한 대지, 심지어는 미국 북부와 캐나다를 가로지르는 지역에서도 이런 지형을 광범위하게 찾아내면서 범람 이론은 승승장구했다. 이 '지질학적 대범람'이 창세기에 나오는 대홍수 이야기와 일치한다고 볼 만큼 최근에 일어났는지는 훨씬 더 논쟁거리였다. 퀴비에가 다양한 문화권에서 나온 초기 인류 기록을 검토해서 정말 그랬을 수도 있겠다고 볼 만한 증거를 내놓긴 했지만 말이다. 이런 모습을 보면 버클랜드가 처음에 새로운 과학적 증거로 성서 기록의 권위를 드높이겠다는 기대를 품고 대범람과 대홍수가 동일하다고 주장한 것은 확실하지만, 그렇다고 둘이 동일하다는 주장을 펼친 사람들이 꼭 이런 기대 때문에 움직인 것은 아니었다. 범람 이론은 무엇보다도 접할 수 있는 증거 대부분을 이해할 수 있게 해주는 **과학적** 아이디어였다. 지질학적 대범람이 일어난 시기를 인류사, 특히 성서의 대홍수와 관련짓는 문제는 분명 중요하긴 했지만 이와 별개였다.

이 장에서는 이제 스스로를 자연스럽게 '**지질학자**'라 부르는 자연사학자들이 어떻게 대범람 사태(성서에 나오는 대홍수와 일치하든 아니든 간에)가 지질학적 견지에서 매우 최근에 일어났다는 합의에 도달했는지

자료 5.9 버클랜드가 웨일스 남부 해안에 있는 파빌랜드 동굴을 그린 것으로 1823년 발표되었다. 이 동굴 단면도를 보면 멸종 포유류의 뼈 옆에 있는 인간의 뼈가 보인다(오른쪽). 가까이에 매머드의 두개골이 있지만, 인간의 뼈는 보존 상태가 달랐고 붉게 물들어 있어 '붉은 여인'이라고 알려지게 되었다. 버클랜드는 그 여성이 지질학적 대범람 이전으로 거슬러 올라가는 오래된 퇴적층을 파내어 만든 무덤에 매장되었으며, 매장 시기는 로마 시대일 것이라 생각했다. 그래서 버클랜드는 이 뼈가 대범람이 닥치기 전에 영국에서 인류가 매머드와 함께 살았다는 증거가 되지 않는다고 주장했다(두 국면을 구분한 버클랜드의 해석은 현대의 연구로 입증되었다. 다만 이 뼈는 젊은 남성의 것으로 확인되었으며 구석기 시대의 화석이고, 다른 화석은 그보다 이른 플라이스토세의 것이다).

를 서술했다. 이를 지지하는 증거는 홍적층에 국한되었고, 홍적층은 그보다도 얼마 안 된 충적층과 마찬가지로 2차 암석층 제일 위쪽에 있는 젊은 지층 위에 쌓인 것이었다. 다음 장에서는 계속 19세기 초에 머무르면서 이 시기에 지질학자들이 지질학적 대범람보다도 훨씬 이전, 더욱 심원한 지구 역사에 벌어진 일을 어떻게 밝혀내고자 했는지 서술할 예정이다.

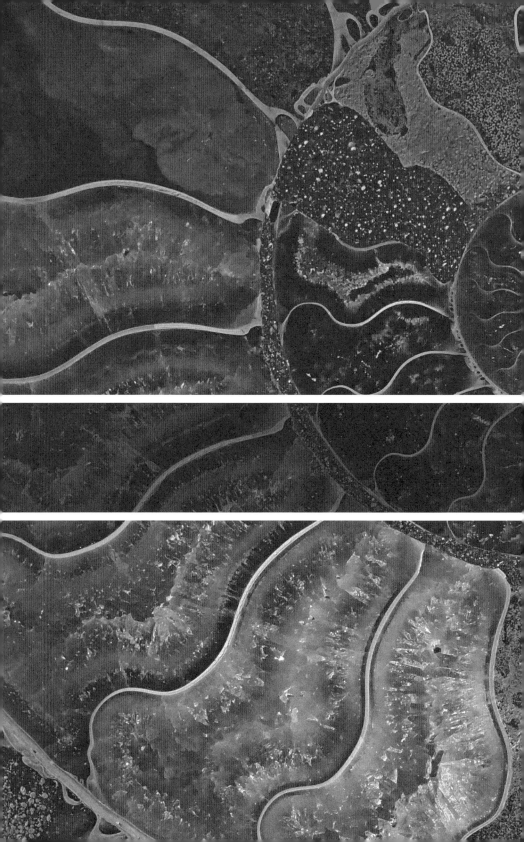

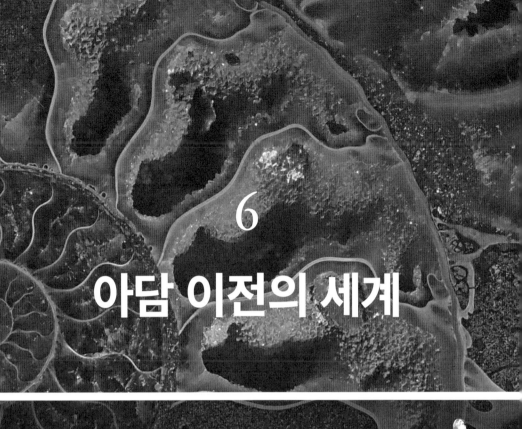

6

아담 이전의 세계

EARTH'S DEEP HISTORY

지구상의 마지막 혁명 이전

퀴비에의 뼈 화석은 대부분 사력층 같은 충적층에서 발견되었고, 퀴비에에 따르면 이런 사력층은 지질학적으로 지구에서 최근에 일어난 '혁명' 때문에 생겼다('혁명'의 기록이 성서의 대홍수를 포함한 여러 이야기에 어렴풋하게 남아 있는 것일 수 있었다). 그러나 어떤 뼈는 그보다 아래에 있는 2차 암석층, 특히 파리 외곽에서 건축에 쓸 반죽을 만들려고 석고를 채취하던 퇴적층에서 나왔다. 이런 뼈들은 매머드와 마스토돈의 뼈보다 커다란 도전을 야기했다. 왜냐하면 퀴비에는 이 뼈들이 알려진 현생종과 거의 닮지 않은 포유류에서 왔다고 평가했기 때문이었다. 퀴비에가 인간 이전의 과거를 숨김없이 알려서 '시간의 한계를 깨트리'려면, 이 동물들이 지구의 역사에서 놓이는 위치를 이해할 필요가 있었다. 그러려면 전체 암석층에서 석고의 위치를 알아야 했기 때문에 화석 해부학은 완전히 다른 학문 분야인 지구구조학과 협력해야 했다. 예전에 몇몇 자연사학자가 깨달은 대로 지구구조학은 '자연의 연대기'를 재구성하는 틀을 제공할 수 있었지만, 그러려면 3차원 암석 구조에 대한 정적 묘사를 지구의 동적 **역사**에 대한 증거로 해석할 수 있어야 했다.

그래서 퀴비에는 파리 외곽 세브르Sèvres에 있는 국립 도자기 제작소의 신임 공장장이었던 광물학자 알렉상드르 브롱니아르Alexandre Brongniart와 협력 관계를 맺었다. 19세기 처음 몇 해 동안 그들은 파리 지역에서 대대적인 현지 조사를 실시했다(브롱니아르는 새로운 도자기 원료도 찾고 있었다). 그들은 지구구조학자들이 널리 쓰던 방법을 택했다. 베르너 자신이 이즈음 파리를 방문했는데 이 점도 도움을 주었을 것이다. 그들은 암석 노두(암석이 지면에 드러난 부분. — 옮긴이)와 지하 채석장, 시추공을 활용해 파리 부근 암석층 더미의 3차원 구조를 알아냈다. 둘은 위대한 화학자 앙투안 로랑 라부아지에Antoine-Laurent Lavoisier가 혁명의 와중 단두대에서 비극적으로 숨을 거두기 전에 발견한 성과를 토대로 삼았다. 퀴비에와 브롱니아르는 파리가 독특한 백악층으로 만들어진 얕은 그릇, 곧 '분지'의 중심에 놓여 있다는 사실을 입증했다. 이 백악층은 파리 지하로 깊이 파 내려간 시추공에서 발견되었지만 주변 시골에서는 지면까지 솟아올랐다.

이 '파리 분지'는 백악이 2차 암석층 맨 위에 있기는커녕, 그 위에 사암, 이암, 석회암, 지역 특유의 석고 등 그보다 어린 두꺼운 암석층 더미가 놓여 있다는 점을 보여줬다. 1808년 프랑스 학사원에서 열린 어느 모임에서 퀴비에와 브롱니아르는 자신들의 조사 결과를 '지구구조도'로 요약했다. 이 지도는 위를 덮고 있는 토양과 식생을 벗겨내면 볼 수 있을 모든 암석층 분포를 보여주었다. 이런 지도는 새로운 것이 아니었다. 베르너의 프라이베르크대학 동료도 이와 유사한 방식으로 표현된 작센주 지도를 발표했고, 라부아지에와 동료들도 프랑스 여러 지역에 대한 상세 지도를 작성해서 독특한 암석과 광물의 분포를 기입했다. 그러나 퀴비에와 브롱니아르는 술라비를 비롯해 예전 몇몇 자연사학자가 그랬듯이 서로 다른 암석 종류와 관련된 광물들뿐 아니라 특유의 화석으로도 특정 암석층을 식별할 수 있음을 깨달았다. 따라서 지구구조학은 상이한 암석층을 구분하고 암석층의 노두를 쫓아가는 등 일상적으로 사용되는 기준에다가 연체동물 껍데기 같은 흔한 화석을 추가함으로써 더욱 풍성해질 수 있었다.

그러나 퀴비에와 브롱니아르는 지구구조학을 한층 더 발전시켜 지

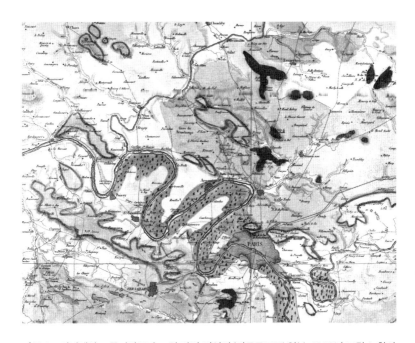

자료 6.1 퀴비에와 브롱니아르가 그린 파리 지역의 '지구구조도' 일부. 1808년 프랑스 학사원에서 처음 선보였으며 1811년에 출간되었다. 지면에서 상이한 암석층이 발견되는 장소를 보여준다(원본에는 색이 있다). 퀴비에의 최대 난제였던 뼈 화석이 몇 점 출토된 석고층은 검은 반점과 고리로 표시되어 있다(일부 언덕의 꼭대기와 비탈). 센강의 구불구불한 계곡을 따라 점이 찍힌 영역은 그보다 훨씬 어린 강자갈을 표시하며, 여기서 매머드와 기타 멸종된 포유류의 뼈가 나왔다. 이런 종류의 지도는 전 세계 지질학자들의 표준 도구가 되어 특정 지역 암석의 지구구조, 즉 3차원 구조를 시각화하는 데 일조했다.

구의 역사 재구성에 도움이 되도록 만들었다. 예를 들어 파리 대부분의 건물에 사용되었고 옛 시가지에서는 지금도 사용되고 있는 파리 특유의 매력적인 굵은 석회석calcaire grossier, Coarse Limestone에는 살아 있는 해양 종의 껍질과 확연한 유사성을 보이는 조개껍질 화석이 들어 있었다. 이 화석들은 지금은 사라진 바다가 파리 지역 대부분을 뒤덮고 있었음을 뚜렷이 뒷받침하는 자연의 고대품이었다. 의외는 아니었다. 웬

만한 2차 암석층에서 흔히 출토되는 화석은 대부분 지금 바다에 서식하는 동물과 다소간 유사했기 때문이다. 정말 놀라운 점은 다른 파리 암석층 일부에 들어 있던 조개껍질 화석이 하나같이 민물에서만 서식하는 것으로 알려진 조개와 매우 유사하다는 점이었다. 그러므로 이 암석층 더미 전체를 놓고 보면 해양과 담수 환경이 일정하지 않은 주기로 여러 번 바뀌었다고 볼 수 있었다. 파리 지역은 바다와 호수(아니면 민물 석호)를 오가다가, 결국 최근의 '혁명'으로 암석들이 깎여 나가며 계곡이 생기고 그 자리에 충적 사력층이 쌓인 듯이 보였다.

이는 파리 암석층의 기반을 이루는 백악이 처음 퇴적된 이래 매우 오랜 시간 이어진 파리 지역의 다사다난한 역사를 훌륭하게 재구성한 것이었다. 퀴비에와 브롱니아르는 암석층을 그저 암석 더미로 보지 않고 먼 과거에 해양 환경이었던 기간과 담수 환경이었던 기간을 번갈아 겪은 역사적 연속물로 해석했다. 그러므로 지구구조학은 지역의 과거 역사를 재구성하는 데 화석을 활용함으로써 이중으로 풍성해지며 새로운 학문으로 탈바꿈한 셈이었다. 퀴비에와 브롱니아르는 자신들이 내놓은 역사적 재구성을 더욱더 밀어붙였다. 그들은 현장에서 해성층海成層과 담수층의 접면 일부가 꽤 뚜렷하다는 점에 착안했다. 그들은 이를 두고 해양 환경에서 담수 환경으로, 또는 담수 환경이 다시 해양 환경으로 바뀌는 과정이 급격히 일어났기 때문이라고 해석했다. 달리 말해 이 접면은 반복된 '혁명'의 증거인 셈이었다. 더욱 최근에 벌어진 영문 모를 대범람에 비하면 덜 과격하고 극적이지도 않은 자연 변화지만 지구, 적어도 파리 지역에 복잡하고 파란만장한 역사가 있다는 추가 증거였다. 당시 프랑스는 혁명을 거치며 쿠데타가 정신없이 잇따르고 뒤이어 나폴레옹 치하에서 다사다난한 전쟁을 치르는 와중이었는데, 지구에도 프랑스에서 벌어지던 인간사 못지않게 불규칙적이고 우연하며 예측 불가능한 역사가 있는 듯했다.

파리 분지에 대한 퀴비에와 브롱니아르의 이런 상세한 분석은 지구구조학자가 묘사하는 정적인 3차원 구조가 어떻게 지구 특정 부분의 동적 역사로 바뀔 수 있는지를 유력하게 보여주는 사례가 되었다. 이 분석은 백악 위에 놓인 비교적 최근의 2차 암석층에 대한 관심도 불러일으켰다. 백악 위쪽의 2차 암석층이 보여주는 엄청난 규모와 다양성은 그간 대체로 주목받지 못했다. 그리고 여기서 출토된 화석을 상세히 살펴보면 백악을 포함해 그 아래쪽에 놓인 이전 2차 암석층과 차이가 두드러졌다. 가령 오래된 암석에는 암모나이트와 벨렘나이트가 대량으로 발굴되곤 했는데, 최근의 2차 암석층에는 아무리 눈을 씻고 찾아봐도 암모나이트와 벨렘나이트가 없었다. 퀴비에는 지질학자들이 이 젊은 암석층과 화석에 대한 면밀한 탐구를 최우선순위에 놓아야 한다고 촉구했다. 비교적 최근의 지층이므로 더욱 이전의 지구 역사에 실마리를 제공해줄 수 있기 때문이었다.

사실 다른 유럽 지역의 지질학자 몇 명이 이미 이 젊은 암석층에 대한 설명을 내놓고 있었다. 그러나 퀴비에의 드높은 위상 덕분에 그들이 하던 작업의 중요성은 더욱 커졌다. 조반니 바티스타 브로키Giovanni-Battista Brocchi는 퀴비에가 일하던 파리의 대박물관을 본떠 새로 만든 밀라노 자연사 박물관의 책임자였으며, 아펜니노 산맥의 기슭에 있는 '아펜니노 기저Subapennine'층을 연구했다. 그곳에서 대량 출토된 조개껍질 화석은 라마르크가 파리 부근의 굵은 석회석에서 보고 기술한 화석과 마찬가지로 현재의 바다에서 살고 있는 연체동물의 껍데기와 유사했다. 브로키는 이런 암석층을 모두 '제3층Tertiary'이라고 불러 더 오래

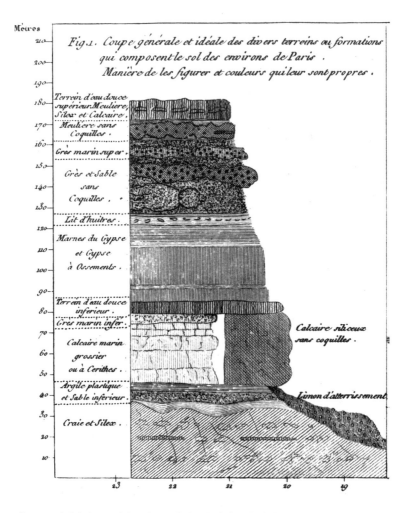

자료 6.2 퀴비에와 브롱니아르가 1811년 발표한 파리 분지 암석층의 "일반적·이상적 단면". 그들은 암석층이 해양 환경(바다(marin)와 굴 층리(lit d'huître)로 표시)와 담수 환경(d'eau douce) 간의 교대가 반복되었음을 보여주는 역사적 기록이라고 해석했다. 뼈 화석이 있는 석고층(Gypse à ossements)은 중간 암석층 부근에 있고, 굵은 석회석(Calcaire grossier)은 그 아래에 있으며 맨 아래에는 백악(Craie)이 있다. 암석층들은 침식된 계곡 가장자리에 있는 상상의 절벽에 모두 드러나 있는 것처럼 묘사했다. 충적 사력층은 훨씬 나중에 절벽 기슭에 쌓였다(암석 더미에서 같은 위치를 차지하고 있는 두 층은 당시에 당혹스러운 것이었다. 이는 현재의 용어로 같은 시기에 상이한 환경에서 퇴적된 두 **상**(facies)의 예이다). 이 단면도는 백악 위에 있는 모든 암석층의 대표 두께를 약 150미터(500피트)로 표현했다.

된 암석층과 구분했고, 오래된 암석층은 계속해서 2차 암석층, 즉 제2층이라 불렸다. 전 세계의 지질학자들은 곧 이 이름을 채택했고, 오늘날의 지질학자들도 여전히 이 이름을 사용하고 있다. 브로키의 연구는 제3층과 그 안의 화석이 지구 전체의 역사에서 뚜렷이 구분되는 주요 시기를 나타낸다는 점을 보여줬다.

엇비슷한 시기에 런던의 외과의 제임스 파킨슨James Parkinson(훗날 그의 의학 연구 대상이었던 심신 쇠약성 질환에 파킨슨병이란 이름이 붙었다)은 파리 분지처럼 아래에 놓인 백악층이 경계를 이루는 '런던 분지'의 제3층에 대해 서술했다. 그리고 새로 생긴 런던의 지질학회에서 활동하던 예술가이자 건축가였던 토머스 웹스터Thomas Webster는 이와 유사한 잉글랜드 남부 해안의 '와이트섬 분지Isle of Wight Basin'에 대해 서술했다. 브롱니아르가 나폴레옹의 진시 봉쇄를 피해 자신이 가지고 있는 파리의 민물 화석 표본을 런던에 보낸 뒤 웹스터는 자신이 살펴본 지층에도 동일한 화석이 있으며 파리와 비슷하게 해성층과 담수층이 교대로 나타난다는 점을 알아챘다. 두 지역이 비슷한 역사를 거쳤으리라는 뜻이었다.

와이트섬 분지(나중에 햄프셔 분지로 지명이 바뀌었다)도 이 비교적 최근의 시기에 대해 전에는 몰랐던 중요한 무언가를 보여줬다. 와이트섬의 절벽에서는 백악뿐 아니라 그 위에 놓인 제3층도 거의 수직이라 할 만큼 크게 기울어져 있는 모습을 볼 수 있었다. 이와 유사한 거대 '습곡fold'은 알프스산맥이나 여타 지역에서 오래전부터 알려져 있었지만, 이들은 훨씬 오래된 2차 암석이나 1차 암석에 작용한 경우여서 지구의 초기 역사에 해당하는 머나먼 과거에 일어난 일로 치부해도 별문제가 없었다. 반면 와이트섬은 적어도 이곳에서는 비교적 최근에 놀라운 대

자료 6.3 토머스 웹스터가 본 니들즈(Needles)의 풍경. 니들즈는 잉글랜드 남부 해안에 있는 와이트섬의 서쪽 해안에 있다. 북쪽(왼쪽)에는 두꺼운 백악층의 하얀 석회암(석회암층이 검은 부싯돌 띠로 강조되어 있다)이 거의 수직으로 기울어져 있지만, 남쪽(오른쪽)은 기울기가 덜하다. 웹스터는 다른 판화에서 에일럼만(Alum Bay, 더 왼쪽)의 경우 그 위에 놓인 제3층도 거의 수직임을 보여주었다. 이런 모습은 지구 역사에서 최근에 해당하는 제3기에 지각이 엄청난 규모로 구부러졌다가 침식되었다는 증거였다. 이 극적 장면은 1816년에 섬의 "생생한 아름다움과 고대품, 지질학적 현상"을 다루면서 삽화를 풍부하게 수록한 헨리 엥글필드(Henry Englefield)의 책에 발표되었다. 이런 책 제목은 책에서 상정한 독자가 웹스터의 지질학회 동료 구성원뿐 아니라 고대품 연구자와 지역 주민을 아우를 정도로 광범위했음을 알려준다.

규모 지각 변동이 일어났음을 보여줬다. 그 말인즉, 지구의 역사는 홀 같은 허턴의 추종자 몇몇을 제외한 지질학자 대다수가 전에 상상했던 것보다 훨씬 동적일 수 있다는 뜻이었다. 지질학자들이 화석뿐 아니라 지구 자체의 구조(현대 용어로는 지구구조론tectonics)에서 나온 증거를 통해 "시간의 한계를 깨트리고" 역사를 일깨울 수도 있다는 말이었다.

그러나 브로키의 이탈리아어 연구는 그다지 특이해 보이지 않는 조개껍질 화석이라도 살아 있는 연체동물에 대한 상세한 지식에 비추어

봄으로써 더욱 많은 교훈을 이끌어낼 수 있다는 점을 보여주었다. 마침 당시에는 세계 각지에 있는 예쁜 조개를 수집하는 일이 유행이었기 때문에 살아 있는 연체동물을 구하기가 어렵지 않았다. 브로키는 아펜니노 기저층에서 나온 종의 절반가량이 생존 여부가 불투명하다는 사실을 알아냈고, 그들 중 대다수가 멸종했음이 틀림없다고 추론했다('살아 있는 화석'으로 어딘가에서 서식하고 있는데 아직 발견되지 않은 종들도 있겠지만, 이를 종이 눈에 띄지 않는 경우에 대한 **일반적** 설명으로 보기는 점점 어려워졌다). 그러나 화석종의 나머지 절반은 아직 살아 있음이 밝혀졌으며, 그중 다수는 가까운 지중해에 서식하고 있었다. 이 점은 매우 중대한 논점을 제기했다. 포유류 화석을 설명하려는 용도로 퀴비에가 착안한 **대량** 멸종은 이 제3층 연체동물에 적용할 수 없었는데, 일부 종은 사라진 반면 나머지 종은 그렇지 않았기 때문이었다.

아펜니노 기저층의 조개껍질을 서술하고 도해한 브로키의 저작 『아펜니노 기저층 패류 화석 연구Conchiologia Fossile Subapennina』(1814)에는 멸종 문제를 다룬 주요 논문이 수록되어 있었다. 여기서 그는 이 해양동물의 사례를 들어 멸종이 한꺼번에 일어나는 것이 아니라 차츰차츰 일어나는 **단편적**piecemeal 과정일지도 모른다는 의견을 제시했다. 그는 퀴비에를 따라, 그리고 라마르크를 제외한 여러 자연사학자를 따라 종을 실재하는 자연 단위로 보았으며, 종은 특정한 생활 방식에 적응하기 때문에 그들이 존속하는 한 형태상의 변화는 일어나지 않는다고 간주했다. 그러나 그는 종 각각의 수명이 한정되어 있어서 나이 든 개체가 사망하듯이 종도 내적 원인 때문에 사라질 것이라는 의견을 제시했다. 이 말은 반대로 종이 무대에 등장할 때에도 멸종할 때처럼 단편적으로 나타나며, 이 과정은 개체의 출생과 비슷할 수 있다는 뜻이기도 했다.

만일 그렇다면 연체동물 생명체의 **역사**는 전체적으로 볼 때 인간 개체군의 역사와 꽤 유사할 듯했다. 인간 개개인처럼 종도 이따금씩 나타났다가 사라지면서 연체동물 생명체의 구성이 조금씩, 그러나 연속적으로 변화할 터였다. 더 나아가 만약 종의 평균 수명이 생물 집단마다 다르고(가령 곤충과 포유류의 개체 수명이 크게 다른 것처럼), 왜 그런지는 몰라도 포유류의 회전율이 연체동물보다 빠르다면, 제3층에서 발견되는 포유류 화석은 전부 멸종한 것처럼 보이는데 많은 연체동물 화석은 그렇지 않다는 당혹스러운 사실을 설명할 수 있었다.

브로키는 이런 추측을 통해 생명의 역사에 관해 퀴비에와 뚜렷한 대조를 이루는 관점을 제시했다. 브로키의 추측은 급격한 변화가 이따금씩 발생하는 모습 대신 단편적이고 꽤 완만한 변화가 이어지는 모습을 연상시켰다. 자연의 혁명은 얼마 전 유럽과 북미를 뒤흔든 격렬한 정치 '혁명'과 달리 태양 주위 행성의 매끄럽고 규칙적인 '회전revolution'에 가까울 수도 있었다(코페르니쿠스가 쓴 유명한 책『천구의 회전에 관하여De Revolutionibus』의 제목에 들어 있는 단어도 이런 뜻이다). 브로키와 퀴비에의 모형은 각자의 고유 영역이었던 해양동물, 육상동물과 잘 맞아떨어지는 듯했다. 그러나 제3층 화석에 대한 추가 연구를 통해 이 문제는 지구 역사의 성격에 대한 근본적 질문으로 확장되기 시작했다. 퀴비에의 예상대로 제3기는 현재 세계와 더욱 머나먼 과거를 연결함으로써 전체를 이해하는 열쇠가 될 수 있었다.

기묘한 파충류의 시대

퀴비에는 뼈 화석을 대상으로 야심 찬 연구 프로젝트에 착수하면서 모든 '네발짐승'의 화석을 식별하고 묘사하고자 했다. 그가 말하는 '네발짐승'은 포유류뿐 아니라 파충류(나중에 양서류로 분류되는 동물 포함), 조류까지 포함했다. 이윽고 그는 제3층 아래에 있는 층(백악부터 아래쪽에 있는 이 암석층들은 이제 이전보다 더 좁은 의미를 띠는 '제2'층으로 재정의되었다)에서 발견한 많은 뼈가 포유류가 아니라 파충류의 것임을 입증했다. 이미 잘 알려져 있었던 사례 하나는 마스트리히트라는 네덜란드 도시 부근의 백악층에서 발견된 "마스트리히트 동물"이었다. 퀴비에는 자신의 독보적 비교 해부학 지식을 활용해 그 동물이 이빨 고래나 악어가 아니라 거대 바다도마뱀이라고 확정했다. 이 동물에는 나중에 **모사사우루스**mosasaur('마스 또는 뫼서의 도마뱀'이라는 뜻으로 마스트리히트에 있는 강의 이름을 딴 것이다)라는 명칭이 붙었다. 모사사우루스보다 몸집은 작지만 그에 못지않게 놀라운 동물은 퀴비에가 **날아다니는** 파충류라고 보아 프테로닥틸루스ptéro-dactyle('발톱이 달린 날개'라는 뜻)라 이름 붙인 동물이었다. 이 동물은 새와 박쥐의 파충류 판으로, 지금은 익룡pterosaur이라 불린다. 다른 제2층에서 외따로 발견된 또 다른 뼈는 악어 뼈처럼 생겼는데, 퀴비에는 이 뼈도 포유류의 것이 아니라고 확신했다. 그래서 그는 제2층이 네발짐승이라고는 오로지 파충류밖에 없던 시절에 퇴적되었으며 포유류와 조류는 그 후인 제3기에야 출현했다는 잠정적인 의견을 제시했다. 이것은 네발짐승의 **역사**가 가능하다는 첫 번째 단서였다. 심지어 네발짐승의 역사는 '진보'한다고 말할 수도 있었다. 왜냐하면 일반적으로 포유류 전체에서 가장 '고등'하다고 여겨진 인간은 확실한 화석이 하나도 없는 것으로 보아 그보다도 최근에 등장한 듯했기 때문이다.

퀴비에의 의견은 잉글랜드에서 전쟁통에, 그리고 전쟁이 끝나고 나서 발견된 추가 화석으로 큰 탄력을 받았다. 악어의 것으로 보았던 뼈 일부는 완벽에 가까운 골격이 출토되면서 훨씬 괴상한 생명체의 것으로 판명되었다. 최고의 표본은 오랫동안 리아스Lias라고 알려진 제2층에서 나왔다. 리아스는 교대로 쌓인 석회암층과 셰일층으로 이루어져 있었다. 이 표본들은 지질학자가 아니라 찾은 화석을 수집가, 여행자, 그외의 상류 계층 사람들에게 팔아 간신히 생계를 유지하던 '화석상fossilist'이 발견했다. 잉글랜드 남부 해안의 라임 레지스Lyme Regis에 살던 메리 애닝Mary Anning도 이런 화석상으로, 여성이라는 점도 유별났지만 좋은 화석을 찾아내는 매우 예리한 '안목'을 지녔다는 측면에서도 남달랐다 (그에 대한 현대의 영웅 신화 만들기는, 일단 발견한 화석을 과학적으로 해석할 때 필요한 숙련 및 지식과 이런 탐나는 재능이 별로 관계가 없었고, 지금도 그렇다는 사실을 감추고 있다). 애닝의 첫 번째 대발견은 물고기처럼 생겼지만 악어의 다리도, 물고기의 지느러미도 없고 돌고래처럼 지느러미발만 있는 어느 거대 파충류의 화석이었다. 여기에 붙은 어룡ichthyo-saur('물고기 도마뱀'이라는 뜻)이란 이름은 이 동물의 수수께끼 같은 성격을 잘 나타냈다. 10년 후 애닝은 이와 비슷하지만 목이 매우 긴 파충류를 발견하고 다시금 수장룡plesiosaur('거의 도마뱀'이라는 뜻)이라는 딱 맞는 이름을 붙였다. 수장룡의 해부 구조는 더욱 기묘했고 비교 대상도 마땅치 않았다. 워낙 괴상했던 탓에 신중한 성격의 퀴비에는 일부 부정직한 화석상이 거짓으로 짜 맞춘 화석일 수도 있다고 경고할 정도였다. 그러나 버클랜드의 옥스퍼드대학교 시절 동료 교수였던 윌리엄 코니비어William Conybeare는 이 화석을 면밀히 분석했고, 퀴비에 특유의 해부학적 방법을 사용해 화석이 진짜임이 틀림없다고 지질학회에서 발표했다.

코니비어도 퀴비에를 흉내 내면서 마음의 눈으로 수장룡을 '부활'시켰다. 그는 화석의 이상한 해부 구조 덕택에 해양 육식 동물로서 효과적으로 물고기를 잡아먹으며 살아갈 수 있었다는 의견을 냈다. 그동안 버클랜드는 애닝이 같은 제2층에서 발견한 또 다른 화석 일부를 비슷한 방식으로 분석하고 있었다. 가령 커크데일 동굴의 하이에나 소굴에서 거둔 성과에 고무된 버클랜드는 뼈 화석과 함께 출토된 특이한 물건들을 분석한 후 그것이 파충류의 배설물이라 주장했다. 그 안에는 동일한 암석에서 발견된 특정 크기의 물고기 화석이 들어 있었고, 버클랜드는 이를 바탕으로 누가 누구를 먹었는지 추론하여 먹이사슬을 재구성했다. 이렇게 배설물 화석에 매료된 버클랜드의 모습 덕분에 그가 스스로 정성 들여 쌓아온 박학한 괴짜라는 명성은 한층 더 높아질 수 있었다. 영국 지질학자 헨리 드 라 비치Henry De la Beche(그의 성은 노르만계 프랑스인의 성이었다)는 판화 한 장으로 모든 연구를 깔끔하게 요약했다. 그림의 라틴어 표제인 '더욱 예전의 도싯Duria antiquior'은 이 그림이 고전 세계의 학술적 재현에 필적한다는 뜻을 담고 있었지만, 여기서 보여주는 모습은 인간이 나타나기 전 지구의 심원한 역사 중에서 어느 특정 시기의 광경이었다. 이는 '심원한 시간의 장면'이라는 새로운 종류의 이미지가 본격적으로 모습을 드러낸 첫 번째 사례였지만, 이 그림의 본보기는 인류사의 장면들이라는 기성 예술 장르였다(여기에는 성서 속 역사의 장면들도 포함된다. 쇼이처의 그림이 이에 해당한다). **자연의** 역사를 재현하여 묘사하는 이 새로운 과학 장르는 인류 이전의 머나먼

자료 6.4 특정한 제2층(리아스)이 퇴적되던 시절의 생물 재현도. 잉글랜드 남부 해안에 있는 도싯주 라임 레지스에서 발견된 화석을 기반으로 삼았다. '더욱 예전의 도싯'을 묘사한 이 심원한 시간의 장면은 1830년 헨리 드 라 비치가 그렸다. 가장 두드러지는 것은 수장룡의 긴 목을 물어뜯는 어룡이며, 수장룡은 배설물을 배출하고 있다. 다른 어룡은 오징어로 재현된 벨렘나이트를 막 잡았고, 턱이 더 길쭉한 또 다른 어룡은 물고기를 삼키고 있다. 그보다 몸집이 큰 물고기는 바닷가재를 잡고 있다. 익룡은 상공을 날고 있는데, 그중 하나는 수장룡에게 날개를 물렸다. 둔치에는 악어와 거북이가 있다. 원경에는 야자나무와 소철이 있어 열대기후임을 나타내고 있다. 이 화석들 중 상태가 훌륭한 표본 몇몇은 이 지역의 화석상 매리 애닝이 발견했으며, 이 인쇄물의 판매 수익은 그에게 돌아갔다. 그러나 이렇게 생태계를 재구성하면서 토대로 삼았던 분석은 애닝이 아니라 대체로 버클랜드의 작업이었다.

과거에 지구와 지구상 생명체의 특성에 대해 무엇을 추론할 수 있는지를 지질학자들에게, 나중에는 일반 대중에게 알리는 데 매우 효과가 있었다(물론 이 장르는 현대 박물관 전시에서도 빠지지 않으며 컴퓨터 애니메이션을 통해 영화와 TV 프로그램에서도 중요한 역할을 한다). "시간의 한계를 깨트린다"라는 퀴비에의 염원이 어떻게 달성되었는지를 이보다 분명하게 보여주는 것은 없었다.

새로운 '층서학'

특정 층에서 발견된 화석을 바탕으로 생물과 환경을 이렇게 재현하려면 전체 암석에서 해당 층의 위치, 즉 해당 층이 지구 전체의 역사에서 차지하는 위치에 대해 정확히 아는 것이 도움이 될 터였다. 퀴비에가 충적층에서 나온 거대 멸종 포유류는 석고로 이루어진 제3층에서 나온 특이한 포유류보다 훨씬 최근의 동물이라고 인정했듯이, 가령 백악층에서 나온 모사사우루스가 리아스에서 나온 더 기묘한 파충류보다 최근의 동물임은 당연했다. 백악층은 리아스보다 훨씬 위에 쌓여 있다고 알려져 있었기 때문이다. 따라서 파충류의 시대로 보이는 시기에 대한 정밀한 역사는 제2층 암석에 대한 상세한 지식에 좌우될 터였다.

마침 당시에는 이런 지구구조학 지식을 접하기가 점점 수월해지고 있었다. 연체동물 껍데기 같은 평범한 화석의 실용적 가치에 눈을 뜬 사람 중에는 퀴비에와 브롱니아르뿐 아니라 잉글랜드의 광물 조사관 윌리엄 스미스도 있었다. 스미스는 두 파리 사람이 연구를 시작하기 몇 년 전부터 잉글랜드와 웨일스의 암석층에 대한 지구구조도를 집대성하기 시작했다(브롱니아르는 전쟁이 멈춰 평화가 잠시 찾아왔던 1802년에 런던을 방문했는데, 그때 스미스의 지도 초안을 보고 영감을 받았을 수도 있다). 그러나 스미스는 크고 복잡한 지도를 출판하는 데 애를 먹었으며, 파리 지역에 대한 지도가 나온 지 4년 만인 1815년에야 많은 사람이 스미스의 지도를 접할 수 있었다. 이 때문에 이런 유형의 최초 지도라는 영예가 어디로 돌아가야 하는지를 두고 자국 우월주의의 냄새가 물씬 풍기는 논쟁이 격하게 벌어지기도 했다. 그러나 실상 암석과 광물의 분포를 보여주는 지도가 실용적으로 가치가 있다는 점은 한참 전인 18세기의 몇몇 지구구조학자들도 인정한 바 있었다. 앞서 언급했듯이 프랑스 지도조차 그에 앞서는 선구자가 있었다.

그렇다고 해도 스미스의 대형 지도는 잉글랜드와 웨일스 전역을 홀로 조사해 만들어냈다는 점에서 분명 대단한 위업이었다. 이 지도가 포괄하는 영역은 파리 지도보다 훨씬 넓었다. 그는 서로 구분되는 여러 암석층(특이하게도 스미스는 이를 '지층strata'이라 불렀다)의 노두를 조사했으며, 육지 곳곳에서 조사하던 노두를 식별할 요량으로 자신이 "지표 화석characteristic fossil"이라 부른 화석을 적극 활용했다. 그러나 스미스의 지도가 세상을 바꾸지는 못했고(근대에 창작된 영웅 신화에서는 멋모르고 이런 주장을 펴기도 했다), 지질학계에 변화를 일으키지도 않았다. 스미스의 지도는 크기나 아름다움 때문에 나중에 비슷한 종류의 지도를 낼 때 반드시 따라야 할 본보기가 되었다. 그러나 스미스의 지도는 파리의 지도처럼 지구구조도임을 내세우지는 않았어도 말만 안 했다 뿐이지 여전히 지구구조도였다. 뼛속까지 섬나라 사람이었던 스미스가 영어답지 않은 이 단어를 받아들이지는 않았겠지만 말이다. 스미스가 좋아한 용어를 쓰자면, 그의 지도는 잉글랜드 암석층의 순서order를 3차원 구조로 보여주었다. 스미스는 연이은 암석층을 식별하고 정의하기 위해 암석 형태나 그 밖에 자주 쓰던 기준들과 함께 자신의 '지표 화석'을 활용했지만, 이들을 활용해 지구의 역사나 잉글랜드의 역사를 재구성하지 않았다. 스미스도 자신이 하는 일을 정의하는 신조어를 창안하면서 은연중에 이 점을 인식하고 있었다. '층서학stratigraphy'은 '지층strata' 또는 암석층을 그저 기술하고자 했던 그의 의도를 나타냈다.(영어 'stratigraphy'에서 'graphy'는 기록, 기술을 뜻한다. – 옮긴이) 층서학은 지금까지 이 책에서 '풍성해진 지구구조학'이라고 부른 활동에 딱 맞는 단어였으며, 현대 지질학에서도 여전히 빼놓을 수 없는 용어다(지구구조학이 처음 발달한 독일에서 층서학은 수십 년간 줄곧 지구구조학Geognosie으로 알려졌다).

19세기 초 층서학은 대다수 지질학자의 주된 과학 활동이 되었다. 지질학자들의 저작 중 제일 흔한 유형은 어느 특정 지역의 암석층(화석이 있는 경우에는 화석까지)을 자세히 묘사한 것이었다. 보통 이런 저작에는 지질도가 삽화로 실렸고, 종종 암석 더미 옆모습이 담긴 단면도를 보여주기도 했다. 이들을 조합함으로써 지질학자들은 마음의 눈을 통해 그 지역 지각의 3차원 구조를 시각화할 수 있었다. 자세히 보면 암석층의 순서는 지역마다 달랐지만, 암석 형태가 아주 유사하지 않더라도 상응하는 암석층에서 같은 화석을 찾아냄으로써 '상호 연관'을 지을 수 있는 경우가 많았다. 상호 연관을 따질 때 '지표 화석'이야말로 어느 기준보다도 쓸모 있는 최상의 기준이라는 스미스의 주장은 대체로 들어맞는 것으로 밝혀졌다. 그러나 아무리 이렇게 해봐야 이런 활동은 층서학이나 화석의 활용으로 풍성해진 지구구조학에 해당했다. 그 자체만 보면 지구의 역사를 재구성하는 활동은 아니었던 것이다.

층서학을 정리한 책 가운데 가장 영향력을 발휘한 저술은 코니비어가 주로 편집한 『잉글랜드와 웨일스 지질 개요Outlines of the Geology of England and Wales』(1822)였다. 그는 지구의 역사를 재구성할 수 있다는 점을 잘 알고 있었다. 그래서 비슷한 시기에 기묘한 수장룡을 '부활'시키고, 멸종한 하이에나 소굴 속의 버클랜드를 재미있게 묘사한 유명한 그림을 구상하기도 했다. 그러나 코니비어의 책은 역사의 재구성과 거리가 꽤 있는 목표, 말하자면 층서학적 목표를 겨냥했고, 스미스의 저작에 크게 의존했다. 그는 잉글랜드와 웨일스의 암석층과 그에 상응하는 것처럼 보이는 영국 바깥의 암석층을 위층에서 아래층 순서로 개괄했다. 지구구조를 해명하기에는 유용하지만 지구의 역사를 나타내는 순서와는 정반대였던 것이다. 그는 백악층에서 출발해 아래로 나아가며 리아스를 지나 그가 '석탄층Carboniferous'이라 불렀던 암석층에 이르기까지, 책의 대부분을 다채로운 여러 제2층에 할애했다. 이 책이 여기서 멈춘 이유는 이보다 아래에 있는 암석층에 대해 아직 제대로 탐사가 이루어지지 않았기 때문이었다. 잉글랜드와 웨일스의 제2층은 유럽 다른 지역에 있는 비슷한 규모의 제2층에 비해 누락된 부분이 적고 화석의 분포도 비교적 촘촘한 것으로 밝혀졌다. 주로 코니비어의 작업 덕택에 전 세계의 지질학자들은 적어도 제2층에서만큼은 영국의 지질학을 귀중한 참조 기준으로 삼게 되었다.

이후 20년에 걸쳐 제2층 부분 각각에 이름이 붙었고, 이 이름들은 결국 지질학자들의 비공식 합의를 통해 국제적으로 공인되었다(그리고 이 이름들은 현대의 전 세계 지질학자들에게 여전히 낯이 익다). 제2층의 맨 위에 있는 백악과 그 아래에 있지만 비슷한 화석을 함유한 몇 개 암석층은 백악을 가리키는 라틴어 단어를 따라 '백악층Cretaceous'으로 알려졌다. 그 아래에 있는 암석층은 해당 층이 겉으로 드러나 있는 프랑스와 스위스 국경의 쥐라 언덕을 따서 '쥐라층Jurassic'이라는 이름이 붙었다(리아스는 거의 이 암석층의 기저부에 해당했다). 다시 그 아래에 있는 암석층군은 '트라이아스층Triassic'이라 불렀는데, 유럽 중부 대부분 지역에서 이 암석층군이 세 부분으로 구성되어 있다는 특성 때문이었다. 이 암석층군에서는 특이한 석회암층이 두 사암층을 가르고 있었다(잉글랜드에는 석회암층이 없는 대신 그 자리에 '신적사암New Red Sandstone'이라고 알려진 다른 암석층이 놓여 있었다). 그보다 아래에는 위에 있는 사암과 얼추 비슷해 보이는 사암과 또 다른 석회암, 그리고 유럽에 광범위하게 펼쳐진 암염 지하 퇴적층이 있었다. 이 모든 암석층군을 아우르는 이름으로는 결국 '페름층Permian'이 채택되었다. 저 멀리 러시아에 있는 우랄산맥 기슭의 페름시 이름을 딴 것인데, 이 암석층군이 다른 곳에 비해 잘 보였기 때문이다. 그 아래에는 앞서 언급한 '석탄층'이 있었다. 여기에는 막 발흥하던 유럽의 산업혁명에서 경제적으로 무엇보다 중요한 역할을 했던 석탄 암석층이 있었으며, 두터운 기저층도 일부 포함되었다. 기저층 제일 아래쪽에는 제2층 전체의 기반암 구실을 했던 독특한 '구적 사암Old Red Sandstone'이 있었다.

이런 제2층들은 화석이 전혀 없는 화강암, 편마암 등의 1차 암석 바로 위에 있는 경우가 많았다. 그러나 어떤 지역에는 제2층 밑에 베르너가 앞서 '전이층Transition'이라 부르자고 했던 점판암 등의 암석이 있었다. 이 암석은 위치로 보나 특성으로 보나 제2층과 제1층의 과도적 양상을 띠었고, 조금이지만 화석도 나왔다. 제2층에 대한 지도를 성공적으로 작성하고 나자 아래에 있는 전이층이 다음 과제로 떠오른 것은 당연한 수순이었다. 1830년대에는 일부 지역에서 구조가 단순하고 위에 있는 제2층 못지않게 화석도 풍부한 전이층이 발견되면서 문제가 풀리기 시작했다. 그런 지역 중 한 곳이 잉글랜드와 웨일스의 접경 지역인 웰시마치스Welsh Marches였다. 막대한 재산을 상속받은 여성과 결혼해 연구비가 넉넉했던 런던의 지질학자 로더릭 머치슨Roderick Murchison 은 이곳에서 '실루리아층Silurian'군을 규정했다. 로마 시대에 웰시마치스에 살았던 고대 영국 부족의 이름을 딴 것인데, 여기서도 볼 수 있듯이 지구 고유의 역사를 인류의 역사에 빗대는 고대품 연구자의 비유는 여전히 효과가 컸고 유용했다. 그 아래에 있으면서 제1층에 이르기 전의 지층은 케임브리지대학의 버클랜드에 해당하는 애덤 세지윅Adam Sedg-wick이 웨일스의 로마 이름을 본떠 '캄브리아층Cambrian'이라 명명했다. 캄브리아층에는 화석이 거의 없었고, 대개 화석의 보존 상태가 나빴으며 실루리아층에서 나온 화석과 명확히 구분되지도 않았다(이 때문에 머치슨과 세지윅은 격한 논쟁을 벌였다. 나중에 가서야 이 논쟁은 재정의된 실루리아층과 캄브리아층 사이에 현대 지질학자들이 잘 알고 있는 '오르도비스층 Ordovician'군을 삽입하면서 평화롭게 해소되었다).

이런 간단한 순서에서 벗어나 있는 주요 암석층군이 하나 있었으니, 잉글랜드 데본셔주의 이름을 따 '데본층'이라 명명된 암석층군이 바로 그것이었다. 데본층은 당시에 '데본 대논쟁'이라 불린 논쟁의 산물이었다. 이 논쟁은 이 층에서 독특하게 나타나는 구적사암이 그것과 특성도 전혀 다르고 화석도 딴판인 데본셔 포함 여러 지역의 암석층과 같은 시대에 쌓였다고 전 유럽의 지질학자들이 합의하면서 가까스로 해소되었다. 구적사암은 해명하기 영 까다로운 변칙 사례였다. 이런 변칙이 일어난 이유는 한동안 모호한 상태로 남아 있었지만, 어쨌거나 데본층은 실루리아층과 예전보다 더 좁게 정의된 석탄층 사이에 당당히 삽입되었다.

제2층과 전이층의 주요 부분에 붙은 모든 명칭에서 눈에 띄는 점은 이 명칭들이 특정한 종류의 암석을 가리키거나 관련 암석이 잘 드러나 있는 지역을 지칭한다는 것이었다. 다시 말해 명칭들은 모두 층서학적(또는 지구구조학적) 기준을 따랐다. 이들 각각은 '계' 또는 '계통system'으로 알려지게 되었다. 계통은 함유한 화석에 차이가 있는 서로 구별 가능한 암석층군을 의미했다. 일단 데본 논쟁이 마무리되자, 암석층의 구조적 또는 지구구조학적 순서는 논란의 여지없이 명명백백해졌다.

지구의 장기 역사를 그려내다

그러나 머잖아 암석층이 퇴적된 시기를 뜻하는 '기period'를 정의할 때에도 동일한 명칭이 사용되기 시작했다. 말하자면 '쥐라계'라 불리는 암석층은 '쥐라기'에 퇴적된 셈이었다. 이는 층서학 활동 자체는 역사적이지 않더라도 그 활동이 어떻게 지구의 역사를 재구성할 때 틀을 마련해주었는지를 보여준다. 층서학은 코니비어가 커크데일 동굴의 하이에나 소굴 장면에서 비유했듯이 이따금씩 운 좋게 마련된 '염탐용 구멍'을 통해 심원한 과거를 힐끗 들여다보는 대신에, 지구와 생명의 장기 역사를 연속된 이야기로 서술할 수 있었다. 1836년 버클랜드가 학식 있는 일반 대중과 그의 동료들을 대상으로 지질학자들이 지금까지 발견한 내용을 요약했을 때, 그의 설명은 대단히 풍성한 결실을 맺은 약 20년간의 국제적 층서학 연구에 탄탄히 닻을 내리고 있었다.

버클랜드는 이 새로운 층서학을 활용해 지구상 생명의 역사를 생생히 묘사할 수도 있었다. 지구상 생명의 역사는 일련의 화석이 발굴되면서 점차 뚜렷이 드러나고 있었다. 나중에 사용된 용어를 쓰자면, '화석 기록fossil record'은 전이층에서 시작해 제2층, 제3층을 지나 홍적층과 충적층에서 끝이 났다. 그러나 일찍이 퀴비에가, 퀴비에 전에는 스테노, 데마레가 알아챈 바와 같이 이 화석 기록은 무엇보다 현재에서 과거로, 익숙한 것에서 익숙지 않은 것으로 나아가며 분석할 때 더욱 유용했다. 현재로부터 출발하면, 지질학적 대범람으로 여겨지는 사건 직전의 가까운 과거는 몸집이 매우 커다란 포유류(현대 용어로는 플라이스토세 대형 동물상)의 시대임이 확실했지만, 이 포유류들은 대부분 현생종과 매우 유사했다. 그 전인 제3기에는 연체동물을 비롯한 수많은 유

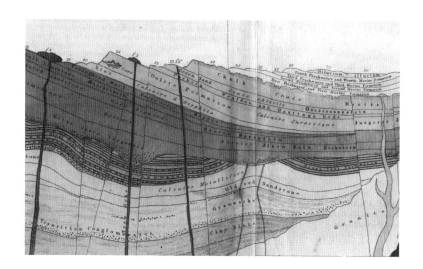

자료 6.5 지각의 단면을 보여주는 대형 상상도의 일부(원본은 컬러임). 웹스터가 그렸고, 버클랜드의 『지질학과 광물학(Geology and Mineralogy)』(1836)에 수록되었다. 암석 더미 맨 위에는 현대의 '충적층'이 있고, 그 아래에는 버클랜드와 대다수의 지질학자들이 최근의 '지질학적 대범람'으로 형성되었다고 본 '홍적층'이 있다. 그 아래에는 제3층이 있는데, 파리 분지처럼 해성층과 담수층이 번갈아 나타난다. 다음에는 제2층이 백악층부터 여러 선으로 표시되어 있는 '대석탄층(Great Coal Formation)'까지 자리 잡고 있으며, 그 밑에 '구적사암'이 있다. 다시 그 아래에는 '그라우바케(Grauwacke)'와 '점판암(Clay Slate)' 같은 전이층 암석과 여기서는 '화강암(Granite)'이라고 표시된 1차 암석이 있다. '화성' 암석도 있는데, 이들은 원래 아주 깊은 곳에 있는 뜨거운 유체가 힘을 받아 솟구쳐 오른 것으로 유체 일부는 지면까지 다다라 화산 용암이 되었다. 세 언어로 된 명칭(영어는 로만체로, 프랑스어는 기울임으로, 독일어는 고딕체로 표기)은 유럽 전역에서 '상호 연관'을 찾아냈으며 층서학 연구가 국제적 성격을 띠었다는 점을 나타낸다. 이 암석층들의 상대적 두께는 대충 암석이 대표하는 시간의 길이에 비례할 것이라 여겨졌다. 버클랜드와 당대인들은 충적층이 보여주는 인류의 '현대 세계'가 심원하고, 복잡하며, 상상하기 어려울 만큼 긴 지구의 역사와 비교했을 때 최근의 극히 짧은 기간에 국한된다고 가정했다. 이 단면도는 지질학자들이 쥐라계, 석탄계 같은 '계' 이름을 널리 사용하기 몇 년 전에 고안되었다.

기체가 두드러졌는데, 이 연체동물들 역시 그와 닮은 현생 동물이 있었다. 브로키가 보여줬듯이 심지어 어떤 동물은 동일하기까지 했다. 그러나 퀴비에가 처음 분석했던 동물을 비롯해 제3기의 포유류는 현생

동물과 별로 비슷해 보이지 않았고, 화석이 추가로 발견되면서 제3기의 성격도 꽤나 기묘하다는 인식이 높아졌다.

시간을 더 거슬러 올라가면, 제2층 대부분이 파충류 시대에 퇴적되었다는 사실이 점점 더 뚜렷해졌다. 해양 동물인 모사사우루스·어룡·수장룡, 하늘을 나는 익룡 말고도 금세 다른 파충류들이 등장했다. 버클랜드는 옥스퍼드 부근에서 발견된 화석을 바탕으로 메갈로사우루스megalosaur('거대 도마뱀')가 육상 육식동물이라고 주장했다. 그리고 잉글랜드의 시골 의사 기디온 만텔Gideon Mantell은 이구아노돈iguanodon(그보다 훨씬 작은 현생 동물인 '이구아나 같은 이빨'이라는 뜻)에 대해 서술하면서, 퀴비에의 의견을 받아들여 이구아노돈이 또 다른 육상 파충류지만

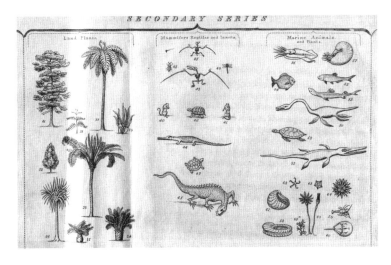

자료 6.6 '제2계열' 암석층이 퇴적된 시대에 살았던 동식물. 버클랜드의 대형 층서 단면도(1836)에 첨부한 작은 자료 모음 중 하나. 화석을 재구성할 수 있을 때에는 살아생전의 외양도 제시했으며, 그중 여러 그림이 드 라 비치가 그린 유명한 '더욱 예전의 도싯' 장면에도 담겼다. 가운데 열에 있는 육상동물 중에는 거대 초식 파충류인 이구아노돈, 쥐처럼 생겼으며 가장 오래된 포유류로 알려진 작은 유대류 두 종도 있다. 물론 생물을 동일한 축척에 맞춰 그리지는 않았다.

이번에는 거대 초식동물이라고 해석했다(메갈로사우루스와 이구아노돈은 이빨 몇 점과 뼈 몇 조각만 알려져 있었기 때문에 이들을 재구성하는 일은 다른 파충류 화석의 재구성에 비해 훨씬 더 추측에 가까웠다). 1841년 '잉글랜드의 퀴비에'라는 별명이 붙은 동물학자 리처드 오언Richard Owen은 해부학적 근거를 바탕으로 이들을 모두 새로운 멸종 파충류군으로 분류하고 **공룡**dinosauria('무서운 도마뱀')이라고 명명했다. 추가 발견에 따르면 공룡은 쥐라기와 백악기에 국한되었다.

메갈로사우루스가 발견된 쥐라층에서 몸집이 매우 작은 포유류 화석이 드문드문 나왔지만 이때가 바다, 육지, 공중, 육식, 초식 할 것 없이 기묘하고 다양한 파충류의 시대였다는 추론이 흔들리지는 않았다. 사실 포유류 화석의 존재가 예상을 뛰어넘는 것은 아니었다. 퀴비에가 그 화석을 주머니쥐를 닮은 소형 유대류라고 판별했기 때문이었다. 이런 '원시' 포유류는 태반이 있는 평범한 '고등' 포유류가 제3기에 출현하기 한참 전부터 존재한 듯했다. 당시에는 네발짐승이 '진보적' 성격의 역사를 고스란히 밟아왔다는 생각이 자라나고 있었는데, 소형 포유류 화석은 이런 생각을 한층 더 강화했다. 그러나 제2기의 기묘한 생물이 척추동물만은 아니었다. 연체동물 화석 중에는 각양각색의 암모나이트와 막대한 양의 벨렘나이트도 있었고, 둘 다 완전 멸종했을 것이라 여겨졌다(자연사학자들은 이들의 '살아 있는 화석'을 찾으리란 희망을 사실상 포기한 상태였다). 더욱 평범하게 생긴 연체동물도 현생종과 확연히 구별되었다. 그 외에도 수많은 이색 해양 동물이 있었다. 예컨대 자루 있는 바다나리는 꽤 많이 출토되었는데, 이들이 '살아 있는 화석'으로 발견되는 일은 극히 드물었다.

생명의 역사를 더욱 거슬러 올라가면, 제2층 하부와 전이층에 대한 해명이 성공리에 진행되면서 더욱 특이한 동물이 서식하던 시대가 모습을 드러내고 있었다. 제2층에서 가장 오래된 석탄층과 데본층에서는 네발짐승 화석은 물론이고 파충류 화석도 전혀 발견되지 않았으며, 어류 화석만 나왔다. 스위스의 젊은 자연사학자 루이 아가시Louis Agassiz는 모든 시대의 어류 화석을 상세히 기술했으며, 그가 쓴『어류 화석 연구Recherches sur les Poissons Fossiles』(1833−1843)는 네발짐승 화석에 대한 퀴비에의 역작을 보완하는 역할을 했다. 아가시는 구조도 복잡하고 일부는 몸집도 매우 큰 석탄층과 데본층의 어류가 완전히 멸종했거나 최소한 후대에 보기 힘들어졌다고 주장했다. 그리고 그보다 오래된 실루리아층에서는 어류가 발견되지 않았기 때문에, 당시 바다에는 척추동물이 전혀 없었을 것이란 의구심이 커졌다.

그러니 실루리아층의 무척추동물은 풍부하고 다양했으며, 이후의 동물과 이상하리만치 형태가 달랐다. 그중 가장 놀라운 동물은 '삼엽충trilobite'이었다. 삼엽충은 초창기 어류와 마찬가지로 복잡한 동물이었다. 게와 바닷가재처럼 외골격에 마디가 있는 현생 동물(절지동물)과 유사한 구석이 있었지만, 그들과 확연히 달랐다. 실루리아층과 데본층에는 온갖 삼엽충이 무수히 많이 있었고 석탄층에서도 조금 발견되었다. 하지만 페름층을 지나면 하나도 없었다. 그래서 암모나이트와 벨렘나이트가 제2기 후반부의 지표라면 삼엽충은 전이기와 제2기 초반부의 지표인 것처럼 보였다. 마지막으로 실루리아기보다 이전에 해당하는 캄브리아층에서 발견되는 화석이라곤 몇 안 되는 삼엽충과 극히 적은 기타 무척추동물의 껍데기뿐이었다. 생명 자체가 거의 시작될 무렵의 화석 기록처럼 보였던 것이다.

식물에 대한 기록도 동물의 복잡한 기록 못지않았다. 척추동물의

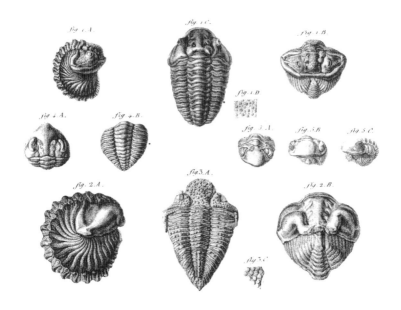

자료 6.7 삼엽충을 다룬 브롱니아르의 책(1822)에 그려진 **칼리메네**(Calymene)속 삼엽충. 1830년대에 이 화석들이 발견된 전이층은 머치슨에 의해 '실루리아'계의 일부로 정의되었다. 그래서 이 화석들은 당시에 알려진 화석들 중 가장 오래된 것이 되었다. 삼엽충은 거대 겹눈이 달려 있고 외골격에 마디가 있어 딱 보기에도 복잡한 동물이었다. 그리고 추측건대 포식자로부터 스스로를 지키기 위해 현생 동물인 쥐며느리나 아르마딜로처럼 몸을 웅크릴 수 있었다. 라마르크의 '변형' 또는 진화 이론에서는 초기의 생명이 조야하고 단순한 유기체의 형태를 띠었을 것이라 예상했는데 삼엽충은 이런 기대와 거리가 멀었다.

경우 어류부터 파충류, 포유류와 조류에 이르기까지 주요 동물군이 순서대로 나타난 듯했는데, 주요 식물군도 화석 기록을 보면 다소간 이와 유사한 순서를 거친 것 같았다. 화석 기록의 초창기로 가면 실루리아층에는 육상 식물의 흔적이 전혀 발견되지 않았다. 당시의 식물이라 하면 해조류나 해초뿐이었던 것처럼 보였다. 이후 식물의 변천을 그려낸 인물은 알렉상드르 브롱니아르의 아들이자 과학계의 신성이었던 아돌프 브롱니아르Adolphe Brongniart였다. 그가 쓴 『식물 화석의 [자연]

사Histoire des Végétaux Fossiles』(1828–1837)는 어류에 대한 아가시의 책처럼 네발짐승을 다룬 퀴비에의 저작을 흉내 낸 야심작이었고, 끝내 완성되지 못했다. 아들 브롱니아르는 아가시처럼 새로운 층서학을 활용해 식물의 역사를 온전히 그려냈다. 최초이자 가장 오래된 식물 화석은 석탄층에서 풍부하게 발견되었다(식물 화석이 부패하고 남은 잔존물로 만들어진 것이 바로 석탄인 듯했다). 이들은 꽃이 없는 식물(은화식물)로 매우 다양했으며, 대부분은 키가 큰 나무여서 이에 해당하는 현생 식물인 고사리, 속새, 석송의 작은 크기와 현격한 대조를 보였다. 더 젊은

자료 6.8 아우구스트 골트푸스(August Goldfuss)의 『독일의 화석(Petrifacta Germaniae)』 (1826-1844; 제목만 라틴어고 본문은 독일어로 되어 있다)에서 재구성한 석탄기 숲의 정경. 식물은 모두 고사리, 속새, 석송 같은 현생 식물과 관련된 꽃 없는 은화식물이라고 보았지만, 줄기가 굵고 키가 큰 나무로 자라났다. 줄기에 붙어 있는 이파리 화석은 거의 발견되지 않았기 때문에 어느 잎이 어느 줄기에 붙어 있었는지는 불확실했다. 그래서 이 장면에서는 기지를 발휘해 위쪽 몇 미터를 잘라냈으며, 잎은 떨어져 바닥을 뒤덮고 있다. 물고기는 개울에서 헤엄치고 있고(오른쪽 아래), 비슷한 시대의 해성층에서 발견된 무척추동물 일부는 물기슭에 흩뿌려져 있다(가운데 아래).

제2층에는 소철류와 침엽수(겉씨식물) 화석이 나타났고 양도 정말 많았다. 제3층에 와서야 비로소 꽃이 피는 식물(속씨식물)이 풍부하고 다양해졌다(치열하게 벌어진 데본 논쟁은 드 라 비치가 언뜻 실루리아기나 심지어는 캄브리아기의 것으로 보이는 지층에서 석탄기의 거대 육상식물 화석을 발견했다며 식물의 질서정연한 역사에 어긋나는 보고를 내놓으면서 처음 불붙은 것이었다. 그러나 결국 후속 현지 조사로 관련 층은 사실 석탄층이었던 것으로 밝혀졌고, 그에 따라 눈에 거슬리는 변칙도 제거되었다).

서서히 식은 지구

동식물의 화석 기록은 역사가 선형적이며 한 방향으로 흐른다는 점을 뚜렷이 보여줬다. 동식물의 역사는 모두 '진보'한다고 해석할 수도 있었다. 시간이 흐르며 '고등'한 생물종이 차례대로 나타나는 것처럼 보였기 때문이다. 포유류는 파충류나 어류 다음에, 꽃이 피는 현화식물은 꽃이 없는 은화식물 다음에 나타났다. 그렇다면 생명의 역사에서 보이는 이런 뚜렷한 일방향성을 어떻게 이해할 것인가?

한 가지 잠재적 단서는 초기 시대의 동식물 다수가 언뜻 열대지방에서 서식한 것처럼 보인다는 점이었다. 예를 들어 지금은 서늘한 온대지방인 북유럽에서는 쥐라기나 그보다 이전의 실루리아기에 서식하던 산호초가 나왔다. 진주 앵무조개와 거의 동일한 조개껍질도 나왔는데, 진주 앵무조개는 동인도제도(현재의 인도네시아) 인근에서 서식한다고 알려져 있었다. 그러니 이와 비슷하게 생겼지만 훨씬 수가 많은 암모나이트도 마찬가지로 열대지방에 서식했을 것이라는 의견이 오래전부터 제기된 바 있었다. 더욱 놀라운 증거는 식물 화석이었다. 런던 부근에 있는 제3층인데도 추운 잉글랜드보다 훨씬 따뜻한 곳에서 서식 중인 식물과 닮은 잔해가 들어 있었다. 시간을 더욱 거슬러 올라가면, 드 라 비치는 좋은 화석 증거를 바탕으로 '더욱 예전의 도싯'에서 그린 쥐라기 해변에 야자나무와 소철을 표현할 수 있었다. 그보다 전인 석탄기의 식물 화석은 이런 면에서 더 인상적이었다. 현재 열대지방에 있는 빽빽한 정글과 망그로브 습지를 떠올리게 했기 때문이다. 그리고 북아메리카 위쪽에 있는 얼음 덮인 해협의 미로에서 '북서 항로'를 찾아 헤매던 탐험가들은 북극권 지역에 석탄층과 산호 화석이 있다고 보고하기도 했다(당연한 말이지만, 판 구조론에 입각해 대륙 '판'이 남북으로 서서히 이동했으리라고 보는 현대적 견해는 당시에 상상조차 할 수 없었다).

아들 브롱니아르는 예전에 지구의 기온이 높았음을 뒷받침하는 이 증거들을 파리에 있는 동료였던 유명한 물리학자 조제프 푸리에Joseph Fourier, 지질학자 루이 코르디에Louis Cordier의 의견과 결부시켰다. 지구가 처음에는 불타오르다가 서서히 식었을 것이라는 의견이었다. 이 의견은 본질적으로 뷔퐁이 반세기 전에 내놓은 의견과 차이가 없었다. 그러나 이제 지구의 냉각이 뷔퐁의 상상과 비교할 수 없을 정도로 기나긴 시간 척도 위에서 일어났다고 볼 수 있었고, 모든 행성이 태양에서 뿜어져 나온 몹시 뜨거운 물질 구름이 응축되며 만들어졌다는 라플라스의 강력한 '성운 가설'과 연결 지을 수도 있었다. 가장 중요한 것은 당시에 막 나온 최고 수준의 두 결과물, 곧 열을 다룬 푸리에의 수리물리학과 코르디에가 조사한 광산의 온도 상승(지온 경사) 측정치가 이를 뒷받침할 수 있었다는 점이었다. 그들의 주장은 말하자면 지구에 틀림없이 '내부' 또는 '중심 열'이 있다는 것이었다. 그들은 이 열을 잔여 열이라고 해석하는 것이 가장 그럴듯하다고 생각했다. 현대의 용어로는 지구물리학에 해당하는 이 이론은 브롱니아르와 다른 여러 지질학자가 볼 때 먼 옛날의 지표면이 지금보다 훨씬 뜨거웠음을 보여주는 다양한 증거와 잘 맞아떨어졌다. 열이 대체로 태양에서 온 것이 아니라 지구 내부에서 유래했다면, 왜 고위도에서도 석탄 삼림이 우거진 것처럼 보이는지도 설명될 터였다. 어쩌면 당시 전 세계의 기후가 지금에 비해 훨씬 균일하며 위도의 영향을 덜 받았을지도 모르는 일이기 때문이다. 시간을 거슬러 올라갈수록 화석 기록이 없는 이유도 설명할 수 있었다. 캄브리아기는 바다의 온도가 생명이 살아갈 수 있을 정도로 떨어진 최초의 시대였을 수도 있었다.

아돌프 브롱니아르는 지구에 장기 환경사가 있다는 생각을 더욱 밀어붙였다. 그는 나무고사리와 거대 속새 및 석송으로 이루어진 석탄림이 그토록 무성할 수 있었던 것은 광합성에 필요한 '석탄산(이산화탄소)'이 초기 대기에 지금보다 훨씬 풍부했기 때문이라는 의견을 제시했다. 거꾸로 바로 이 때문에 상당량의 산소를 요구하는 포유류 같은 '고등'동물의 등장이 지연되었을 수도 있었다. 이런 관점에서 보면 고체인 지구와 그 위에 사는 생명에 못지않게 대기에도 그 나름대로 오랜 역사가 있을 수 있었고, 그 역사를 재구성하는 것도 이론상 가능했다. 최소한 몇몇 지질학자는 이런 원대한 이론화에 자극받아 다시 지구를 말 그대로 전 지구적으로, 여러 행성 가운데 하나로 사고하기 시작했다. 보통 이러한 사고방식은 19세기 초 이래 지질학이란 훌륭한 새 학문 분야에 자리를 잡기에는 지나치게 사변적이라거나, 지질학이 다룰 만한 영역을 벗어나므로 천문학자에게 넘기는 편이 낫다며 배격하던 태도였다.

THE EARTH

Supposed to be seen from Space

자료 6.9 <지구: 우주에서 본 상상도>. 드 라 비치의 『이론지질학 연구(Researches in Theoretical Geology)』(1834) 권두화. 그의 시각 이미지 대부분이 그렇듯이 이 그림도 비율을 엄격하게 따져서 그렸기 때문에 지구가 약간 찌그러져 회전 타원체가 된 모습을 보여준다. 이는 지구가 원래 유체 상태였음을 보여주는 증거로 널리 받아들여졌다. 이 시기에 먼 우주에서 바라보는 관점은 보통 천문학자의 몫이었다. 드 라 비치는 이런 관점을 활용해 지구 자체를 전 지구적으로 사고한 몇 안 되는 지질학자 중 한 사람이었다. 책에서 그는 지구의 역사를 매우 뜨거운 근원이 아주 서서히 냉각되는 과정으로 해석한 일방향적 이론을 상세히 설명했다. 지구 내부 깊숙한 곳에 남은 잔여 열은 이 과정의 부산물이었다.

마지막으로 서서히 식는 지구 모형은 역설적이게도 점진적 변화와는 거리가 먼 지구 역사상의 특징을 설명할 수 있었다. 새로운 층서학 덕분에 중대한 지각 변동의 시점을 연이은 지구 역사상의 기간들이라는 숫자 없는 시간 척도 위에, 다시 말해 **상대적** 시간 척도 위에 놓는 것이 가능해졌다. 옛 암석층군과 새 암석층군 사이에 존재하는 국지적 '**부정합**'은 이런 커다란 변동을 가리키곤 했다. 오래전에 허턴이 '이전 세계의 연쇄'가 있었다고 주장하며 활용한 예도 바로 이와 같은 부정합이었다. 각각의 부정합은 옛 암석층군이 확연히 뒤틀리고 나서 침식으로 지층이 닳아 없어진 후 새로운 암석층군이 그 위에 퇴적되며 만들어졌다. 폰 뷔흐를 비롯한 여러 지질학자가 유럽 전역에서, 심지어는 다른 지역에서도 광범위한 현지 조사를 진행하면서, 지구가 기나긴 역사를 거치는 동안 이런 대변동이 긴 간격을 두고 상이한 지역에서 일어났다는 점이 밝혀졌다. 가령 와이트섬은 그중 가장 최근에 일어난 사건의 영향을 받은 것이 틀림없었다. 프랑스 지질학자 레온스 엘리 드 보몽Léonce Élie de Beaumont은 「지구 표면의 혁명」(1829-1830)이라는 중요한 논문에서 이따금씩 이런 '**상승의 신기원**epochs of elevation'이 찾아올 때마다 모종의 대규모 지진에 의해 단단한 지각이 크게 뒤틀리게 된다고 주장했다. 그는 지구가 식으면서 안쪽 깊은 곳의 핵이 계속해서 서서히 수축하는데, 딱딱한 지각이 여기에 갑자기 맞추려 하면서 이런 일이 벌어진다는 의견을 내놓았다. 다시 말해 지구 깊은 곳에서 끊임없이 작동하는, 말 그대로 기저의 물리적 원인 때문에 지표면에 가끔씩 '**격변**catastrophic'이 일어나는 효과가 나타날 수 있다는 것이었다.

19세기 중반 무렵, 유럽의 지질학자 대부분과 러시아와 북아메리카 등 유럽 바깥에서 활동하던 비교적 소수의 지질학자들은 엄청나게 긴 지구의 역사에 대한 이와 같은 재구성을 받아들였다. 그들은 지구가 겪는 변화에 대체로 방향이 있는 듯하며, 원래 매우 뜨거웠던 지구가 현재 상태에 이르기까지 서서히 식은 것이 그 궁극적 원인이라는 데 동의했다. 이런 환경 변화에 잘 적응한 동식물이 그에 맞춰 나타났다가 사라지고, '고등'생물은 '하등'생물보다 일반적으로 나중에 나타났다. 따라서 전체 화석 기록은 특성상 선형적이고 일방향적일 뿐만 아니라 대체로 '진보적'이며, 인간 종은 이 이야기의 맨 끝에서야 모습을 드러냈다. 이런 연속적 변화는 대부분의 기간에 꽤 서서히 일어나지만, 느닷없이 과격한 변화를 일으키는 사건이 어쩌다 간혹 끼어드는 것처럼 보였다. 그리고 이런 과격한 변화 역시 연속적 변화와 마찬가지로 자연적 원인 때문에 일어나며, 그 원인은 범접할 수 없는 지구 깊은 곳에서 찾을 수 있으리라 여겨졌다. 그러나 전 세계 지질학자들이 도달한 이와 같은 만족스러운 합의는 최소한 세 방면에서 흔들리게 되었다. 이것이 바로 다음 장에서 다룰 주제다.

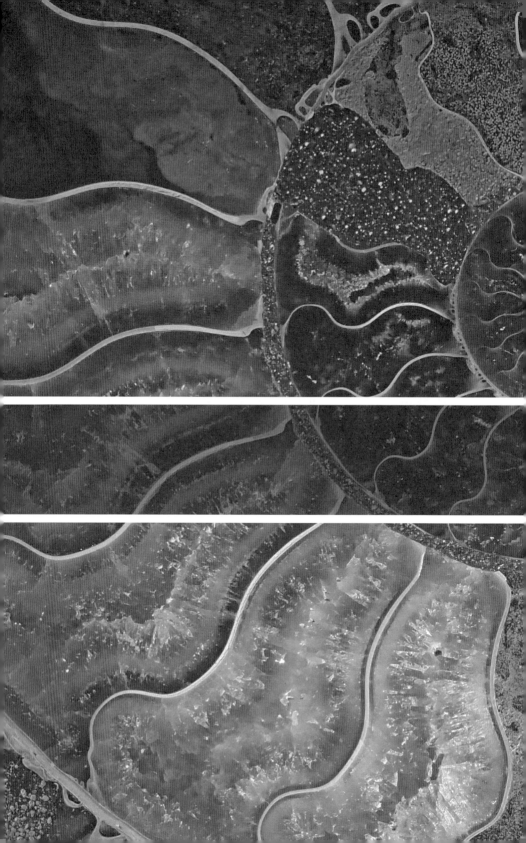

7

흔들리는 합의

지질학과 창세기

　지질학이라는 새로운 학문에는 지구 고유의 역사를 바라보는 참신하면서 생소한 시각이 담겨 있었다. 구체적으로 보면 지질학은 당연하게도 인류사 이전에 신이 처음 창조를 행한 일주일만 있었던 것이 아니라, 온갖 사건으로 점철된 기나긴 역사가 있었다는 증거를 잔뜩 제시했다. 이 역사는 명백히 인간이 등장하기 전이었고, 상상하기 어려울 만큼 머나먼 과거로 거슬러 올라갔다. 지질학은 알고 있는 인류사 전체를 훨씬 장구한 드라마의 짤막한 마지막 장면으로 축소했으며, 창세기 서사를 순진하게 '말 그대로' 해석하려는 시도는 지질학 때문에 말 그대로 믿을 수 없게 되었다.

　그러나 현대 무신론 근본주의자들과 일부 종교적 근본주의자들이 상상하고 싶어 하듯이 이런 결론이 과학과 종교 간에 매서운 갈등을 일으킨 것은 전혀 아니었다. 우선 이 사극에 출연한 과학 쪽 일류 배우들은 공적으로는 서품을 받은 성직자, 사적으로는 독실한 기독교도였다. 영국에서는 특히나 그랬다. 옥스퍼드대학교의 버클랜드와 케임브리지대학의 세지윅은 이런 면에서 전형적 인물이었다. 그들은 잉글랜드의 두 대학에서 지질학을 가르치면서 국교회 주요 대성당에서 성직을 맡았으며, 두 역할에서 모두 두각을 드러내는 전국적 유명 인사였다. 또 다른 예는 버클랜드의 옥스퍼드대학교 시절 동료였던 코니비어였다. 그는 당대에 뛰어난 지성을 갖춘 지질학자일 뿐 아니라 빼어난 신학자이자 교회사가였으며, 훗날 웨일스의 한 대성당을 담당하는 수석 사제가 되기도 했다. 코니비어는 유럽에서 오랫동안 이루어지던 성서 비평을 배타성이 강한 잉글랜드에 소개하느라 부심했다. 코니비어와 그의 신학 동료들은 과학의 새 시대에 성서가 부적절하거나 그보다도 못하다는 평가를 받으며 버림받는 일을 막으려면 성서에 더욱 학술적으로 접근해야 한다고 믿었다.

그러나 이러한 학식인 가운데서도 지질학자에 해당하는 사람들은 자신들의 새로운 생각에 늘 우호적이지만은 않은 영국의 대중문화에 맞서 지구의 역사와 그것이 인류사와 맺고 있는 관계에 대한 새로운 이해가 정당하다고 입증해야 했다. 그들은 런던 지질학회에서 '지질학자'라는 공통의 정체성을 의식적으로 주조했다. 1807년 런던 지질학회가 창립되었을 당시 이 학회는 지질학자라는 정체성을 공유한 세계 최초의 단체였다(유사한 프랑스 학회가 1830년에 뒤를 이었고, 다른 나라에서는 이런 일이 훨씬 나중에 벌어졌다). 처음에 이 학회는 18세기의 특징이었던 사변적 '지구 이론' 대신 무엇보다 관찰을, 특히 야외 현지 조사를 우선시하며 그에 전념하겠다고 주장했다. 기나긴 프랑스혁명 전쟁과 나폴레옹 전쟁을 치르며 과열된 정치적 분위기에 휩싸여 있던 영국에서는 프랑스에서 건너온 참신하거나 급진적인 아이디어라면 과학적이든 아니든 간에 짙은 의혹의 눈길로 바라봤다. 그래서 지질학회는 논란을 피하고자 머리를 맞대어 단순히 지구에 대한 평이하고 유용한 사실들을 취합한다는 비정치적 목표를 강조했다. 그러나 이런 활동이 큰 성공을 거두면서 외려 같은 방침을 유지하기가 어려워졌다. 평이한 사실이라도 해석이 필요했고, 이는 곧 사실들의 의미와 중요성을 이론화해야 한다는 뜻이었다. 이런 작업은 다시 지구 고유의 과거를 역사적으로 재구성하는 일을 수반했고, 그러자면 세계의 기원과 초기 역사에 대한 기존 아이디어와 비교되지 않을 도리가 없었다. 물론 그중에서 제일 중요한 기존 아이디어는 창세기 앞부분에 나오는 천지창조와 대홍수 서사에서 따온 것들이었다.

그런 점에서 19세기 초 영국의 지질학회 회원들은 활발한 교양 문화의 맥락에서 활동을 펼친 셈이었다. 그 안에서 지질학자들의 참신한 아이디어는 성서에 대한 전통적 해석 방식과 비교되었으며 종종 차이가 두드러지기도 했다. 지질학에 대한 광범위한 대중의 관심은 19세기 초에 기원을 두었으며, 제임슨이 퀴비에의 저작을 알리면서, 아니 왜곡하면서 활기를 띠었다. 그러나 1820년대에 버클랜드가 성서의 대홍수를 뒷받침하는 지질학적 증거를 입증하려 애쓰고 범람 이전의 세계를 그린 '하이에나 이야기'가 널리 알려지며 선풍적 인기를 끌면서 지질학에 대한 관심이 한층 더 증폭되었다. 이런 상황에서 국교회 성직자 조지 버그George Bugg가 출간한 두 권짜리 책『성서로 본 지질학Scriptural Geology』(1826-1827)은 후대의 사람들에게 지질학과 창세기 간의 날선 대립을 보여주는 징후로 받아들여지곤 한다. 버그의 책에는 단호하게, "성경의 축자적 해석에만 부합하는 지질학적 현상"이란 부제가 달려 있었기 때문이다. 그러나 역사에 대한 이런 식의 독해는 지나치게 단순할뿐더러 큰 오해를 불러일으킬 소지가 있다.

당연한 일이지만 주요 지질학자들은 버그의 책처럼 자기 집단에 속하지 않은 사람이 썼으며 지질학 문제에 대한 자신들의 권위에 대놓고 도전하는 저작에 유독 관심을 기울이며 비판을 집중하는 경향이 있었다. 지질학자들은 외부의 저자가 가하는 위협을 과장하곤 했다. 농담조이긴 했지만 심지어 자신들을 종교재판에 맞선 갈릴레오처럼 영웅적 인물로 묘사하기도 했다. 위협은 그들 자신과 '성서를 따르는' 저자 간의 뚜렷한 경계가 어떤 식으로든 흐려지거나 침범당할 경우에 극대화되는 것처럼 보였다. 세지윅은 과학 전문 강사 앤드루 유어Andrew Ure

를 비판하며 신랄한 악담을 퍼부었는데, 유어는 지질학회 회원으로 선출된 후 『지질학 신체계New System of Geology』(1829)를 출간하며 본인의 속내를 드러낸 인물이었다. 그는 이 책에서 과학과 창세기를 '재통합'한다고 주장했지만, 통합을 할 때 과학적으로 틀린 부분이 워낙 많았다. 그러나 경계가 언제나 뚜렷한 것은 아니었다. 아마추어 화석 수집가 조지 영George Young(영은 장로교 목사이기도 했다)과 존 버드John Bird의 공저 『요크셔 해안의 지질 조사Geological Survey of the Yorkshire Coast』(1822)는 지역의 암석층과 화석에 대해 유용한 서술을 담아 쉽사리 무시할 수 없는 저작이었다. 그러나 이 책에 담긴 '어린 지구' 해석은 한 세기도 전에 우드워드가 내놓은 아이디어를 연상케 했으며, 조금이라도 경험이 있는 지질학자라면 도저히 받아들일 수 없었다.

강렬한 집단 정체성과 목적의식을 갖고 있었던 지질학회 회원과 달리, 지질학과 창세기의 관계에 대해 사고하는 사람들은 각양각색이었다(우리는 주로 책과 소논문을 낸 사람들을 통해 이들을 알고 있지만, 이런 글을 읽는 독자는 훨씬 광범위했다). 어떤 저자는 서품을 받은 성직자였고, 다른 사람은 그렇지 않았다. 어떤 사람은 국교도로서 교회에 충실했고(스코틀랜드는 아니지만 잉글랜드에서는 교회가 국가와도 긴밀히 연결되어 있었다), 다른 사람들은 다양한 프로테스탄트 종파에 속하거나 로마 가톨릭 신자였다. 그리고 이런 저술이 하나같이 새로운 과학에 적대적인 것은 결코 아니었다. 넓은 스펙트럼의 한쪽 끝에 있던 버그 같은 몇몇 사람은 자신들이 보기에 전복적 경향을 지닌 지질학에 극도로 적대적이었다. 그들이 특히 비판했던 것은 인간 이전의 지구 역사가 길다는 지질학자들의 주장이었다. 그들은 이런 주장이 창세기에 있는 천지창조 서사에 위배되며 성서 전체에 대한 신뢰를 깎아 먹을 것이 틀림없다고 주장했다. 그러나 다른 많은 저자는 지질학자들이 내놓은 의외의 새로운 발견에 비추어 성서에 나오는 짤막한 서사를 확장하거나 명료하게 하는 일에 훨씬 관심이 많았다. 그들은 상당히 전통적 어조로 자연 세계에 있는 '신의 작품'을 활용해 성서에 있는 '신의 말'을 보완할 수 있고 또 그래야 한다고 주장했으며, 인간이 지식을 얻는 두 출처

> 남편의 노고를 위로하러 가는 길에 세인트메리 교회의 뱀프턴 강연에서 모든 현대 과학에 맞서 장광설을 늘어놓던 강연자를 만났는데(굳이 말해 뭐 하겠냐마는 현대 과학에 대해 정말 무지렁이였어요), 점점 더 지질학자의 이단 행위와 불신앙을 자세히 설명하더니 세상이 6일 내에 만들어지지 않았다고 주상하는 사람은 모조리 골수 불신자라고 비난하고는 이러쿵저러쿵… 아아! 가여운 남편. 남편이 한 세기 전으로 돌아간다면 화염과 장작을 만날 운명이었을 텐데, 우리의 뱀프턴 강연자는 그런 '아우토다페(종교재판에 이은 화형 – 옮긴이)'를 돕는 일이 자신의 임무라고 생각하는 것 같더라고요. 어쩌면 저도 이단을 전파한 자라고 통구이가 될지도 모르겠네요.

자료 7.1 국교회 성직자 프레더릭 놀란(Frederick Nolan)이 옥스퍼드대학교 교회에서 한 유명한 강연에 대한 메리 버클랜드의 보고(1833). 당시 잉글랜드에서 내로라하는 박식한 인물이자 세지윅의 케임브리지대학 동료였던 윌리엄 휴얼(William Whewell)에게 보낸 편지에 들어 있다(그녀는 수사적 효과를 위해 이단 화형의 시대를 3세기 전이 아니라 1세기 전이라고 과장하고 있다!). 휴얼, 세지윅, 메리의 남편 윌리엄 버클랜드는 모두 기독교인이었고 그야말로 '성직자 교수'였지만, 농담 삼아 자신들과 다른 지질학자들을 과학에 몸 바친 현대판 순교자로 표현하곤 했다. 이런 사건을 보면 그들이 축자적 해석을 따르는 저술가 또는 '성서를 따르는' 저술가와 부딪힌 일이 단순히 '과학'과 '종교'의 갈등은 아니었음을 알 수 있다.

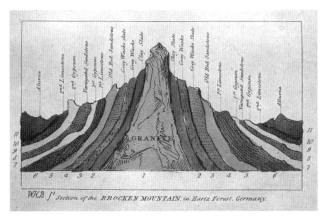

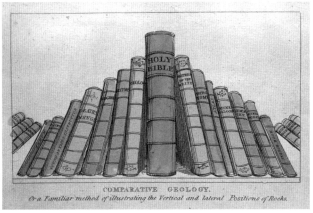

자료 7.2 제임스 레니의 익명 저작 『지질학에 대한 대화』에 수록된 삽화 한 쌍. 아이들이 과학을 쉽게 이해하고 과학에 재미를 느낄 수 있도록 넣은 삽화다. 독일 북부의 하르츠 언덕의 단면도(위)를 보면 1차 화강암 양 옆에 다양한 전이층과 제3층이 순서대로 서 있고 끝에 충적층이 있다. 이에 대응하는 그림(아래)에는 든든하게도(!) 두꺼운 성서가 안정적 토대 역할을 하고 다른 여러 책 더미가 그에 기대 서 있다(어쩌면 책에 담긴 세속 지식이 성서를 받쳐주고 있는 것일까?) 이런 비유는 '자연의 책'이라는 오랜 관념을 지질학이라는 새로운 학문에 적용했다. 이 비유는 그 자체만 놓고 보면 지구에 대한 지질학자의 기나긴 시간 척도와도 무관하고 '성서를 따르는' 저술가가 생각하는 매우 짧은 시간 척도와도 무관했다. 이 부분에서 가상 인물 'R 여사(Mrs R)'는 진지하게 경청 중인 아들딸에게 과학을 설명하면서 마음 편히 중립적 태도를 취할 수 있었다.

가 평화롭게 '조화를 이루거나' '화합'할 만한 새로운 방도를 기꺼이 받아들였다. 이런 저술은 워낙 다양한지라 창세기나 어떤 성서 텍스트에 대해 단 하나뿐인 명백한 '축자적' 해석이 있다는 주장은 그릇된 환상이었고 지금도 그렇다. 지질학과 창세기의 관계를 다룬 저자들은 대부분 여러 주요 지질학자와 마찬가지로 성서가 얼마간 신으로부터 영감을 받은 측면이 있다고 봤지만, 그와 함께 많은 사람은 원래 고대의 언어로 쓰인 고대의 텍스트를 이해하는 어려움을 잘 알고 있었다. 이 점을 생각하면 순진한 축자주의는 대단히 문제가 많았다.

이런 저술의 수준은 진지한 학술 서적부터 대중이나 아동 독자를 겨냥한 저작까지 다양했다. 예를 들어 런던의 공무원이면서 고전학자이자 문헌학자이기도 했던 그랜빌 펜Granville Penn은 『광물지질학과 모세 지질학의 비교 평가A Comparative Estimate of the Mineral and Mosaical Geologies』(1822)를 펴냈다. 이 책에서는 펜이 보기에 똑같이 진지하게 고려할 가치가 있는 경쟁 관계의 설명을 학문적으로 평가했지만, 그는 모세가 지질학자보다 더 믿을 만한 역사가라고 확신했다. 훨씬 단순한 저술도 있었다. 과학 강사 제임스 레니James Rennie는 익명으로 낸 『지질학에 대한 대화Conversations on Geology』(1828)에서 호기심 넘치는 아이를 가르치는 교양 있는 어머니 행세를 하며 펜의 생각을 허턴과 베르너의 생각, 다른 지질학자들 및 '버클랜드 교수의 최근 발견'과 동등하게 비교하자고 주장했다.

그러나 무엇보다 흥미로운 점은 '성서를 따르는' 비평가가 지질학자의 생각을 공박하면서 상식에 반한다는 근거를 자주 댔다는 것이었다. 전통적으로 대중문화는, 특히 프로테스탄트 성향이 강한 잉글랜드와 스코틀랜드 같은 나라에서는 더더욱, 성서를 이해할 때 못지않게 암석과 화석을 이해할 때에도 사람들이 자칭 전문가들에 꿀릴 것 없이 스스로 판단을 내릴 자격이 있다고 여기는 문화였다. 반면 지질학자들은 자신들이 특권 집단에 속해 있어서 외부의 사람들은 얻지 못하는 심원한 진리에 특별히 접근할 수 있다고 주장하는 듯이 비칠 수 있었다. 어떤 이들은 이런 모습에서 이전 시대에 사제와 교회 당국이 배타적 주장을 내세우던 모습을 떠올렸다. 그래서 대중 서적을 내는 지질학자들은 그들의 새로운 아이디어가 자신들이 목격한 바, 특히 현장에서 목격한 바에 기반을 두고 있음을 설명해야 했다. 직접 보고 나면 이전에 상식처럼 보였던 생각을 수정할 필요가 있었고, 그럼에도 이렇게 얻는 지식은 원칙적으로 누구나 동등하게 접근할 수 있었다.

그러나 지질학과 창세기를 둘러싼 온갖 야단법석은 거의 영국과 미국에서만 벌어졌다(미국은 정치적 독립을 자랑스러워했지만 문화적 측면에서는 여전히 영국과 매우 유사했다). 다른 유럽 지역의 지질학자들은 자신들이 어떻게 영국, 미국의 지질학자들처럼 무지한 비판가들에 맞서 본인의 활동을 방어할 필요 없이도 과학 연구를 계속할 수 있는지를 농담 반 조롱 반으로 언급하곤 했다. 영국의 지질학자도 실제로는 연구를 꾸준히 해나갔다. 다른 지질학자를 대상으로 과학 책을 쓰고 학술 대회에서 논문을 발표한 뒤 당시 불어나던 다양한 과학 잡지에 게재하는 모습을 보면 이를 명확히 알 수 있다. 지질학자들은 실상 국제 과학 네트워크의 일원이었고, 지구의 역사에 대해 대체로 일치하는 관점을 발전시키고 있었다. 영국의 지질학자들은 간혹 대중에게 지질학을 어떻게 알릴지 걱정할 만했지만, 그렇다고 그 문제로 밤잠을 설치지는 않았다(이런 모습은 창조론자와 부딪치고 있는 현대 미국 과학자들이 처한 곤경과 매우 흡사하다). 19세기 초에 지질학과 창세기 문제는 영미권에서만 벌어지는 찻잔 속 태풍에 불과했다.

　장기적으로 볼 때 훨씬 중요한 문제는 자연 세계의 바탕에 신의 보살핌, 목적, 설계, 전통적 용어로는 신의 섭리가 놓여 있다는 느낌이 널리 퍼져 있었다는 점이었다. 그러나 주류 기독교적 사고에서 이와 같은 "자연신학"은 신이 인류사의 사건을 통해 스스로 모습을 드러낸 계시를 토대로 하는 "계시신학"에 종속되거나 기껏해야 그에 앞선 예비 단계로 여겨졌다. 가령 19세기 영국에서 출간된 윌리엄 페일리William Paley의 고전 『자연신학Natural Theology』(1802)은 예전부터 내려온 '설계 논증'을 설득력 있게 새로이 정리했다. '설계 논증'은 설계된 듯이 보이는 자연 세계의 모습을 통해 성스러운 설계자Designer가 자신의 뜻대로 세상에 개입했음을 미루어 짐작할 수 있다는 주장이었다(오늘날 창조론자들은 이 논증을 '지적 설계'론으로 부활시켰다). 그러나 이 책은 페일리의 전작 『기독교의 증거Evidences of Christianity』(1794)에 딸린 부록, 기껏해야 보론 정도로 취급되었다. 『기독교의 증거』는 특히 기독교 신앙에서 자연신학적 기반보다 중시하는 신앙의 **역사적** 기반을 제시한 책이었다. 그럼에도 자연신학은 신앙 전반을 지적으로 뒷받침하는 귀중한 전거로 널리 여겨졌다. 그 이유는 무엇보다 자연신학이 많은 사람에게 설득력 있게 다가간 덕택에 유니테리언교도Unitarian, 퀘이커교도부터 로마 가톨릭교도에 이르기까지 광범위한 신학과 교회를 따르는 사람들을 하나로 묶을 수 있었기 때문이었다.

　영국에서는 부유한 귀족 출신 학식인이자 서품을 받은 한 성직자가 사망 후 남긴 유산으로 '브리지워터 논고Bridgewater Treaties'라는 뛰어난 총서가 출간되었는데, 이 총서의 의도는 여러 자연과학에서 나타나고 있는 놀라운 발전을 감안하여 페일리의 논증을 최신의 상태로 갱신하는 것이었다. 예컨대 휴얼은 천문학에 대한 책을 써달라는 의뢰를 받았고, 버클랜드는 지질학에 관한 의뢰를 받았다. 버클랜드의 『지질학과 광물학Geology and Mineralogy』(1836)은 다른 지질학자와 일반 독서 대중을 대상으로 지질학의 현 상황을 권위자의 시각에서 빼어나게 전달하는 책이었다. 동시에 그는 페일리의 논증에 심원한 역사라는 새로운 차원을 부여함으로써 그 논증을 넘어섰다. 가령 그는 먼 옛날에 멸종했으며 당시에 가장 오래된 화석으로 알려져 있었던 삼엽충의 해부 구조를 분석하면서, 동물은 아주 먼 옛날에도 항상 정교하게 설계되었으며 그 덕분에 환경에 적응해 특정한 생활 방식을 영위할 수 있었다고 주장했

자료 7.3 <이구아노돈의 나라>. 기디온 만텔의 『지질학의 불가사의』(1838) 권두화. 만텔이 처음 발견한 잔존 화석 파편의 주인인 거대 괴물을 묘사하고 있으며, 무대는 먼 옛날 열대지방이었던 잉글랜드 남부의 서섹스주다. 지질학 대중서를 낸 다른 저자와 마찬가지로, 만텔은 흥미롭지만 낯선 과학인 지질학이 드러내고 있던 지구와 생명의 심원한 역사가 주는 낭만적 '경이로움'을 강조했다. 이 '심원한 시간의 장면'은 존 마틴이 만텔을 위해 그린 것이다. 존 마틴은 바빌론 멸망, 폼페이를 파괴한 베수비오 화산 폭발 등 **인류**의 신성한 역사와 세속적 역사에서 따온 장면을 이와 비슷하게 과장해서 그린 그림으로 이미 잘 알려진 화가였다.

다(화석에 대한 이런 식의 해석은 결코 종교에 얽매여 '과학의 진보를 늦춘' 것이 아니라, 현대의 과학자가 화석의 기능을 재구성할 때에도 계속해서 토대를 이루고 있다. 과학자들이 별뜻 없이 유기체의 **설계**를 언급할 때, 당연히 자연선택을 통한 진화야말로 설계의 원인이라고 생각한다. 내가 역사가가 되기 전에 했던 고생물학 연구가 딱 이런 식이었다).

신이 자연 세계를 뜻대로 설계했다는 느낌은 지질학자들이 밝혀내는 사라진 먼 옛날의 낭만적 경이로움과 긴밀하게 연결되어 있었다. 예를 들어 훗날 공룡으로 분류되는 최초의 파충류 화석 이구아노돈을 발견한 만텔은『지질학의 불가사의Wonders of Geology』(1838)를 써서 대중 과학이라는 돈 되는 광맥을 개척했다. 기나긴 지구의 역사는 규모가 방대할뿐더러 기묘하기가 예상을 뛰어넘는 수준이었기 때문에 창조의 장엄함을 보여주는 새로운 증거로 환영받았다. 19세기 초에 지질학은 신앙과 본질적 갈등을 겪기는커녕 신앙의 동맹이자 지지자로 널리 받아들여졌다.

불편한 이방인

그러므로 지질학이라는 새로운 학문은 지구와 생명의 역사를 아우르는 주된 얼개를 매우 설득력 있게 재구성해 보여주었다. 하지만 지금까지 내놓은 설명에서 빠진 인물이 있다. 해명하기 까다로운 그 인물은 바로 찰스 라이엘Charles Lyell이다. 라이엘은 당대의 지질학자들 가운데 현대의 지질학자들에게 적어도 이름만큼은 가장 잘 알려져 있는 인물이다. 그는 종종 지질학의 '창시자'이자 영웅적 인물로 묘사된다.

허턴이라는 선구자를 빼면 지구의 광대한 시간 척도를 처음 입증했고, 종교계의 반발을 물리쳤으며, 그의 젊은 친구였던 찰스 다윈이 진화론을 내놓을 수 있도록 길을 닦아주었다는 것이다. 라이엘은 진정으로 당대 최고의 지질학자였으며 그의 저작은 지질학에 오래도록 영향을 미쳤다. 하지만 라이엘은 칭송에 여념이 없는 이런 조야한 위인전의 주인공으로 삼기보다 더욱 역사적으로 평가할 만한 가치가 있는 인물이다.

라이엘은 젊은 시절부터 지질학계의 떠오르는 샛별로 주목받았다. 그는 옥스퍼드대학교을 다니면서 버클랜드의 강의에 여러 번 참석했고 강의에 큰 감명을 받았다. 그 후 라이엘은 런던에서 변호사 교육을 받았고, 지질학회에도 가입해 활발히 활동하기 시작했다. 그는 영향력 있는 학술지인 《계간 논평Quarterly Review》에 논문을 게재하면서 영국의 교양 독자층을 대상으로 지질학자들의 최근 발견과 아이디어 몇몇을 개괄했는데, 선배 동료들이 분주히 재구성하고 있던 지구의 일방향적 역사를 자세히 설명하는 모습을 보면 그가 지질학계의 주류에 해당함을 알 수 있다. 그러나 라이엘은 플레이페어의 책도 읽었고, '현 원인' 또는 현재의 지질 작용이 가진 힘에 대한 그의 논변에 깊은 인상을 받았다. 라이엘은 퀴비에를 매우 존경했지만, 현 원인으로는 대량 멸종을 비롯해 먼 옛날 갑작스레 일어난 듯한 '혁명'을 제대로 설명할 수 없다는 퀴비에의 판단이 지나치게 성급했다고 확신하게 되었다. 라이엘이 파리에 방문했을 때 지질학자 콩스탕 프레보Constant Prévot는 현장으로 그를 데리고 나가 유명한 파리 제3층을 보여줬고, 그 덕분에 라이엘은 '이전 세계'에 형성된 담수층이 현재의 담수층과 동일한 조건에서 형성되었음을 깨닫게 되었다. 그 후 라이엘은 물이 빠진 지 얼마 되지 않은 스코틀랜드 생가 근처 호수에서 파리의 담수층과 매우 유사한 '현재 세계'의 지층을 발견하고서는 그 생각을 굳혔다. 라이엘과 거의 동년배인 조지 풀렛 스크로프George Poulett Scrope가 프랑스 중부의 유명한 사화산을 상세히 묘사해 발표하면서 이 사화산이 매우 오랫동안 분화가 복잡하게 잇따르며 남은 흔적이라는 데마레의 해석을 되살리자, 라이엘도 그의 의견에 열렬히 동조했다. 지질학자들은 광대한 시간 척도를 받아들인다고 해놓고서는 그간 그 함의를 제대로 알아보지 못한 셈이었다. 시간만 넉넉히 준다면 평범한 물리적 과정이라도 엄청난 물리적 효과

> 우리의 좁은 식견과 덧없는 인생에 견준다면 가히 헤아릴 수도 없을 이 기간도 지구의 달력에서는 십중팔구 찰나에 불과할 것이다. 이 중대하면서도 굴욕적인 사실을 우리에게 알려주는 학문이 바로 지질학이다. 연구를 한발 한발 해나갈 때마다 우리는 과거를 지급인으로 삼아 어음을 거의 무한정 발행하게 된다. 우리의 연구 어디에나 모습을 드러내며 새로운 관찰에 늘 뒤따르는 주된 관념, 자연의 제자가 느끼기에 자연의 작품 어디에서나 끊임없이 울려 퍼지는 소리, 그것의 정체는 바로 —
>
> 시간!— 시간!— 시간!

자료 7.4 스크로프의 『프랑스 중부의 지질학』(1827)에서 따온 유명한 인용문. 지질학자들은 지구의 시간 척도가 상상하기 어려울 만큼 길다는 점을 받아들이자고 주장하지만, 실제로는 지질학적 특성을 관찰 가능한 현 작용으로 설명할 때 이런 인식이 어떤 함의를 주는지 제대로 모르고 있다는 스크로프의 생각이 담겨 있다. 스크로프는 하원의원으로 재직했으며 정치경제학을 주제로 방대한 저술을 남겼는데, 그중에는 화폐 개혁에 대한 책도 있었다. 그래서 심원한 시간 앞으로 발행한 '어음'은 잔고가 무한한 은행 계좌에서 지급받을 수 있다는 은유도 쓴 것이었다. 찰스 라이엘은 심원한 시간의 설명력이 무한하다는 이 생각을 열렬히 받아들였으며, 자신의 모든 저작에서 주된 주제로 삼았다.

를 일으킬 수 있었다.

스크로프의 연구에 기대어 라이엘은 일단 유서 깊은 프랑스 중부 지방에서만큼은 최근에 대범람이 일어난 흔적을 찾을 수 없다고 확신했다. 라이엘은 버클랜드의 대범람 이론이 완전히 틀린 것은 아닌지 의심하기 시작했다. 그는 지질학적 차원에서 일어났다는 대범람 사태를 성서의 대홍수와 동일시하는 스승 버클랜드의 의견에 특히 의구심을 품었다. 그는 신앙 자체가 아니라 잉글랜드 국교회가 행사하는 정치적·문화적 권력에, 그리고 무엇보다 국교회의 잉글랜드 고등교육 독점에 반감을 품고 있었는데, 이런 반감이 자라나면서 버클랜드에 대한 의심도 더욱 증폭되었다. 라이엘은 성서의 대홍수와 지질학적 대범람의 실재를 뒷받침한다고 여겨진 증거뿐만 아니라 그보다 전에 어떤 식으로든 '격변'이 일어난 적이 있다는 폭넓은 논변까지도 폐기하고자 했다. 거꾸로 그는 '현 원인', 즉 현재의 지질 작용이 아득히 긴 시간 동안 작동한다면 엄청난 힘을 발휘하리라는 점을 인식함으로써 동일한 증거를 더욱 만족스럽게 설명할 수 있다고 지질학자들을 설득할 요량이었다.

라이엘은 유럽 본토를 돌아보는 첫 지질학 여행을 하면서 1순위로 프랑스의 사화산을 둘러보았고, 그곳에서 사화산에 대한 스크로프의 해석에 완벽히 설복되었다. 그는 베수비오 활화산을 포함해 이탈리아를 종단하며 추가 현지 조사를 한 끝에 현재의 지질 작용이 지질학자 대다수의 생각보다 훨씬 강력하며, 이 작용을 제대로 알면 지구의 역사에 대한 참된 이해에 도달할 수 있으리라 확신하게 되었다. 전체 시간이 워낙 광대해서 현재의 작용으로 어떤 효과든 나타날 수 있다는 라이엘의 감은 두터운 제3층 위에 용암류가 켜켜이 쌓인 것이 틀림없는 시칠리아섬의 거대 활화산 에트나산을 보고 더욱 확고해졌다. 가령 높은 산맥은 엘리 드 보몽을 비롯한 사람들의 의견처럼 한 번의 대규모 지진으로 융기한 것이 아니라, 인류사에 기록될 정도로 강력하지는 않은 평범한 지진들이 오랜 기간에 걸쳐 여러 차례 일어남으로써 서서히 융기한 것일 수도 있었다.

라이엘은 투표권 확대를 향한 첫걸음이었던 당시 영국의 정치 개혁 운동에 지질학 개혁을 대응시키기로 했다. 그는 현장에 머무르는 동안 머치슨에게 자신이 쓰려는 책이 지질학의 두 근본적 '추론 원칙'에 기반을 두고 있다고 말했다. 첫 번째 원칙은 "초창기부터 우리가 되돌아볼 수 있는 시대에 이르기까지 지금 작용하는 원인을 제외한 어떠한 원인도 작용한 바 없다"라는 것이었다(강조는 라이엘이 한 것이다). 이 원칙은 과거의 어떤 작용이 현 세계에서 더 이상 일어나지 않거나 아직 목격되지 않았을 가능성을 배제함으로써 현재론 원칙을 지질학자들이 보통 받아들이던 수준보다 훨씬 엄격하게 만들었다. 라이엘의 두 번째 원칙은 더 엄격했다. "그들[현 작용]은 그것이 현재 가하는 에너지 강도와 달리 작용한 적이 없다"라는 것이었다. 이 원칙은 더욱 의문스러운 원칙이었다. 말하자면 이 원칙은 쓰나미를 일으키는 물리적 과정이면 옛날에는 지금보다 더 격렬하게 작용함으로써 인류사 기록에서 유례를 찾을 수 없는 거대 쓰나미를 일으켰을 리는 없다는 뜻이었다. 라이엘은 이 원칙을 원래 의도대로 일관되게 적용하기만 하면 지구의 역사에 대한 당대인의 관념을 폐기하고 그 대신 허턴이 예전에 제시한 정상 상태 체계에 가까운 관념을 받아들이게 될 것이라 믿었다. 라이엘의 표현을 빌리자면, 이는 곧 '절대적 균일성'에 입각한 체계일 터였다. 여기에는 한 방향으로 나아가려는 경향도, 이례적인 격변도 없었다.

라이엘은 영국에 돌아온 후 세 권짜리 방대한 저작인 『지질학 원리Principles of Geology』(1830-1833)를 펴내며 이런 체계를 정립하려고 했다. 그는 침식과 퇴적, 지각의 융기와 침강, 화산과 지진, 동식물이 미치는 물리적 영향 등등 "지금 작동 중인 원인"으로 먼 옛날의 흔적을 모조리 설명하고자 했다. 처음 두 권은 인류사 기록 안에서 이런 작용이 일으킨 효과를 빠짐없이 정리한 목록이었다. 라이엘은 독일의 공무원이자 역사가 카를 폰 호프Karl von Hoff가 내놓은 지 얼마 되지 않는 두꺼운 모음집에서 상당수의 자료를 빌려 왔다(라이엘은 이 책을 읽으려고 독일어를 공부했다). 그는 이 증거를 이용해 기저에서 일어나는 작용들이 동적 평형을 이룬다고 주장했다. 침식은 퇴적과 균형을 이루고, 지각의 융기는 침강과 균형을 이루며, 새로운 종의 형성은 옛 종의 멸종과 균형을 이루는 식이었다. 라이엘의 주장 전체를 시각적으로 요약하는 역할을 한 권두화는 특이한 지질이 아니라 놀랍게도 고전 시대의 폐허를 담고 있었다. 그러나 이 폐허는 기록이 남아 있는 인류사 기간 동안 지구가 정상 상태에 있었음을 축약하여 보여주는 장소였다.

라이엘은 자신이 정리한 현 작용의 방대한 목록이 지질학에 반드시 필요한 '알파벳이자 문법'을 제공한다고 역설했다. 세 번째 책이자 마지막 책에서 그는 바로 이 목록 덕분에 지질학자들이 지구 고유의 역사 기록에 쓰인 자연의 '언어'를 해독해 지구의 심원한 역사를 재구성할 수 있다고 주장했다. 당시는 장 샹폴리옹Jean Champollion이 고대 이집트 상형문자를 해독해 찬사를 받은 지 얼마 안 된 시점이라 지질학과 인류사의 유비를 또다시 활용한 이런 표현이 생생하게 와닿았다. 퀴비에뿐 아니라 멀게는 스테노까지 여러 사람에게서 실마리를 얻은 라이엘은 관찰 가능한 현재로부터 관찰이 불가능하고 가면 갈수록 낯설어

자료 7.5 라이엘의 『지질학 원리』 1권(1830) 권두화. 전체 저작을 시각적으로 요약하는 역할을 했다. 나폴리 부근의 세라피스 신전터(후대의 해석에 따르면 시장 건물이었다)에 남아 있는 기둥 석재에는 해양 연체동물이 남긴 띠 모양의 흔적이 있다. 지중해에는 조수간만의 차이가 없으므로 이 흔적은 지중해의 수위가 높았을 때 형성된 것이 분명했다. 라이엘은 지진이 곧잘 일어나는 이 화산 지대가 로마 시대 이후 2000년 동안 가라앉았다가 다시 예전 높이 가까이 솟아올랐으며(대리석 바닥은 여전히 바닷물에 잠겨 있었다) 그런 중에도 기둥이 줄곧 똑바로 서 있을 정도로 이 과정이 완만하게 이루어졌다는 증거로 이 유적을 사용했다. 이 그림은 지구가 급격한 중단 없이 동적 평형을 이룬 채 정상 상태에 놓여 있다는 라이엘의 해석을 축약하여 보여주는 삽화였다. 이 그림은 인류사보다 오래된 과거에 대한 열쇠로 인류사 기간을 사용하는 현재론적 방법을 구체적으로 표현한 것이기도 했다. 이 판화는 나폴리의 어느 고대품 연구자가 출판한 그림을 복제한 것이지만, 라이엘 자신도 이탈리아 여행 중에 이 유적을 본 적이 있었다.

지는 과거로 거슬러 올라가며 지구의 역사를 재구성했다. 그리고 이 전략의 예를 보여주고자 가장 가까운 과거인 제3기에 주목했다. 제3기를 뒷받침하는 최고의 증거는 그 시기에 풍부했던 조개껍질 화석에서 나왔다. 라이엘은 연체동물종이 점진적으로 변화했다는 브로키의 견해를 받아들이면서, 이를 영국에서 10년마다 시행하던 인구 조사에 명시적으로 비유했다. 그러면 화석 가운데 현존한다고, 즉 지금까지 살아 있다고 알려진 종의 수와 아직 생존 여부가 알려지지 않아 멸종했을 것으로 추정되는 종의 수를 셈으로써 파리, 런던의 '분지' 등 유럽에 산재한 제3층을 수치에 입각해 연대기순으로 정렬할 수 있었다. 1년 단위까지는 아니더라도 말이다. 현생종의 비율이 높을수록 더욱 최근의 암석층이었다(수백 개의 종을 식별하기 위해 그는 한 파리 자연사학자의 전문 지식에 의존했다). 휴얼은 어느 종의 개체군이 보존되었는지에 따라 제3기 내의 각 시기에 고전풍의 꼬리표를 붙여주며 라이엘을 거들었다. 이런 명칭은 에오신Eocene('최근[현존] 종의 시작')에서 마이오신Miocene('덜 최근')을 거쳐 플라이오신Pliocene('상당히 최근')으로 이어졌다(이 명칭들은 현대 지질학자들도 계속 사용하며, 훗날 다른 명칭이 추가되었다). (현재 에오신, 마이오신, 플라이오신에 해당하는 용어는 에오세, 마이오세, 플라이오세다. 그러나 나중에 나오다시피 이는 지질시대를 나눌 때 '세epoch'가 '기'의 세부 단위로 명확히 자리 잡으며 붙은 명칭이다. 또 휴얼의 조어에서 'cene'은 '최근'을 의미하는 그리스어에서 온 표현이기도 하다. 그래서 저자가 현재의 용어로 표현하는 경우 외에는 10장까지 원어 그대로 에오신, 마이오신, 플라이오신 등으로 표기한다. 플라이스토신, 홀로신 등도 마찬가지다. ─ 옮긴이)

라이엘은 제3층에서 가장 오래된 에오신의 화석과 그 아래에 있는 제2층(마스트리흐트 백악층)에서 가장 최근의 지층에 있는 화석 사이에 공통점이 거의 없다고 지적했다. 그는 이런 불일치가 제3기 전 기간에 해당할 만큼 오랜 기간 동안 화석 기록이 보존되지 않아 공백이 생겼기 때문이라는 참신한 해석을 내놓았다. 당시의 지질학자들은 물론이고 현대 지질학자들에게도 놀라울 만한 이런 추론은 변화율이 시종일관 통계적으로 균일했다는 라이엘의 주장에서 도출된 논리적 귀결이었다. 멸종 비율이 일정하다면 그에 맞추어 새로운 종의 출현 비율도 일정해야 했다. 이런 해석은 그의 '절대 균일' 원칙이 어떻게 적용되는지를 보여줬다. 이는 또한 화석 기록이 대다수의 다른 지질학자들이 믿었던 것처럼 생명의 역사를 빠짐없이 담은 목록이 결코 아니며 실상 극도로 불완전하고 파편적일 수밖에 없다는 뜻이기도 했다.

라이엘의 『원리』는 마지막으로 제2층에 대해 간략하게 살펴보며 장차 동일한 분석을 훨씬 예전 시대로도 확장할 수 있다고 암시한 다음, 지구의 역사에 대한 자신의 모형을 요약하며 끝맺었다. 기록이 조금이라도 남아 있는 옛날부터 변화는 한결같이 또는 순환하며 일어났고, 이런 변화는 전체적으로 한쪽을 향하지도 않으며 변화 도중에 예외적 '혁명'이나 '격변'이 일어난 적도 없었다는 것이었다.

격변 대 균일

라이엘의 모형은 사실상 허턴의 정상 상태 지구 이론을 최신판으로 개량한 것이었다. 이 모형은 다른 지질학자들이 대부분 받아들이던 모형, 즉 지구는 서서히 식으며 생명의 역사는 대체로 '진보적'이라는 일방향 모형과 양립할 수 없었다. 일방향 모형을 받아들이는 사람 중에는 프레보와 스크로프처럼 시간 척도가 광대하며 현 작용은 먼 옛날을 알아내는 데 활용할 수 있는 최선의 비결이라는 라이엘의 의견에 전적으로 동의하는 사람들도 여럿 있었다. 그래서 라이엘은 전체적으로 볼 때 지구와 생명이 내내 엇비슷한 상태에 있었을 리 없다는 그들의 확고한 신념을 물리치기 위해 설명에 공을 들여야 했다. 라이엘은 화석 기록이 극히 단편적이며 불완전하다고 확신했는데, 동식물이 온전히 보존될 가능성은 언제나 매우 낮았기 때문이었다. 그래서 그는 아무런 거리낌 없이 제3층과 제2층 사이에 동식물이 보존되지 않은 거대한 공백 기간이 있다고 추론했다. 이와 비슷하게 다른 지질학자들은 쥐라층에서 나온 몸집이 작고 희귀한 유대 포유류를 네발짐승의 전체 역사에 방향성이 있다는 추가 증거로 간주했다. 이 유대 포유류들은 다른 포유류에 훨씬 앞서서 등장했으며 분명 더 원시적이었다. 그러나 라이엘에게 그 층에서 어쨌거나 포유류가 발견되었다는 사실은 지구 역사를 더 거슬러 올라가더라도 보존이 안 되었다 뿐이지 다양한 포유류가 존재했을지 모른다는 뜻이었다. 그리고 세지윅이 곧이어 '캄브리아'라고 이름 붙이게 되는 매우 오래된 암석층부터 화석 기록이 별로 나타나지 않는 이유에 대해 라이엘은 그보다 이전의 암석층(나중에 선캄브리아라는 이름이 붙었다)이 지구 깊은 곳에서 뜨거운 열에 의해 철저히 변화를 겪는 바람에 화석의 흔적이 모조리 파괴되었기 때문이라고 주장했다. 그는 이런 암석을 변성되었다고 불렀다. 그러나 당대인들이 도저히 수긍하기 어려웠던 의견은 따로 있었다. 라이엘은 지구의 정상 상태 역사가 장대한 순환을 거치는 과정에서, 거대 파충류가 번성했던 과거 쥐라기 지구의 물리적 조건이 먼 훗날 되풀이됨으로써 언젠가 거대 파충류의 시대가 돌아올지도 모른다는 의견을 진지하게 펼쳤다.

자료 7.6 지구의 장대한 변화 주기에 따라 적합한 환경 조건이 다시 조성되면 인간이 사라신 먼 미래에 쥐라기 파충류 또는 적어도 그와 비슷한 동물들이 **돌아올**지도 모른다는 라이엘의 의견을 조롱하는 드 라 비치의 풍자화(1830). '어룡 교수'가 다른 파충류 청중 앞에서 강의를 하며 화석이 된 사람 두개골을 먼 옛날 멸종한 하등동물의 흔적이라고 해석하고 있다. 지질 학자들이 보기에, 라이엘의 역작 『지질학 원리』에서 핵심을 이루던 지구의 장기 역사에 대한 라이엘의 순환적 해석이나 정상 상태 해석은 도저히 받아들일 수가 없었다.

이처럼 지구의 역사에 대한 정반대의 해석이 나와 지질학자들의 만 족스러운 합의를 심각하게 뒤흔들자 휴얼은 지질학자들이 이제 두 반 대파로 분열되었다고 평했다. 당시 영국 대중 사회에 큰 파문을 일으 킨 종교 논쟁에 빗댄 셈이었다. 지질 작용이 '절대 균일'하다는 라이엘 의 주장 때문에 그는 '**균일론자**Uniformitarian'로 간주되었지만, 휴얼은 이 집단이 매우 배타적 분파라고 지적했다(비글호를 타고 세계를 누비다 돌 아오게 되는 젊은 지질학자 찰스 다윈은 극소수뿐이던 라이엘의 추종자 중 한 명이었다). 라이엘을 비판하는 사람들로 이루어진 분파는 훨씬 수가 많았는데, 휴얼은 이들을 '**격변론자**Catastrophist'라고 불렀다. 격변론자는 지구와 생명의 역사에 방향이 있을 뿐 아니라 자신들이 '혁명'이나 '격변'이라 부르는 갑작스러운 자연현상이 이따금씩 역사에 개입한 것처럼 보인다는 입장을 옹호했다. 이 주장에 대한 후대의 오해와 달리 두 지질학 분파 모두 현재론이라고 불리는 신조, 즉 현재는 대체로 과거를 열어젖히는 최선의 열쇠라는 신조를 고수했다. 그들의 관점은 '현재'의 작용이 **현재의 강도**로 일어났을 때 먼 과거에 있었던 모든 일을 적절하게 설명할 수 있는지에서만 차이가 있었다. 마찬가지로 지구의 전체 시간 척도가 얼마나 되는지도 문제가 아니었다. 라이엘이 수사적 목적으로 바로 이 점이 문제이며 자신을 비판하는 사람들이 시간의 압박에 못이겨 격변을 끌어들인다고 주장했을 따름이었다. 가령 코니비어는 자신을 비롯한 격변론자들이 증거만 충분하다면 '1000조 년'도 기꺼이 받아들일 것이라며 맞받아쳤다(현재의 추정치인 수십억 년을 훌쩍 뛰어넘는 수치다). 그러나 그는 그것만으로는 시간의 길이가 지구의 역사에 방향이 있다는 증거를 배제하지 않고, 배제할 수도 없다고 지적했다.

세지윅은 라이엘이 『원리』에서 '변호사의 말투'를 지나치게 많이 쓰고 있다는 불만을 숨기지 않았다. 라이엘은 실제로 자격증을 보유한 법정 변호사였다! 그러나 세지윅 자신도 라이엘 못지않게 수사법에서 둘째가라면 서러울 달변가였다. 양측은 증거를 최대한 설득력 있게 제시하여 주장을 탄탄히 뒷받침하고자 했다. 그러나 사실 첨예하게 대립하면서도 대체로 평화롭게 이루어진 이 논쟁의 결말은 무승부에 가까웠다. 다른 지질학자들은 라이엘을 통해 현 작용이 드넓게 펼쳐진 심원한 시간 동안 작동했을 때 발휘할 수 있는 힘을 더욱 잘 이해하게 되었고, 격변처럼 보이는 변화라도 경우에 따라 서서히, 점진적으로 일어날 수 있다는 점을 인정했다. 그러나 지질학자들은 라이엘을 따라 지구를 순환 체계 또는 정상 상태 체계로 해석하기를 완강히 거부했다. 오히려 지질학 연구에서는 지구의 일방향적, **역사적** 성격을 지지하는 증거가 더욱 많이 나오는 것 같았다. 그 원인이 천천히 일어나는 냉각 작용이든 다른 이유든 말이다. 그리고 지질학자들은 먼 과거에 자연 재난이 일어났음을 뒷받침하는 증거를 죄다 반박하려는 라이엘의 시도를 몹시 미심쩍어했다. 어찌 됐든 이 논쟁은 거의 영국 지질학자들 사이에서만 벌어졌다. 프랑스에서 라이엘을 앞장서 지지하던 프레보는 라이엘의『원리』를 번역하고자 했지만, 7월혁명으로 어수선한 시국 탓에 결국 번역을 하지 못했다. 나중에 프랑스어를 비롯해 여러 언어로 번역된 라이엘의 책은 인류사 기록에서 지질 작용의 효과가 직접 목격된 경우를 모아놓은 목록집이었다. 이 목록은 곳곳에 있는 지질학자들에게 지구의 과거사를 가능한 한 일상적 작용으로 해석하고 증거가 압도적인 경우가 아니라면 성급하게 특이하거나 예외적인 사건을 상정하지 말라고 권했다. 반면『지질학 첫걸음Elements of Geology』(1838)으로 따로 발표된 라이엘의 정상 상태 지구 역사는 영어권에서조차 그리 많은 주목을 받지 못했으며, 영어권 밖에서는 관심이 더욱 미미했다.

한편 영국에서는 라이엘의 유려한 산문 덕분에 동료 지질학자 못지않게 식자층도『원리』를 어렵지 않게 읽을 수 있었다. 대중들에게 깊은 인상을 남긴 부분은 지구의 광대한 시간 척도를 뒷받침하며 라이엘이 설득력 있게 제시한 증거와 '성서를 따르는' 저술가를 무식하며 하찮은 사람이라고 깔보고 무시하는 모습이었다. 이 두 가지는 여러 신실한 지질학자를 포함해 다른 지질학자들도 라이엘에 완전히 동의하는 지점이었다. 그런데 변호사로서 라이엘이 구사하던 능수능란한 수사 때문에 대중은 지질학에서 정말로 과학적이려면 라이엘주의자나 균일론자가 되어야 하며 격변론을 믿는 지질학자들은 '성서를 따르는' 저술가보다 하등 나은 구석이 없다는 인상을 받았다. 라이엘을 비판하는 지질학자는 당연하게도 이런 수사가 몹시 부당하다며 항의했다.

역설적이게도 격변처럼 보이는 경우 중에서 제일 까다로운 사례는 머나먼 과거가 아니라 현재에 가까운 시점에 있었다. 지질학적으로 최근의 과거에, 또는 인류사가 시작될 무렵에 일어난 일이 그보다 훨씬 과거에 일어난 일보다 모호했던 것이다. 홍적층이란 이름의 영문 모를 표층 퇴적층Superficial deposit과 그중에서도 특히 표력토till, 표석 점토boulder clay는 현재 형성 중이거나 과거에 형성되었다고 알려진 퇴적층과 달라 이해하기 까다로웠다. 처음에는 이때 일어났다는 지질학적 대범람을 성서에 나오는 대홍수와 동일시했고, 이는 이상할 것이 없었다. 인류사에 기록된 사건 중에서 그 정도 규모로 일어난 일은 성서의 대홍수가 유일했기 때문이었다. 그러나 유럽 곳곳에서 홍적층에 대한 현지 조사가 추가로 이루어지면서 이 퇴적층 대다수가 성서의 대홍수가 일어난 시점보다 훨씬 과거에 형성되었으며, 그러한 범람 사태가 두 번 이상 일어났을지도 모른다는 점이 드러났다. 세지윅은 이 점에 대한 자신의 입장 변화를 '철회recantation'라고 불렀다. 농담조로 예전에 있었던 이교도 사냥을 암시하는 흔한 표현이었다. 그러나 사실 이 변화는 그리 대단치 않은 것이었다. 대홍수와 대범람이 동일하다고 강력히 주장했던 버클랜드조차 나중에 별다른 고민이나 거북함 없이 입장을 바꿨다. 라이엘은 그를 비판하는 사람들이 이 점 때문에 지질학과 성서의 사건이 어떤 식으로든 연결되어 있다는 생각을 포기하게 되리라 믿었다. 그러나 그들에게는 당대 최고 수준의 성서 연구에서 제시한 대로 대홍수 이야기가 인류사 초창기에 일부 지역에서 일어난 사건을 어렴풋이 기록한 것이라 간주하면서, 그보다 전에 일어난 지질학적 대범람을 설명해야지 그저 대범람을 없는 셈 쳐서는 안 된다고 계속 주장하는 방법도 있었다. 앞서 언급했듯이 유럽과 북아메리카 전역에서 표석, 긁힌 상처가 있는 기반암 등의 특징을 추적하면서 범람 이론의 타당성은 더욱 커졌으면 커졌지 결코 줄어들지 않았다.

라이엘은 스스로 새로운 기후론이라 부른 이론을 끌어들여 지질

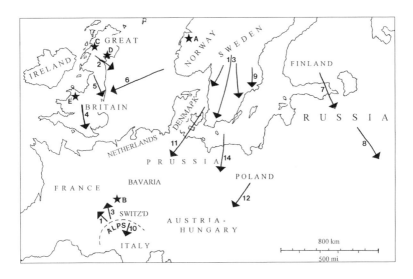

자료 7.7 표석, 긁힌 자국이 있는 기반암 등의 특징을 증거 삼아 19세기 초 유럽 전역에서 추적한 '범람'류 지도. 각 사례를 서술한 지질학자는 다음과 같다. 1. 오라스 베네딕트 드 소쉬르(Horace-Bénédict de Saussure), 2. 홀, 3. 폰 뷔흐, 4·5·6. 버클랜드, 7, 8. 그리고리 라주모프스키(Gregor Razumovsky)와 윌리엄 폭스 스트랭웨이즈(William Fox-Strangways), 9. 알렉상드르 브롱니아르, 10. 드 라 비치. 11. 요한 하우스만(Johann Hausmann), 12. 게오르크 푸슈(Georg Pusch), 13·14. 닐스 세프스트룀(Nils Sefström). 이름들을 보면 알 수 있듯이 이 연구는 매우 국제적인 활동이었다. 훗날(1840년대부터) 이들 사례는 모두 플라이스토신 '**빙하기**'(Ice Age)'에 있었던 거대한 **빙상**(ice-sheet)의 흔적으로 재해석되었다. 여기에서 별표로 표시되어 있는 국지적 규모 **골빙하**(valley glacier)의 흔적이 남아 있던 지역은 이런 극적 변화에서 결정적 역할을 했다(A. 노르웨이, B. 보주산맥, C·D. 스코틀랜드 고지, D. 웨일스 북부).

학적 대범람으로 생겼다는 흔적들을 모조리 반박하고자 애썼다. 그는 지방의 기후가 위도뿐 아니라 대륙의 배치와 해류에도 좌우된다고 지적했다. 예컨대 같은 위도에 있더라도 영국은 온대기후를 누리는 반면 북대서양 건너편에 있는 래브라도반도는 혹한에 시달릴 정도로 차이가 극명했다. 그렇다면 오래전 현재 유럽에 해당하는 지역에 따뜻한 멕시코 만류가 흐르지 않았다면, 북극 지방에서 온 빙산이 지금보다 남쪽으로 더 멀리 떠내려갈 수도 있었다. 그와 함께 해수면이 지금보다 높았다면, 빙산이 녹으면서 싣고 오던 표석을 오늘날 북유럽 저지대가 된 지역 여기저기에 떨어트렸을 수도 있었다(현대 용어로 낙하석 dropstones이라 한다). 라이엘의 해석은 북유럽의 표석에 대한 설명으로는 꽤 그럴싸했지만 그보다 높은 고도에서 발견되곤 했던 알프스 표석에 적용하자니 영 이상했다. 긁힌 자국이 있는 기반암이 광범위하게 나타난다는 점이나 표력토 또는 표석 점토로 이루어진 독특한 퇴적층이 여기저기 있다는 점 또한 만족스럽게 설명하지 못했다. 그러나 라이엘은 이런 약점에도 불구하고 지질학적 대범람을 지지하는 강력한 증거였던 표석은 모두 떠다니던 빙산에서 나온 낙하석이라고 재해석했으며, 홍적층 전체를 **표류** 퇴적층이라 불렀다. 이렇게 그의 **표류 이론**drift theory 은 지질학적으로 최근의 과거에서 '격변'의 단서를 깔끔하게 치워버렸고, 정상 상태 기후가 전 지구적 차원에서 대체로 '균일'했음도 보장했다.

라이엘의 표류 이론은 영국에서 가장 어린 축에 속하는 제3기 퇴적층에 영국보다 춥고 북쪽에 있는 바다에만 서식하는 종의 조개껍질 화석이 들어 있다는 발견으로 다소간 뒷받침되었다. 예전에 이 시기를 '신플라이오신Newer Pliocene'이라 명명했던 그는 여기에 '플라이스토신'이라는 새 이름을 붙였다('가장 최근'이라는 뜻이다. 예전에 '구플라이오신'

이라 불렀던 시기는 '플라이오신'으로 재정의되었다). 이런 명칭 변경은 사소해 보일지 몰라도 범람이 일어났다고 여겨진 시기를 특이할 것 없는 제3기의 일부분으로 교묘하게 바꾸어놓았다. 그럼으로써 지질학적으로 멀지 않은 과거에 매우 특이하거나 '격변'의 성격을 띤 사건이 일어난 적 있다는 주장을 은연중에 깎아내리는 셈이었다. 그러나 라이엘을 비판하는 사람들이 보기에 그의 표류 이론은 많은 부분을 만족스럽게 설명하지 못했고, 지질학자 대다수는 범람 이론을 계속해서 지지했다.

대'빙하기'

홍적층의 수수께끼 같은 지형에 대한 대인적 설명은 예상치 못했던 방향에서 나타났다. 결과적으로 이 설명은 범람 이론이나 라이엘의 표류 이론보다 훨씬 만족스러웠다. 스위스의 토목공학자인 이그나스 베네츠Ignace Venetz는 알프스 협곡에 사는 사람들이 유사 이래 빙하의 규모와 범위가 오락가락했음을 알고 있다는 보고를 한 바 있었다. 이런 변동은 특히 빙퇴석moraine에서 나타났다. 빙퇴석은 빙하의 가장자리와 끝부분에서 얼음이 녹으면서 그 안에 들어 있던 돌 부스러기가 떨어져 만들어진 돌무더기를 일컫는 말이었다. 베네츠는 협곡 하류나 비탈면 위쪽에도 숲으로 가려져 있는 경우가 많을 뿐 유사한 돌무더기가 있다고 언급했다. 그는 '시간의 어둠 속에 잊힌 신기원'에는 알프스 빙하의 규모가 더욱 컸을 것이라 주장했다. 이 주제와 어울리는 그랑 생 베르나르 고개에서 회합을 연 다른 스위스 학식인들은 바네츠의 주장에 신경 쓰지 않거나 그의 주장이 어림짐작에 불과하다며 묵살했다. 그러나 이런 회의론자 중 한 명이었던 지질학자 장 드 샤르팡티에Jean de Charpentier는 훗날 그 주장이 자신이 연구하던 알프스 지방의 모습을 설명할 수 있는 유일한 길이라고 확신하게 되었다. 론Rhône 계곡 상류의 비탈에는 빙퇴석이 높이 쌓여 있었고, 몇몇 거대 표석도 위태롭게 서 있었다. 그 정도 높이에 이르기까지 기반암 표면에서 긁히거나 마모된 흔적도 나타났다. 마침 그는 계곡을 더 올라가면 있는 현존 빙하의 얼음 바닥에서 그와 비슷한 암석 표면을 볼 수 있다는 점을 알고 있었다. 굵은 사포로 나무 표면을 긁을 때처럼, 움직이는 얼음에 박힌 표석이 얼음 바닥에 있는 암석의 표면을 긁은 것이 틀림없었다. 샤르팡티에는 해당 지역 곳곳에서 빙퇴석과 긁힌 자국이 있는 기반암의 흔적을 찾은 후, 예전에 거대 빙하가 론 계곡 상류 전체를 꽉 채우고 있었다는 충격적인 주장을 내놓았다. 그 범위는 알프스산맥 너머에 있는 스위스 평야 저지대를 가로질러 북쪽에 있는 쥐라 구릉지대에 이르렀고, 쥐라 구릉지대에 있는 유명한 거대 표석은 이 빙하가 남긴 것이라는 주장이었다. 이렇게 역사를 재구성하면 현존하는 가장 커다란 알프스 빙하조차 한때 더욱 광범위하게 펼쳐져 있었던 '거대 빙하mega-glacier'가 줄어들다가 남은 작은 일부에 지나지 않았다.

빙하는 눈이 굳어 만들어지므로 이는 지질학적으로 가까운 과거에 알프스산맥의 강설량이 훨씬 많았으리라는 뜻이었다. 무엇 때문에 이런 일이 벌어졌을까? 대부분의 다른 지질학자들과 마찬가지로 샤르팡티에도 지구 전체의 기후가 지금보다 더욱 추웠으리라고는 상상조차 하지 못했다. 지구가 오랫동안 냉각되어왔음을 뒷받침하는 증거로 볼 때, 혹여 온도 차가 있다 해도 과거가 지금보다 약간 따뜻했을 것 같았다. 당시에 알프스산맥이 현재의 안데스산맥이나 히말라야산맥만큼

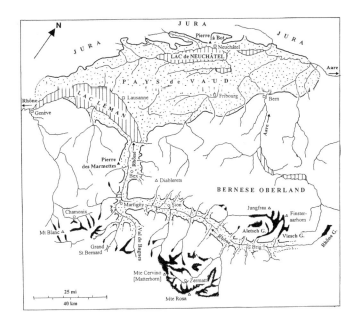

자료 7.8 장 드 샤르팡티에의 스위스 서부 지도(1841년 발표). 예전에 현재의 레만 호수(Lac Léman) 또는 제네바 호수부터 보 지방(Pays de Vaud) 저지대, 쥐라 구릉지대 경사면에 이르기까지 론 계곡 상류 전체를 가득 메우고 있었던 **거대 빙하**(glacier-monstre, 점으로 표시)를 재구성한 것이다. 이를 통해 샤르팡티에는 거의 동일한 지형을 범람류나 거대 쓰나미로 설명했던 폰 뷔흐의 이전 해석을 사실상 대체하고자 했다. 샤르팡티에는 '표석 평원(erratic field)' 전체와 특히 계곡 비탈(점으로 표시된 영역 옆에 있다)에 쌓인 빙퇴석의 지도를 상세히 작성한 뒤 이를 기반으로 거대 빙하를 재구성했다. 알프스산맥에서 가장 긴 알레치 빙하를 포함하는 기존 빙하(검은색)는 사라진 거대 빙하와 견주었을 때 상대적으로 미미한 잔존물처럼 보인다. 유명한 두 거대 표석의 위치도 표시되어 있다. 그중 하나인 **마르메트 암석**(Pierre des Marmettes)은 샤르팡티에의 집 근처에 있으며, 다른 하나인 **두꺼비 암석**(Pierre à Bot)은 뇌샤텔을 굽어보는 쥐라 구릉지대에 있다. 이 지도는 그의 해석을 명확히 하기 위해 그가 그린 세밀한 대형 지도의 크기를 대폭 줄이고 현대적 양식에 맞추어 다시 그린 것이다.

고도가 높았다면, 전 지구의 기후가 현재와 대체로 비슷하더라도 거대 빙하가 만들어질 수 있었다. 그러나 그러려면 알프스산맥이 매우 높이 솟아올랐다가(샤르팡티에는 확실히 엘리 드 보몽이 말한 주기적인 '상승의 신기원'을 염두에 두고 있었다) 내려앉아 현재의 고도로 돌아와야 했고, 이 모든 일이 지질학적으로 짧은 기간에 일어나야 했다. 다른 지질학자들은 이런 설명을 납득하기 어려웠다. 게다가 이런 설명은 알프스 표석을 모종의 거대 쓰나미로 설명한 폰 뷔흐의 이전 견해보단 훨씬 나았지만, 북유럽과 북아메리카에 있는 비슷하게 생긴 표석에는 들어맞지 않았다. 이 표석들 근처에는 산맥이 없을뿐더러, 넓은 지역에 퍼져 있는 빙하를 설명해줄 만큼 높은 산맥은 더더욱 없었다. 그래서 다른 지질학자들은 신중을 기하며 예전에 론 빙하가 넓은 지역에 퍼져 있었다는 샤르팡티에의 이론을 회의적으로 바라보았다.

그러나 그의 이론은 곧 더욱 충격적인 이론의 촉매제가 되었다. 아가시가 자신의 고향인 뇌샤텔에서 1837년 열린 스위스 자연사학자 연례회의 때 내놓은 이론이었다. 아가시는 어류 화석에 대한 연구로 이미 유명세를 떨치며 존경받는 인물이었지만, 그가 여기서 발표한 이론은 예전에 경험해본 적이 없는 전혀 다른 분야에 대한 것이었다. 그는 지질학적으로 최근의 과거에 지구가 극심한 '빙하기Ice Age'에 시달렸다는 의견을 제시했다. 그는 이 시기에 워낙 추웠기 때문에 정지된 상태의 빙설판이 북반구 전역을 뒤덮고 있었으며, 이 빙설판이 남쪽으로 적어도 북아프리카의 아틀라스산맥까지 이어졌을 것이라고 주장했다. 아마 그는 빙설판이 기실 열대지방까지도 펼쳐져 지금 '눈덩이 지구Snowball Earth'라고 부르는 상황(물론 이 용어는 다른 맥락에서 붙여진 것이다)이 만들어졌다고 생각했을 테고, 나중에는 이런 입장을 확실히 밝혔다. 아가시는 샤르팡티에처럼 엘리 드 보몽의 이론을 염두에 두면서, 이 혹독한 빙하기에 알프스산맥이 융기하며 생긴 얼음 비탈을 따라 알프스 표석이 쥐라 구릉지대로 미끄러졌다고 봤다(자연사학자들이 회의를 하던 장소가 바로 이 쥐라 구릉 기슭이었다). 나중에 전 지구 기후가 빙하기를 벗어난 후에야 정지 상태의 빙설판이 녹아 사라졌고, 그 얼마 안 되는 잔존물로 천천히 이동하는 현재의 빙하가 남았다는 것이었다. 아가시는 샤르팡티에에게 진 빚을 최소화하면서 자신의 이론이 그와 매우 다르다고 주장했다. 사실이었다. 아가시는 그의 경쟁자와 달리 빙하 얼음이 움직이며 표석을 운반했다고 생각하지 않았고, 가만히 있는 얼음의 기울어진 표면을 따라 표석이 미끄러져 내렸다고 보았다.

또한 아가시는 짧지만 혹독한 빙하기가 있었다는 자신의 생각과, 라이엘을 논외로 하면 자신을 비롯해 지질학자 대다수가 매우 타당성 높다고 여겼던 지구의 점진적 냉각설을 절묘하게 통합했다. 그는 지구가 점진적으로 냉각된 것이 아니라 계단식으로 몇 단계를 거치며 식었으며, 각 단계마다 특정 동식물군이 쉽게 적응할 수 있도록 환경이 안정된 기간이 있었다고 추정했다. 안정기와 안정기 사이에는 지구 온도가 일시적으로 갑자기 떨어지는 현상이 일어났다. 속편하게도 이 현상의 원인은 모호한 채로 남겨두었지만 말이다. 이렇게 보면 대량 멸종이 되풀이되고 뒤이은 시기의 화석 기록에 이전과 다른 동식물군이 나타나는 현상을 설명할 수 있었다. 지구가 장기적으로 냉각되는 추세에 있다는 점을 같이 고려하면, 가장 최근의 급격한 온도 하강만이 빙하기를 일으킬 수 있었다. 매우 장기적인 추세 때문에 가까운 과거에 유일무이한 사건이 일어난 셈이었다.

아가시의 이론은 사변을 대담하게 밀어붙인 이론이었다. 뇌샤텔 회의에 참가했던 폰 뷔흐 같은 온건한 선배 지질학자는 당연하게도 이런 시도에 회의적이었다. 다른 사람들은 노골적으로 아가시에게 어류 화석 연구나 계속하라고 권했다. 그러나 어떤 사람들은 아가시의 생각에 흥미를 느껴 자신의 연구 분야를 되돌아보기도 했다. 가령 쥐라산맥 북쪽에 있고 알프스산맥과는 더욱 멀리 떨어져 있는 알자스 지방 보주 산맥 부근의 지질학자들은, 고급 알자스 와인이 나는 따뜻한 산 중턱 근처의 깊숙한 골짜기에서 한때 소규모 빙하가 있었다는 증거를 풍부 하게 발견했다. 가까운 과거에 보주산맥이 융기했다가 침강한 흔적은 없었기 때문에, 알프스 거대 빙하에 대한 샤르팡티에의 설명을 여기에 적용하기는 어려웠다. 증거에 따르면 최소한 지역 차원의 혹한기라도 있었을 것처럼 보였다.

아가시는 애당초 어류 화석 수집품을 연구할 요량으로 몸소 영국에 방문했다. 그러나 그는 영국의 '과학지식인man of science' 모임에서 자신 의 빙하기 이론을 설명하기도 했다(과학지식인은 당시 영국에서 자주 사 용된 용어로, 젠더 편향적이지만 사실과 부합한다). 그 후 그는 버클랜드에 게 붙들려 스코틀랜드 고지를 여행했는데, 그곳에서 그들은 사라진 골 짜기 빙하 또는 골빙하를 뒷받침하는 뚜렷한 증거를 여기저기서 찾아 냈다. 그들은 스코틀랜드 저지 상당 부분까지 얼음이 광범위하게 퍼 져 있던 흔적을 확인했다고 믿었다. 가령 아가시는 꼭대기에 성이 있 는 에든버러 올드타운, 즉 에든버러 도심이 한때 대륙 빙하로 둘러싸 인 바위섬(현대 용어로는 누나탁nunatak이라 한다)이었으리라는 놀라운 주 장을 폈다. 심지어는 라이엘도 처음에는 버클랜드와 함께 스코틀랜드 고지 남쪽 끝자락에 있는 본인의 가문 저택 근처에서 그와 유사한 얼 음층의 증거를 목격하고서는 아가시의 주장을 받아들였다. 그러나 그 는 돌이켜보더니 그 얼음층이 빙하라고 보기에는 과하다고 생각해 한 층 온건한 이론적 입장으로 후퇴했다. 알프스산맥 정도 되는 고도에 빙하가 있듯이 고지대에 골빙하가 있었다는 말은 믿을 만해 보였지만,

저지대에 빙판이 널리 깔려 있었다는 말은 그렇지 않았다. 소규모 지역 빙하는 지역의 지리적 변화에 따라 기후가 변동한다는 라이엘의 기후론과 잘 어울렸지만, 저지대 빙판은 전 지구적 혹한기를 전제로 한다는 점에서 라이엘의 원리가 허용하는 엄격한 균일성과 아주 거리가 멀었다. 이 정도 수준의 빙하기조차 라이엘을 비판하던 사람들이 격변이라 부르는 현상이나 매한가지로 보여 달갑지 않았던 것이다.

사실 주요 격변론자를 비롯한 다른 지질학자들도 코니비어가 농담조로 '버클랜드-아가시의 광역 빙하Bucklando-Agassizean Universal Glacier'라고 부른 것을 말 그대로 허무맹랑한 소리라고 생각했다. 그러나 웨일스 북부 같은 여타 구릉지대에서 사라진 골빙하의 사례가 추가로 발견되면서(웨일스 북부의 골빙하 흔적을 찾아낸 사람은 다윈이었는데, 그 자신도 깜짝 놀랐다) 적어도 북유럽 등 온대 지방에는 라이엘의 플라이스토신과 거의 동일한 기간에 모종의 '빙기glacial period'가 있었다는 주장이 더욱 힘을 얻게 되었다. 아가시는 『빙하 연구Études sur les Glaciers』(1840)의 말미에서 이보다 더욱 극적인 눈덩이 지구 이론을 다시 한번 발표했다. 그러나 이 이론은 대체로 알프스 빙하에 대한 서술이어서 현재의 빙하작용에 대한 이해 향상에 도움이 된다는 평가가 주를 이루었다. 시일이 지나며 지질학계의 견해는 온건한 '빙하 이론glacial theory'과 라이엘의 표류 이론이 결합한 종합 이론으로 수렴되었다. 지질학자 대다수는 지구가 최근에 지금보다 훨씬 추운 기후를 겪은 시기가 있었거나 적어도 지구 북반부에서는 그랬다는 합의에 도달했지만, 이 '빙하기'는 아가시가 생각한 빙하기에 비하면 미미한 수준이었다. 중위도 지방에서는 추위 때문에 소규모 골빙하가 생겼다. 해안가의 골빙하에서 만들어진 빙산은 암석을 싣고 표류하다가, 녹으면서 더 넓은 지역에 암석을 떨어트렸다. 나중에 육지가 융기하거나 해수면이 낮아진 곳에서는 이렇게 생긴 낙하석이 저지대 곳곳에 흩뿌려진 표석으로 남을 터였다. 이런 해석에 부합하는 현대의 사례는 북쪽의 스피츠베르겐제도(스빌바르제도), 남쪽의 사우스조지아섬 남부에서 볼 수 있다. 이곳의 골빙하는 해수면까지 뻗어 있어, 빙하가 녹으면 빙산이 직접 바다로 떨어져 나간다. 모종의 거대 쓰나미가 있었음을 뒷받침하는 '범람'의 옛 증거는 그대로 지구 온도가 더 낮았던 시기의 증거로 재해석할 수 있었다. 범람 이론은 빙하 이론으로 쉽게 변형되었다.

자료 7.9 뇌샤텔 부근 쥐라 구릉 기슭의 기반암 표면에 긁힌 자국이 난 모습을 보여주는 아가시의 그림. 지질학적으로 가까운 과거에 혹독한 빙하기가 있었다는 그의 이론을 뒷받침하는 삽화로서 『빙하 연구』에 수록되었다. 사실 이 증거는 멈춰 있는 얼음의 경사진 표면에서 표석이 미끄러졌다는 아가시 자신의 이론보다, 한때 알프스산맥 전역에 있던 거대 빙하에 끼어 운반된 표석 때문에 긁힌 자국이 났다는 **샤르팡티에의** 이론에 더욱 잘 부합했다. 표석, 표력토나 표석 점토와 함께 이렇게 긁힌 자국이 있는 암석 표면은 예전에 북유럽과 북아메리카의 광대한 지역에 걸쳐 빙하, 심지어는 빙상(ice-sheet)이 있었다는 결정적 증거가 되었다.

빙하 이론은 전혀 예상하지 못했던 내용을 담고 있었던지라 앞서 지질학계가 도달한 합의를 흔들어놓았다. 지구가 오랜 역사를 거치며 점진적으로 서서히 식어왔다고 생각한 지질학자 대다수는 물론이고, 지구가 거의 변함없이 정상 상태를 줄곧 유지해왔다고 생각한 라이엘에게도 빙하 이론은 예상 밖이었다. 지구가 지질학적 시간으로 보았을 때 최근에 짧은 혹한기를 겪었다가 **다시 따뜻해졌다**는 연구 결과를 예견한 지질학자는 아무도 없었다. 빙하 이론이 자신의 생각을 뒷받침한다고 생각한 사람들은 굳이 따지자면 격변론자들이었다. 빙하 이론은 격변론자들이 늘 강조하던 대로 지구의 과거사가 철저히 우연에 좌우되며 사후에 되짚어보더라도 예측하기 어렵다는 뿌리 깊은 직관을 북돋웠기 때문이었다. 이쯤 되면 지구의 역사를 인류사에 빗대는 것은 너무나 당연하게 여겨져서 대중용 저술을 쓸 때가 아니라면 지질학자들이 이런 비유를 명시적으로 드러내며 쓰는 일은 별로 없었지만, 실은 바로 이 비유야말로 빙하 이론이 입증한 것이었다. 지구의 역사를 재구성하려면 지질학자는 역사가처럼 생각해야 했고, 과거를 되짚으면서 예상 밖의 것을 예상해야 했다. 다음 장에서는 이 말이 지닌 함의를 한층 더 파고든다.

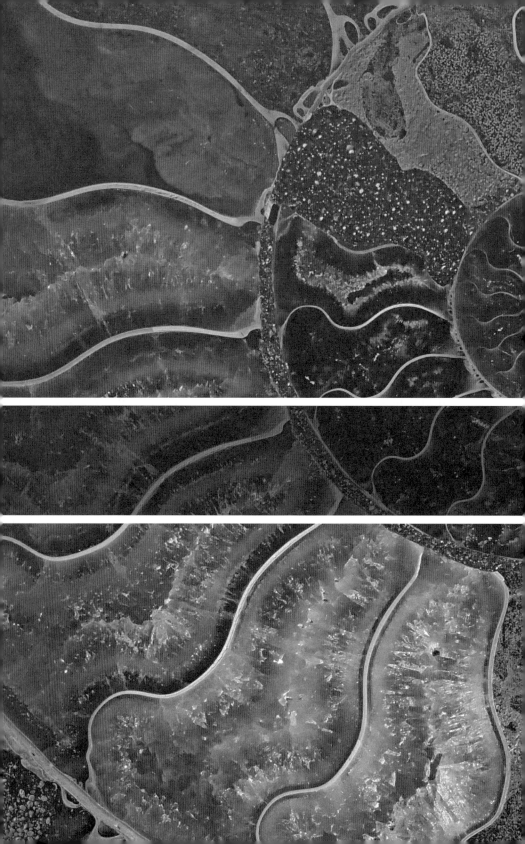

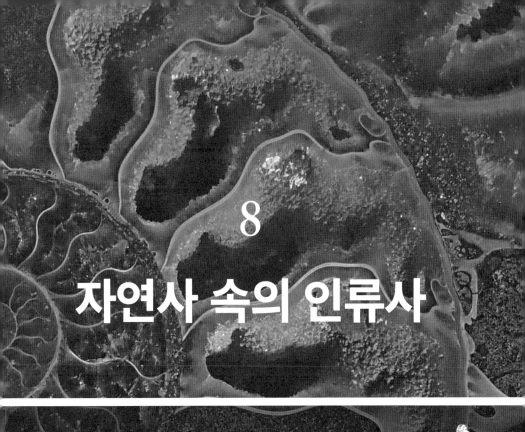

8

자연사 속의 인류사

EARTH'S DEEP HISTORY

빙하기 길들이기

　19세기 후반 내내, 화석 기록이 시작된 것처럼 보이는 오래된 캄브리아기 암석까지 거슬러 올라가며 지구의 역사를 재구성하는 작업은 역설적이게도 현재와 가장 가까운 끝부분, 상대적으로 최근의 과거에서 미궁에 빠져 있었다. 젊은 제3층이 쌓인 시기와 현재 사이에 놓인 수수께끼 같은 기간에 지구와 생명에는 어떤 일이 벌어졌을까? 이 간극을 메우기 위해 지질학적 대범람 대신에 혹독한 빙하기라는 전혀 예상치 못했던 생각이 나타났지만, 빙하기 역시 특성상 대범람 못지않게 '격변'에 가까웠다. 눈덩이 지구라는 아가시의 놀라운 의견은 곧 다른 지질학자들에 의해 무시되었다. 아가시 자신은 계속해서 이 주장을 옹호했지만 말이다(그는 스위스를 떠나 하버드대학 교수로 미국에 둥지를 튼 후 브라질 열대 지방에서 빙하 작용의 흔적을 찾았다고 주장했다). 대다수 지질학자들은 라이엘 표 '플라이스토신' 기간의 특징을 널리 퍼진 골빙하와 빙산이 떠다니는 바다가 두드러지는 온건한 빙하 작용이라고 보았는데, 이 정도 빙하 작용조차 이전의 예상과는 워낙 거리가 멀었기 때문에 지구 역사 전반의 우연성을 부각하기에는 충분했다.

　그러나 19세기 중반 무렵, 극지 탐사의 결과로 결빙 효과도 '현재 작용하는 원인'인 라이엘 식 원인에 해당한다는 지질학자의 해석이 극적으로 늘어났다. 북쪽에서는 북아메리카 위쪽을 경유하는 상업적·전략적 목적의 북서항로 개척 탐험과 점차 개체 수가 줄어드는 고래를 찾아다니는 포경선의 항해를 통해 북대서양 항로를 떠다니는 위험한 빙산이 그린란드 빙하에서 떨어져 나온 것이라는 점이 밝혀졌다. 그 후 과학 탐사를 통해 빙산이 평범한 골빙하가 아니라 광대한 그린란드 땅덩이의 내륙 대부분을 뒤덮고 있는 거대 빙상에서 흘러나온다는 점도 발견했다. 남쪽에서는 지자기의 이해에 도움이 되는 남자극south magnetic pole의 위치를 찾아내려고 탐사를 진행하면서 북쪽처럼 빙산이 여기저기 흩어져 있는 광활한 남빙양을 헤치고 다녔다(지자기 없이는 전 세계를 항해할 때 자기 나침반을 쓸 수가 없다). 거기서 탐험가들은 오랫동안 추측만 했을 뿐 단 한 번도 본 적이 없었던 거대한 크기의 남극 대륙을 발견했는데, 이 대륙은 그린란드보다도 넓은 빙상으로 완전히 뒤덮여 있었다.

이런 발견에 힘입어 플라이스토신 빙기는 더욱 급진적으로 재구성되었다. 알프스산맥이 아니라 그린란드와 남극이 지질학적으로 멀지 않은 과거의 북유럽과 북아메리카 북쪽 모습을 현대 세계에서 확인하기에 적합한 비교 대상이 되었다. 스코틀랜드의 골빙하처럼 지금은 사라진 소규모 골빙하는 한때 저지대 전역을 차지하던 훨씬 커다란 빙상의 마지막 잔존물에 불과할 수도 있었다. 이런 빙상이 있었다는 의견은 스칸디나비아 지방과 독일의 표석을 설명하려고 예전에 제기된 바 있었다. 그러나 스코틀랜드 골빙하 흔적을 두고 아가시가 비슷하게 내놓은 해석이 그랬듯이, 이런 의견은 진지하게 받아들이기엔 터무니없어 보였다. 그러나 1875년, 북극 빙하와 스피츠베르겐제도의 빙모ice cap를 직접 살펴본 적 있는 스웨덴 지질학자 오토 토렐Otto Torell은 그린란드 빙상 같은 크고 두꺼운 빙상이 스칸디나비아 지방 전체를 뒤덮고 있었을 뿐만 아니라 남쪽으로 발트해, 독일 북부 평야까지 퍼져 있었고, 예전에 거대 쓰나미나 표류 빙산 때문이라고 여겨진 표석들은 모두 이 빙상을 통해 운반된 것이라고 주장하며 베를린에 있는 독일 지질학회의 주요 인사들을 설득했다. 이 주장은 결국 지질학자들에게 널

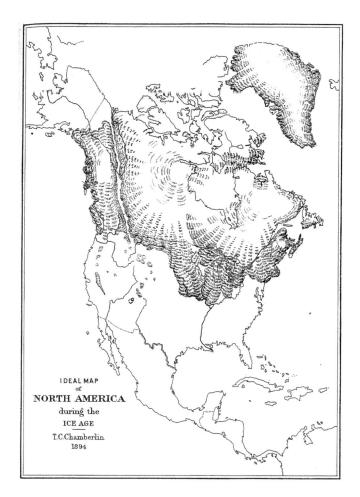

자료 8.1 토머스 체임벌린의 <빙하기의 북아메리카 상상도>. 1894년 제임스 가이키의 『대빙하기』The Great Ice Age에 발표되었다. 최대 크기일 때 북아메리카 대륙 북부를 뒤덮는 이 광대한 빙상은 19세기 후반 미국과 캐나다의 여러 지질학자가 지도에 기록한 빙퇴석 및 여타 빙하 지형을 토대로 재구성되었다. 빙상이 북쪽으로는 캐나다, 남쪽으로는 뉴잉글랜드와 오대호 연안 지역, 서쪽으로는 로키산맥에 이르는 것을 알 수 있다(얼음이 없는 알래스카에서 이어지는 좁은 통로는 아시아에서 북아메리카 나머지 지역으로 이주한 동물의 잠재적 이동 경로를 암시했다). 이 지도는 그린란드가 지금과 마찬가지로 또 다른 거대 빙상으로 덮여 있었다는 점도 나타내고 있는데, 이 덕분에 빙하기는 극적이긴 하지만 현재 세계와 완전히 다르지는 않은 시기처럼 보이게 되었다.

리 수용되었으며, 19세기 말에는 이와 비슷하지만 그보다도 넓은 빙상이 북아메리카 북부에 있었음을 보여주는 지도가 나오기도 했다.

처음에 빙하기는, 그것이 대체한 지질학적 대범람처럼, 지구의 역사에서 꽤 최근에 딱 한 번 일어난 사건이라고 가정되었다. 단 한 번의 거대 쓰나미 대신 단 한 번의 '격변적' 지구 온도 하강 및 회복이 일어난 셈이었다. 그러나 범람이 두 번 이상 일어났다는 이전의 현장 증거는 빙하기도 두 번 이상 있었을 것이라는 증거로 어렵지 않게 재해석할 수 있었다. 이런 생각은 1870년대에 유럽과 북아메리카에서 토양화석과 나무숲의 잔해가, 서로 분리되어 있는 표력토나 표석 점토 퇴적층 사이에 끼어 있는 채로 발견되면서 확인되었다. 독일과 오스트리아 지질학자들이 주로 수행한 강도 높은 현지 조사를 통해 빙상이 반복해서 전진했다가 후퇴하는 과정이 재구성되기도 했다. 빙상은 스칸디나비아 지방 남쪽으로 뻗어나갔을 뿐만 아니라, 알프스산맥에서 북쪽으로 밀려가기도 했다는 것이었다(이 점은 론의 거대 빙하를 더 넓은 맥락에 놓음으로써 론의 거대 빙하에 대한 샤르팡티에의 재구성을 뒤늦게나마 입증해주었다). 예컨대 알브레히트 펭크Albrecht Penck는 『빙하기의 알프스산맥Die Alpen im Eiszeitalter』(1901-1909)에서 이 지역에 대한 19세기 후반의 현지 조사를 종합했다. 그는 퇴적층이 최소한 서로 구별되는 네 번의 빙기에 형성되었으며(그는 오스트리아의 강 이름을 따 이 빙기들을 순서대로 귄츠기, 민델기, 리스기, 뷔름기라고 명명했다). 그사이에 세 번의 '간빙기interglacial'가 있었다고 서술했다. 이 연구를 비롯해 유럽, 북아메리카 등지에서 이루어진 비슷한 연구는 지구 역사의 파란만장한 면모를 플라이스토신 기간에서도 보여주었다. 플라이스토신의 퇴적층은 두꺼운 제3층 위에 뿌려진 양념에 불과한 것처럼 보일지 모르지만, 플라이스토신만 해도 매우 오랜 기간이 틀림없었다.

이처럼 예상치 못했던 빙하기 때문에 지질학자들 사이에서 역사란 우연한 것이라는 느낌이 커지고 있었지만, 그렇다고 빙하기의 물리적 원인이 무엇인지를 탐구하는 다른 사람들의 활동을 억누를 수는 없었다. 전체 빙하기 중에 빙기가 여러 번 찾아왔다는 점이 분명해지면서 더더욱 그럴 수밖에 없었다. 이런 탐구는 의미심장하게도 지질학계 바깥에서 시작되었다. 독학을 한 스코틀랜드인 제임스 크롤James Croll은 공전궤도 이심률, 분점의 세차 등등 측정할 수 있는 지구 관련 장기 변수에 대한 천문학자들의 연구를 이 논쟁에 끌어들인 첫 인물이었다. 크롤은 『기후와 시간Climate and Time』(1875)에서 지구가 태양 주위를 돌면서 생기는 비교적 작은 주기적 변화가 혹독한 빙기를 반복해서 유발할 수 있다는 주장을 폈다. 빙기가 성기적으로 반복된다는 그의 주기적 기후 변화 이론은 언뜻 보기에 꽤 그럴듯했다. 그러나 북아메리카 지질학자들은 마지막 빙기가 끝난 지 약 8만 년이 지났다는 그의 계산이 자신들의 현장 증거와 일치하지 않는다고 주장했다. 이 증거에 따르면 빙상의 마지막 후퇴는 8만 년 전보다 훨씬 최근에 있었던 일이었다.

19세기 말이 되면 크롤의 이론은 대체로 믿을 수 없는 것으로 치부되었다. 플라이스토신 빙하기의 원인은 예전과 다름없이 모호했지만, 지구의 역사에서 이런 주요 사건 혹은 일련의 사건들이 있었다는 사실만큼은 확고히 정립되었다. 예전에도 그랬고 앞으로도 그럴 테지만, 지질학자들은 과거에 정말 무슨 일이 일어났는지 입증하는 것과 그 일이 어떻게 일어났는지에 대해 만족스러운 설명을 찾아내는 것, 요컨대 역사를 하는 것과 물리학을 하는 것 사이에 중대한 차이가 있다는 점을 알고 있었다. 그러나 다소 역설적으로 보이겠지만, 플라이스토신의 역사가 복잡하다는 바로 그 사실 덕분에 플라이스토신은 나머지 지구 역사와 잘 맞아떨어지게 되었다. 기실 플라이스토신의 복잡한 역사는 빙하기를 길들임으로써 원칙상 다른 시기와 마찬가지로 인지하고 이해할 수 있는 플라이스토신 기간으로 바꾸어놓은 셈이었다(빙하기가 끝난 이후의 시대는 '완전히 최근'이라는 의미의 '홀로신Holocene'으로 구분되었다. 플라이스토신과 홀로신은 정의상 제3기 이후이기 때문에 한데 묶어 '제4기 Quaternary'라고 불렸다).

매머드에 둘러싸인 인간

플라이스토신 빙하기는 상대적으로 최근의 지구 역사에 얽힌 또 다른 수수께끼에 대해서도 새로운 질문을 제기했다. 이런 중대한 기후 변화는 퀴비에가 처음 재구성했던 매머드 및 여타 거대 포유류의 대량 멸종과 어떤 관련이 있을까? 이 동물들은 빙하 상태 때문에 떼죽음을 당했을까? 아니면 매머드의 북슬북슬한 털이 일러주듯이 추위에 잘 적응했을까? 빙하기는 인류의 기원과 초기 역사와는 어떤 관련이 있을까? 첫 인류는 매머드와 같은 시대에 살았을까, 아니면 빙하기가 물러나고 매머드가 사라진 후에야 처음 출현했을까? 지구 전체의 역사를 장기적 관점에서 보면 빙하기나 플라이스토신은 인간 세계와 인간 이전의 세계를 나누는 경계였을까? 그랬다면 빙하기는 인간의 관점에서 볼 때 이야기 전체에서 가장 결정적 순간이자 반드시 이해해야 하는 시기임이 틀림없었다.

이후에 나타난 놀라운 발전의 맥락을 이해하려면 여기서 잠깐 19

세기 초반을 되돌아볼 필요가 있다. 인간과 매머드가 같은 시대에 살았다는 주장은 뿌리 깊은 회의론에 부딪힌 바 있었고, 그런 회의론을 제기한 사람들 중 가장 명망 높고 영향력이 컸던 사람은 퀴비에였다. 그에게는 처음에 인간 화석이라고 알려진 발견물이 전부 가짜라고 의심할 만한 이유가 충분히 있었다. 그는 인간 뼈와 멸종 포유동물의 뼈가 근처에서 발견되었을 때에도 의심을 거두지 않았다. 대부분의 경우에는 버클랜드가 파빌랜드 동굴에서 찾은 '붉은 여인'처럼 같은 시대의 뼈가 아니라는 훌륭한 증거들이 있었기 때문이었다. 그는 거대 포유류의 대량 멸종이 인간 활동 때문이 아니라 모종의 자연 재해 때문에 일어났다고 확신했다. 그리고 이 말은 대량 멸종이 인류가 무대에 처음 등장하기 전, 아니면 적어도 인간이 자연 세계에서 중요한 요인으로 부상하기 전에 일어났음이 분명하다는 뜻이었다. 그러나 퀴비에의 이처럼 타당하기 그지없는 회의론은 말년이 되면서 진짜 인간 화석에 대한 신빙성 있는 보고가 늘어나자 부당한 독단론으로 굳어지게 되었다. 가령 젊은 자연사학자 쥘 드 크리스톨Jules de Chiristol과 폴 투르날Paul Tournal은 프랑스 남부에 있는 동굴 몇 군데에서 완벽히 동일한 퇴적층에 약간의 사람 뼈가 여러 동물 뼈와 뒤섞여 보존되어 있는 모습을 발견했다. 이들의 보고로 과학계의 의견은 극과 극으로 나뉘게 되었고, 프랑스 밖에서도 사정은 마찬가지였다.

그러나 최고의 증거는 1832년 퀴비에가 사망한 직후에야 보고되었다. 당시 신생 독립국 벨기에의 리에주에서 의사로 활동한 필리프 샤를 슈멜링Philippe-Charles Schmerling은 자택 근처에 있는 뫼즈 계곡의 동굴에 대해 기술했고, 뗀석기, 뼈로 된 가공품과 같이 있는 사람의 두개골 두 점을 발견했다고 보고했다. 두개골 하나는 매머드 이빨 근처에 놓여 있었다. 이들은 잡다한 멸종 포유류의 뼈와 뒤섞여 있었는데, 모두 동굴 바닥 아래 깊은 곳에 있는 퇴적층에 묻혀 있었으며 동일한 방식으로 보존되어 있었다. 슈멜링은 퀴비에 등이 이전의 발견에 표했던 의구심을 잘 알고 있었기 때문에 세심히 주의를 기울이며 중요한 표본을 직접 발굴했다는 점을 강조했다. 그는 사람의 유해가 동물 뼈보다 나중에 묻혔다는 증거가 없다고 역설했다.

그러나 이런 유력한 증거로도 다른 지질학자들을 납득시키기엔 역부족이었다. 가령 라이엘은 슈멜링을 찾아가 그의 표본을 보고는 이전의 것에 비해 '처리하기 훨씬 까다롭다'라고 시인했다. 그러나 그는 끝내 이 증거를 처리해냈다. 라이엘은 '대홍수를 목격한 남자'의 새로운 판본이라며 성서의 기록을 뒷받침할 소지가 있는 모든 것에 뿌리 깊은 반감을 느꼈다. 슈멜링이 그런 주장을 펴지는 않았지만 말이다. 슈멜링의 또 다른 방문객이었던 버클랜드도 자기 자신이 사람들을 현혹시키기 쉬운 '붉은 여인'에 대해 워낙 잘 알고 있었기 때문에 새로운 사례도 그것과 마찬가지로 포유류 화석이 묻힌 지 한참 후에 인간이 묻힌 경우일 가능성이 높다고 일축했다. 다른 지질학자들이 현장을 방문하지도 않고 계속해서 의심을 품자 슈멜링은 분통을 터뜨리며 이런 '박물관에 처박힌 사람들museum men'과 '이론에 얽매인 사람들theory men'의 실수가 언젠가 밝혀지리라 예언했다. 투르날이 지적했듯이 극도로 세심한 현지 조사를 통해서만 지질학자들을 설복할 수 있을 것이며, 그나마도 그들이 우선 인류와 멸종 포유류의 시대가 겹칠 수 없다는 독단에 가까운 확신을 포기할 때라야 가능할 터였다. 슬프게도 슈멜링은 얼마 후에 유명을 달리했고, 그의 선견지명은 한참 후에야 옳은 것으로 입증되었다.

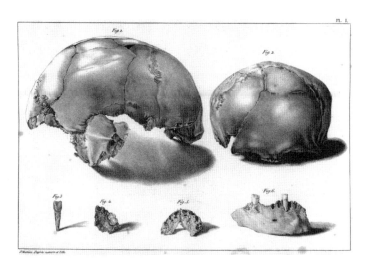

자료 8.2 사람 두개골과 턱뼈 조각에 대한 필리프 샤를 슈멜링의 삽화(1833). 그는 이와 함께 뗀석기와 그가 인간에 의해 변형된 동물 뼈라고 해석한 가공품을 발견했다. 이들은 모두 벨기에 뫼즈 계곡에 있는 동굴 바닥 아래쪽의 퇴적층에서 매머드 뼈와 이빨, 여타 멸종 동물과 함께 발견되었다. 슈멜링은 이들이 홍적기(10년 후 다른 사람에 의해 플라이스토신 빙하기로 재해석되었다)에 인류와 멸종 포유류가 공존했음을 보여주는 뚜렷한 증거라고 주장했지만, 당대인들은 대체로 이 주장에 회의적이었다.

사실 크리스톨과 투르날은 태곳적 인류의 문제에 지극히 중요한 새로운 차원을 부여했다. 그들은 각자가 발견한 동굴 화석의 매장 시기가 논란 많은 홍적기(이때만 해도 여전히 이렇게 불렸다) 내에서 차이가 난다는 의견을 내놓았다. 크리스톨이 살펴본 몽펠리에 부근 동굴의 뼈는 흔히 멸종했다고 여겨진 여러 종의 것이었다. 버클랜드는 크리스톨을 방문했을 때 그 동굴이 커크데일 동굴처럼 예전에 하이에나의 소굴이었을 것이라는 데 동의했다. 반대로 투르날이 살펴본 나르봉 부근 동굴의 뼈에는 아직 살아 있는 몇몇 종의 뼈가 포함되어 있었다. 따라서 투르날은 이 동굴의 뼈가 시대순으로 볼 때 가운데intermediate에 있다는 의견을 폈다. 인류는 멸종한 포유류의 시대에서 역사 시대까지 프랑스 남부를 계속해서 점유한 반면, 포유류 동물군은 일부 종이 조금씩 멸종하면서 서서히 변화한 것일 수도 있었다. 이렇게 재구성하면 대범람이라는 유일무이한 사건이 놓일 자리는 없어지기 때문에 투르날은 예전에 사용하던 '홍적'이란 용어를 버렸다. 그는 지구의 역사 전체에서 맨 끝에 오는 인류 시대에 길이가 다른 두 시대가 포함되어 있다고 주장했다. 기록이나 문헌이 남아 있는 짧막한 인류 역사의 시대와 그보다 앞에 있었던 기나긴 **선사시대**prehistory가 바로 그것이었다(그는 '**전 역사**antehistoire'라고 불렀다).

선사시대가 있다는 생각은 새로운 것이 아니었다. 역사가들은 18세기 후반부터 이 단어를 사용했다. 다만 고대 이집트나 중국 왕조의 기록 같은 초창기의 문서 기록보다 이전이어서 사실상 알 수 없는 대상을 지칭할 때에 한해 사용했을 따름이었다. 알 수 있는 역사는 암암리에 **문자** 문화의 역사와 동일시되었다. 투르날은 어린 데다 지방 사람이었기 때문에, 문자를 사용하기 이전이지만 알아낼 수 있는 시기가 있다는 그의 구체적 제안은 당시에는 널리 알려지지 못했다. 그러나 장기적으로 보았을 때 그의 생각은 대단히 중요했다. 퀴비에가 인류 이전의 지구 역사를 알 수 있게 함으로써 "시간의 경계를 깨트리고자" 했듯이, 이제 인류 역사도 사람의 뼈와 유물이 유일한 증거인 문자 이전의 시대까지 알아낼 수 있었다. 기성 과학인 '**고고학**'은 폼페이 발굴의 예처럼 주로 고대 문자 문화권의 물질적 흔적에 초점을 두어왔다. 그러나 19세기 중반에는 '**선사 고고학**'이란 새로운 학문이 부상해 문자 이전의 인류사에 대한 연구에 전념했다.

문자 이전의 역사를 알 수 있으며, 어느 정도 확신을 갖고 재구성할 수 있으리라는 생각은 적잖이 참신한 것이었다. 이런 생각은 누가 보더라도 지난 10년간 지질학자들의 활동으로 쌓인 성과에 기반을 두었다. 따라서 지질학은 앞서 인류사 연구에 진 빚을 갚는 셈이었다. 인류사의 방법이 자연계에 옮겨져 풍요로운 결실을 낳았듯이, 이제는 지질학의 방법이 초창기 인류사 연구에 적용되고 있었다. 선사 고고학이라는 신규 학문의 주요 연구자 다수가 원래 지질학자였다는 사실은 우연이 아니었다. 선사시대는 지질학자들이 새로이 재구성한 인류 이전의 지구 역사와, 전통적으로 역사가들이 서술해온 문자 도입 후의 인류사 사이에 새로운 개념 공간을 열어준 셈이었다. 선사시대에는 둘을 연결 짓고, 하나의 역사 서사로 통합할 만한 잠재력이 있었다.

19세기 중반에 나타난 놀라운 약진은 바로 이런 맥락에 놓여 있었다. 그 약진이란 플라이스토신 포유류의 멸종이 일어난 시대와 시기상 겹치는 기나긴 석기시대가 역사상 실재했다는 사실이 처음으로 입증된 것이었다. 슈멜링의 가슴 아픈 경험을 보건대 증거가 동굴에서만 나온다면 인류가 매머드에 둘러싸여 살아갔다고 회의론자들을 설득하기란 불가능했을 것이다. 동굴 퇴적층은 버클랜드의 '붉은 여인' 사례처럼 매장 등의 이유로 교란될 가능성이 늘 있었다. 동굴은 인류가 존재하는 한 거주하기 좋은 장소였기 때문이다(19세기 유럽에서도 일부 동굴에는 여전히 '혈거인'이 살았다). 결정적 증거가 되려면 이전에 비해 동굴 발굴 작업을 대단히 조심스럽고 정밀하게 수행해야 할 터였다. 아니면 그 대신에 동굴에서 멀찍이 떨어진 곳에서, 예전에는 홍적층으로 분류되었지만 이제 플라이스토신 강자갈로 재해석된 퇴적층에서 인간과 매머드가 동시대에 살았다는 증거를 찾을 수도 있었다. 곧 밝혀지겠지만, 약진은 두 종류의 장소에서 모두 일어났다.

    몇몇 향토 고대품 연구자들은 프랑스 북부 해안에서 멀지 않은 솜 계곡에서 다양한 선사시대 석기 유물을 발견하고 그에 대해 서술한 바 있었다. 이들은 대체로 지표상에서 발견되어 연대 추정이 불가능했다. 그러나 1840년대 지방 공무원 자크 부셰 드 페르트Jacques Boucher de Perthes 는 아베빌의 자택 근처에 있는 자갈 채취장 깊은 곳에서 그와 같은 유물을 약간 발견했다고 주장했다. 이 사력층에는 일반적 멸종 포유류 몇몇의 뼈 화석이 풍부했기 때문에 그의 주장은 포유류 절멸종과 인간이 동시대에 있었다는 주장이나 다름없었다. 그러나 부셰가 『켈트인과 범람 이전의 고대품Antiquités Celtiques et Antédiluviennes』(1847)에서 이 발견물을 해석한 방식은 지질학자와 고고학자 모두에게 거부당하기 딱 좋았다. 그는 이 석기가 로마인이 당도하기 전에 그 지역에서 거주한 '켈트인Celts' 같은 평범한 인류의 것이 아니라, 성서에 나오는 대홍수로 거대 포유류와 함께 깡그리 사라진 아담 이전 족속이라는 범람 전의 인류가 쓰던 것이라고 보았다. 틀림없이 부셰의 독자들은 이런 견해에서 우드워드와 쇼이처의 시대를 떠올리면서 그보다 계몽된 자신들의 시대에 걸맞은 이론은 아니라고 보았을 것이다. 이 때문에 그들은 부셰가 무지몽매한 지방민이라며 손쉽게 깎아내릴 수 있었다. 그리고 부셰가 사력 퇴적층의 순서에서 석기가 정확히 어디에 있었는지를 기록하는 바람직한 지질학 연구 방식을 따르기는 했지만, 많은 유물은 그가 직접 발견한 것이 아니라 얼마든지 그를 오도하거나 고의로 속일 수 있는 노동자들이 발견했다는 점에서 의심스러운 구석이 있었다. 무엇보다도 수많은 동물 뼈 사이에서 인간의 뼈가 발견된 적은 단 한 번도 없었다.

    아나 다를까, 부셰의 주장은 초기 인류와 멸종 포유류의 공존 가능성을 기꺼이 받아들인 지질학자들에게조차 거부되거나 무시당했다.

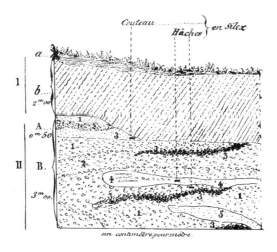

자료 8.3 아베빌 부근의 어느 자갈 채취장에 대한 부셰 드 페르트의 단면도(1847). 지면으로부터 몇 미터 아래에서 멸종 포유류의 뼈와 동일한 플라이스토신 지층에 묻힌 채 발견된 돌칼(Couteau) 한 점과 돌도끼(Hâches) 두 점의 정확한 위치를 보여준다. 처음에는 지질학자와 고고학자 대다수가 의심의 눈초리를 보냈지만, 이런 증거는 훗날 '인류의 태곳적'을 뒷받침하는 결정적 증거로 받아들여졌다.

그러나 충분한 자격 요건을 갖춘 한 회의론자는 솜 계곡 위쪽에서 그와 비슷한 추가 발견을 하고 나서 입장을 바꾸게 되었다. 일전에 퀴비에를 도와 뼈 화석의 지방 정보원으로 활동했던 의사 마르셀 제롬 리골로Marcel-Jérôme Rigollot는 아미엥시에 있는 자택에서 멀지 않으며 뼈 화석이 나오는 생타슐의 자갈 채취장에서 원 상태 그대로 놓여 있는in situ 석기를 발견했다. 애석하게도 그는 자신의 발표 내용을 지질학자나 고고학자들이 충분히 논의하기 전에 사망했고, 학자들은 계속 이 사안이 불확실하며 미제 상태라고 생각했다. 부셰는 자신의 저작 『고대품Antiquities』(1857) 2권에 리골로의 저작을 포함시켰다. 이 책은 앞서 제기한 공상에 가까운 내용을 다수 삭제해서 받아들이기 한결 수월할 만도 했지만, 이번에도 파리와 런던 같은 과학 중심지에서 활동하는 전문가 견해를 움직이지는 못했다.

　얼마 후 이런 막다른 골목에 길을 열어준 것은 놀랍게도 동굴에서 나온 증거였다. 1858년 잉글랜드 남쪽 해안에 있는 도시인 토키 부근에서 브릭섬 동굴이 발견되었고, 동굴에 동물 뼈 화석이 풍부하게 남아 있음이 밝혀졌다. 잉글랜드 지질학자들은 이 동굴의 잠재력을 재빨리 알아보았다. 이 동굴을 통해 태곳적 인류 문제를 해명할 수는 없어도, 현대의 포유류종이 플라이스토신 포유류를 대체해나가는 사건들의 역사적 순서는 명확히 할 수 있을 것 같았다. 지질학회는 모금을 통해 전례가 없을 정도로 주의를 기울이며 꼼꼼히 발굴 작업을 할 수 있도록 지원했고, 발굴 과정은 고고학자, 라이엘을 비롯한 지질학자, 해부학자 리처드 오언(공룡을 처음으로 정의하고 공룡이란 이름을 붙인 '잉글랜드의 퀴비에') 등이 포함된 훌륭한 위원회에서 감독했다. 지질학자들은 커크데일이나 바이에른의 동굴에서와 마찬가지로 겹겹이 침전된 석순층 아래에서 다량의 동물 뼈를 발굴했고, 뼈가 연이은 동굴 퇴적층에서 어디에 있었는지를 정밀하게 기록했다. 그러던 중에 뜻밖의 보너스처럼 논란의 여지가 없는 뗀석기 몇 점도 출토되었는데, 이 석기들은 손상되지 않은 석순 아래쪽에 고스란히 놓여 있었다. 이 석기를 만든 사람들은 명백히 하이에나, 코뿔소 절멸종과 동시대에 살아 있었을 것처럼 보였다.

　그러나 브릭섬 동굴조차 동굴에서 나온 증거에 대한 지질학자들의 오랜 의심을 누그러뜨리기에는 충분치 않았다. 그리고 그 뒤 몇 달간 라이엘을 포함해 브릭섬 동굴 발굴에 참여한 사람들 몇몇이 부셰를 만나러 프랑스로 건너가, 부셰와 리골로가 말한 솜 계곡의 자갈 채취장을 직접 살펴보았다. 그 자리에서 마침내 그들은 프랑스의 발견물이 진짜라고 확신하게 되었다. 새로 발견된 석기가 지면에서 한참 아래에 있는 자갈 채취장 표면에 여전히 파묻혀 있는 모습을 보았으니 딱히 의심할 여지가 없었다. 1859년 그들은 영국에서 과학계의 견해를 바꾸기 위한 조직적 운동의 일환으로 자신들이 내린 결론을 여러 과학 학회에서 보고하며 지질학자, 고고학자, 기타 '과학지식인'에게 호소했다. 라이엘은 역사적 결론을 이끌어냈다. "도구 화석을 제작한 시대와 로마인의 골[프랑스] 침공 사이에는 시대의 장구한 흐름"이 있었다는 것이었다. 19세기에도 수발총용 부싯돌의 제작에 사용하는 고도의 숙련 기술을 지닌 인류가 이미 플라이스토신 빙하기부터, 아니면 적어도 그보다 온화한 간빙기 때부터 유럽 전역에 살고 있었던 셈이었다.

파리에서는 여전히 이런 결론에 저항하는 사람들이 있었다. 파리 과학 아카데미의 유력 인사였던 엘리 드 보몽은 퀴비에의 회의적 입장을 견지했다. 반면 부셰의 명예 회복과 그것이 지닌 함의를 옹호하는 프랑스인들의 목소리도 커졌다. 그러나 어떤 인류가 돌 가공품을 만들었는지는 아직 불분명했다. 이 문제는 인간처럼 생긴 첫 화석이 드디어 솜 사력층에서 발견되면서 더욱 복잡해졌다. 1863년 아베빌 근처의 물랭 키뇽에서 발견된 턱뼈는 커다란 논란을 일으켰다. 이와 관련된 프랑스 자연사학자 대다수는 이 턱뼈가 진짜라고 주장했다. 그러나 영국인은 대부분 이 턱뼈가 누군가 몰래 묻어둔 가짜라고 의심했다. 그 무렵 수익성이 높았던 석기 '복제품' 관광업에 깊숙이 연루된 어느 일꾼의 소행일 수도 있다는 말이었다. 과학자들은 '턱뼈 재판'에서 이 문제에 대해 토론했다. 처음에는 파리, 그다음에는 노르망디 현장에서 열린 이 모임에서 양국의 지도자급 전문가가 자신의 주장을 펼쳤다. 이 재판은 공식적으로 턱뼈가 진짜임을 지지하는 쪽으로 결론이 났지만, 진위를 둘러싼 의혹은 지속되었으며 결국 물랭 키뇽 턱뼈는 사기로 밝혀져 배척되었다. 그래서 도구를 만드는 인간이 어떤 특징을 지니고 있었는지는 예전과 마찬가지로 불확실했다.

이 국제 논쟁을 처음 제안한 지질학자 에두아르 라르테Édouard Lartet는 지질학자들이 지구 역사상의 먼 옛날에 이르기까지 구성해놓은 연대기에 필적할 상대적 연대기가 선사시대에 대해서도 필요하다고 주장했다. 그는 앞서 투르날이 내놓은 의견을 바탕으로 일단 서유럽에서는 초기 인류와 공존한 적 있는 일련의 포유동물군을 기반 삼아 잇따르는 네 시대의 윤곽을 대강 그렸다. 동굴 곰 시대, 코끼리와 코뿔소 시대, 순록 시대, 마지막으로 오록스(멸종한 야생 소 종) 시대가 그것이었다. 이 순서는 이전에 있었던 포유류가 하나하나 멸종되었다는 점을 뚜렷이 반영하고 있었고, 예전의 인류가 멸종의 원인이었을지도 모른다는 강한 의심이 깔려 있었다.

초기 인류 문화권의 유물을 설명하기 위해 이와 유사한 순서를 일찌감치 제안한 사람도 있었다. 1837년 덴마크의 고대품 연구자 크리스티안 톰센Christian Thomsen은 초기 인류 유물이 석기시대부터 청동기시대를 거쳐 철기시대까지 기술적 정교화 수준이 높아지는 순서대로 나타난다고 주장했다. 이 '세 시대 체계three-age system'는 원래 톰센이 담당하던 박물관의 다양한 유물을 분류하고 전시하기 위한 조직 원리였다. 이 체계는 인류가 기술적으로 진보한다는 그럴듯한 가정에 기반을 두고 있었다. 그러나 매끈한 간석기나 돌 무기가 특징인 석기시대도 뗀석기가 만들어진 시대보다 훨씬 최근임이 명백했다. 이 때문에 런던의 젊은 '과학지식인man of science'이자 은행가였던 존 러복John Lubbock은『선사시대Prehistoric Times』(1865)에서 톰센의 구분 가운데 제일 처음의 시기를 신석기Neolithic 시대로 개명해야 하며, 뗀석기가 나온 그보다 전의 시기는 구석기Paleolithic 시대라고 불러야 한다는 의견을 제시했다. 이에 따라 브릭섬 동굴과 솜 사력층은 가령 스톤헨지 같은 선사시대 유적보다 훨씬 예전에 생긴 것이 틀림없는 구석기 유적이 되었다. 그리고 1872년 프랑스 고고학자 가브리엘 드 모르티예Gabriel de Mortille는 돌을 떼는 솜씨가 얼마나 진보했는지를 기준으로 삼아 구석기 시대를 일련의 국면으로 다시 쪼갰다(그중 가장 오래된 아슐기Acheulian는 리골로가 살았던 생타슐St-Acheul의 지명을 따서 붙인 이름이다). 그리고 나니 이와 같은 시대 구분을 인류 주변의 포유동물군 변화에 바탕을 둔 라르테의 시대 구분과 관련지음으로써 값진 결실을 맺을 수 있을 것 같았다.

하지만 이와 같은 인간 활동의 잠정적 역사에서 맨 처음 부분은 명확하지 않았다. 당시 '원시 석기eolith('여명기 석기')'라 불린 유물을 둘러싸고 오랫동안 뜨거운 논쟁이 이어졌다. 원시 석기란 돌을 뗀 흔적이 있지만 구상이 뚜렷이 드러나지는 않는 부싯돌로, 화석으로 미루어볼 때 플라이오신으로 추정되는 퇴적층에서 발견되었다. 이들이 정말로 사람이 만든 유물이라면, 인류의 태곳적은 플라이스토신 기간보다도 앞당겨질 터였다. 그러나 무작위로 깨진 비슷한 모양새의 돌은 현대의 해변과 강에서도 발견되었으며, 이들은 분명 자연에서 유래한 것이었다. 결국 지질학자 대다수는 원시 석기가 인간의 솜씨로 만들어진 산물이 아니라고 결론 내렸고, 초기 인류 생활의 흔적은 플라이스토신으로 국한되었다. 그러나 이것만 해도 충분히 충격적이었다.

19세기 나머지 기간 동안 플라이스토신 기간의 역사는, 적어도 서유럽이 겪은 역사만큼은 점차 탄탄하게 재구성되었다. 이를 통해 빙기와 간빙기의 기후가 번갈아 닥치는 이야기와 동물군이 변천하는 이

자료 8.4 선사시대 뗀석기 중 하나(두 방향에서 바라본 모습과 단면). 1858년 잉글랜드 남부의 브릭섬 동굴 바닥 아래에서 멸종한 포유류의 뼈와 함께 발견되었다. 런던의 지질학자이자 부유한 와인 상인이었던 조지프 프레스트위치(Joseph Prestwich)가 발간한 발굴 보고서(1873)에 삽화로 들어 있다. 전례 없이 주도면밀하게 기록한 이런 발견물은 인류와 플라이스토신 동물군이 공존했다는 주장에 남아 있던 의구심을 해소하는 데 도움이 되었다. 이런 발견물을 통해 인류사가 예전에 **인류가 나타나기 전**이라고 여겼던 시대까지 펼쳐져 있었음이 입증되었다. 그렇다고 해도 인간 종은 지구 역사 전체를 놓고 볼 때 **상대적으로** 신참이었지만 말이다.

야기, 서서히 발전해나가지만 아직 문자를 사용하지 않는 인류 문화가 잇따르는 이야기가 한데 통합되었다. 라이엘이 쓴『인류의 태곳적Antiquity of Man』(1863)은 이미 그때부터 지질학자와 고고학자 사이에 형성되고 있던 광범위한 국제적 합의를 종합한 저작이었다. 그는 논란 많은 원시 석기를 빼면 인류 이전의 세계에 해당하는 제3기 후반의 플라이오신부터, 멸종 포유류와 초기 인류가 있던 플라이스토신을 거쳐 빙하 이후의 세계와 기록이 남아 있는 인류사의 시대까지 역사적 순서를 개괄했다. 19세기 말이 되면 라이엘이 상상한 '시대의 장구한 흐름'

은, 멸종한 매머드와 동시대에 살았던 사람들부터 로마인이 북유럽을 식민지로 편입하고 문자로 된 역사를 전하며 조우했던 철기시대 사람들까지 개략적으로나마 면면히 이어지는 인류 문화들로 채워져 있었다.

진화 문제

머치슨은 이와 같은 인류의 태곳적 확립을 두고 '갑작스레 일어난 위대한 혁명'이라고 불렀다. 이를 통해 인류 없이 이어진 기나긴 지구의 역사 말미에 인간 종을 붙들어놓았다는 것이었다. 앞서 언급했듯이, 이 혁명에서 결정적 순간은 선도적 '과학지식인'들이 솜 사력층에 진짜 서기가 멸종 포유류 뼈와 함께 있다고 합의한 1859년이었다. 그러나 오늘날 1859년은 다윈의 저작『종의 기원On the origin of Species』이 처음 출간된 해로 더욱 유명하다. 현재의 입장에서 돌이켜본다면 기나긴 생명의 역사는 화석 기록으로 남아 있는 모든 동식물이, 그리고 마지막에는 인류까지도 점진적으로 진화했다는 설명을 절실히 기다리고 있었던 것처럼 보일지도 모른다. 그러나 사실 진화를 통해 기나긴 생명의 역사를 설명하는 일은 다윈의『종의 기원』을 통해 진화론적 설명이 그럴듯해 보이게 된 뒤에도 '과학지식인'이나 식자층에게 널리 받아들여지지 않았다. 이를 토대로 '종교'나 '교회'가 흔히 주범으로 지목되는 반동적 영향력만 없었더라면 진화론적 설명이 더 일찍 제기되고 수용될 수 있었으리라고 손쉽게 결론 내릴 수 있을 것 같다. 그러나 이렇게 결론짓는다면 관련 논쟁에 대한 심각한 오독이 될 것이다.

잠깐 18세기로 시간을 되돌려보자. 그때에는 '지구 이론'이나 이와 유사하게 사변에 기반을 둔 저작들을 제외하고는 '자연사'라는 서술적 과학에서 역사적 차원이라곤 도저히 찾아볼 수가 없었다. 자연사에서 일상적으로 수행되는 활동을 살펴보더라도, 광물학자는 식물학자들이 식물을 분류하고 동물학자들이 동물을 분류할 때와 동일하게 광물을 여러 '종'으로 분류할 따름이었다. 이런 학문에서 종의 기원에 의문을 품어봐야 의미가 없었다. '데이지'나 '사자'라고 불리는 종은 세계의 다양성을 이루는 불변의 요소로 여겨졌고, '석영', '소금'이라 불리는 종도 마찬가지였다. 이들의 기원에 대한 질문은 형이상학에서 중요하게 다루는 주제이거나 일부 독실한 신자에게는 천지창조의 처음 여러 '날'에 걸친 신의 행위와 관련된 문제일 수도 있었다. 그러나 이 질문은 과학 분야에서 다루기에 부적절하고 그 안에서 답을 구할 수도 없는 것처럼 보였다. 이 책의 앞 장들에서 간단히 보여준 대로, 지구와 생명에 역사가 있다는 생각, 그리고 무엇보다 멸종이 정말로 일어났으며 과거 세계가 현재 세계와 확연히 다르다는 생각이 발전하면서, 이러한 역사 속에서 살아 있든 멸종했든 다양한 생물의 기원에 대해 질문을 던지는 행위가 비로소 의미를 갖게 된 것이었다. 이에 따라 종의 기원은 과학 내의 문제, 그것도 아주 중요한 문제가 되었다. 선도적 '과학지식인' 존 허셜John Herschel은 훗날 이를 두고 '수수께끼 중의 수수께끼'라고 불렀는데, 이 말은 곧 이 문제가 언젠가 풀어야 할 몹시 중요한 난제라는 뜻이었지, 이 문제를 영원히 수수께끼로 남겨둘 이유가 있다는 뜻이 아니었다.

19세기에 들어서야 사변을 펼치는 수준을 넘어 비로소 오늘날 우리가 진화론이라 부르는 이론을 구성해보는 일이 의미를 갖게 되었다. 그러나 앞 장에서 언급했듯이 라마르크의 기본 생각은 다음과 같았다.

모든 생물은 그 속도가 매우 느릴지라도 부단히 변화 또는 '변형transmut-ing'을 겪기 때문에 '종'이란 궁극적으로 실체가 없고 임의적이며, 이전의 종에서 새로운 종이 출현하는 일은 전적으로 시간의 경과에 달린 문제라는 것이었다. 그러나 파리 근교 제3층의 조개껍질 화석을 다룬 라마르크의 뛰어난 연구에서 그가 실제로 수행하는 활동을 보면, 나이 어린 동료 퀴비에가 현생 포유류나 포유류 화석을 다룰 때와 마찬가지로 라마르크도 연체동물 종을 실재하는 자연 단위인 것처럼 간주했다. 라마르크가 진화에 대한 이론을 수립하는 과정과 그가 종을 묘사하고 명명하면서 실제로 수행한 활동은 거의 완벽히 괴리되어 있었다. 이를 보면 종이 시간에 따라 다른 종으로부터 서서히 진화했으리라는 생각을 19세기 초 자연사학자 대다수가 인정하기 꺼린 가장 유력한 이유가 드러난다. 골치 아프게 하는 몇몇 예외가 있긴 했지만, 자연사학자들은 실제 활동에서 종들이 서로 뚜렷이 구분된다는 점을 깨달았던 것이다. 예컨대 19세기에 접어들기 직전에 퀴비에가 내놓은 유명한 발표를 보면, 인도코끼리는 아프리카코끼리와 달랐으며, 둘 다 멸종한 매머드와 별개의 종이었다. 연체동물 화석에서 절멸종과 현생종의 비율 변화를 계산하는 기발한 방식으로 제3기의 시간 척도를 정리한 라이엘의 활동은 종이 셀 수 있는 별개의 자연 단위로서 실재한다는 점에 크게 기대고 있었다. 요컨대 지질학은 괄목할 만한 발전을 이루었지만 라마르크의 이론이 말하는 대로 지질학적 시간에 따라 어느 종이 다른 종으로 점진적으로 변형되었거나 진화했다고 볼 만한 화석 증거를 찾아내지는 못했다. 나중에 나올 이론들은 화석 증거가 없는 이유를 설명하거나 라마르크의 이론을 배제해야 했다.

이 문제를 회피하는 대안적 이론은 종을 사라지지 않는 한 바뀌지도 않는 자연적 실재라고 인정하면서, 상대적으로 급격한 모종의 변화를 통해 이전의 종에서 새로운 종이 나타날 수 있다고 주장했다(현대 진화론의 개념인 '단속 평형'과 얼마간 유사하다). 시간이 흐르며 종이 하나하나 '탄생'한다는 브로키의 생각은 이런 가능성을 내포하고 있었다. 그리고 파리 대박물관에서 라마르크의 편에 서서 퀴비에를 비판했던 동물학자 에티엔 조프루아 생틸레르Étienne Geoffroy Saint-Hilaire는 1820년대와 1830년대에 이런 이론을 더욱 명료하게 발전시켰다. 이 이론은 병아리 사육장에서 부화하는 병아리와 파리의 대형 병원에서 태어나는 사람에게서 간혹 무작위로 '기형monstrosity'이 나타난다는 사실에 바탕을 두고 있었다. 조프루아는 자연 세계에서도 이와 비슷한 방식으로 새로운 종이 '전도유망한 기형hopeful monsters'으로서 출현할 수 있겠다는 의견을 제시했다('전도유망한 기형'은 조프루아의 이론과 약간 비슷한 20세기의 이론을 비판하는 사람들이 쓰는 용어다). 그는 현생 인도악어gavial가 쥐라층에서 발견된 전혀 다른 악어 화석종으로부터 "세대가 끊이지 않고 지속되며" 출현했다고도 주장했지만, 그가 제시한 계통도는 화석 증거에 비추어 말도 안 되는 것이어서 손쉽게 묵살되었다. 어쨌거나 자연사학자 대다수는 이런 식의 이론을 용납하기 어렵다고 생각했을 뿐 아니라 심지어는 혐오하기까지 했다. 왜냐하면 이런 이론은 유기체가 특정한 생활 방식에 딱 맞게 설계된 것처럼 보인다는 점을 설명하지 못했기 때문이었다. 그것이 신의 계시에 따른 것이든 아니든 간에 말이다. 적응을 일어나기 힘든 우연의 문제로 만들어버린 것이었다. 그럼에도 불구하고 이와 비슷하게 자연계의 '도약saltation'이나 '약진leap'을 수반하는 모종의 과정에 의해 새로운 종이 출현할 수 있다는 추측을 두고 광범위한 논쟁이 벌어졌고, 유럽 본토에서 이 논쟁은 더더욱 심했다. 어떤 이유에서든 라마르크 식의 이론이 만족스럽지 않았던 자연사 학자들은 유기체 변화를 다루는 유망한 모형들에 대해 논의하거나, 적어도 그런 모형의 단초를 제공했다. 극도로 느리고 점진적인 변화에 방점을 두는 다윈 식의 특정한 진화론이 19세기 논의에서 유일하게 쓸 만한 이론처럼 보이는 것은 우리가 현재의 입장에서 바라보기 때문이며, 일부는 다윈이 『종의 기원』에서 유려한 수사법을 사용한 덕분이기도 하다. 다윈은 신이 기적을 통해 개입해서 새로운 종이 갑자기 출현

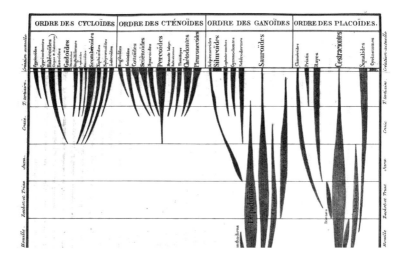

자료 8.5 루이 아가시의 <어류의 계통도>. 1843년 아가시의 걸작인 『어류 화석 연구(Recherches sur les Poissons Fossiles)』(1843-1844)에 발표되었다. 시간은 위쪽으로 흐르며, 도표가 기반을 두고 있는 암석층도 그 순서를 따른다(왼쪽과 오른쪽 여백에 암석층의 이름이 적혀 있다). 각 '갈래'의 폭은 그에 해당하는 어류군이 시간에 따라 상대적으로 얼마나 풍부하고 다양했는지에 대한 그의 느낌을 표현한 것이다. 네 개의 주요 '목(order, 目)' 중 둘(경린어(ganoid)와 순린어(placoid))은 이전 시기에 많았고, 다른 둘(원린어(cycloid)와 즐린어(ctenoid))은 백악기(Craie)에 처음 출현해 제3기(Terrain tertiaire)와 현재 세계(Création actuelle, 맨 위)에 들어서야 다양해졌다. 이 도표는 현대의 진화 도표 일부와 매우 비슷하고 "계통도"라는 용어도 쓰고 있지만, 아가시는 라마르크 식의 진화 이론은 물론이고 나중에는 다윈 식의 진화 이론에 대해서도 완강히 반대했다.

했다고 말하는 것만이 자신의 이론에 대한 유일한 대안이라고 주장했다. 하지만 그렇지 않았다. 많은 자연사학자는 새로운 종이 자연적으로 출현할 수 있는 다른 방법이 있는지 궁리하고 있었다. 다만 다윈의 이론만큼 충분히 진전된 것이 없었을 따름이다.

다윈은 과학계에 지질학자로 처음 이름을 알렸다. 그는 라이엘에게 지대한 영향을 받았으며, 나중에 유명세를 떨치게 되는 비글호 항해를 할 때도 라이엘의『원리』를 지참했다(그는 비글호의 비공식 자연사학자였으며 남아메리카 해안선의 공식 수로를 측량할 때 선장의 말벗 역할을 했지만, 육지에서도 그에 못지않게 긴 시간을 보냈다). 그는 항해 전에 세지윅에게 지질학 현지 조사에 대해 잠깐 배운 적이 있었다. 다윈은 항해에서 돌아와 지질학회의 정회원이 되었고, 약혼자에게 자신을 "지질학자인 저는"이라고 소개했으며 항해를 하면서 현장에서 목격한 내용을 바탕으로 이후 몇 년 동안 지질학 논문과 책을 저술하고 발표하는 데 몰두했다. 그러나 다윈은 이와 동시에 남몰래 진화 이론을 전개하고 있었고, 다른 사람이 앞서 제시한 이론보다 상세한 증거로 뒷받침하지 않으면 폭넓은 대중은 고사하고 '과학지식인'도 자신의 이론을 받아들일 가능성이 희박하다는 점을 잘 알고 있었다. 다윈은 따개비 현생종과 화석종에 온 힘을 바쳐 철저하게 연구하느라 꼬박 8년을 들였기 때문에, 나중에 그가 종 문제를 직접 경험한 적이 없다며 비판할 수 있는 사람은 아무도 없었다. 그는 라이엘의『원리』를 모방하여『자연 선택Natural Selection』이란 방대한 저작을 쓸 계획이었다. 자연선택은 자신이 제안한 진화의 주 원인(그러나 이 원인만 있는 것은 아니었다)을 가리키려고 붙인 이름이었다. 1859년, 마침내 다윈은 '초록'인데도 분량이 만만찮은『종의 기원On the Origin of Species』이란 저작을 출간했는데, 표제인' 종의 기원'도 자연선택과 마찬가지로 그의 의중을 담고 있었다. 그는 지구의 기나긴 역사에 걸쳐 진화가 어떤 복잡한 경로를 거쳐 이루어졌는지를 재구성하는 대신, 어떻게 새로운 종이 이전의 종으로부터 진화할 수 있는가 하는 인과 문제로 자신의 이론을 엄격히 제한하고자 했다(그는 제목에서 종을 복수형으로 써서 종들의 기원에 대해 말하고 있는데, '종의 기원the origin of **the** species'같이 단수형으로 잘못 인용하는 경우가 많다).

다윈은 진화가 매우 느리고 점진적인 과정을 거쳐 일어난다는 의견을 내놓았지만, 화석 기록에 이를 확실히 입증할 증거가 없다는 곤혹스러운 사실부터 해명해야 했다. 그러나 그는 심원한 시간이 어마어마하게 주어져 있다는 라이엘의 주장에 전적으로 동의했고, 화석 기록이 몹시 불완전하다는 라이엘의 한결 논쟁적인 주장도 받아들였다. 다윈은 생명의 역사까진 아니라도 최소한 지구의 역사에 대해서는 라이엘의 '균일론' 또는 정상 상태 모형도 수용했다. 그는 라이엘처럼 지각이 위아래로 끊임없이 완만하게 진동하는 거대 지각판crustal plate으로 이루어져 있다고 주장했다(다만 현대 판 구조론처럼 옆으로 움직인다고 보지는 않았다). 그는 이 이론으로 이를테면 산호초가 다양한 형태를 띠는 현상을 설명했다. 거초, 보초, 환초처럼 육안으로 볼 때 차이가 나는 '종'은 지각판이 산호초 아래로 서서히 침강할 때 산호초가 해수면 근처에 머무르기 위해 거치는 연속된 과정의 일환일 뿐이라는 것이었다. 산호초에 대한 설명은 유기체의 진화도 이처럼 서서히 연속된 과정을 거쳐 이루어졌다는 다윈의 생각을 소개하기에 유용한 비유였다. 또한 끊임없이 바뀌는 지형이 어떻게 새로운 종이 조상 종으로부터 서서히 갈라져 나올 수 있는 변화무쌍한 환경의 조성으로 이어지는지를 일러주기도 했다.

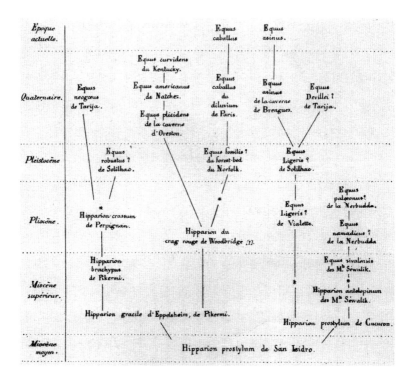

자료 8.6 프랑스 고생물학자 알베르 고드리(Albert Gaudry)가 1866년 재구성한 말과(科) 동물의 진화사. 시간은 위쪽으로 흐르며, 화석이 발견된 제3층과 당시 막 제4층이라는 이름이 붙은 암석층도 그 순서를 따른다. 현재(Époque actuelle, 맨 위)도 서식하는 두 종인 말과 나귀는 일부는 멸종했고 일부는 후대 종의 조상이 된 훨씬 다양한 화석종의 '덤불'에서 살아남은 것처럼 그려졌다(별표는 고드리가 확실하지 않다고 생각한 연결고리라는 의미다). 이런 재구성은 진짜 화석 증거에 기반을 두었다. 각 사례에는 화석종이 나온 장소를 적어놓았다(파리, 그리스 피케르미, 인도 시왈릭 언덕, 잉글랜드 노포크 등). 그에 반해 19세기에 진화를 재구성한 시도는 대부분 '계통도'와 겉보기에 비슷해 보일 뿐 **살아 있는** 유기체들의 관계에 대한 추정에 주로, 또는 전적으로 의존했으며, 이를 먼 옛날로 확장하는 작업은 대체로 가설에 불과했다.

19세기의 나머지 기간에 생물학자는 진화의 원인을 두고 끝없이 토론했다. 다윈의 자연선택은 다소 빛바랜 개념으로 전락해 여러 원인

중 하나 정도로 여겨지게 되었다. 그러나 대부분의 고생물학자는 진화의 원인에 대해 할 말이 별로 없음을 인정하고 계속해서 화석 기록을 생명의 진화 역사와 연관 지어 해석해나갔다. 그리고 생물학자가 '가계도'를 구성해서 생명체의 조상을 추정하여 보여주려고 열을 올리는 동안(그저 분류 체계를 진화 형식으로 변환하는 경우가 많았다), 점점 더 많은 수의 고생물학자들은 단편적인 화석 증거를 서로 연결함으로써 유기체가 지구의 역사를 거치며 실제로 진화한 경로에 최대한 가깝도록 재구성하고자 했다.

이런 차이는 어떻게 고생물학자가 진화의 원인에 대한 논쟁에 휘말리는 일 없이 진화의 역사적 실재를 기꺼이 인정하고 이를 자신들의 연구에 편입시킬 수 있었는지를 설명해준다. 고생물학자는 다윈주의자, 신라마르크주의자, 도약 진화론자, 기타 진화론 분파 중 어느 집단에 참여할지 선택하지 않고도 '진화론자evolutionist'가 되었다(물론 이런 선택을 하는 고생물학자도 일부 있었다). 화석들이 진화적 연결고리를 통해, 다윈의 말을 옮기자면 "변형을 수반하는 대물림"을 통해 서로 관계를 맺고 있다고 추론하면 화석들을 더욱 잘 이해할 수 있었다. 화석 기록이 워낙 단편적이어서 변화가 어떤 원인에 의해 발생했는지, 변화가 점진적으로 일어났는지 급격하게 일어났는지 등은 알 수 없었지만 말이다.

진화의 원인이 무엇이건, 과학계의 견해를 진화에 우호적으로 돌려놓는 데 더욱 중요했던 것은 전에 주요 동식물군 사이의 '빠진 고리missing link'라고 해석했던 새로운 화석이 이따금씩 발견되었다는 점이었다. 이러한 신규 발견물 중 하나가 파충류와 조류를 그럴싸하게 연결해주는 쥐라기의 시조새Archaeopteryx였다. 시조새의 해부 구조는 파충류와 조류의 중간 성격을 띠었을 뿐만 아니라 지질시대도 거의 정확히

ARCHÆOPTERYX MACRURUS (Owen).

In the National Collection, British Museum.

자료 8.7 다윈의 『종의 기원』이 출간된 지 불과 2년 뒤인 1861년, 바이에른 주 솔른호펜의 쥐라기 석회암에서 발견된 **시조새** 화석(시조새의 원어인 'Archaeopteryx'는 '고대의 날개'라는 뜻이다). 시조새는 해부상으로 파충류와 조류의 중간 성격을 지니고 있는 파충류처럼 생긴 조류라고 해석되었고, 조류가 파충류 조상으로부터 **진화**하여 출현했다는 논의에서 그럴싸한 연결고리로 삼기에 딱 맞는 지질시대의 화석이었다. 거의 동시에 같은 퇴적층에서 발견된 작은 공룡은 조류처럼 생긴 파충류같이 보였고, 이 덕분에 이런 해석의 신빙성은 더욱 높아졌다.

그즈음에 맞아떨어졌다. 물론 논란은 있었지만 시조새는 결국 현재 별개로 여겨지는 주요 군과 군 사이에 진화가 실제로 일어났다는 점을 입증하는 강력한 증거로 받아들여졌다. 현대 용어를 쓰자면 시조새는 '대진화macro-evolution'의 증거였다. 반대로 화석은 다윈이 『종의 기원』에서 집중했던 소규모 변화, 다시 말해 어느 종과 그보다 나중에 출현한 유사 종 사이에 일어난 변화인 '소진화micro-evolution'를 뒷받침할 수 있는 명확한 증거를 사실상 전혀 내놓지 못했다. 이에 해당하는 두 사례는 각각의 부류에서 거의 유일한 증거로 주목받았다. 하나는 일련의 제3층 담수 연체동물 화석으로, 1875년 오스트리아 고생물학자 멜히오르 노이마이어Melchior Neumayr는 이를 두고 '대물림 이론에 기여'했다며 정확히 서술했다. 다른 하나는 유난히 균일한 백악층의 다양한 높낮이에서 발견된 성게 화식 마이크라스터Micraster로, 잉글랜드 고생물학자들은 '마이크라스터 진화가 끊이지 않고 지속되었음'을 밝혀냈다. 그러나 이런 경우는 원체 드물어서 19세기 후반 다윈류의 특정한 진화론에 대해 자라나는 의심을 막기에는 역부족이었다.

인류의 진화

1882년 다윈이 사망할 때까지 판을 거듭한 『종의 기원』은 어느 종이냐에 관계없이 새로운 종이 어떻게 다른 조상 종으로부터 만들어질 수 있는가라는 중요하면서도 한정된 문제에 줄곧 초점을 맞추었다. 그러나 다윈과 '과학지식인', 식자층은 처음부터 이 문제가 모든 종을 통틀어 가장 중요하다고 생각한 종인 인류의 기원과 뚜렷하게 관련이 있을 뿐 아니라, 그것이 인류에게 의미하는 바는 무엇인가라는 더욱 심오한 문제와 연관되어 있음을 예리하게 인식했다. 다윈은 『종의 기원』에서 이 점에 대해 단 한 번 언급했는데, 여기서 그는 예언자처럼 자신의 이론이 '인류의 기원과 역사에 광명을 비출 것'이라 표현했다. 인류의 진화 문제는 절대 먼 나라 이야기가 아니었다.

1820년대로 거슬러 올라가보자. 이때 젊은 라이엘은 화석 기록을 대체로 진보의 순서에 맞춰 해석하다가, 그런 진보적 요소를 깡그리 거부하고 공룡이 돌아올 수도 있는 정상 상태 체계 또는 순환 체계를 지지했다. 이런 전향volte-face의 계기는 아마도 그때 처음 접한 라마르크와 조프루아의 진화 개념이었을 것이다. 첫 어류가 나온 지 한참 지나서 첫 파충류가 나타나고 다시 한참 후에 첫 포유류가 나오는 '진보적' 화석 기록은 손쉽게 진화의 순서로 탈바꿈할 수 있고, 곧이어 첫 인류로 확장될 수 있다는 점을 라이엘은 대번에 깨달았다. 호모 사피엔스Homo Sapiens가 모종의 유인원으로부터 진화를 거쳐 자연적으로 출현했다고 인정하는 행위, 라이엘의 표현을 빌리자면 "오랑[우탄]까지 밀어붙이는"('갈 데까지 가다'라는 뜻의 관용구인 'go the whole hog'에서 돼지를 의미하는 'hog'를 오랑우탄으로 대신한 표현이다. – 옮긴이) 행위는 그를 비롯해 많은 사람이 훼손 불가능하다고 여긴 '인간의 존엄성'을 위협했다. 이는 이신론자 라이엘이, 이를테면 기독교 유신론자 세지윅과 의견을 같이하는 중대한 문제였다. 둘 모두에게 이 문제는 성서 축자주의에 대한 위협이 아니었다. 그보다 훨씬 중요한 문제는 따로 있었다. 인간은 도덕관념이 없는 동물과 달리 도덕적 책임을 진다는 사실이 함축하는 의미를 인류의 진화가 위협하는 듯이 보였다는 점이었다. 이를 보면 수십 년 후 노년의 세지윅이 왜 한때 자신의 제자였던 다윈이

『종의 기원』에서 발표한 내용을 강력히 부인하면서도, 그에게 보낸 편지 말미에 "뿌리 깊은 도덕적 관심사에 대해 몇몇 부분에서 우리의 의견이 다르지만, 자네의 진정한 옛 친구"라고 적었는지 설명이 된다. 라이엘은 『인류의 태곳적』에서 자신이 예전에 품었던 생각을 일부 포기했지만, 진화에 뜨뜻미지근한 태도를 취하며 제한적으로만 진화를 받아들여 다윈을 실망시켰다. 라이엘을 포함해 19세기 후반의 여러 학식인은 인간 육체의 진화를 인정하게 되었지만, 도덕관념과 양심, 의식 등등 인간을 온전히 인간이게끔 하는 모든 것의 기원을 다윈이 순전히 육체에 입각해 설명하는 데에는 난색을 표했다.

그러는 동안 인간 종은 점점 더 화석 기록에 밀접하게 통합되고 있었다. 19세기 초에는 아무리 방대한 화석 소장품이라 할지라도 이상하게 영장류(해부 구조상 인간이 속한 포유류군)가 빠져 있었다. 그러나 슈멜링이 벨기에에서 인간 화석을 발견했다고 발표해 논란이 벌어진 지 얼마 되지 않아, 1837년에 우연히도 프랑스 남부, 히말라야 고원, 브라질의 제3층에서 거의 동시에 인간이 아닌 유인원의 뼈 화석이 발견되었다. 이런 동시다발적 발견은 인간의 조상을 추측하여 놀라운 모습으로 재구성하는 계기가 되었다. 진지한 과학 활동의 일환은 아니었지만, 굳이 짐승같이 그린 이런 이미지를 보면 훗날 라이엘과 세지윅이 진화론의 귀결에 우려를 표한 데에는 그만한 이유가 있었음을 뚜렷이 알 수 있었다(현대의 일부 극단적 다윈주의자가 인간은 '한낱' 벌거벗은 원숭이에 불과하다며 조야한 환원론적 주장을 펼치는 것을 보면 19세기 이래로 이런 측면에서 달라진 것이 없음을 알 수 있다).

인류가 인간보다 하등한 모종의 유인원으로부터 진화했다는 점을 입증할 더욱 직접적인 화석 증거는 뒤늦게 나타났다. 1856년 독일 뒤

자료 8.8 <화석 인간>. 1838년 프랑스의 대중 과학 저자 피에르 부아타르(Pierre Boitard)가 생명의 역사에 대한 잡지 기사에서 상상한 인류의 조상. 심원한 시간의 한 장면이란 장르가 통속물로 자리 잡은 첫 사례일 것이다. 흑인이나 심지어는 원숭이를 닮은 모습을 보면, 당시 갓 발견된 증거였던 영장류 화석이 여전히 모호한 증거였던 인간 화석과 결부될 때 왜 '인간의 존엄성'이 위협받는다고 여겨질 소지가 있었는지를 알 수 있다. 특히 치열한 논쟁의 대상이던 19세기의 인종 정치에서는 더더욱 그랬다. 추측에 크게 의존한 이 이미지는 반세기 후인 1887년 독일의 진화론자 에른스트 헤켈(Ernst Haeckel)이 재활용했다. 헤켈은 이 그림을 통해 자신이 '빠진 고리'라고 가정한 **피테칸트로푸스**('원인')의 모습을 보여주고자 했다

셀도르프 부근 네안데르 계곡의 한 동굴에서 발견된 두개골은 분명 사람의 것과 닮았지만 호모 사피엔스의 것은 아니었다. 그러나 동굴에서 출토된 화석이 늘 그랬듯 '네안데르탈인Neanderthal Man'이 어느 지질시대에 속하는지는 매우 불확실했고, 그와 별개로 일부 해부학자들은 누개골에서 나타나는 차이가 병리적 이상에 불과하다고 생각했다. 『종의 기원』이 출간된 후, 다윈을 지지하던 동물학자 토머스 헉슬리Thomas Huxley는 『자연에서의 인간의 위치Man's Place in Nature』(1863)라는 책을 내 표제에서 말한 바로 그 문제를 검토했고, 슈멜링의 벨기에 두개골을 진짜 인간 화석의 반열에 다시 올려놓았다. 그러나 헉슬리는 그것이 "철학자의 것일 수도 있고[헉슬리 본인처럼!], 생각하는 능력이 없는 야만인의 두뇌가 들어 있었을지도 모르는 평범한 인간 두개골"이기 때문에 그로부터 인간 종의 진화에 대한 실마리를 얻을 수는 없다고 평가했다. 다윈 스스로 『인간의 유래The Descent of Man』(1871)에서 진화론적 논증을 명시적으로 확대했을 때 그는 인류의 진화를 뒷받침하는 설득력 있는 다양한 증거를 확보하고 있었지만, 뚜렷한 화석 증거는 하나도 제시할 수 없었다.

1882년이 되어서야 먼 옛날의 화석임이 분명한 네안데르탈인의 두개골이 발견되었다. 그러나 그때쯤에는 그 종이 우리의 직계 조상인지 의심할 만한 해부학적 근거가 있었다. 이보다 가능성이 높은 피테칸트로푸스, 즉 '원인Ape-Man' 화석은 1891년에야 발견되었다. 피테칸트로푸스는 진화론자들이 일찍이 자신 있게 예견한 바 있는 가설상의 '빠진 고리'였다. 이것이 네덜란드 생물학자 외헤너 뒤보이스Eugène Dubois가 동인도 제도(현재의 인도네시아)에서 발견한 '자바인' 또는 직립 원인Pithecanthropus erectus(오늘날의 호모 에렉투스Homo Erectus)이었다. 인류의 진화 과정을 두고 수없이 격론이 벌어졌지만, 이때부터 호모 사피엔스와 그들의 상상 속 조상은 모두 생명의 전체 역사 맨 끝에 굳건히 자리 잡게 되었으며, 그런 역사의 정점으로 간주되는 경우가 대부분이었다. 다음 장에서는 계속해서 19세기 후반을 다루되, 이 생명의 전체 역사를 지구 자체가 겪은 장기 역사의 일부로 바라볼 때 생기는 더욱 폭넓은 문제들로 되돌아갈 것이다

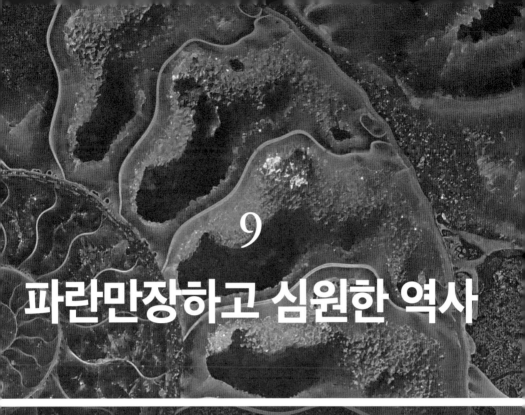

9

파란만장하고 심원한 역사

EARTH'S DEEP HISTORY

주변으로 밀려난 '지질학과 창세기'

19세기 후반 들어서도 일부 신앙인들은 지구가 매우 오래되었으며 인간은 마지막 순간에야 무대에 등장했다는 지질학자들의 견해에 극렬히 반대했다. 지질학자들의 견해가 창세기 첫 장에 똑똑히 나와 있는 자구 그대로의 의미와 상충한다는 것이 그 이유였다. 그러나 이런 관점은 지성계에서 주변부로 밀려나고 있었다. 이런 관점은 예나 지금이나 거의 전적으로 영어권에 국한되었으며, 그 안에서도 주로 교육을 많이 받지 못한 사람들에 한정되었다. 다른 사람들은 주요 지질학자들 중에도 독실한 사람들이 많으며, 그중에는 서품을 받은 성직자도 있다는 점을 알고 있었다. 이는 지질학이 종교 활동과 완벽히 양립 가능하다는 느낌을 북돋는 한편 이와 정반대에 있던 일부 세속주의자의 주장, 즉 다른 무엇보다도 과학이 신앙의 근간을 크게 흔들고 있다는 주장을 약화시켰다.

성서는 기독교도가 올리는 예배와 그것이 지탱하는 세계관의 중심에 놓여 있었고 개신교에서는 이런 면이 더더욱 두드러졌기 때문에, 수많은 종교적 논의는 계속해서 성서 해석 위주로 이루어졌다. 그러나 창세기 서사건 그 밖의 어느 성서 텍스트건 그에 대한 단일한 '축자적' 독해가 있다는 관념은 이미 두 방향에서 흔들리고 있었다. 시간을 거슬러 올라가보면, 계몽주의 운동이 펼쳐지던 18세기에 성서 연구는 고대 텍스트를 역사적으로 해석하는 방법을 도입하면서 변화를 겪었다. 고대 텍스트는 그 텍스트가 처음 만들어지고 또 겨냥하던 과거 특정 시점의 문화와 관련지어 이해할 필요가 있었다. 그리고 성서 텍스트의 경우, 19세기 초의 낭만주의 운동은 성서에 문학적 성격이 있으며 성서에서 수사, 비유, 상징, 운문이 폭넓게 사용된다는 점을 강조하곤 했고, 이런 성격 때문에 심오한 사상을 표현하는 능력이 줄어들기는커녕 오히려 늘어났다고 인식했다. 성서 비평은 이런 영향을 받아 양날의 검이 되었다. 성서 비평을 이를테면 과격한 정치적 목표에 동원하여 성서의 가치를 깎아내리거나 심지어는 무너뜨릴 수도 있었지만, 대신 더욱 깊이 있는 종교 활동에 활용해 신학적 이해를 북돋울 수도 있었다. 영국에서는 『소고와 논평Essays and Reviews』(1860)이 나오면서 이런 문제가 뒤늦게 부각되었다. 『소고와 논평』은 판매 부수나 곧바로 일으킨 충격 면에서 한 해 전에 출간된 『종의 기원』을 압도하는 책이었다. 이 책을 통해 영국의 식자층은 다른 유럽 지역의 지적 중심지를 한바탕 휩쓸고 지나간 신학 조류를 나중에야 경험하게 되었다. 『소고와 논평』의 저자들은 예상대로 일부 종교 전통주의자에게 어마어마한 비판을 받았지만, 그에 해당하지 않는 많은 독자는 이 책에서 해방감을 맛보았다. 19세기 말, 유럽의 식자층이라면 독실한 사람이든 회의적인 사람이든 "성서에서 말하기를…"이라는 단언으로 요약되는 조야한 축자주의를 도저히 옹호할 수 없다고 여기게 되었다.

이렇게 성서 텍스트의 성격을 한층 깊이 이해하면서, 지질학과 연관된 특정 주제들에 대해 창세기 서사를 해석하는 방법도 바뀌었다. 앞의 장들에서 살펴보았듯이, 노아의 홍수나 대범람을 두고서는 그 정도로 과격한 역사적 사건이 남겨놓았을 만한 특징을 자연 세계에서 찾아내려는 시도가 줄을 이었다. 처음에 이 사건은 제2층과 그에 속한 모든 화석의 원인으로 지목되었지만, 나중에는 표층 퇴적층과 홍적층으로 그 역할이 축소되었다. 그다음 표층 퇴적층과 홍적층이 플라이스토신 빙하 작용의 흔적으로 재해석되자, 창세기 서사는 설사 역사적 토대가 있다 하더라도 빙하기 끝 무렵이나 그보다도 이후에 상대적으로 일부 지역에 국한해서 일어난 사건으로 더더욱 한정되었다. 회의론자와 무신론자는 성서 텍스트가 모조리 허위임을 폭로한다며 이러한 해석상의 변화를 환영한 반면, 종교적 보수주의자는 창세기 이야기가 계시로 주어진 진리임을 무시한다며 그런 변화를 비난했다. 그러나 기실 이런 해석상의 변화가 보여주는 것은 창세기의 **역사화**였다. 가령 온 세상이 물에 잠겼다는 표현에서 온 세상이란 이제 홍수 이야기가 처음 대상으로 삼은 청중이 인식하고 이해한 세상을 가리키는 것으로 받아들여졌다. 이 이야기에 담긴 종교적 의미는 신자들이 간직하기로 마음만 먹으면 거의 바뀌지 않았고, 실제로 많은 이들이 그렇게 했다.

창세기의 홍수 이야기에 대한 역사화된 해석은 뜻밖에도 19세기 후반에 고고학자들이 메소포타미아에서 빌견한 고대 쐐기문자 비문을 성공리에 해독하면서 한층 더 공고해졌다. 쐐기문자 분야에서 손꼽히는 전문가였던 조지 스미스George Smith는 대영 박물관에서 근무하면서 니네베(현재 이라크의 도시인 모술 부근)의 유적에서 출토된 점토판 수백 개를 해독하려 애썼다. 1872년 스미스는 한 점토판에 성서에 나오는 서사와 흡사하되 노아의 자리에 이즈두바르라는 인물이 대신 등장하는 대홍수 이야기가 기록되어 있음을 발견했다고 보고했다. 그러나 스미스는 이 놀라운 발견을 창세기 이야기가 그보다 앞선 전거에서 유래했다는 증거로 간주하지 않고, 두 이야기가 동일 사건에 대한 별개의 기록이라는 의견을 내놓았다. 그는 둘 간에 차이가 나는 이유를 두 이야기가 처음 만들어진 지역인 메소포타미아와 팔레스타인의 상이한 물리적 환경으로 설명했다. 그래서 어떤 논평가들은 스미스의 발견으로 성서 텍스트가 특별한 영감에 기반을 둔다는 주장이 마침내 파산하고 말았다고 주장한 반면, 다른 논평가들은 성서의 판본이 홍수 이야기를 유대교 경전의 다른 부분과 맞아떨어지도록 **종교적** 색채를 가미해 해석한 것이라고 지적했다. 예를 들어 성서의 홍수 이야기는 인류에게 그런 재앙이 다시 닥치지 않을 것이라는 신의 언약으로 끝을 맺는 식이었다. 어쨌든 이 발견으로 학자와 폭넓은 식자층은 성서의 대홍수가 말 뜻 그대로 전 지구적으로 일어난 것이 아니라 메소포타미아 지방에 국한되었을 공산이 크다고 결론짓게 되었다. 그래도 대홍수는 지역적으로 벌어진 끔찍한 범람으로서 여전히 실제로 일어난 역사적 사건일 수 있었고, 이를 뒷받침하는 물적 증거가 중동 어딘가에서 나타나지 말란 법도 없었다. 나중에 스미스가 해독한 또 다른 점토판에

자료 9.1 고대 메소포타미아인의 대홍수 이야기가 기록된 점토판. 니네베 발굴 현장에서 찾은 파편을 조지 스미스가 맞춘 것이다. 이 판화는 스미스의 『창세기에 대한 칼데아인의 설명(Chaldean Account of Genesis)』(1872)에 수록되었다. 점토판에 대한 일반적 느낌을 전달하려는 의도였으며, 여기에 조그맣게 적힌 쐐기문자는 정확한 재현이 아니다.

는 메소포타미아판 창조와 멸망 이야기가 기록되어 있었는데, 그 내용은 성서의 설명보다 훨씬 풍부했다. 이는 성서의 판본이 이전의 자료를 취사선택하여 고친 것임을 시사했다. 이런 손질 작업에서도 유대교 사상에 부합하는 **종교적** 특징이 부각되었는데, 예컨대 창조는 세상의 새로운 면모 하나하나를 그 자체로 "좋다"라고 말하는 유일무이한 초월적 조물주가 누구의 도움도 받지 않고 수행한 작업으로 서술되었다.

한편 암석의 흔적을 바탕으로 성서에 나온 창조의 '6일' 이야기를 해석하는 작업에는 유구한 역사가 있었다(이에 대해서도 앞의 여러 장에서 개관했다). 19세기에는 지질학 분야가 급속히 발달하면서, 지구와 생명의 역사에 방향이 있으며 그 방향은 대체로 '진보적'이라는 인식을 뒷받침하는 새로운 증거가 쌓이고 있었다(이런 인식에 진지하게 의문을 제기한 사람은 라이엘뿐이었다). 유능한 지질학자를 비롯해 온갖 논평가들이 지질시대의 순서를 창세기 서사에 나오는 '날'에 맞추거나 둘을 '조화시키려고' 애썼다. 성서 연구가 보여주었듯이 '날'로 번역한 히브리어 단어가 이 맥락에서는 24시간이 아니라 신에게 중요한 순간 혹은 기간을 뜻할 수도 있다고 본다면, 그리 어렵지 않게 성서와 지질학의 설명을 '화해'시킬 수 있었다. 이렇게 한발 물러서기도 싫고 새로운 과학적 발견을 깡그리 거부하고 싶지도 않은 논평가들은 첫 창조 행위 직후부터 창조의 '6일' 중 첫째 날이 시작되기 직전까지가 성서의 서사에서 빠져 있다고 가정하면서 이 틈새에 지질학적 역사 전부를 끼워 넣을 수 있는 의견을 자못 절박하게 제기했다. 이렇게 보면 창조의 '6일'은 보통의 6일로 남을 수 있었다. 어쨌거나 19세기 후반이 되면 이전의 '성서를 따르는' 저술가가 지질학과 창세기 간에 존재한다고 주장한 모순은 대홍수 문제에서와 마찬가지로 천지창조 문제에서도 사라져갔다. 아니면 적어도 사회적·지적·종교적 측면에서 사회의 주변부로 물러나거나 추방되었다. 가령 유능한 잉글랜드 자연사학자지만 몹시 보수적인 종파인 플리머스 형제 교회 소속이기도 했던 필립 고스Philip Gosse는 『배꼽Omphalos』(1857)이란 제목의 책을 펴내 진화를 반박하고 '어린 지구'를 옹호했는데, 기발하긴 하지만 반증이 불가능한 그의 논의는 종교적 인사, 비종교적 인사 모두에게 거부되었다(책의 표제는 아담의 배꼽을 가리킨다. 아담은 배 속에서 태어난 것이 아니라 '땅의 흙'에서 곧바로 창조되었을 텐데도 배꼽이 있다고 여겨졌다).

사실상 지질학과 창세기는 19세기를 지나며 분리되었고, 그 과정은 대체로 평화로웠다. 독실한 기독교도이기도 했던 여러 지질학자는 자신의 학문 때문에 신앙이 훼손된다고 생각지 않았다. 지질학자 몇몇이 다른 이유로, 주로 윤리적 이유로 당대 문화에서 주류를 이루던 특정한 기독교를 거부했을 뿐이었다(다윈도 그중 한 명이었다). 그러나 19세기 초 영국에서 특정한 사회적·정치적 조건 때문에 '성서를 따르는' 저술가의 전성기가 잠깐 찾아왔던 것처럼, 19세기 말 들어 미국에서도 그에 못지않게 특수한 환경 속에서 성서 축자주의가 뒤늦게 부활했다. 예를 들어 1881년 프린스턴대학의 장로교 신학교 소속이었던 신학자 아치볼드 호지Archibald Hodge와 벤저민 워필드Benjamin Warfield는 성서에 담긴 신성한 '영감'을 다룬 논문을 발표해 파문을 불러일으켰는데, 그들은 이 글에서 "성서의 모든 언명에는… 한 점의 오류도 없다"라고 주장했다. 여기에는 '물리적 또는 역사적 사실'에 대한 내용도 포함되기에 이 주장은 곧 과학적 견해가 성서와 일치하지 않는 경우 최종 결정권은 성서가 쥔다는 뜻이었다. 그러나 이런 언어상의 '무오류성'은 교회나 가정에서 읽는 성서가 아니라 '자필 원본'이나 '원고 텍스트'에 있는 것이었다. 당연히 이런 글은 누구도 접할 길이 없었고, 성서 비평에서 늘 쓰는 학술적 도구를 활용해 현존 텍스트에서 재구성하는 수밖에 없었다. 따라서 성서가 언어상 절대적 무오류성을 띤다는 이 놀라우면서도 참신한 주장은 강력하지만 반증 또한 불가능한 주장이었다. 많은 신학자가 이 글을 신랄하게 비판했고 '신학적 쓰레기'라 부르기까지 했지만, 근대성modernity에 세속화를 밀어붙이는 힘이 있다고 본 미국 개신교의 주류 종파들은 이에 대항할 수 있는 유용한 무기로 호지와 워필드의 글을 적극 수용했다. 이렇게 미국 문화가 '예외주의'를 뽐낸 경우, 또는 이상하고 흔치 않다는 두 가지 모두의 의미에서 '별스러운' 모습을 보여준 경우는 이때가 처음도 마지막도 아니었다.

그러나 19세기 서양에서는 지질학자가 새로운 과학 지식을 내놓음으로써 자연이 신의 뜻에 따라 속속들이 설계되어 있다는 믿음이 입증되었을 뿐만 아니라 심지어는 더욱 굳건해졌다는 확신이 훨씬 널리 퍼져 있었다. 예를 들자면 이런 종류의 자연신학은 일찍부터 버클랜드의 노골적인 기독교 유신론뿐 아니라 라이엘의 암묵적 이신론에서도 두드러졌다. 그리고 버클랜드는 최초의 유기체라고 알려진 생물조차 특정한 생활양식에 딱 맞게 설계되어 있다는 점을 보임으로써 이런 자연신학을 생명의 머나먼 과거에 이르기까지 설득력 있게 확장했다. 그러나 19세기 후반 다윈의 『종의 기원』이 나오면서 자연이 신의 섭리에 따라 설계되었다는 널리 퍼진 관념은 진화 개념에 의해 궁지에 몰리는 것처럼 보였다. 이런 위기의식은 일리가 있었다. 다윈은 유기체가 설계된 것처럼 보이더라도 자연선택에 따라 순전히 자연적으로 나타난 산물이라는 과감한 대안적 설명을 내놓았고, 이로 인해 이 부분에서 전통적 '설계 논증'의 타당성이 심각하게 훼손되었기 때문이었다. 많은 사람들은 자연선택이란 개념부터가 진화 과정을 모조리 우연의 산물로 치부한다고 생각했고, 다윈이 자연선택의 범위를 인간으로 확장했기 때문에 더더욱 못마땅하게 여겼다. 그러나 다윈의 이론이 발휘한 이런 파괴적 영향이 어디에서나 균일하게 나타난 것은 아니었다. 이런 영향을 가장 강력하게 받은 지역은 주류 기독교 세계관에서 늘 중심에 놓여 있던 특정 역사적 사건의 종교적 의의 대신 자연신학에, 특히 자연 세계가 설계되어 있다는 믿음에 크게 의존하게 된 문화권이었다. 다윈이 속한 잉글랜드 문화권이 특히 그런 곳이었다. 어쨌거나 이런 이슈는 독실한 신자건 아니건 간에 지질학자의 일상적 활동에는 거의 영향을 미치지 않았다.

지구의 역사에 지역 차를 반영하다

19세기 대부분의 기간 동안, 지질학자의 일상적 활동은 전에 제2층으로 분류되었던 암석층 및 그에 속한 화석과 제2층보다 나중에 밝혀져 지구의 역사를 더욱 머나먼 과거까지 확대한 전이층 및 그 안의 화석을 대상으로 삼았다. 가장 어린 '홍적'층은 빙하기의 흔적을 통해 재해석하기 전까지는 제2층이나 전이층에 비해 미심쩍은 구석이 많고 이해하기 어려운 지층이었다. 어쩌면 당연할 수도 있겠지만, 화석이 전혀 들어 있지 않은 가장 오래된 제1층 또한 홍적층에 못지않았다. 지질학자들이 가장 놀라운 성과를 거둔 부분은 두 암석층 사이에 있는 제2층과 전이층이었다. 암석층과 화석의 순서에 대한 지식이 구체화되면서, 지구와 생명의 역사가 대체로 한쪽을 향해 나아가며 심지어는 진보해나갔다고 보는 지질학자들의 그림은 힘을 얻은 반면, 지구와 생명의 역사가 '절대 균일'하다는 라이엘의 정반대 그림은 점점 더 설득력을 잃었다. 그러나 두 그림의 의의는 역설처럼 들릴 수도 있는 지점에서 찾을 수 있다. 바로 이 연구들이 모두 먼 옛날을 생소하면서도 익숙한 시기, 낯설지만 평범한 시기로 그리고 있다는 점이었다.

공룡과 삼엽충은 당연히 낯선 존재였고 경이의 감정을 불러일으키곤 했기 때문에 대중을 상대로 과학을 알릴 때 적극 활용되었다. 세계 최초의 만국박람회였던 런던 박람회를 런던 중심부에서 교외의 상설 부지로 이전할 때 새 부지에는 재미있고 교육적인 새 야외 전시물이 설치되었다. 공룡을 처음 규정하고 거기에 '공룡'이란 이름을 붙인 오언의 과학 자문을 바탕으로, 공룡과 그 밖에 눈길을 사로잡는 멸종 동물들을 실물 크기로 복원한 후 생명 전체의 역사에서 각각의 동물이 차지하는 위치를 정확히 보여주도록 배치한 전시였다. 19세기 후반에는 드넓은 북미 대륙 내부를 열어젖힌 철도의 부설에 힘입어 서부 탐험이 이루어지면서 신기한 공룡과 멸종 포유류의 뼈 화석이 새로 발견되었다. 퀴비에가 오래전에 개척한 방법대로 복원한 이 화석들은 머지않아 북아메리카 및 전 세계 자연사 박물관의 최고급 전시물로 탈바꿈했고, 지금까지도 남아 있다. 머나먼 과거의 이색적 타자성이 상설 전시물이 된 셈이었다.

그러나 같은 기간 지질학자들은 먼 옛날이 생각보다 특이할 것 없다는 증거 또한 여럿 발견했다. 아무리 기묘해 보이는 멸종 동식물일지라도 꽤 친숙한 환경에서 서식했다는 인식이 늘어나고 있었다. 예를 들어 예전의 자연사학자는 사화산과 그로부터 흘러내린 용암류, 지금은 사라지고 없는 바다와 민물 석호에 대해 묘사했다면, 이후의 자연

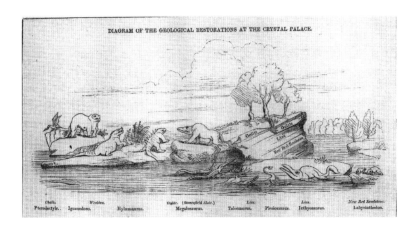

자료 9.2 런던 교외의 수정궁 지역에 실물 크기로 복원한 파충류 화석. 크기가 거대한 것도 있다. 1851년 열린 만국박람회를 런던 교외로 이전하기 위해 유리와 철골로 대형 건물을 지었는데, 이 유명한 야외 전시는 바로 그 새로운 수정궁 부근에 설치되었다. 이 그림에는 눈길을 사로잡는 멸종 동물이 오른쪽부터 왼쪽으로 시간순으로 정렬되어 있으며, 오른쪽에 있는 트라이아스기의 미치류(Labyrinthodon)에서 가운데에 있는 쥐라기의 어룡과 메갈로사우루스를 지나 왼쪽에 있는 백악기의 이구아노돈과 프테로닥틸루스로 나아간다. 파충류 뒤에 있는 인조 절벽은 화석이 발견된 암석층 더미를 축소하여 복원한 것으로, 파충류들의 순서가 지구 역사의 순서와 일치한다는 증거 역할을 했다. 이 그림은 모형을 설계한 워터하우스 호킨스의 1854년 강의에 사용되었다(건물은 사라졌지만 파충류 모형은 아직 공원에 전시되어 있다). 이구아노돈 등 어떤 모형은 불완전한 화석 자료를 토대로 했기 때문에 현대의 복원본과 판이하게 다르다.

사학자는 산호초 화석, 토양 화석과 그 안에 묻혀 있는 나무 그루터기 화석, 물결무늬와 발자국 화석에다가 빗방울 자국까지도 남아 있는 고대 해변을 찾아냈다. 이런 특성은 모두 지구의 역사 내내 물리 작용이 변함없이 꾸준히 일어났다는 증거로, 라이엘의 현재론에 딱 맞아떨어졌다. 그러나 먼 옛날이 친숙한 모습을 띠고 있었음을 뒷받침하는 사례들 중에는 사실 버클랜드처럼 격변론의 입장에 서서 라이엘을 비판하던 사람들이 발견한 사례가 많았다. 버클랜드는 사례를 현재와 비교할 수 있는 것처럼 보일 때에는 주저하지 않았다.

이렇게 먼 옛날을 친숙한 것으로 길들이고 있다는 중요한 징표가 있었으니, 현재 세계에 서로 다른 여러 환경이 인접해 있듯이 동일한 지질시대라고 서로 다른 암석들이 퇴적되지 말라는 법은 없다는 인식이 바로 그것이었다. 윌리엄 스미스 식의 층서학에서는 이와 달리 서로 다른 암석층의 순서가 하나로 딱 정해져 있으며 각각의 암석층에 들어 있는 고유의 '지표 화석'도 이와 마찬가지로 변함이 없다고 가정했다. 현대 층서학자가 택한 비유를 쓰자면 자연의 '층층 케이크'인 셈이었다. 그러나 퀴비에와 브롱니아르가 찾아낸 사례는 공간에 따른 차이가 워낙 눈에 띄어 지나치기 어려울 정도였다. 파리 분지 어느 지역에는 굵은 석회석이 있고 다른 지역에는 그 대신 두꺼운 사암층이 있었는데, 둘 모두 암석층에서 동일한 위치를 차지하고 있었던 것이다. 퀴비에와 브롱니아르와 같은 프랑스 사람이면서 둘을 비판하는 입장에 서 있던 프레보는 나중에 이 변칙 사례에 대한 설명을 내놓았다. 그는 그런 전체 배열이 현재의 파리 지방에서 해양 환경과 담수 환경의 경계가 끊임없이 움직였기 때문에 생긴 것이라고 재해석했으며, 그 유명한 석고층은 해양 환경과 담수 환경 사이에 잠깐 있었던 석호 환경에서 만들어졌다고 보았다.

지역 환경에 입각한 이런 식의 해석은 스위스의 젊은 지질학자 아만츠 그레슬리Amanz Gressly가 프랑스와 스위스의 국경에 있는 쥐라 구릉지대의 지질도를 작성하면서 금세 확장되었고 그럴듯한 명칭을 얻게 되었다. 그레슬리는 쥐라계의 어느 특정 부분에 해당하더라도 서로 다른 곳에 있다면 암석과 화석에 차이가 난다는 점을 발견했다. 그렇다고 이 암석과 화석이 다른 시대의 것일 리는 없었다. 그레슬리는 이렇

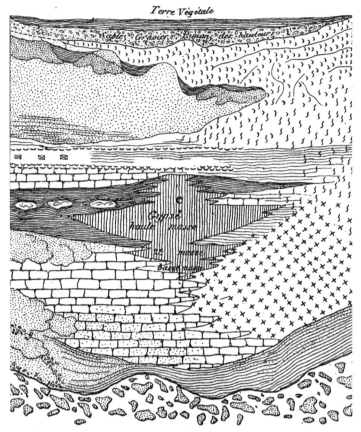

자료 9.3 콩스탕 프레보의 "파리 암석층의 이론적 단면도"(1835). 현지 조사를 통해 확인한 파리 분지의 층서를 프레보가 어떻게 해석했는지 보여준다. 수직 차원은 제3층의 순서를 보여주므로, 백악층(흩어진 자갈로 표현했다) 위에 놓인 가장 오래된 기반암에서 표토(Terre végétale) 아래에 있는 가장 어린 꼭대기 층에 이르기까지 시간의 흐름도 보여주는 셈이다. 수평 차원은 공간적 차원으로, 파리 분지에서 제3기에 해양 환경이었던 곳(왼쪽)으로부터 담수 환경이었던 곳(오른쪽)으로 가로질러 나아간다. 이 그림은 이를테면 굵은 석회석(왼쪽 아래의 벽돌 무늬) 및 이와 차이가 뚜렷한 사암층(오른쪽 아래의 십자 무늬)이 대체로 **동일**한 기간에 퇴적되었다는 프레보의 주장을 표현하고 있다(그래서 굵은 석회석과 사암층은 나중에 상이한 **상**으로 정의된다). 포유류 화석으로 유명한 **석고층**(Gypse, 중앙에 있는 세로 줄무늬)은 사건들이 차례대로 일어나는 도중에 해양 환경과 담수 환경 사이에 잠시 조성되었던 석호 환경의 산물로 해석되었다. 이런 식의 그림은 환경의 역사, 지리, 생태와 관련한 지층의 복합적 변이를 시각적으로 정리하는 데 효과적인 방법으로써 이후의 지질학자들과 그들의 뒤를 이은 현대의 학식인들에게 널리 받아들여졌다.

게 동시대의 산물이지만 서로 다른 암석과 화석을 두고 상이한 상facies
이라 불렀다(상은 '얼굴faces'을 가리키며, 얼굴의 표정을 말한다). 그레슬리
는 이러한 상들이 가령 산호초, 산호초 안쪽의 얕은 석호, 산호초 바깥
쪽의 깊은 바다를 나타낸다고 해석했다. 그는 상의 공간적 분포를 훗
날 고지리도palaeo-geographical map라 불리게 되는 지도에 담았다. 상이라
는 새로운 개념은 층서학이 완벽히 역사적인 형태로 변모하고 있다는
신호였다. 역사적 층서학에서는 암석층을 시간과 공간 모두에 걸쳐 복
잡한 변화를 겪은 사건과 환경의 흔적으로 해석했고, 이는 지금도 마
찬가지다. '데본 대논쟁'의 바탕에 놓인 난해하기 짝이 없는 변칙을 손
쉽게 해명할 수 있다는 인식은 이런 생각의 위력을 대대적으로 보여준
사례였다. 데본층은 동일한 데본기에 형성되었더라도 유럽, 러시아,
북아메리가 여러 지역에 있는 두 개의 대조적 환경에서 만들어져 차이
가 확연한 두 상으로 이루어진 것이었다. 괴상한 초기 어류가 나타나
는 구적사암은 아마도 담수 환경에서 형성되었을 테고, 각양각색의 연
체동물과 산호 등이 들어 있는 다른 데본기 암석은 해양 환경에서 형
성되었을 것이라는 말이었다.

지질학의 세계화

데본 논쟁은 수년 새에 잉글랜드의 일개 주에서 북서유럽 전역으로
확산되었고, 러시아에서는 우랄산맥까지, 북아메리카에서는 뉴욕주와
그 너머까지 퍼져나갔다. 이는 19세기를 거치며 지질학 전체가 아우르
는 범위가 크게 늘어났음을 보여주는 하나의 사례에 불과했다. 암석층

과 전 화석 기록의 순서에 대한 지질학자의 지식이 늘어난 것은 세계 각지에서 화석 소장품과 암석을 면밀히 살펴보는 현지 조사 결과가 빠르게 쌓인 덕분이었다. 그리고 현지 조사 결과의 축적은 서양의 세계 무역과 식민주의 확장에 따라 탐사 속도가 빨라지고(지리 조사가 이루어진 다음에는 보통 지질 조사가 곧바로 뒤를 이었다), 온갖 자연 자원의 채굴이 늘어났다는 사실을 반영했다. 게다가 러시아와 미국을 위시해 비유럽 국가의 과학 자립도가 점차 높아지자, 지질학자들은 지구의 역사를 세계 어디서나 들어맞을 정도로 일반화할 수 있다는 자신감을 얻었다.

지질학의 세계화를 보여주는 훌륭한 예가 바로 오스트리아 지질학자 에두아르트 쥐스Eduard Suess의 작업이었다. 그는 거대 산맥이 지구상에 어떻게 나타났는가라는 오랜 수수께끼에 달려들었다. 쥐스는 1870년대에 알프스산맥에서 본인이 직접 수행한 현지 조사 및 당대 사람들의 현지 조사를 필두로 여러 나라에 있는 수많은 지질학자의 연구를 활용해 전 세계를 아우르는 종합적 결론을 내고자 했고, 그 내용을 네 권짜리 방대한 저작인『지구의 얼굴Das Antlitz der Erde』(1883-1904)에 담아 출간했다. 당대의 지질학자 대다수가 그랬듯이 쥐스도 서서히 식는 지구 모형을 뒷받침하는 증거가 수없이 많다고 믿었다. 한 세기 전 엘리드 보몽과 마찬가지로 쥐스 역시 지구 깊은 곳이 서서히 수축하면서 딱딱한 지각이 이따금씩 그에 맞춰 쭈글쭈글해진다고 보았다. 사과가 건조해지면 껍질이 쭈글쭈글해지는 모습은 지구에 완벽히 들어맞진 않았지만, 주변에서 흔히 볼 수 있는 현상이었으므로 이런 '수축' 이론을 설명할 때 비유로 곧잘 사용되었다. 쥐스는 라이엘이 내놓았고 다윈도 받아들였던 정상 상태 모형, 즉 거대한 지각판이 끊임없이 떠올랐다 내려앉는데 어떤 곳에서는 꽤 높이 솟아올라 산맥을 이루기도 한다는 모형을 거부했다. 쥐스는 정상 상태 모형 대신에 지각이 특정한 선을 따라 찌부러지면서 수축하여 국지적 **수평** 운동이 일어난다는 파격적인 모형을 제시했다.

암석은 미국 지질학자가 조사한 애팔래치아산맥의 예처럼 뒤틀리면서 광활하고 완만한 습곡을 이루거나, 서로의 위로 밀려나다가 커다란 '**과습곡**overfold'이 되거나, 어느 한 암석이 다른 암석 위에 올라탄 스러스트thrust를 이루기도 했다. 그래서 어느 곳에서는 오래된 암석층이 어린 암석층 위에 놓인 채 발견되었다. 유럽 지질학자들이 밝혀냈듯이 알프스산맥이 그런 예였다. 이런 산맥들의 지각은 구겨진 식탁보, 즉 **나프**nappe 같았다(이 단어는 프랑스어로, 나중에 전 세계의 지질학자들은 이렇게 큰 규모의 변위가 발생한 거대 바위덩어리를 부르는 말로 이 단어를 채택했다). (현재에는 영어식 발음을 따라 '내프'로 통용되므로 이후로는 '내프'로 쓰기로 한다. ─ 옮긴이) 지구가 냉각되며 내부가 지각 아래에서 서서히 수축하면 그에 따라 딱딱한 지각이 쭈글쭈글해지며 거대한 운동이 일어나는 것처럼 보였는데, 쥐스는 이런 운동이 엘리 드 보몽의 견해처럼 꼭 갑작스럽거나 격렬하게 일어날 필요가 없다고 보았다. 조산orogenic. 造山 작용은 인간의 수명을 기준으로 보면 진행 속도가 워낙 느려서 사람이 알아채지 못할 정도지만, 지질학적 시간의 기준에서 보면 격변일 수 있었다. 쥐스는 라이엘이 지질 작용의 속도에 대해 지나치게 '잠잠한 상태를 선호'한다고 비판했지만, 쥐스의 수축 이론도 라이엘의 이론 못지않게 지구의 역사가 방대하다는 점을 충분히 염두에 두고 있었다. 균일론자 라이엘과 격변론자 비평가 간에 벌어진 이전의 논쟁 상당 부분은 사실상 한물간 구닥다리가 되었다.

쥐스는 당시 새로 발견된 메소포타미아 홍수에 대한 쐐기 문자 기

자료 9.4 알프스산맥 일부의 단면도. 여기 보이는 거대한 세 과습곡 또는 **내프**는 남쪽(오른쪽)에서 북쪽으로 서로를 타고 넘으면서 일부 암석층의 위아래를 뒤집어놓았다. 예상외로 복잡한 이런 구조는 알프스 지역의 지각이 대폭 줄어들었다는 뜻이었다. 프랑스 지질학자 모리스 뤼제옹(Maurice Lugéon)이 1902년 발표한 이 단면도는 19세기 후반 그를 비롯해 여러 사람이 진행한 정밀 현지 조사를 토대로 작성되었다. 이런 변화를 겪은 암석층들은 화석으로 미루어보건대 대부분 제2기(중생대)의 것이기 때문에 알프스 **조산운동**은 그 이후인 제3기(신생대)의 어느 시점에 일어났음이 틀림없었다. 풍화가 심하게 진행된 이 산악 지대를 몇 개의 평행한 경로를 따라 횡단하며 증거(여기에 표시)를 수집·조합하면 복잡한 3차원 구조를 충실히 보여주는 그림을 그릴 수 있었다. 지질학자들은 이런 어마어마한 운동이 지구의 역사상 일어난 적이 있다고 인정했다. 다만 이런 운동을 일으키는 원인이 되는 힘이 무엇인지에 대해서는 합의하지 못했다.

록을 검토하는 작업에 착수하며 정면 돌파를 시도했다. 그는 현대인의 눈으로 볼 때 쐐기 문자 기록이 세부 내용은 괴상해 보이더라도 매우 신빙성 있다는 점을 보여줬고, 그 말은 곧 성서에 나오는 홍수 역시 그렇다는 뜻을 담고 있었다. 이 기록들을 신화일 뿐이라며 무시하면 곤란했다. 이런 국지적 재난은 인류사 기록만 살펴보더라도 사실 잦은 편이었기 때문이다. 쥐스는 크고 작은 시간 및 공간 범위에서 벌어진 온갖 파괴적 사건들의 기나긴 역사를 종합하는 대업을 수행했으며, 홍수는 그 가운데 지질학적으로 최근의 사례일 뿐이었다. 당대의 몇몇 사람들처럼 쥐스도 시간상으로 멀찍이 떨어져 있는 유럽의 세 주요 조산 단계를 구별했다. 먼저 데본기 이전에 칼레도니아 조산운동(칼레도니아는 스코틀랜드의 로마식 명칭이다)이 일어났고, 페름기 전에 훗날 헤르시니아라는 이름으로 알려지는 조산운동(헤르시니아는 베르너의 고향 지역인 독일 에르츠산맥처럼 숲이 울창한 구릉지대를 이르는 로마식 명칭이다)이 있었으며, 가장 최근에 일어난 조산운동은 신생대에 있었던 알프스 조산운동이었다(습곡의 대표 격인 와이트섬 습곡은 알프스 조산운동이 변두리에 남긴 작은 흔적이었다). 이들 조산운동은 세 시기 각각에 대서양 맞은편에서 나타난 유사한 움직임에 대응시킬 수 있었는데, 이를 보면 쭈글쭈글해지는 현상이 전 세계에서 동시에 발생한 것 같았다. 이런 발견은 사실상 층서학과 화석 기록으로 수립한 역사를 보완하는

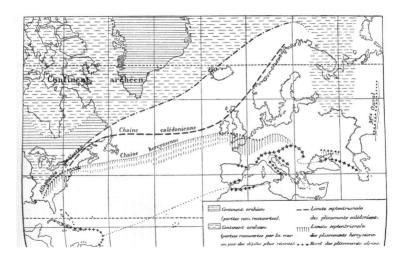

자료 9.5 북대서양 지역의 지도. 1887년 프랑스 지질학자 마르셀 베르트랑(Marcel Bertrand)이 제시한 대서양 양안의 상관관계를 보여준다. 그는 **칼레도니아, 헤르시니아, 알프스**(알프스는 십자선으로 표시되어 있다) 등 크게 뒤틀린 암석들로 이루어진 띠 모양의 지대, 즉 거대 암석대가 있으며, 이들 암석대는 지각에서 조산운동이] 일어난 세 번의 순차적 기간에, 즉 세 번의 **조산운동기**에 나타났다고 주장했다. 이들 암석대는 옛 초대륙(가로줄 음영으로 표시)이 남쪽으로 조금씩 자라났음을 보여준다고 여겨졌다. 현재 대서양저를 이루는 부분은 그보다 최근에 침강해 유럽과 아프리카 대륙을 아메리카 대륙과 갈라놓았다고 가정했다. 예전의 산맥(예컨대 스코틀랜드 고지와 앨러게니 또는 애팔래치아 산맥 등)에서는 전부 침식이 심각하게 진행되었기 때문에 더 이상 알프스산맥처럼 높은 산맥은 남아 있지 않다.

역할을 하면서, 기존 역사를 간혹 지구상에서 일어난 파괴의 역사로 더욱 풍성하게 만들었다. 어떻게 보더라도 이 역사는 파란만장하다는 말이 아니고서는 형용이 불가능했다.

층서학을 지구의 역사에 대한 기록 보관소로 바꿔놓는 과정은 일찍이 잉글랜드의 지질학자 존 필립스John Philips의 작업에서 성숙 단계에 이르렀다. 그는 마침 윌리엄 스미스의 조카였으며 스미스의 비공식 도제로 일한 적도 있었다. 명실공히 세계 최고의 고생물학자가 된 필립스는 어느 지질시대의 화석 기록이든 익히 알고 있었으며, 그가 오르게 된 옥스퍼드대학교 교수좌는 전에 버클랜드가 재직했던 자리로 이 역시 필립스에게 딱 알맞은 자리였다. 필립스는 이를테면 데본기라 불리게 되는 시기의 해양 화석은 머치슨의 실루리아기 동물군과 필립스 자신이 잘 알고 있던 석탄기 동물군의 중간 성격을 띠므로 둘 사이의 시기에 형성되었을 공산이 크다고 결론 내릴 수 있는 인물이었다. 그러나 그는 쥐라, 데본, 실루리아 같은 '계'의 명칭이 껄끄러웠다. 이런 명칭이 쥐라 구릉지대, 데본셔, 웨일스 변경 지대Welsh Marches 같은 특정 지역을 가리키며 다른 곳에 있는 동시대 퇴적층의 특징을 제대로 서술하지 못한다는 이유 때문이었다. '자신의' 계를 전 세계에 알리고자 하는 머치슨의 과도한 야망에 찬물을 끼얹고 싶은 마음도 없지 않았다. 필립스는 그런 명칭을 대신해 기나긴 **생명의 역사**상에서 일어난 주된 변화를 토대로 용어를 정립하고 싶었다. 생명의 역사는 점점 더 전 세계 어디에서나 통용되는 하나의 과정인 것처럼 보였다.

그래서 필립스는 1841년 모든 화석 기록을 셋으로 나누어 지구 전체의 역사를 광대한 세 시대era의 연속으로 보는 방안을 제시했다. '옛 생명'이 서식한 고생대, '중간 생명'이 서식한 **중생대**, '최근의 생명'이

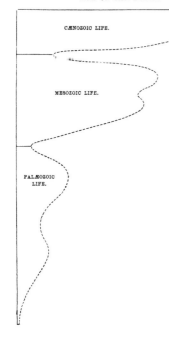

LIFE ON THE EARTH.

CÆNOZOIC LIFE.

MESOZOIC LIFE.

PALÆOZOIC LIFE.

자료 9.6 『지구상 생명(Life on the Earth)』(1860)에 수록된 존 필립스의 도표. 전체 역사를 이전에 자신이 정의한 고생대, 중생대, 신생대라는 세 시대로 나눌 수 있다는 필립스의 해석을 보여준다. 시간은 생명이 시작된 것처럼 보이는 캄브리아기(아래)부터 현생 생명의 세계(위)를 향해 위쪽 방향으로 흐르며, 이 역사의 기반에 놓인 암석층도 그 순서를 따른다. 구불구불한 선은 역사가 흐르며 생명 전체의 다양성도 변화했다는 필립스의 발상을 보여준다. 생명의 다양성은 시간이 흐르며 일반적으로 증가하지만 두 개의 골이 두드러진다. 이는 필립스가 나눈 세 시대가 실재하며 임의적인 구분에 불과한 것이 아님을 나타낸다. 좌우 축 모두 정량화할 수는 없지만, 그렇다고 이 도표의 가치가 줄어들지는 않는다. 이 도표는 타의 추종을 불허하는 필립스의 박물관 및 현장 경험에 기반을 두고 있었다(필립스의 후예들은 이 도표가 정량화된 동종의 현대 도표와 매우 유사하다는 점을 알아차릴 것이다. 현대의 도표는 당연히 화석 기록에 대한 더욱 풍부한 정보에 바탕을 두고 있다).

서식한 신생대가 그것이었다. 이런 구분은 에오신Eocene 등등 라이엘이 제3층에 적용한 화석 기반의 시기 구분과 비슷했으나 그 범위가 훨씬 넓었다. 또한 이 구분은 필립스가 군이 밝힐 필요가 없을 정도로 고대와 중세, 근대로 삼분하는 인류사의 전통적 시대 구분을 명백히 닮아 있었다. 삼엽충, 나무고사리 등의 고생대 생명은 암모나이트, 거대 파충류 등의 중생대 생명과 달랐으며 이는 다시 다양한 멸종 포유류 및 현생종과 외양이 흡사한 유기체들을 포함하는 신생대 생명과 구분되었다. 전 세계의 지질학자들은 이내 필립스의 광대한 세 시대를 받아들였고, 현대의 지질학자들에게도 이 시대 구분은 여전히 유용하다. 풍부한 정보를 바탕으로 필립스는 화석 기록의 총합으로 표현되는 생명 다양성이 시간에 따라 변동한다는 발상에 이르렀고, 그에 따라 고생대, 중생대, 신생대가 어쩌다 보니 임의로 설정된 시대가 아니라 생명의 역사에 실재하는 구분을 반영한다고 확신하게 되었다.

1860년 필립스는 런던 지질학회의 회장 취임 연설과 당시 케임브리지대학에서 유명했던 한 공개 강연을 통해 지금까지 알려진 화석 기록이 결코 완벽하지는 않지만 『지구상 생명Life on the Earth』(이것이 강연 출판본의 제목이었다)의 역사란 크게 보아 '진보'의 역사로서 전보다 '고등'한 동식물 생명 형태가 차례대로 나타났다는 해석을 지지하기에는 충분하다고 주장했다. 그는 이 주장을 힘주어 요약했다. "그렇다면 지구에는 역사HISTORY가 있는 것입니다." 그의 언급은 당시 과학계의 주된 공감대를 재확인했는데, 전해에 출간된 다윈의 『종의 기원』에 대응하려는 의도였다. 필립스는 『종의 기원』에 깔린 라이엘 식의 가정, 즉 화석 기록이 지극히 단편적이라는 가정과, 더 구체적으로는 화석 기록을 진화가 매우 천천히 일어난다는 자신의 이론에 반대하는 증거로 삼을 수 없다는 다윈의 주장을 겨냥하고 있었다. 필립스는 자신이 제안한 세 시대에 동식물이 현저하게 차이가 나며 세 시대 사이사이에 다양성이 크게 줄어드는 이유를 두고 해당 시점의 화석 기록이 상대적으로 불완전하기 때문일 수도 있다고 인정했지만, 그게 아니라 최소 두 번의 대량 멸종 사건이 일어난 것일 수도 있었다.

19세기 나머지 기간 동안 이 문제에 대한 지질학자의 의견은 각양각색으로 전개되었다. 한 극단에는 선도적 균일론자이자 거의 유일한 균일론자였던 라이엘이 있었다. 그는 1875년 사망할 때까지 줄곧 급격한 변화처럼 보이는 모든 현상을 극도로 불완전한 화석 기록이 만들어낸 신기루로 해석했다. 이런 설명은 새로운 지역에 대한 추가 현지 조사나 기존 지역에 대한 심화 연구를 통해 간극을 일부 메우고 외견상의 불연속을 완화할 수 있으리라는 예측을 은연중에 깔고 있었다. 이런 예측은 앞에서 보았듯이, 가령 당시 신생대라 불리던 시기에 상응하는 라이엘 고유의 틀에다가 팔레오신, 올리고신 같은 새로운 시기를 끼워 넣음으로써 다소간 충족되었다. 그러나 그 외에 눈에 띄는 갑작스러운 단절, 특히 필립스의 세 시대를 가르는 단절은 끝내 채우지 못한 채로 남았다. 이는 적어도 대량 멸종처럼 보이는 일부 사건, 특히 고생대와 중생대 말미에 일어난 사건만큼은 지구 역사에서 보기 드물게 일어나는 실제 사건일지도 모른다는 점을 시사했다. 그렇다면 그저 그런 사건이 일어났을 리 없다고만 할 것이 아니라 제대로 된 설명을 내놓을 필요가 있었다.

알시드 도르비니Alcide d'Orbigny를 위시한 일부 프랑스 지질학자들은 이런 식의 격변론적 해석을 더욱 밀어붙였다. 이들은 화석 기록에서 나타나는 모든 불연속을 모종의 급격한 '혁명'이 남긴 흔적으로 해석했다. 그러나 그러다 보니 그렇게 추정한 사건의 수와 빈도가 엄청나게 늘어나 말이 되지 않는 지경에 이르렀다. 반대로 영국 지질학자들은 라이엘의 설득력 있는 논변에 큰 영향을 받아서 먼 옛날의 사건이 현재 세계에서 기록된 사건에 비해 느닷없이 격렬하게 커다란 규모로 일어났을 수 있다는 의견을 어떻게든 피하려고 부단히 애썼다. 그들은 어떤 식으로든 격변을 가정하는 일은 대단히 비과학적이라는 라이엘의 단호한 주장에 압도되었지만, 그러면 그런 자연 사태가 역사적으로 실재했다고 주장하는 사람들이 내세웠던 대지진, 거대 쓰나미, 화산 대폭발 등등 과학적으로 타당한 온갖 설명도 포기해야 했다.

사실 19세기의 지질학자라면 먼 옛날에 간헐적 격변 사태가 정말 일어났는지에 어떤 입장을 취하든 상관없이, 다들 "현재는 과거의 열쇠"라는 현재론의 격언을 당연한 것으로 받아들였다. 실제로 현재론적 방법은 더 확장되었다. 지질학적으로 최근이면서 선사시대인 과거를 지침으로 삼아 그보다 훨씬 이해하기 힘들었던 먼 옛날로 나아갈 수 있었기 때문이었다. 이를테면 플라이스토신 기간의 광범위한 빙하기를 가리키는 표지들을 더욱 잘 이해하게 됨에 따라, 이런 표지들을 토대로 유추하여 그 전의 또 다른 빙기가 남긴 뜻밖의 자취도 찾아낼 수 있었다(그러다 보니 플라이스토신의 빙하기는 단 한 번뿐인 사건은커녕 변칙 사례로 보기도 어렵게 되었다). 플라이스토신 빙상 아래쪽에서 형성된 특유의 표력토till나 표석 점토boulder clay는 그보다 한참 전의 퇴적층과 비교할 수 있었다. 이 퇴적층은 나중에 **표력암**tillite이라고 불리게 된 단단한 암석층이었으며, 표력토나 표석 점토와 유사하게 온갖 크기의 모난 돌로 가득 차 있었다. 이 표력암은 고생대 후기인 석탄기나 페름기의 지층에서 발견되었다. 그러나 유럽이나 북아메리카에서는 표력암이 발견되지 않았다. 유럽과 북아메리카에 있는 이 시기의 암석층에는 석탄층과 열대지방에 있었던 것처럼 보이는 삼림 화석, 뜨거운 사막이 남긴 듯한 사암과 암염 퇴적층이 있었다. 고대 빙하기에 형성된 빙상의 흔적으로 여겨진 표력암은 오히려 오스트레일리아, 남아프리카에서 발견되었고, 그중에서도 제일 당혹스러운 발견 장소는 인도였다.

　이는 지질 탐사가 서서히 세계화되면서 나타난 또 다른 결과물이었다. 그에 따르면 과거의 기후 분포는 현 세계와 뚜렷이 달랐는데, 그렇다고 지구가 서서히 식었다고 가정할 때 예상할 수 있는 분포와도 맞아떨어지지 않았다. 인도의 지질을 탐사하던 지질학자들(조사를 총괄하는 사람들은 영국인 지질학자였지만 현지 조사를 수행하는 사람들은 대다수가 인도인 지질학자였다)은 자신들이 '곤드와나 계통Gondwána system'이라고 뭉뚱그려 부른 암석층에 대해 기술했다. 일반적 층서 기준에 따르면 이 암석은 고생대 후기의 것이었지만 유럽과 북아메리카에서 널리 알려져 있던 암석보다 남아프리카와 오스트레일리아에서 탐사한 암석과 더욱 유사했다. 1870년대에 인도의 지질학자들은 아프리카, 오스트레일리아, 인도가 한때 거대한 하나의 땅덩어리를 이루고 있었다는 의견을 내놓았다. 이 놀라운 생각은 쥐스가 지지를 표명하면서 널리 받아들여졌다. 쥐스는 이 상상의 초대륙에 '곤드와나란트Gondwana-Land'라는 이름을 붙였고 인도에서 활동한 지질학자들 중 한 명은 여기에 남아메리카와 심지어는 남극까지도 포함시켜 곤드와나란트를 확대하자는 의견을 내놓았다. 지질학적 특성이 거의 알려진 바 없었던 남극을 제외하면, 너른 지역에 분포한 이 땅덩어리에서는 공히 오래된 표력암이 나타났을 뿐 아니라 특유의 화석도 약간 발견되었다. 그중에는 특이한 초기 파충류의 화석과 글로소프테리스Glossopteris라는 식물 화석도 있었는데, 이 식물 화석은 유럽과 북아메리카에서 거의 동시대에 형성된 석탄층의 유명한 식물 화석들을 사실상 대신했다. 남반구 대부분이 이전에 초대륙을 이루고 있었다는 생각은 해당 지역에 특유의 여러 동식물이 공통으로 서식한다는 증거(후세의 용어로는 생물지리학적 증거)가 불어나면서 더욱 공고해졌다. 화석이 된 동식물이든 살아 있는 동식물이든 이런 육상 유기체 전체가 어떻게 이처럼 널리 분포하게 되었는지는 여전히 논쟁거리였다. 그러나 지금은 대양을 사이에 두고 멀찌감치 떨어져 있는 대륙들이 한때는 현재의 파나마 지협과 비슷하되 그보다 폭이 넓은 '육교land-bridge'에 의해 연결되어 있었을 것이란 의견이 심심치 않게 제기되었다. 이를 인과적으로 어떻게 설명하건 간에 지구의 옛 지리와 기후는 옛 삼엽충과 공룡 못지않게 기이하고 낯선 것이었다. 이런 모습은 19세기 말 지구와 생명의 역사가 그 어느 때보다 더욱 더 예상하기 힘들어지고 온갖 사건으로 점철되어가는 여러 과정 중 일부에 불과했다. 이런 변화는 이제 문제와 증거의 범위가 전 세계로 확대되었다는 점에 일부 기인했다.

생명의 기원을 향해서

19세기 후반, 화석 기록에 대해 더욱 상세히 알게 되면서 화석 기록이 왜 하필 고생대 초창기에 처음 나타났는가 하는 물음이 제일 흥미로운 수수께끼 중 하나로 떠올랐다. 이 질문은 생명 자체가 언제 시작되었나라는 근본 문제와 맞닿아 있었다. 고생대에 형성된 여러 계 가운데 제일 밑에 있고 가장 오래된 것은 캄브리아계였다. 세지윅이 캄브리아계를 정의할 때 기초로 삼은 웨일스의 암석에는 화석이 얼마 함유되어 있지 않았다. 그러나 1850년대가 되면 다른 곳의 캄브리아계 암석에 화석이 다량 함유되어 있으며, 이 화석은 머치슨이 정의한 그 위의(그러니 당연히 나중에 놓인) 실루리아계에 함유된 화석과 구분된다는 점이 뚜렷해졌다. 캄브리아기 화석이 발견된 암석층은 한동안 '원초 Primordial'층이라고 불렀다. 이 화석은 생명의 존재를 명확하게 가리키는 최초의 흔적이었기 때문이다. 그러나 캄브리아기 화석은 라마르크나 다윈 식의 진화가 정상 궤도를 따라 일어났다는 전제하에 예상할 수 있는 작고 단순한 유기체가 아니었다. 화석들은 복잡하고 매우 다양했으며, 몇몇은 몸집도 컸다. 이후에 나타날 엄청난 다양성에 비하면 기껏해야 맛보기에 불과했지만, 캄브리아기의 바다는 캄브리아기의 생명체로 바글바글했음이 틀림없었다. 캄브리아기 화석은 화석 기록의 시작점처럼 보였지만, 누가 봐도 '원시primitive'의 것처럼 보이지는 않았다.

이는 도통 이해하기 어려운 수수께끼였다. 왜냐하면 캄브리아층은 '기반basement' 바로 위에서 발견되었으며, 이 '기반'은 예전에 '제1층'이라 불린 암석으로 이루어졌기 때문이었다(현재 이 암석층은 시생대층 Archean이라 불리며 원어는 '오래된' 또는 '원시적'이라는 뜻이다). 이 암석층이 처음에 어떻게 만들어졌지에 대해서는 의견이 분분했지만, 암석 대부분은 화강암, 편마암, 편암 등등 결정질 암석이었고 그 안에 화석이 함유되어 있을 가능성이 극히 낮다는 데에는 이견이 없었다. 실제로도 화석은 전혀 나오지 않았다. 이들 암석은 고생대 이전에 생긴 것이 틀림없었기 때문에 지구의 역사 중 초창기인 무생대Azoic('생명이 없던' 시대), 지표면이 너무 뜨거워 어떤 생명도 살아남기 어려웠을 때의 산물이라고 보곤 했다. 일부 지질학자들은 이를 대신할 만한 설명으로서 해당 암석이 변성된 것이라는 라이엘의 해석을 지지했다. 이 암석들은 지구 깊은 곳에 묻혀 있는 동안 극심한 내부 열을 받아 심하게 변형되면서 화석의 흔적을 모두 잃었다는 것이었다. 어떤 설명을 따르든 캄브리아기 이전의(또는 선캄브리아시대의) 지구 역사에 생명이 존재했는지, 그 생명이 어떻게 생겼을지 알아낼 가망은 없어 보였다.

그러나 지질학자들은 쉽사리 물러서지 않았다. 어떤 지역에서는 캄브리아기 화석이 함유된 암석층 아래에 도무지 화석이 나올 것 같지 않은 '기반'암 대신 꽤 멀쩡해 보이는 사암과 셰일이 놓여 있는 것으로 드러났다. 이들은 만약 고생대에 형성되었다면, 가령 캄브리아층 위

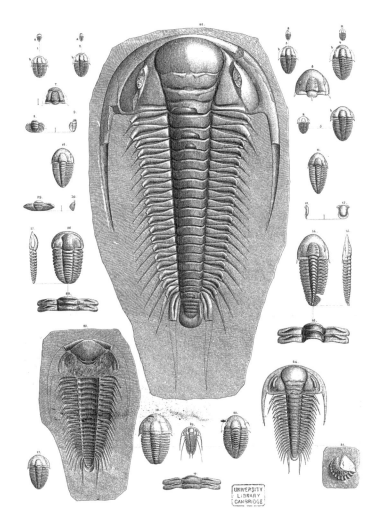

자료 9.7 보헤미아 지방(현 체코)의 캄브리아층에서 발굴된 삼엽충 화석. 캄브리아층은 실루리아층 아래에 있으므로 실루리아기 동물군보다 오래된 것이었다. 훌륭하게 보존된 이 화석을 묘사한 사람은 1850년대 프랑스에서 이주한 토목공학자인 요아힘 바랑드(Joachim Barrande)다. 여기서 보이는 가장 커다란 표본은 길이가 18센티미터였으며 이보다 훨씬 큰 표본도 있었다. 작은 화석은 서로 다른 종으로, 너 나 할 것 없이 복잡한 구조를 띠고 있다. 종마다 성장의 전 단계가 보존되어 있다. 바랑드는 이 동물군을 '**원초**(Primordial)'군이라고 불렀고, 나중에 세지윅의 '캄브리아'군에 상응하는 동물군으로 인정되었다. 더 오래된 캄브리아기 이전의(또는 선캄브리아시대의) 암석에는 뚜렷한 화석 기록이 **없어서** 생명의 역사를 다윈 식의 진화론으로 해석하는 데 심각한 문제가 되었다.

에 놓여 있었다고 가정하면, 화석이 나오리라고 기대할 만한 암석층이었다. 그래서 지질학자들은 캄브리아기 동물군의 조상을 찾겠다는 일념으로 선캄브리아 암석에서 화석을 샅샅이 뒤졌다. 낙관적 전망 속에서 이 선캄브리아 암석은 화석이 나오기도 전부터 원생대Proterozoic era('초기 생명'의 시대) 암석이라 불렸다. 예컨대 유기체에서 유래했을 가능성이 있는 구조가 퀘벡의 선캄브리아 암석층에서 발견되자 캐나다의 지질학자 존 도슨은 여기에 에오존Eozoon('시작점의 생명')이란 이름을 붙이고 『지구상 생명의 시초Life's Dawn on Earth』란 저서에서 널리 알렸다. 에오존은 캄브리아기 유기체와 상당히 다르게 생겨서 어느 유기체의 조상이라고도 보기 어려웠다. 그 때문에 도슨은 자신이 강하게 반대했던 다윈 식 진화를 논박하는 데 에오존이 도움이 되리라는 기대를 품었다. 그러나 에오존은 처음부터 논란의 대상이었고, 19세기 말에는 에오존이 완벽히 무기물이며 변성의 결과물일 뿐이라고 무시되었다.

이런 차질을 겪으면서도 선캄브리아 암석층에 대한 예비 조사에 힘입어 선캄브리아 생명의 흔적에 대한 탐색이 계속되었다. 가령 신생 조직이었던 미국 지질조사대Geological Survey에 합류한 젊은 지질학자 찰스 월콧Charles Walcott은 서부 주를 탐사하다가 정체 모를 특성 탓에 나중에 크립토존Cryptozoon(숨은 생명)이란 딱 맞는 이름으로 불리게 되는 구조를 발견했다. 이들은 베개처럼 생긴 커다란 흙무덤으로, 원래 유기물이었을 가능성이 커 보였다. 그러나 어떤 유기체가 이들을 만들었는지는 수수께끼였다. 이 구조가 어떤 유기체에서 나왔건 그보다 훨씬 복잡한 캄브리아기 화석의 조상일 것 같지는 않았고, 다른 곳에서 선캄브리아 화석이라며 드문드문 발견되었던 수상쩍은 파편들과도 닮은 구석이 없었다. 그러다 보니 선캄브리아층에는 의심의 여지 없는 화석 기록이 아직 없는 채였다.

이는 진화 이론을 세울 때 심각한 문제였다. 특히 다윈의 진화 이론에서는 매우 느리고 점진적인 변화가 필요했기 때문에 더더욱 문제가 컸다. 다윈이 추리한 대로, 다양성이 높은 캄브리아 유기체가 전부 '어떤 하나의 원초적 형태'에서 서서히, 점진적으로 진화했다면 선캄브리아 생명의 역사는 헤아릴 수 없을 정도로 길어야 할 터였다. 캄브리아기가 시작한 후로 흐른 총 시간만큼 캄브리아기 이전으로도 시간을 늘려야 했다. 그러나 그렇다면 생명의 전체 역사 중 앞의 절반 또는 그 이상의 기간에 해당하는 뚜렷한 화석 기록이 아무것도 없는 셈이었다. 이에 대해서는 두 가지로 설명할 수 있었다. 하나는 기록될 만한 생명이 전혀 없었기 때문에 화석 기록이 없다는 것이었다. 어쩌면 선캄브리아시대는 원생대가 아니라 무생대라는 이름이 어울리는 기간일 수도 있었다. 이 경우 다양한 캄브리아기 유기체가 정말 '어떤 하나의 원초적 형태'로부터 진화했다면 그 진화는 상대적으로 빠르게 일어났어야 했다. 여기에는 나중에 '캄브리아기 대폭발Cambrian explosion'이라는 이름이 붙었다. 캄브리아기가 시작할 무렵에 일어난 생명의 다양화를 일컫는 말이었다. 이런 진화는 분명 다윈 식의 진화와 다를 터였다. 대신 선캄브리아시대가 충분히 길어서 느린 다윈 식 진화를 통해 캄브리아기 동물군이 나타날 수 있었다면, 진화의 기록이 하나도 없는 것은 더 심각한 문제가 되었다. 다양한 캄브리아기 동물의 조상이 모조리 '연조직'이어서 화석으로 보존되기 어려웠고 이들이 모두 거의 같은 시기에 화석화되기 쉬운 조개껍질 등의 '경질부'를 획득하게 되었다는 추정은 궁지에서 벗어나기 위한 다윈 지지자들의 절박한 시도처럼 보였다. 19세기 말 캄브리아기에 접어들기 전 생명의 기원과 초기 진화는 풀기

자료 9.8 퀘벡의 선캄브리아시대 석회암에서 나왔으며 유기체로 추정된 에오존 카나덴세(Eozoon canadense). 존 도슨의 저서 『지구상 생명의 시초』(1875)에 수록되었다. 이 그림은 고체 구조에서 투명한 박편을 떼어내 현미경으로 관찰한 모습을 그린 것이다('박편' 제작은 당시 새로 나온 기법이었으며, 암석과 화석에 대한 지식을 크게 향상시켰다). 도슨은 이 구조를 거대한 원생동물이라고 해석했으며, 남아 있는 '석회질 골격'(밝은 부분)에 추측상의 '동물성 물질'(어두운 부분)을 더해 전체 모습을 재구성했다. 그는 이것이 캄브리아기 암석에 다양한 화석 동물종이 나타나기 한참 전에도 생명이 있었다는 증거라고 주장했다. 그러나 에오존 카나덴세는 어떤 캄브리아기 생명의 진화 조상이라고도 보기 어려웠으며, 훗날 암석의 변성으로 생긴 순전한 무기물로 무시되었다. 그러면서 기나긴 선캄브리아시대에 해당하는 뚜렷한 화석 기록은 없는 상태가 되었다.

어려운 수수께끼로 남아 있었다.

지구 역사의 시간 척도

이 장과 앞 장의 이야기에서 뚜렷이 알 수 있듯이, 19세기의 지질학자들은 지구 역사의 재구성에서 눈부신 진보를 이룩했지만 정량적 시간이나 '절대적' 시간, 아니면 그에 준하는 어떤 척도의 도움도 받지 않았다. 지구와 생명의 역사를 정량화할 수 없다는 점은 지질학자의 활동에 아무런 지장이 되지 않았다. 관찰 가능한 암석층의 순서를 토대로 여러 시대와 각 시대에 포함된 세부 시기의 '상대적' 시간 척도가 점점 더 확고히 정립된 것만으로도 지질학자들이 분주히 생산적 활동을 펼치기에는 모자람이 없었다. 실제 활동에서 지질학자들이 중요시한 것은 스크로프의 인상 깊은 표현을 빌리자면 모든 증거가 "시간! 시간! 시간!"을 외친다는 점뿐이었다. 또는 코니비어가 주장했듯이, 라이엘은 정말 필요하다고 증명할 수만 있다면 수 '1000조 년'에 이르는 기나긴 기간도 마음껏 누릴 수 있었다. 이 문제에 대해 후대까지 끈덕지게 이어져온 신화나 오해와 달리, 19세기의 모든 지질학자는 균일론자 라이엘과 그의 외톨이 제자 다윈은 물론이고, 주류 격변론자들에 이르기까지 시간 길이가 최소 수백만 년은 될 것이라고 믿어 의심치 않았다. 그러나 수백만 년이건 수천만 년, 수억 년이건, 심지어는 수십억 년이더라도 지질학자들이 먼 옛날을 재구성하며 거둔 놀라운 성과에는 실질적으로 아무런 차이도 없었다. 라이엘은 능수능란한 수사를 구사하며 격변론자들이 시간을 단축하려고 격변에 호소했다고 주장했지만, 가장 열광적인 격변론자라 하더라도 그 때문에 격변을 끌어들인 것은 아니었다. 그들이 격변에 호소한 이유는 증거로 미루어보건대 몹시 급작스러울 뿐 아니라 과격하기까지 한 사건이 일어났다고 해석하는 수밖에 없다는 생각 때문이었고, 그런 사건이 일어난 총 기간은 아무리 길어도 상관이 없었다.

그렇지만 연이은 시대와 시기로 이루어진 정성적 시간 척도에 1년 단위로 대강이나마 눈금을 매겨 정량적 시간 척도로 바꿀 수 있다면 얻게 될 장점은 분명했다. 바로 지질학적 사건의 순서를 더욱 탄탄히 정립할 수 있다는 것이었다. 이런 정량적 시간 척도가 없다면, 지질학자들이 처한 입장은 중세, 르네상스 시대, 계몽주의 시대 같은 유럽사 각 시기의 올바른 순서에 대한 확증은 있는데, 연대를 정확히 몰라서 각각의 주요 사건들이 몇 세기만에 일어났는지 아니면 겨우 수십 년만에 일어났는지 어림짐작할 수밖에 없는 역사가들이 놓이게 될 처지와 다를 바 없었다. 17세기의 학구적 연대학자들이 인류사가 시작된 순간의 연대를 정확히 결정하려고 애썼듯이, 지질학에 정량적 또는 절대적 시간 척도가 있다면 지구에도 인류사와 비슷하게 지구 고유의 연대학이 마련될 터였다. 17세기 말에는 바로 이런 활동에 '지질연대학geochronology'이라는 이름이 붙게 되었다.

드뤽은 사람들의 기억에서 사라졌지만, 드뤽이 삼각주의 팽창 속도에 대한 기록을 언급하며 사용한 '자연의 정밀시계' 개념은 잊히지 않고 남아 있었다. 드뤽은 하나의 결정적 사건, 즉 그가 성서의 홍수와 동일시한 물리적 '혁명'의 발생 연대를 최대한 정확하게 추정하고자 했다. 그러나 19세기에 지질학자들이 맞닥뜨린 난관은 그보다 훨씬 넘어서기 어려웠다. 그 난관이란 자신들이 기술하던 암석과 화석에 해당하는 총 시간을 최소한 자릿수는 맞게끔 추정하는 일이었다. 라이엘이 제3층에 있는 멸종한 연체동물종과 현존하는 연체동물종의 비율 변화를 바탕으로 자연의 정밀시계를 고안하면서 하고자 한 일이 바로 이것이었다. 필립스는 나중에 더욱 야심 찬 지질연대학 연구를 시도했다. 그는 캄브리아기에서 플라이스토신에 이르는 암석층 전체와 그 안에 함유된 전 세계의 화석 기록에 대해 해박한 지식을 뽐낼 수 있는 인물이었다. 1850년대에 필립스는 이를테면 갠지스 삼각주 같은 곳에 새로운 침전물이 쌓이는 속도에 대한 얼마 안 되는 정보를, 연이은 층서 계통들의 최대 지층 두께에 대한 보고와 결합시켰다. 늘 그렇듯 현재는

Geological Scale of Time.

Periods.	Systems.	Life.
Cænozoic.	Pleistocene. Pleiocene. Meiocene. Eocene.	Man. Placental Mammals.
Mesozoic.	Cretaceous. Oolitic. Triassic.	Marsupial Mammals.
Palæozoic.	Permian. Carboniferous. Devonian. Siluro-Cambrian.	Reptiles. Land Plants. Fishes. Monomy. Echinod. Pterop. Heterop. Dimy. Gasterop. Annel. Polyzoa. Zooph. Brach. Crust.

(왼쪽 여백 바깥쪽 숫자: 10, 1, 9, 2, 8, 3, 7, 6, 5, 4, 6, 5, 4, 7, 3, 8, 2, 9, 1, 10)

자료 9.9 존 필립스의 <지질학적 시간 척도(Geological Scale of Time)>. 그의 『지구상 생명』 (1860)에 수록되었다. 여기에는 당시 지질학자 대다수가 암묵적으로 따르던 합의가 구체적으로 나타났다. '계통(Systems)'이라는 이름으로 층서에 맞추어 정렬된 암석층(가운데 열)은 앞서 필립스가 고생, 중생, 신생으로 정의한 바 있는 광대한 세 시대, 또는 "기(Periods)"로 나뉘었다. '생명'의 역사(오른쪽 열)는 다양한 주요 유기체군이 화석 기록에 처음 모습을 드러낸 시점을 보여주었다. 아래에 있는 약어는 화석 기록의 시작점이나 시작 무렵에 해당하는 캄브리아층과 실루리아층에서 발견된 각양각색의 등뼈 없는 동물, 즉 무척추 동물을 가리킨다. 이 도표는 각 '계통'에 할당된 암석층들 중에서 가장 두껍다고 알려진 지층의 두께를 토대로 생명 전체의 역사를 정량화하려는 필립스의 잠정적 시도도 담고 있었다. 고생대(아래) 시작점에서 현재(위)까지 총 기간을 길이가 같은 열 개의 구성단위로 임의로 나눈 후, 각 구성단위에 현재 시점부터 차례대로 숫자를 매기고(왼쪽 여백 바깥쪽에 10부터 1까지 기입) 고생대 시작점부터도 차례대로 숫자를 매겼다(왼쪽 여백 안쪽에 1부터 10까지 기입). 의도한 바는 아니었겠지만, 이는 초기 연대학자들이 거꾸로 셈하는 '그리스도 이전의 해'와 앞으로 셈하는 '세계의 해' 두 시간 척도를 사용했던 것과 비슷하다. 필립스는 이 정량적 시간 척도를 어떻게 조정해야 할지 명확한 태도를 취하지 않았지만, 19세기의 모든 지질학자들이 그랬듯이 이 시간 척도가 어림잡아 최소 수천만 년은 될 것임을 추호도 의심하지 않았다. 이 도표는 생명의 역사를 나타낸 것이기 때문에, 알려진 화석이 없는 선캄브리아시대는 전부 생략되었다.

과거의 열쇠로 여겨지고 있었던 것이다. 그러나 불확실성이 너무 많은 데다 가정도 많이 필요했기 때문에 필립스는 추정치를 발표하기를 주저했다. 그런 필립스를 몰아붙인 것은 다윈의 『종의 기원』이었다.

다윈은 이 문제를 딱 한 번 다뤘는데, 거기에서 잉글랜드 남동부의 윌드Weald 지방(이 지방은 노스다운스와 사우스다운스의 특이한 백악 구릉지대로 둘러싸여 있었으며, 노스다운스에 있는 다윈의 전원주택 근방에서도 보이는 곳이었다)에 있는 얕은 백악 돔과 그 밖의 백악층이 서서히 침식되기까지 약 3억 년(현대 지질학자의 약어로는 300Ma. Ma는 100만 년 전을 나타내는 지질학적 단위다.)이 걸렸다고 추정했다. 이 수치는 백악층이 퇴적된 뒤인 신생대의 길이와 얼추 비슷했다. 1860년 필립스는 앞서 언급한 영예로운 기회들을 활용해 다윈의 수치가 말도 안 되는 과대추정이라고 퇴짜를 놓는 이유가 무엇인지 제시했다. 다윈이 곧바로 자신의 계산치를 『종의 기원』의 모든 후속 판본에서 뺀 것으로 미루어보건대 다윈도 잠자코 비판을 수용했다(말 나온 김에 덧붙이자면 다윈의 계산치는 현대 방사성 탄소 측정법으로 도출한 연대를 한참 웃돌았다). 필립스가 내놓은 잠정 추정치는 고생대 캄브리아기의 시작점부터 현재에 이르는 전체 기간이 약 96Ma라는 것이었다. 그는 나중에 이 수치를 약간 낮춰 잡았지만, 이러나저러나 이런 수치가 막연한 어림짐작에 불과하다는 점을 알고 있었다.

라이엘과 다윈을 제외한 나머지 지질학자들은 대부분 필립스의 추정치가 꽤 그럴듯하며 믿을 만하다고 여겼다. 1861년, 스코틀랜드의 탁월한 물리학자 윌리엄 톰슨William Thomson은 지질학자가 생각하는 지구의 예상 시간 길이와 물리학과 우주론에서 온 완전히 별개의 증거로부터 도출한 자신의 예상 시간 길이를 비교하려 했는데, 의미심장하게도 그때 지질학자의 암묵적 합의를 대변하는 인물로서 의견을 구한 사람이 바로 필립스였다(톰슨은 말년 무렵 대서양 해저 전신의 발달에 일익을 담당한 공로를 인정받아 켈빈 경Lord Kelvin에 서임되었고, 그 이후 톰슨은 줄곧 켈빈 경이란 이름으로 알려졌으며 여기서도 편의상 켈빈이라는 명칭을 쓴다). 켈빈은 자신의 예비 계산에 따르면 지구 전체 나이가 200Ma에서 1000Ma 사이 어딘가에 해당한다고 필립스에게 말했는데, 이 범위는 필립스가 캄브리아기 시작점부터 현재까지 추정했던 값인 96Ma와 그럭저럭 맞아떨어졌다. 켈빈의 수치는 태양계의 기원에 대한 그의 우주론, 특히 태양이 내부의 열원을 계속해서 소모하고 있다는 생각에 바탕을 두었다. 당시 정립된 지 얼마 되지 않았던 열역학 법칙에 따르면, 태양의 수명은 반드시 유한하며 그에 따라 지구가 먹을 수 있는 나이에도 제한이 있을 터였다. 켈빈의 이론은 지구가 서서히 식는다는 지질학자의 표준 모형과 지구에 내부 열이 있음을 뒷받침하는 증거도 아울렀다. 1863년 켈빈은 자신의 계산을 다시 손본 후 지구 전체 나이의 범위를 20Ma에서 400Ma 사이로 수정하여 발표했다. 가정을 덧붙인다면 이 범위를 적절치인 98Ma까지 좁힐 수도 있었다. 온갖 불확실성을 감안하면 이 결과는 선캄브리아시대 이후의 시간만 따진 필립스의 엇비슷한 수치에서 크게 벗어나지 않았다. 어쨌거나 필립스는 흡족했다. 필립스는 이듬해 켈빈의 추정치를 동료 지질학자들에게 권했으며, 그가 지구의 과학적 이해에 한몫했다며 환영했다. 나중에 그는 켈빈과 협력하여 광산의 온도 측정을 개선하는 기구 개발에도 나섰고, 이 기구를 통해 지구의 내부 열에 대한 귀중한 증거를 얻을 수 있었다. 지질학자와 물리학자들은 심각한 갈등을 겪지 않았던 것이다.

그러나 1866년, 켈빈은 "간단히 논박되는 지질학의 균일성 교의"라는 도발적 제목의 강연을 진행했고 후속 강연에서 이 주제를 확장시켰다. 그는 자신의 연구 결과를 도외시한 채 계속해서 지구의 역사에 시간을 무한정 끌어들이는 지질학자들에게 맹렬한 공격을 퍼부었다. 켈빈의 생각에 그 정도의 시간은 물리학이 허용하는 수준을 한참 넘어서는 것이었다. 그의 표적은 다윈과 라이엘이었다. 두 사람은 분명 유명인사였지만, 지질학자 전체를 대변하는 사람들은 결코 아니었다. 놀랍게도 켈빈은 자신의 입장을 뒷받침하기 위해 필립스를 끌어들이지 않았다. 사실 '균일성'에 대한 켈빈의 공격은 내용과 시기를 보았을 때 진화론 또는 다윈 특유의 진화론이 주된 대상이었다. 다윈의 진화론에서는 매우 느린 자연선택의 과정이 효과를 발휘하려면 광대한 시간이 필요했기 때문이었다. 자연선택은 자연이 의도에 따라 설계되었다는 느낌을 훼손했고, 바로 이 느낌은 당대의 많은 사람에게 그랬듯이 켈빈에게도 중요했다. 켈빈은 19세기의 나머지 기간, 심지어는 공격의 표적이 된 두 균일론자가 사망한 후에도 '균일성' 반대 유세를 멈추지 않았다. 그는 계산과 가정을 수정하면서 자신의 추정치를 더욱 낮춰 잡을 필요가 있다고 주장해 지질학자들을 당황케 했다. 1881년 켈빈은 예상 지구 나이의 상한치를 50Ma로 줄였다. 1897년에는 이 값을 다시 40Ma까지 줄였고, 24Ma를 가장 그럴듯한 추정치로 제시했다. 일부 물리학자들은 켈빈이 내놓은 수치와 그가 기반으로 삼은 가정에 회의적이었지만, 켈빈을 지지하는 물리학자들도 있었다. 어떤 사람은 수치를 10Ma보다 아래로 더욱 낮춰야 한다고 주장해서 켈빈조차 온건파로 보이게 할 정도였다.

한편 지질학자 대부분은 켈빈의 시간 척도가 필립스가 이전에 내놓은 추정치에서 멀지 않은 약 100Ma 정도(선캄브리아시대 이후 기준)

에 머물렀다면 만족했을 것이다. 19세기가 끝날 무렵 이 정도 크기의 수치를 뒷받침하는 근거가 다른 방향에서 제시되었다. 켈빈과 마찬가지로 주류 지질학과 거의 관계없이 나온 근거였다. 매우 뛰어난 물리학자이기도 했던 아일랜드 지질학자 존 졸리John Joly는 전 세계의 강을 통해 바다에 염분이 흘러드는 속도로부터 자연의 정밀시계를 얻을 수 있다는 핼리의 예전 제안을 새롭게 되살렸다. 졸리는 바다의 나이를 90~100Ma로 추정했는데, 이는 지구의 원시 지각이 충분히 식어서 지표면에 물이 응결될 수 있게 된 후의 시간을 계산한 것이었다.

19세기가 끝날 무렵 지구의 전체 나이 문제를 두고 지질학자와 물리학자 사이의 간극은 더욱 벌어져 있었다. 지질학자들이 순전히 오만일 뿐이라고 여긴 물리학자들의 모습은 양측의 교착 상태에 도움이 되지 못했다. 물리학자들이 대놓고 물리학 외의 다른 과학을 훨씬 열등한 것으로 얕잡아 보는 문제는 하루 이틀 일이 아니었다. 지구의 나이는 지구와 생명의 역사를 둘러싼 수많은 문제들 가운데 하나일 뿐이었다. 이 장에서 개략적으로 보여주었듯이 지구와 생명의 역사는 여전히 절망스러울 정도로 모호하고 논란이 넘쳐나는 문제였다. 다음 장에서는 20세기로 무대를 옮겨 이 문제가 어떻게 부분적으로 해소되었는지 살펴본다.

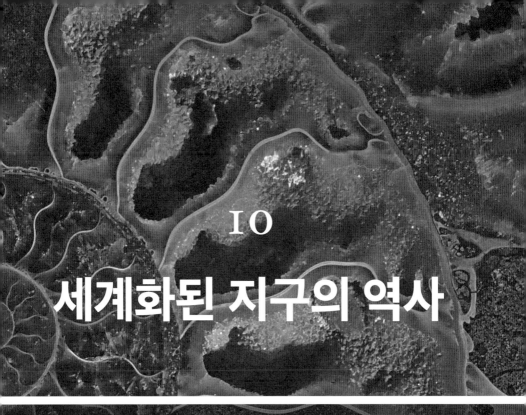

10

세계화된 지구의 역사

EARTH'S DEEP HISTORY

지구 역사의 연대 추정

　20세기가 시작할 무렵, 물리학 내부에서 극적인 발전이 이루어지면서 지구의 전체 나이에 대한 켈빈의 추정치를 뿌리째 흔들어놓았다. 당시에 많은 물리학자는 물리학이 거의 완성에 이르렀으며 앞으로 조금만 다듬으면 될 것이라 믿었지만, 새로운 근본적 발견이 줄줄이 이어지면서 이런 가정은 산산조각 났다. 방사선의 발견도 그중 하나였다. 방사선은 이전까지 알려진 바가 없었기 때문에 처음 발견된 방사선에는 그에 걸맞게 'X선'이라는 이름이 붙었다. 그러나 지질학자에게는 1903년 프랑스 물리학자 피에르 퀴리Pierre Curie가 관찰한 새로운 현상이 결정적이었다. 피에르 퀴리의 부인이자 공동 연구자였던 마리 퀴리Marie Curie가 일찍이 '방사능radio-activity'이라고 묘사한 현상이 일어나는 도중에는 열이 끊임없이 발생한다는 관찰 결과였다. 기묘하고 누구도 예상치 못했던 이 작용은 특정한 종류의 암석에서 자연적으로 발생하는 것으로 밝혀졌다. 따라서 지구 내부의 열은 지구가 뜨거운 불덩어리였던 시절의 잔재가 아니거나, 그것 때문에 생겨난 것만은 아닐 수도 있었다. 전에는 알지 못했던 원인 때문에 열이 발생한다면 지구가 식는 속도를 가정해 추산한 지구의 나이는 전부 무용지물이었다. 그 추정치들은 기껏해야 지구의 최소 나이를 나타낼 뿐, 지구의 실제 나이는 얼마든지 그보다 길 수 있었다. 1905년, 잉글랜드에서 활동하던 뉴질랜드인 물리학자 어니스트 러더퍼드Ernest Rutherford는 마리 퀴리가 새로 찾아낸 원소인 라듐radium이 헬륨으로 붕괴하는 속도를 측정한 뒤 이를 새로운 '자연의 정밀시계' 삼아 어느 방사성 광물 샘플의 나이를 500Ma로 추정했다. 그 후 러더퍼드의 잉글랜드인 동료 레일리 경Lord

Rayleigh은 다른 광물의 나이가 최소 2400Ma은 된다는 추정치를 내놓았다. 이들이 사용한 방법의 결함은 금세 눈에 띄었다. 특히 헬륨은 기체라서 시간에 따라 새어 나갔을 가능성이 높았다. 그러나 이들이 내놓은 결과는 찰나의 성공에 그칠 것 같지 않았다. 우라늄이 납으로 붕괴하는 과정은 라듐 붕괴에 비해 안정적이라고 여겨졌는데, 미국 물리학자 버트럼 볼트우드Bertram Boltwood가 우라늄 붕괴를 활용해 두 사람과 비슷한 수치에 도달했기 때문이었다. 훗날 '방사성 측정 연대radiometric dates'라 불리게 된 이 수치들은 썩 믿음직스럽지는 않았지만, 최소한 물리학자 대다수나 지질학자 대다수가 이전까지 상상했던 것보다 지구 전체의 나이가 훨씬 길 수도 있다는 가능성을 열어주었다.

세계 각국에서 이루어지던 이 흥미로운 물리학 분야에 새로 뛰어든 사람 중에는 젊은 잉글랜드인 아서 홈스Arthur Holmes도 있었다. 그는 대다수의 다른 물리학자와 달리 지질학 훈련을 받은 경험도 있었다. 1910년 그는 볼트우드의 우라늄-납 방법을 활용하기 시작했다. 그가 내놓은 첫 추정 연대인 370Ma는 지질시대로 따지면 데본기에 속하는 노르웨이 암석 안의 어느 광물에 대한 것이었다. 고생대 중간부터 계산한 이 연대만 해도 켈빈이 지구의 전체 나이라고 추정한 최종 수치의 열 배는 족히 넘었다(물론 다윈의 성급한 초기 추정치보다는 한참 작았다). 얼마 지나지 않아 홈스의 은사인 잉글랜드 물리학자 프레더릭 소디Frederick Soddy는 여러 원소가 상이한 '방사성 동위 원소isotope'의 형태로 존재한다는 점을 발견했다. 둘은 한 방사성 동위 원소가 다른 동위 원소로 붕괴하는 복잡한 경로를 함께 추적했다. 이를 통해 그들은 방사성 광물의 나이를 추정하는 방법을 대폭 개선할 수 있었다. 홈스는『지구의 나이The Age of the Earth』(1913)에서 시간 척도를 이전보다 훨씬 늘려야 한다는 새로운 논거를 제시했다. 그는 자신의 광물 표본 중 가장 오래된 것의 연대를 약 1500Ma로 정했고, 지구 자체의 나이도 1600Ma보다 적을 리 없다고 결론 내렸다. 여기에 사용된 실험실 기법은 기술적으로 까다롭고, 결과가 나오기까지 시간이 오래 걸렸으며, 손이 많이 갔다. 그리고 이 '절대적' 방사성 측정 연대를 동일한 암석의 '상대적' 지질 연대와 확실하게 연관 짓기 어려운 경우가 많았다. 그러나 실험 기법과 그 방법이 기초하고 있는 물리적 증거, 이를테면 관련 방사성 동위 원소의 붕괴 속도 측정치는 계속해서 정밀해졌고 일관된 결과를 가리켰다.

지질학자들은 약 100Ma 정도의 시간 척도를 전제로 생각하는 것에 익숙해졌고, 시간을 더 줄이라는 켈빈과 다른 물리학자들의 강도 높은 압박에 시달려왔다. 그래서 많은 지질학자는 시간 척도를 극적으로 확대하자는 홈스의 제안에 회의적이었다. 사실 물리학자들의 놀라운 태도 변화에 대한 일반적 반응은 "자라 보고 놀란 가슴 솥뚜껑 보고 놀란다"였다. 그러나 비군사적 과학 연구를 중단시킨 것이나 다름없었던 제1차 세계대전이 끝난 후 지질학자들은 해당 문제를 새로 논의할 필요가 있다고 인정하게 되었다. 1921년 에든버러와 1922년 필라델피아에서 열린 두 번의 학술대회에는 지질학자와 물리학자, 천문학자, 생물학자가 모였다. 이런 다양한 '과학자'(여러 분야를 아우르는 '과학자'라는 단어는 처음 제안된 지 거의 한 세기가 지난 이 시기쯤에야 비로소 널리 사용되기 시작했다) 중 일부는 여전히 회의적이었다. 졸리가 대표적 사례였다. 그러나 과학자 대다수는 새로운 방사성 측정 연대가 잠정적이긴 해도 자릿수를 정확히 짚었을 가능성이 높다는 데 동의했다. 레일리는 물리학자로서 지구상에 최대 수십억 년간 생명이 살기에 적합한 환경이 마련되었을 것이라 추측했다. 쥐스의 대작을 영어로 펴내기도 한 옥스퍼드대학교의 지질학자 윌리엄 솔라스William Sollas는 뜻밖의 새로운 상황을 이렇게 요약했다. "전에는 금세 파산하고 말았던 지질학자들은, 갑자기 자신들이 어떻게 쓸지도 모를 만큼 엄청난 돈을 은행에 쌓아둔 자본가로 변모했음을 깨닫고 있다." 한 세기 전 스크로프가 은행업에 빗댄 유명한 은유, 즉 지질학이 "우리에게 과거를 지급인으로 삼아 어음을 무한에 가깝게 발행하라고 밀어붙인다"라는 은유의 흔적이 역력했다. 몇 년 후 일류 전문가로 인정받게 된 홈스는 미국의 한 위원회에서 지구의 나이가 1460Ma보다 적지도 않고 3000Ma, 즉 30억 년보다 많지도 않을 것이라는 최선의 추정치를 제시했다. 1953년경 미국의 화학자 클레어 패터슨Clair Paterson은 방사성 연대 측정에서 나온 더욱 많은 증거를 활용하여 약 45억 년이라는 훨씬 개선된 추정치를 얻을 수 있었다. 관련 전문가들은 20세기 나머지 기간과 21세기에 이르기까지 패터슨이 내놓은 수치가 신뢰할 만하다는 점을 계속해서 재확인했다.

그러나 물리학자와 천문학자들은 태양의 물리학과 광대한 우주에서 태양계의 위치를 이해하기 위한 발판으로 이 지구의 총 나이에 제일 흥미를 느낀 반면, 지질학자들은 방사성 연대 측정을 활용해 지구의 역사 안에서 사건의 순서를 정량화하는 일에 훨씬 관심이 많았다. 지질학자들은 새로 알아낸 수백만 년의 시간을 각각의 시기에 할당할 방법을 알아내고자 했다. 그들은 필립스와 그 후의 여러 학자가 연이은 시기에 쌓인 퇴적층의 상대적 두께로부터 이끌어낸 시간 척도에 대략적으로나마 숫자를 부여하고 싶었다. 홈스는 가령 석탄기 암석이 340Ma, 데본기 암석이 370Ma, 실루리아기 암석이 430Ma이라고 보고하면서 지질학자들이 원하던 작업을 일찌감치 시작한 바 있었다. 이 수치들은 모두 실제와 거의 어긋나지 않았다. 다른 수치들 또한 검증된 층서학 기법으로 일찍이 확립된 상대적 시대와 맞아떨어지고 이러한 일치가 더욱더 정교한 수준에서 반복적으로 확인되면서, 1차 대전 후 방사성 연대 측정에 대한 지질학자들의 자신감은 점점 더 향상되었다. 처음에는 불확실성의 폭이 크다 보니 방사성을 통해 측정한 연대가 지질학상의 연대와 충돌하지 않았다. 새로운 '질량 분석기' 덕분에 광물 표본을 예전보다 훨씬 정밀하게 분석할 수 있게 되면서 불확실성의 폭은 꾸준히 줄어들었다. 이런 변화로 제2차 세계대전 이후에 방사성 연대 측정은 점점 더 정밀하고 비용도 적게 드는 일상적 절차가 되었다. 상이한 계열의 방사성 동위 원소 붕괴 속도에 기초한 독자적 방법이 몇몇 있었는데, 이들이 내놓는 결과는 서로 일치했다. 그리고 이런저런 방법들은 지구 전체 역사의 서로 다른 부분에서 효과적인 것으로 밝혀졌다. 1970년대 무렵 연대 측정은 아주 신뢰성 높고 정밀해져서 많은 '지구과학자들'(점차 널리 사용되기 시작한 또 다른 포괄적 단어로, 특히 지질학자와 지구물리학자를 통칭할 때 사용했다)은 수치화된 연대를 일상적으로 사용하기 시작했고, 심지어는 그에 상응하는 층서학적 고유 명칭보다 수치화된 연대를 우선시하기도 했다. 예컨대 대량 멸종으로 보이는 특정 일화는 과거 65Ma에 일어난 사건이라고 언급했다. 이는 실상 중생대 백악기 말엽이라는 뜻이었다. 마치 역사가들이 다윈의 『종의 기원』이 던진 충격을 논하면서 빅토리아 시대 중반이 아니라, 결정적 한 해인 1859년을 언급하기도 하듯이 말이다.

20세기 말 방사성 연대 측정은 이미 지질학에서 없어서는 안 될 강력한 도구가 되어 있었다. 물론 방사성 연대 측정은 실험실에서 측정한 방사성 붕괴 속도가 먼 과거에도 일정했을 것이라는 물리학자들의 가정에 기대고 있었다. 그러나 그런 가정과 무관한 두 가지 방법이 나오면서 지구의 최근 역사에 대해서만큼은 시간 규모에 대한 지질학자의 앞선 예감이 크게 틀리지 않았다는 점이 입증되었다. 19세기 말 스웨덴의 지질학자 예라르드 드 예르Gerard de Geer는 예전에 빙하호였던 스웨덴의 지역에 쌓인 퇴적물에 나무 몸통에 있는 나이테와 흡사한 형태의 줄무늬가 촘촘히 나 있음을 발견한 바 있었다. 고고학자들은 이미 나이테를 활용해 인류사의 최근 몇 세기를 아우르는 '연륜연대기dendro-chronology'에 이를테면 오래된 건물에 있는 목재 대들보의 정확한 연대를 부여하고 있었다. 드 예르는 얇은 호수 퇴적층에 순환을 뜻하는 스웨덴어 'varv'를 따 '연층varve'이라는 이름을 붙이면서, 이 퇴적층에 나무의 나이테와 마찬가지로 연간 계절의 순환이 기록되어 있을 것이라 추론했다. 따라서 연층을 활용하면 플라이스토신 빙하 작용이 끝나면서 광대한 스칸디나비아 빙상이 서서히 수축하는 단계에 연륜연대학과 비슷하게 1년 단위의 연대기를 작성할 수 있었다. 드 예르와 그의 학생들은 고된 현지 조사를 과감히 수행하면서 예전에 빙하호였던 지역을 하나하나 살펴보고 서로 일치하는 특유의 연층 서열들을 맞춰보았다. 이 작업은 인류 역사에 연대가 정확히 알려져 있는 시점, 즉 스웨덴에서 마지막 빙하호의 물을 빼낸 1794년에 도달할 때까지 계속되었다. 이를 통해 전체 서열의 연대를 기원전에 이르는 먼 옛날까지 정밀하게 추정할 수 있었다. 지질학적으로 최근에 해당하는 스칸디나비아 역사를 재구성한 드 예르의 작업은 그가 이 내용을 1910년 세계지질과학총회International Geological Congress에서 언급하면서 널리 알려지게 되었다. 말년에 그는 이 재구성을 기념비적 작품인 『스웨덴의 지질연대기Geochronologica Suecica』(1940)에 온전히 담았다. 연층에 바탕을 둔 이 정밀한 지질연대기는 나중에 '방사성 탄소radio-carbon' 연대 측정을 통해 입증되었다(방사성 탄소 연대 측정은 지구의 역사 중 제일 최근의 시기에 대해 최고의 정밀성을 보이는 방사성 연대 측정법이다). 연층은 드뤽이 흡족해했을 만한 '자연의 정밀시계'였다. 연층은 '현 세계'의 시작점을 기껏해야 수천 년 전으로 설정했는데, 이는 18세기의 학식인 드뤽이 다른 이유로 추정한 바와 일치했다.

이런 결과는 20세기 후반 연층과 비슷하게 그린란드와 남극의 거대 빙상에 보존된 정보를 토대로 현재에 이르기까지 연 단위로 작성한 연대기와도 일치했다. 얼음을 뚫어 추출한 얼음 기둥core에는 매년 내린 눈이 압축되면서 연층이나 나이테와 비슷한 층의 형태가 나타났다. 매년 내린 눈이 얼음으로 바뀌며 만들어진 얼음층에는 공기 시료가 붙잡혀 있어서 지구의 대기 조성이 어떻게 변화했는지 추적할 수 있었고, 먼지의 흔적도 남아 있어서 멀리서 화산이 폭발했는지, 그 연대는 언제인지를 추정할 수 있었다. 얼음 기둥은 드 예르의 연층이 한 지역에서 보여준 결론을 전 세계적인 차원에서 입증해주었다. 지질학자들이 다른 근거를 통해 오랫동안 추론해온 대로, 후기 플라이스토신 빙하 작용은 극지방 외의 지역에서 수천 년 전에 끝났다는 것이었다. 이는 지질학자들이 일찍이 당연한 것으로 받아들여왔듯이 플라이스토신의 나머지 기간과 그보다도 긴 예전의 지구 역사에 광대한 시간이 주어진다는 뜻이기도 했다. 은행 계좌 비유에 나오는 엄청난 자산은 분명 값어치가 없거나 미망에 불과한 자산이 아니었다. 그 자산은 엄청나게 길고 의외로 복잡한 지구의 역사를 재구성하고 더 나아가 설명하는 데 유익하게 투자할 수 있었다.

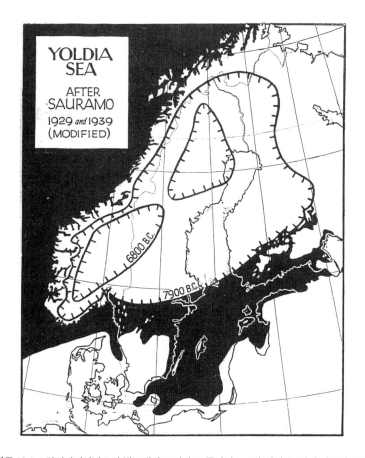

자료 10.1 스칸디나비아반도와 발트해의 고지리도. 플라이스토신 빙기 중 제일 최근의 빙기가 끝날 때쯤 일어난 거대 스칸디나비아 빙상 수축의 두 단계를 보여준다. 예라르드 드 예르및 그의 동료와 학생들은 빙상 가장자리에 일시적으로 생긴 호수 퇴적물의 **연층** 서열에 대해 상세한 현지 조사를 실시함으로써 빙상 수축 과정을 재구성하고 그것에 기원전 **연대를 추정**했다. 여기에 나오는 기원전 7900년의 초기 단계에 발트해 북부의 보트니아만이 아직 얼음으로 뒤덮여 있을 때 발트해의 지표종은 현재 훨씬 추운 북극해에서만 서식하는 **욜디아**^{Yoldia}라는 연체동물이었다. 여기 기원전 6800년이라고 나오는 후기 단계는 수축하는 빙상이 그보다 규모가 작은 두 개의 빙모(ice cap)로 쪼개지는 시점을 나타낸다(두 빙모의 조그마한 잔존물이 현재의 노르웨이 빙하다). 이와 같이 연대를 추가하여 재구성함으로써 이 지역의 지질학적 최근 역사는 선사시대의 '중석기' 단계와 연결되었다. 이는 지질학자들이 다른 근거를 통해 오랫동안 믿어왔지만 정확하다고 확신하지는 못했던 결론을 입증해주었다. 지질학적으로 최근의 빙하기조차 인류사의 기준에서 보았을 때 과거에 해당한다면, 그에 선행하는 지구전체의 역사는 인간의 이해 수준을 한참 뛰어넘을 만큼 늘어날 수밖에 없었다. 위의 지도는 프레데리크 초이너(Frederick Zeuner)의 『과거의 연대에 대한 추정(Dating the Past)』(1946)에 수록되었다. 이 책은 당시 지질학자와 고고학자들이 사용할 수 있는 모든 '**지질연대학**' 방법을 검토한 영향력 있는 저작이었다.

대륙과 대양

드 예르의 섬세한 현지 조사를 통해 스칸디나비아 빙상의 해빙 연내기뿐만 아니라, 대륙의 융기가 정말로 일어났다는 사실 또한 입증되었다. 이 점은 발트해 기슭을 빙 에워싸고 있는 '융기 해안raised beach'과 그곳의 육지가 아직도 계속 융기하고 있다는 널리 알려진 증거를 통해 알 수 있었다(18세기부터 물가의 바위에 새겨진 자국과 연대 표시를 보면 지역의 해수면이 하강하고 앞바다가 얕아지고 있었다). 지질학자들은 이 지역의 융기를 플라이스토신 기간이 끝나 두터운 스칸디나비아 빙상이 사라지자 지각이 서서히 반등하는 것으로 해석했다. 이런 해석은 지각의 물리학과 보이지 않는 내부 깊은 곳의 성질에 관해 19세기부터 이어져 온 논쟁에 다시 한번 불을 붙였다. 여기서는 훗날 지구물리학으로 알려지게 되는 이 중요한 논의를 지구의 **역사**에 대한 함의 중심으로 간단하고 거칠게 요약하는 수밖에 없을 것이다.

영국의 해군 함정 챌린저호Challenger(1872–1876)가 이끈 최초의 주요 과학 탐사 항해는 처음으로 전 세계 대양의 깊이를 체계적으로 측량했다. 탐사자들은 몇 차례의 탐사 항해를 통해 대륙과 대양이 외관상 근본적으로 구별된다는 점을 발견했다(여기서 대륙은 현재의 해안선을 넘어서 심해에 비해 상대적으로 수심이 얕은 '대륙붕continental shelf'까지 포함한다). 물리학적 수수께끼는 중력을 고려했을 때 지표면에서 대륙 부분이 어떻게 대양 부분보다 평균적으로 훨씬 높이 솟아오른 채 유지될 수 있는가 하는 것이었다. 19세기 후반 몇몇 지구물리학자들은 대륙이 그보다 약간 밀도가 큰 층 위에 사실상 떠 있으며 이 층이 대양 바로 밑의 지표면을 이룬다는 의견을 제시했다. 이 "떠 있다"라는 표현은 비유에 가까웠는데, 왜냐하면 거의 같은 시기에 선구적 '지진학자seismologist'들이 이제 막 구축된 전 지구적 탐지 기구망을 활용해 지진에 대해 연구하면서 지구는 상대적으로 작은 액체 핵을 제외하면 고체로 이루어져 있음이 틀림없다고 추론했기 때문이었다. 그러나 미국의 지질학자 클래런스 더튼Clarence Dutton은 지구를 북극해에 떠 있는 빙산 대신 빙산이 유래한 빙상ice sheet에 빗대는 것이 적절하다고 주장했다. 물론 얼음은 고체이고 얼음도끼로 때리면 깨지지만, 더욱 넓은 규모에서 장기간에 걸쳐 바라보면 그린란드와 남극에 있는 얼음은 거대 빙하에서 바다쪽으로 천천히 흘러내린다. 이와 동일하게 대륙과 대양의 아래에 있는 '맨틀mantle'이라 불리는 암석은 일상적 의미에서 보면 고체이긴 하지만, 지질학적 시간 길이에서 보면 그렇게 단단하지 않고 몹시 끈적거리는 유체처럼 움직일 수도 있었다.

그래서 더튼은 장기적으로 대륙이 대양보다 통상적으로 높은 위치에, 산맥은 그보다 높은 위치에 있도록 하는 부력을 뜻하는 용어로 '동일하게 유지된다'라는 뜻의 '평형isostasy'을 제안했다. 스칸디나비아 지방의 반등은 평형을 이루고자 하는 부력의 효과를 상대적으로 작은 규모에서 보여주는 사례가 되었다. 지구의 역사에서 평형은 중요한 의미가 있었는데, 만약 정말 평형에 근거가 있다면 육상 동식물의 기묘한 분포를 매력적으로 설명해주던 대륙 간 임시 육교의 가능성이 사라지는 셈이기 때문이었다. 평형이 유지된다면 지각의 일부가 그렇게 극적으로 융기하거나 침강해서 대륙이 대양이 되거나 반대로 바뀌는 일이 물리적으로 불가능할 터였다. 한 지질학자는 이를 다음과 같이 표현했다. "한번 대륙이면 영원히 대륙이고, 한번 대양이면 영원히 대양이다."

꼭 평형이 아니더라도 쥐스가 내놓은 포괄적인 지질학 종합 이론은 20세기 초가 되면 여러모로 더 이상 적합해 보이지 않았다. 지각판crustal plate이 천천히 위아래로 진동한다는 생각은 라이엘의 시대부터 매력적 이미지로 작용했지만 더 이상 지탱하기 어렵게 되었다. 지구가 서서히 수축한다는 이론도 마찬가지였다. 거대 산맥이 지구 전체에 균일하게 분포하지 않고 특정한 몇몇 경계 위에 우뚝 솟아 있다는 명백한 사실을 설명하지 못하기 때문이었다(예컨대 로키산맥에서 안데스산맥에 이르는 산맥들은 모두 아메리카 대륙의 서쪽에 있었다). 게다가 알프스산맥에 대한 상세 현지 조사를 통해, 식탁보 또는 내프nappe를 찌그러지기 전의 모습으로 재구성한다면 거대 습곡과 층상 단층overthrusting의 지각이 지구가 수축한 탓으로 돌리기에는 지나치게 많이 줄어들었다는 점도 알아냈다. 그리고 어차피 냉각 이론 자체가 방사능 열의 발견으로 심각한 타격을 입은 상태였다. 종합하자면 껍질이 쭈글쭈글해진 사과라는 익숙한 비유는 이제 오해를 불러일으킬 소지가 다분해 보였다. 따라서 지질학자들은 산이 수평 운동과 지각 인접 부분의 압착에 의해 형성되었을지도 모른다는 가능성에 더욱 주의를 기울이기 시작했다. 알프스산맥은 어떤 이유로 아프리카와 지중해 지역 아래에 놓인 지각이 유럽 쪽으로 압력을 받아 찌그러지면서 위쪽으로 밀려 나온 것일 수도 있었다. 히말라야산맥과 그 뒤쪽에 있는 티베트 고원은 인도가 아시아 쪽으로 힘을 받으면서 치솟은 것일지도 몰랐다.

이는 꽤나 놀라운 생각이었다. 그러나 대륙 덩어리가 그저 다같이 찌그러진 것이 아니라 지구상에서 상대적 위치가 달라질 정도로 크게 이동하며 사실상 충돌한 것이라는 생각은 더욱 놀라웠다. 그러나 이렇게 보면 쥐스가 곤드와나란트라고 불렀던 가상의 초대륙과 관련된 기묘한 사실들을 설명할 수도 있었다. 예전에 인도와 아프리카, 남아메리카, 오스트레일리아, 남극을 아울렀다고 가정된 이 초대륙이 이런저런 방법으로 쪼개진 뒤 조각들이 서로 멀어지게 되었다면, 특정 육상 동식물들은 가상 육교의 도움 없이도 하나 이상의 대륙에 분포할 수 있었다. 그러나 문제는 '이런저런 방법'이었다. 설사 심원한 시간의 은행에 쟁여놓은 '무한'한 기간 덕분에 고체 지구를 이루는 암석이 끈적끈적한 유체같이 움직인다손 친다 해도 그런 대륙의 운동이 도대체 어떤 물리적 힘에 의하여 일어날 수 있는지를 상상하기란 어려운 일이었다. 지구과학에서 처음 있는 일도, 마지막 일어난 일도 아니지만 어떤 일이 **실제로** 일어났다는 증거와 그 일이 **어떻게** 일어났는지를 보여주는 증거는, 즉 역사학과 물리학은 갈등을 빚을 소지가 있었다. 빙하기를 비롯해 앞에서 살펴본 사례의 경우, 관련 과학자들은 빙하 작용을 일으키는 물리학적 또는 천문학적 원인을 도무지 종잡을 수 없더라도 빙하 작용이 역사적으로 실재했다는 사실을 다들 받아들였다. 마찬가지로 거대한 알프스 습곡 작용이 실제로 일어났다는 점은 습곡 작용이 어떻게 일어났는지에 대한 합의 없이도 수용되었다. 하지만 이번에는 후대에 '**이동론**mobilism'이라 불리게 된 주장의 타당성을 두고 격한 반발이 쏟아졌다. 대륙의 대규모 이동을 뒷받침하는 적절한 기제가 없다는 이유로 자신들의 '**고정론**fixism'을 굽히기 거부하는 사람들의 반발이었다.

이동론의 아이디어는 예전부터 제시된 바 있었지만, 1차 대전 때 독일의 지질학자이자 기상학자인 알프레트 베게너Alfred Wegener가 『대륙과 대양의 기원Die Entstehung der Kontinente und Ozeane』(1915)을 출간하면서 비로소 관심을 받게 되었다. 전쟁이 끝난 직후 이 책의 개정판이 영어와 기타 언어로 번역되었으며, 베게너가 제시한 대륙의 대규모 '변위

displacement' 이론은 지구과학자들의 국제 논쟁에서 큰 화젯거리가 되었다. 베게너의 의견에 따르면 지질학적 증거는 차고 넘쳤다. 대규모 변위가 아니면 곤드와나란트에 해당하는 멀리 떨어진 땅덩어리들의 긴밀한 유사성을 설명할 수 없었다. 특히 아프리카와 남아메리카(현재의 해안선이 아니라 대륙붕의 경계로 정의)는 베게너의 표현을 빌리자면 신문을 울퉁불퉁하게 둘로 찢어놓은 모습 같았다. 마치 두 대륙이 쪼개지면서 둘 사이에 대서양이 열린 것처럼 말이다. 베게너는 정말로 이런 현상이 일어났다고 믿었다. 그리고 그는 스칸디나비아의 수직 운동이 아직도 지속된다는 데 의문의 여지가 없는 것처럼, 지각의 수평 운동도 마찬가지라는 증거가 있다고 주장했다. 연이은 그린란드 탐사(베게너도 한 번 탐사한 적이 있었다)에서 나온 경도 측정치를 보면 그린란드가 서서히 유럽으로부터 멀어지고 있었던 것이다. 따라서 대륙의 변위는 보편적으로 존중받는 원리인 현재론의 지지를 받는 듯이 보였다. 대륙 변위는 라이엘의 유명한 구절에 따르면 "현재 작동 중인 원인"인 셈이었다(이 경도 측정은 훗날 결정적 증거가 되기엔 부정확한 것으로 판명되었지만, 그린란드의 운동은 GPS에 의해 입증되었다. 다만 그 속도는 베게너의 생각보다 훨씬 느렸다).

지질학자 못지않게 기상학자이기도 했던 베게너에게 깊은 인상을 남긴 증거는 또 있었다. 그는 대륙들의 층서 및 화석 기록을 바탕으로 각 대륙이 겪은 기나긴 역사를 추론하면서, 대륙마다 기후 변화를 다른 순서로 겪었다는 증거와 마주쳤다. 가령 석탄기에 유럽과 북아메리카는 열대지방이고 인도는 빙하 지대였던 반면 플라이스토신에는 기후가 정반대로 바뀌었다. 이런 거대한 기후 변화는 더 이상 전체 지구가 균일하게 냉각된 탓으로 돌리기 어려웠다. 그러나 각각의 땅덩어리

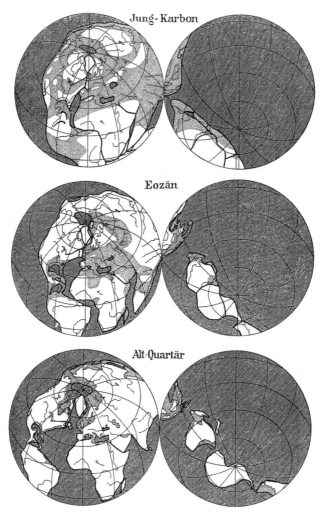

자료 10.2 알프레트 베게너가 잠정적으로 재구성한 지구의 대륙들. 고생대 후반(Jung-Karbon, 석탄기 후기), 신생대 초반(Eozän, 에오신), 지질학적으로 최근의 과거인 플라이스토신 빙하기 시작 무렵(Alt-Quartär, 제4기 초기) 등 지구의 역사에서 연속된 세 시기의 모습이다. 대륙에서 어두운 부분은 얕은 바다를 나타낸다(현재 영국 제도(British Isles)를 둘러싸고 있는 '대륙붕' 등). 베게너가 1922년 발표한 이 지도는 초기 초대륙의 분할로 대서양이 점진적으로 출현했다는 그의 주장을 보여준다. 베게너는 암석과 화석 증거에 기반을 둔 '고기후'로 대륙들의 '고위도' 근사치를 알 수 있지만 '고경도'는 어쩔 수 없이 추측에 따른 것이라고 적었다. 여기에 보이는 **현재** 대륙의 가장자리와 주요 하천은 참고용일 뿐이다.

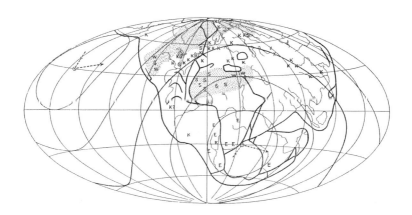

자료 10.3 <석탄 시대의 얼음, 늪, 사막>. 잠정적으로 재구성한 석탄기의 전 세계 기후. 베게너와 그의 장인인 블라디미르 쾨펜(Wladimir Köppen)이 공동 저술한 『지질학적 과거의 기후(Die Klimate der geologischen Vorzeit)』(1924)에 발표되었다. 이 책은 대륙의 변위 또는 '표류'를 다룬 그의 더 유명한 저작을 보충하는 책이다. 극지방으로 추론된 지역에 빙하(E)의 흔적이 분포해 있고, 석탄(K)은 열대지방으로 추론된 지역에 분포해 있으며, 그 사이에 있는 건조 지대(점으로 표시)에는 암염(S) 및 석고(G) 퇴적층과 사막의 사암(W)이 분포해 있는데, 이런 분포는 여기 보이는 것처럼 현재의 대륙이 당시에 하나의 거대한 초대륙인 **판게아**(Pangaea)로 결합되어 있었고 남극점 가까이에 남아프리카 동쪽 해안이, 북극점은 북아메리카에서 서쪽으로 멀리 떨어진 태평양에 있었다고 보면 훨씬 그럴듯했다(이 지도는 대서양 주위 땅덩어리의 **현재** 위치를 바탕으로 한 격자에 석탄기의 추정 위도를 겹쳐놓은 것이다).

가 고유의 역사를 거치며 어느 정도 독자적으로 서로 다른 위도를 지나갔다고 보면 납득할 수 있었다. 베게너는 이런 극적인 대륙 변위들을 일으키기에 적합한 물리적 원인을 찾을 필요가 있다고 시인했지만 이에 대한 논의를 마지막 장으로 미뤘는데, 변위가 역사상 실제로 일어났다는 사실을 정립하는 것이 우선이라는 입장을 고수했기 때문이었다. 그는 예전의 만유인력 사례를 거론하며 자신의 저작 마지막 판본(1925년)에서 "변위 이론의 뉴턴은 아직 나타나지 않았다"라고 인정했고, 그러한 역할을 자임하지도 않았다(그는 이듬해 다시 탐사를 떠났다가 그린란드 내륙 빙하에서 비극적으로 사망했다).

대륙 '표류'를 둘러싼 논쟁

베게너의 변위 이론은 한바탕 소란을 불러일으켰다. 지구과학자들은 변위 이론이 처음 나온 순간부터 이 이론을 슬쩍이라도 한번 살펴볼 생각이 있는 사람들과 대놓고 이론을 거부하는 사람들로 갈렸다. 영미권에서 변위 이론은 대륙이 유빙이나 빙산처럼 떠다닌다는 잘못된 비유를 담은 '대륙 표류설continental drift(현재 널리 통용되는 번역어는 대륙 이동설이지만 이 장에서는 저자의 의도를 살려 대륙 표류설로 번역한다. ─옮긴이)'로 널리 알려졌는데, 이는 이동론 옹호에 득이 되지 않았다. 변위 이론을 둘러싼 의견 충돌은 지질학과 생물학의 증거에 정통한 사람들과 지구의 거시 물리를 누구보다 잘 이해하고 있는 사람들 간에 일어나는 것처럼, 다시 말해 한편에는 지질학자와 생물학자가 있고 다른 편에는 물리학자와 지구물리학자가 있는 것처럼 보이기도 했다. 예컨대 영국의 물리학자 해럴드 제프리스Harold Jeffreys는 수식이 많은 난해한 저서인 『지구The Earth』(1924)에서 물리적으로 불가능하다는 이유를 들어 베게너의 이론을 일축했다. 그래도 켈빈 때문에 "자라 보고 놀란 적이 있는" 많은 영국 지질학자는 물리학자들이 그와 같이 고압적 태도를 보일 때마다 "솥뚜껑 보고 놀라듯" 피했다. 그러나 미국에서는 물리학자뿐 아니라 수많은 지질학자도 베게너를 거세게 비판했다. 가령 탁월한 층서학자이자 고생물학자였던 예일대학의 찰스 슈처트Charles Schuchert는 이전의 육교로도 화석과 현생종을 막론한 동식물의 전 지구적 분포를 꽤 그럴싸하게 설명할 수 있다고 주장했다. 나중에 그는 당시 확고한 이동론 지지자가 된 홈스에게 이렇게 말했다. "곤드와나는 사실이지만, 그래도 없애버려야겠어요. 베게너 추종자가 되지 않으려면 말이

죠. 신에 맹세코 나는 그 덫에 끌려 들어가지 않을 겁니다!"

이 이슈에서 가장 뚜렷한 차이는 지질학자와 지구물리학자 간의 차이가 아니라 미국 과학계와 나머지 과학계의 차이였다. 1922년 잉글랜드에서 열린 어느 중요한 학회에서 과학자들이 내놓은 의견은 정중한 회의론부터 더 조사할 만한 가치가 있는 이론이라는 신중한 동의에 이르기까지 다양했다. 반대로 1926년 뉴욕에서 열린 비슷한 학회에 참여한 과학자들은 변위 이론에 대한 적개심에 불타올랐고, 슈처트도 그중 한 명이었다. 이 학회를 준비했으며 변위 이론의 함의가 엄청나다는 점을 일찍이 깨달았던 네덜란드 태생의 석유 지질학자 빌럼 판바테르스호트 판데르흐라흐트Willem van Waterschoot van der Gracht만 예외였다. 미국에서 지구과학자들이 거의 만장일치로 변위 이론을 반대한 데에는 중요성 면에서 우열을 가릴 수 없는 몇 가지 요인이 있었다. 그중 눈에 띄는 요인은 베게너가 자신의 이론을 능수능란하게 변호하는 것에 대한 널리 퍼진 반감(한 세기 전에 라이엘이 욕을 먹은 바로 그 이유였다!), 또 베게너가 대안적 설명을 더욱 냉정하고 공정하게 평가했어야 한다는 믿음이었다. 변위의 물리적 원인이 밝혀지지 않은 이상 그 원인이 밝혀질 때까지 이론을 받아들이길 거부하겠다는 태도도 하나의 요인이었다. 다만 이는 변위가 역사상 정말 일어났는지를 판단하는 것이 우선이라는, 베게너의 주장을 도외시한 입장이었다. 또 다른 요인은 베게너가 쥐스와 여타 유럽 지질학자들처럼 전 세계에서 여러 과학자가 발표한 보고를 인용했으며 자신이 직접 수행한 현지 조사를 내세우지 않았다는 점이었다. 이 요인들은 모두 무엇이 건전한 과학적 방법인지에 대한 생각과 과학 스타일에서 미국인과 유럽인 사이에 존재했던 뚜렷한 차이를 반영했다. 더욱이 미국인의 지질학 경험은 광대한 북아메리카 대륙에 국한되어 있는 경우가 많았던 반면, 유럽인의 지식은 세계 각지에 있는 이전과 당시 식민지의 연줄과 동료에 힘입어 유럽 대륙 너머도 아우르고 있었다. 마지막으로 이 밖의 두 요인도 무시하거나 숨겨서는 안 된다. 미국 과학자들은 당시 과학계에서 두각을 드러낸다는 점에 자부심을 느꼈고, 그럴 만한 자격이 있었다. 그래서 미국 과학자들은 유럽인이 중요성 측면에서 그렇게 잠재력이 큰 이론을 내놓아 자신들을 앞질렀다고 인정하기를 내켜하지 않았다. 게다가 베게너는 그냥 유럽인도 아니고 독일인이었다. 당시는 1차 대전이란 참극을 일으킨 독일에 보복성으로 책임을 물으면서 독일인을 일부러 냉대하거나, 심지어 일부 과학 분야에서는 국제 협력에서 독일인을 배제하기까지 하던 시절이었다.

이동론에 미국인들이 보낸 만장일치에 가까운 반감에서 유독 눈에 띄는 예외 사례도 이런 일반적 공식에 부합한다. 하버드대학의 저명한 지질학자 레지널드 데일리Reginald Daly는 미국인이면서 초기 이동론 지지자였지만, 태생은 캐나다였으며 교육도 캐나다에서 받았고 여행 경험이 많은 데다가 프랑스어와 독일어도 유창하게 구사했다(그는 베게너의 책을 독일어 원서로 읽었다). 그는 1922년 남아프리카에서 일하면서 남아프리카의 선도적 지질학자로서 일찍부터 이동론의 완고한 지지자였던 알렉산더 두 토이Alexander Du Toit를 만났다. 데일리는 그의 안내를 받으며 남아프리카의 현장 증거 일부를 목격했고, 그중에는 석탄기에 남아프리카가 빙하기 기후에 놓여 있었으리라는 점을 시사하는 고대 표력암도 있었다. 데일리는 곤드와나랜드가 쪼개지면서 각 부분이 흩어졌다고 봐야 그런 증거를 적절히 설명할 수 있다고 확신했다. 미국으로 돌아온 데일리는 국제적으로 존경받는 아프리카 지질 전문가인 두 토이가 남아메리카의 지질과 비교해볼 수 있도록 필요한 자원을 제공해야 한다고 제안했다. 아프리카와 남아메리카는 대륙의 변위가 일어났다고 베게너가 추정한 대표 사례였기 때문이었다. 그러나 두 토이에게 연구비를 지원해달라고 데일리가 카네기재단에 제출한 연구 계획서는 거부됐고, 해당 연구가 베게너의 이론을 시험하는 것이 아니라 변위설과 육교설을 동등한 개연성을 지닌 두 대안으로 평가하는 연구임을 부각하며 계획서를 다시 제출한 후에야 비로소 통과되었다. 그럼에도 두 토이는 이런 단서 조항을 사실상 무시하면서, 1923년 남아메리카에서 그곳의 여러 지질학자를 유익하게 활용하며 광범위한 현지 조사를 수행했다. 나중에 미국에서 발표된 두 토이의 보고서에는 남대서양을 사이에 두고 서로를 마주 보고 있는 두 대륙붕의 가장자리가 딱 들어맞을 뿐만 아니라 두 대륙의 지질학적 **역사**도 선캄브리아시대부터 두 대륙의 분리가 시작되기 직전인 백악기 말엽까지 줄곧 맞아떨어진다는 등 부인하기 어려운 증거들이 담겨 있었다. 데일리는『우리의 움직이는 지구Our Mobile Earth』(1926)에서 이 증거들을 활용해 이동론의 기치를 높이 세웠지만, 미국 지질학계의 견해는 요지부동이었다. 나중에 두 토이가 낸 책인『유랑하는 우리의 대륙Our Wandering Continents』(1937)도 사정은 다를 바 없었으나, 미국 외 지역의 지질학자들에게는 커다란 영향을 미쳤다. 이 책은 빠르게 발전하는 이동론 옹호론을 정리했는데, 두 토이 자신처럼 곤드와나랜드에 속한 대륙에서 활동하거나 최소한 그 대륙의 지질에 익숙한 지질학자들의 눈에 특히 설득력이 있어 보였다.

유럽에서도 이동론을 지지하는 의견이 점차 늘어났다. 특히 당시 매우 존경받는 과학자였던 홈스가 당초의 회의적 입장을 바꿔 이동론

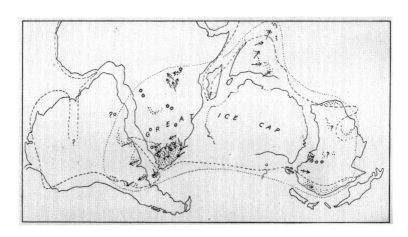

자료 10.4 석탄기의 곤드와나랜드를 알렉스 두 토이가 잠정적으로 재구성한 모습. 『유랑하는 우리의 대륙』(1937)에 수록되었다. 면적으로 볼 때 훨씬 최근에 있었던 북반구의 플라이스토신 빙상에 뒤지지 않는 '거대 빙모(Great Ice Cap)'(점선으로 윤곽 표시)는 표력암(작은 원으로 표시)과 기타 빙하 퇴적물(점이 촘촘히 찍힌 영역), 얼음이 어느 방향으로 움직였는지를 보여주는 긁힌 자국이 난 기반암(화살표) 등의 증거로부터 재구성했다(줄표로 이루어진 점선은 초대륙의 대략적인 해안선을 가리키며, 그 너머에 있는 이 시대의 퇴적물은 해양 퇴적물이었다). 빙하기 환경을 가리키는 이와 같은 흔적의 분포는 이들 대륙이 석탄기에도 지구상의 현 위치에 머물러 있었다고 보면 이해하기 훨씬 까다로웠다. 인도의 위치는 특히 놀라웠다. 얼음이 북쪽으로, 다시 말해 현재의 적도에서 **멀어지는** 쪽으로 움직였다는 뚜렷한 흔적이 있었기 때문이었다. 두 토이는 전에 베게너가 그랬듯이 알려져 있는 대륙붕의 가장자리를 따라 대륙들을 서로 맞춰보았고, 현재의 해안선은 참고 사항으로만 보여줬을 뿐이었다.

이 본질적으로 올바른 이론이라고 확신하게 된 것이 컸다. 1928년 홈스는 대륙의 변위를 일으키는 물리적 기제를 제안했다. 그가 제안한 기제는 완전히 새로운 것은 아니었지만 이전의 추측보다 그럴싸했다. 그는 이렇게 결론 내렸다. "이 가설이 지질학에서 대체로 성공을 거두었으므로 이를 상당히 유망한 작업가설로 잠정 수용하는 것이 바람직해 보인다." 그의 추측은 지구의 방사능에 대해 알려진 내용을 바탕으로 지구의 열 수지에 대한 최신의 견해를 통합한 것이었다. 홈스는 지각 아래 깊숙한 곳에 있는 맨틀에 거대한 대류계가 있을 것이라고 제안했다. 이 대류계는 지구의 장구한 역사를 고려할 때 아프리카와 남아메리카 같은 대륙을 서서히 떼어놓고 그 사이에 대서양 같은 새로운 대양을 만들어낼 만한 힘이 있었다. 이 모형에 따르면 대륙은 고체 암석으로 이루어진 바다를 빙산처럼 둥둥 떠다니는drifting 말도 안 되는 방식으로 움직이는 것이 아니라, 장기적으로 보면 끈적끈적하다고 할 수 있는 기저 물질에 의해 느릿느릿 끌려다니는dragged along 것이었다. 홈스의 이론 덕분에 이동론은 영국과 여타 유럽 국가의 많은 지구과학자들이 보기에 한층 더 믿음이 가는 입장으로 확고히 자리 잡았다. 그는 2차 대전이 끝나갈 무렵 『물리지질학 원리Principles of Physical Geology』(1944)의 마지막 장에서 이 내용을 정리했다. 원래 지구과학도를 대상으로 집필

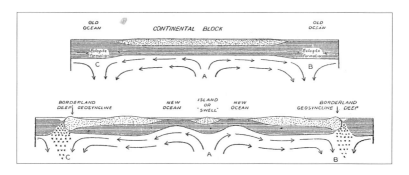

자료 10.5 아서 홈스가 추측하여 제시한 대륙 변위 이론. 지각 아래 깊은 곳에 있는 '맨틀' 암석의 거대한 대류가 어떻게 단일한 '대륙 덩어리'를 잡아당겨 새로운 대양을 사이에 둔 두 신규 대륙과 대양 중간에 섬으로 표시된 '돌출부(swell)'를 형성할 수 있는지 보여준다. 이 이상화된 도표는 1931년 잠정적 성격이 뚜렷했던 홈스의 초기 이론에서 제시되었다. 그는 이 이론을 개선이 가능한 안으로 제기했고, 1960년대에 발전한 판 구조론에서 적절히 개량되기도 했다. 그의 기여가 제대로 인정받지는 못했지만 말이다. 초기부터도 홈스의 이론은 대륙 변위의 인과적 기제를 상상할 수 없다고 대륙 변위 이론을 폐기해서는 안 된다는 점을 보여줬다. 아프리카와 남아메리카 같은 대륙은 마찰이 심한 고체 기저층을 '떠다니는' 말도 안 되는 방식으로 움직인 것이 아니라, 지구의 역사가 진행되는 과정에서 서로 반대쪽으로 이끌리다가 강제로 갈라진 것일 수도 있었다.

한 이 책은 크나큰 성공을 거두어, 필자를 비롯해 이 책에 이끌린 전후의 수많은 지구과학도들은 선배 지구과학자 대다수의 회의론을 무시하고 이동론이 올바른 방향을 가리키고 있을 가능성이 높다는 결론을 내렸다.

대륙에서 대양으로 지구물리학의 초점을 옮긴 최초의 연구들은 일찍부터 홈스의 대류 모형을 뒷받침했다. 예를 들어 네덜란드의 지구물리학자 펠릭스 페닝 메이너스Felix Vening Meinesz는 중력의 크기를 매우 정밀하게 잴 수 있는 기기를 고안했고, 1923년 네덜란드 잠수함에 탑승해 파도의 간섭을 받지 않는 수심까지 내려갔다. 그는 자바섬 가까이에 있는 깊은 해구를 따라 가며 중력장 지도를 작성했고, 중력장에 나타나는 미세한 편차를 지각 일부가 아래쪽으로 완만히 굽어 있음을 보여주는 증거라고 해석했다. 그는 1934년 홈스의 이론을 참고해 중력장의 편차를 지각의 두 부분이 만나는 지점 밑에 아래쪽을 향하는 대류의 흐름이 있다는 증거로 다시 해석했으며, 기다란 동인도 제도(현재의 인도네시아)를 따라 활화산이 둥근 활 모양을 이루며 배치되어 있고 지진이 자주 일어나는 것도 이것과 결부시켰다. 이런 결론은 특히 미국 지구물리학자들이 다른 곳에서 수행하던 같은 종류의 후속 연구를 통해 곧 확인되었다. 이 연구들을 통해 지각 아래에서 대류가 일어난다는 생각은 힘을 얻으며 조금씩 발전해나갔다. 그러니 대륙의 위치가 바뀐다는 생각을 미국의 지구과학자 대다수가 지속적으로 반대했던 것은 변위를 설명할 만한 그럴싸한 물리적 원인이 없었기 때문이 아니었다.

그 대신 미국인들의 논의는 대부분 예전에 곤드와나랜드가 있었는지, 그리고 이동론에서 해석하는 대로 한때 북아메리카와 유라시아가

합쳐진 '로라시아Laurasia'라는 북부의 초대륙이 있었는지를 보여줄 지질학적 증거의 유무에 계속해서 초점을 맞췄다. 슈처트는 이동론의 해석에 반대하며 '지협 연결로isthmian links'를 통해 생물학적 증거를 적절히 설명할 수 있다고 끈질기게 주상한 인물 중 한 명이었다. 지협 연결로란 예전에 있었던 육교를 뜻했는데, 잠깐 나타나고 폭이 매우 좁기 때문에 평형설이 내거는 요건을 어떻게든 충족시킬 수 있었다. 1942년 슈처트가 사망한 후, 포유류 화석의 전문가이며 당시 모습을 드러내기 시작한 '현대 종합', 즉 신다윈주의 진화론을 제창한 주요 인물인 조지 게일로드 심슨George Gaylord Simpson은 현재의 파나마 지협이 이와 같은 육교에 해당한다고 주장하며 슈처트의 추론을 보강했다. 지질학적으로 얼마 지나지 않은 과거에 파나마 지협이 나타나면서 북아메리카의 포유류가 남아메리카로 침입해 여러 토착종을 멸종시킬 수 있었다는 주장이었다. 그리고 심슨은 지구물리학적 근거로 볼 때 그보다 이전에 육교가 있었을 리 없다면 지상의 유기체가 이따금 바다를 떠다니며 자연적으로 대양을 건넜다고 봐도 이들의 분포를 얼마든지 설명할 수 있을 것이라 주장했다. 슈처트의 예전 학생 중 한 명은 "곤드와나는 확실히 잊히고 있고" 그에 따라 대륙의 이동을 들먹일 필요도 사라지고 있다고 지적하며 미국인들의 의견을 요약했다. 당연하게도 두 토이는 수많은 미국 과학자들이 이중 잣대를 갖다 대며 고정론보다 이동론에 더욱 엄격한 증거를 요구한다고 분개했다. 나치 독일과 독일의 동맹국들에 맞선 전쟁이 세계대전으로 비화하는 와중에도 미국은 결연히 중립을 지키던 1940년, 다른 남아프리카 지질학자는 두 토이에게 보낸 편지에서 이렇게 논평했다. "미국인들은 현존하는 제일 고집불통의 고립주의자일 거요. 정치뿐 아니라 지질학에서도 그렇소."

새로운 지구적 지질구조학

  제2차 세계대전 시기에는 1차 대전 이상으로 수많은 과학 연구가 군사적 목적을 띠었다. 장기적으로 보았을 때 이런 상황은 지구과학에 도움이 되었다. 미국의 지구물리학자들은 적군의 잠수함 탐지 등 해군이 당면한 문제를 해결하기 위해 나섰고, 그러려면 해양에 대한 지식을 더욱 쌓을 필요가 있었다. 그러나 열전이 마무리되면서 자연스럽게 냉전이 시작되자 새로 얻은 지식 대부분은 비밀로 지정되었고, 처음에는 급속히 성장 중인 해양학이란 학문에서 이런 지식을 이용할 방도가 없었다. 한편 전쟁을 겪으며 국력이 크게 쇠한 영국에서는 새로운 비군사적 연구 방향을 찾아내면서 지구의 역사를 재구성하는 데 쓸 새로운 도구를 창안했다. 이 방법은 방사성 연대 측정과 마찬가지로 물리학 연구에서 우연히 나온 산물이라고 봐도 무방했다. 케임브리지대학의 지구물리학자 에드워드 불러드Edward Bullard, 일명 '테디Teddy'는 지자기地磁氣가 가설상의 지구 내부 대류와 연관이 있을지 모른다는 의견을 내놓았다. 만약 그렇다면 시간에 따른 대류의 변화는 화성암 내에 보존된 자기의 변화에 기록되어 있을 수도 있었다. 용암같이 몹시 뜨거운 액체 상태의 마그마가 식어 화성암이 만들어지면, 그 과정에서 결정이 형성된 일부 광물, 특히 철광물인 **자철석**magnetite은 주변의 자기장을 그대로 반영할 터였다. 따라서 바로 그때 그곳의 지구 자기장이 이 '**고지자기**palaeo-magnetism'에 고정되는 셈이었다. 새로운 감지 장치는 이 희미한 '화석' 흔적을 탐지할 수 있었고, 이로부터 다시 암석이 형성된 위도를 최대한 정확하게 알아낼 수 있었다(자극의 위치는 계속 바뀌지만 지리학적 극점에서 크게 멀어지지 않으며, 과거에도 그랬으리라 가정했다).

1954년 케임브리지대학에 있던 불러드의 동료 몇 명은 선캄브리아시대부터 현재에 이르기까지 상이한 지질시대에 형성된 영국 암석의 고위도palaeo-latitude를 알려주는 고지자기 측정 결과를 발표했다. 이 결과는 현재 영국을 이루는 대륙 지각 일부의 위도가 과거 수억 년 동안 점진적이지만 급격하게 바뀌었음을 시사했으며, 영국의 기후가 바뀌었다는 지질학적 증거로부터 일찍이 짐작하고 있던 내용을 입증해주었다.

이와 같은 위도의 변화는 한동안 '극이동polar wandering'으로 설명할 수 있었다. 극이동 때문에 지구 회전축이 지표면의 모든 대륙과 해양과 비교해 바뀔 수 있었고, 이때에는 대륙과 대양 상호 간의 상대적 위치에 아무런 변화가 없었다. 그러나 오스트레일리아로 자리를 옮긴 케임브리지대학 출신의 지구물리학자 에드워드 어빙Edward A. Irving은 곤드와나랜드에 속한 대륙을 비롯해 여러 대륙에서 서열상 비슷한 위치에 있는 암석층의 고위도를 표시했다. 이들이 가리키는 극의 위치는 과거로 거슬러 올라갈수록 서서히 발산하는 것처럼 보였다. 이 말은 반대로 대륙들이 시간이 흐르며 지표면상에서 서로 멀어졌다는 뜻이었다. 그의 연구는 영미권 지구과학자들이 '대륙 표류설'이라고 부른 이론을 강력하게 옹호하는 또 다른 증거였다. 대륙 표류설이란 용어가 오해를 불러일으키기 쉬웠는데도 말이다. 그리고 이 증거는 물리학을 바탕으로, 섬세한 기기를 이용해 얻은 정량적 결과였기 때문에 베게너 이래 지질학자들이 사용해온 정성적일 수밖에 없는 고기후 증거보다 훨씬 지구물리학자의 마음을 사로잡았다. 이 증거는 나중에 불러드와 그의 케임브리지대학 동료들이 초기 컴퓨터의 계산 능력을 활용해 대륙붕에 대한 최신 해양학 조사 결과를 취합하면서 더욱 힘을 얻었다. 이 조사 결과로 골수 회의론자를 제외한 동료 지구물리학자들은 고기후 증

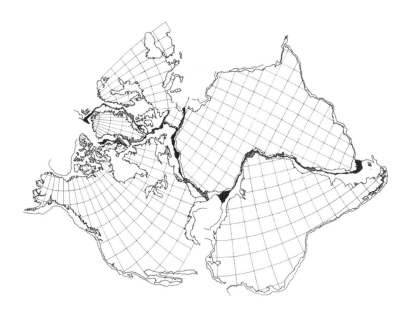

자료 10.6 현재 대서양에 인접한 대륙들의 역사를 이동설의 관점에서 해석했을 때 딱 들어
맞는 모습. 에드워드 불러드, 제임스 에버릿, 앨런 스미스가 1965년 발표했다. 이들의 케임브
리지대학 동료이며 이런 식의 이론화를 강력히 비판했던 해럴드 제프리스는 이동론 지지자
들의 주장처럼 대륙들이 딱 들어맞는다는 입장을 거부한 바 있었다. 컴퓨터가 논변의 시험에
활용된 것은 이때가 처음으로, 컴퓨터를 통해 지표면의 구면 기하와 대륙 가장자리의 해저
지형에 대한 최신 해양학 자료를 정확히 반영했다. 대륙붕 경사면이 이루는 지형선은 현재
수심 500미터에서 가장 잘 맞아떨어졌다. 불규칙하게 검은색 칠이 되어 있는 가느다란 부분
(표시는 원본)은 약간 떨어져 있는 틈이나 서로 겹치는 소규모 영역을 가리켰다. 겹치는 부분
은 이를테면 니제르강 삼각주처럼 대륙 아래 놓인 '지질구조판(tectonic plate)'이 서로 떨어
지기 시작한 이후에 퇴적이 이루어진 결과라고 설명할 수 있었다. 이베리아반도(스페인과 포
르투갈)는 현재의 위치에서 회전해 있지만, 이를 뒷받침하는 독자적인 지질학적 증거가 있었
다. 중앙아메리카와 카리브해 지방은 불확실한 채로 남아 있었다. 이 대륙들의 현재 해안선
및 현재의 경도 위도 격자는 참고용으로만 표시한 것이다.

거와 함께 베게너 때부터 이동론의 주요 증거로 여겨졌던 아프리카와
남아메리카 간의 '일치'가 우연이라 보기에는 너무나 딱 들어맞는다고
확신하게 되었다. 이 연구와 그 밖의 새로운 연구 덕분에 지구과학자
의 의견은 드디어 이동론으로 기울기 시작했다. 심지어 미국인 지구과

학자들의 의견도 그랬다. 그리고 미국의 지구과학자와 비슷한 이유 때문에 미국 못지않게 이동론에 거의 만장일치로 적대감을 표했던 소련의 지구과학자들도 이동론을 더욱 호의적으로 검토하기 시작했다.

1960년대를 거치면서 소수의 골수분자를 제외한 사람들은 너 나할 것 없이 '대륙 표류'를 지구의 장기 역사에 걸쳐 실제로 일어난 주요 특징으로 받아들이게 되었다. 이는 특히 지구과학자 대다수가 적절한 물리적 원인을 찾았다는 확신에 이르렀기 때문이었다. 지구 내부의 깊숙한 곳에서 대류가 일어난다는 홈스의 이론은 제대로 기여를 인정받지 못한 경우가 많았지만 미국 해양학자 및 지구물리학자와 미 해군의 전후 계약에서 쏟아져 나온 막대한 해양 관련 신규 정보를 통합하면서 새로이 체계화되고 발전해나갔다. 예컨대 냉전 시대에 우연히 만들어진 결과물로서, 심해 해양저에서 솟아오른 해저 화산들을 포함하는 거대 '중앙 해령mid-ocean ridge' 지도가 상세히 작성되었고 특히 아이슬란드, 아조레스제도, 어센션섬 등 해수면 위로 여기저기 튀어나온 화산섬을 포함하는 대서양 중앙해령은 전부 다 지도에 담았다. 각각의 해령에서는 능선을 따라 기다란 '열곡rift valley'이 발견되었는데, 동아프리카 육지에서 보이는 지구대와 모양이 비슷했다. 그리고 이 지구대는 당시 새로운 마그마가 용암의 형태로 분출하던 띠로 밝혀졌다. 층층이 쌓인 용암류 무더기에 대한 고지자기 연구로 이미 밝혀진 바에 따르면, 뜻밖에도 지구 자기장의 극성은 지질학적 기준에서 볼 때 시간이 지남에 따라 꽤 자주 뒤집힌 것이 틀림없었다. 즉 '북극'이 '남극'이 되고 '남극'이 '북극'이 되었다는 뜻이었다. 이런 발견을 통해 층서를 통한 연대 추정과 매우 유사하게 지구의 역사에서 한층 최근의 시기를 정리할 수 있는 새로운 상대적 연대 추정법이 마련되었다. 그리고 이 방법을 동일 암석에 대한 방사성 연대 측정과 함께 사용하면 자기 역전의 고유한 순서에도 꽤 정확하게 연대를 부여할 수 있었다.

결정적 돌파구는 중앙 해령 양쪽의 대양저 지도를 상세히 작성해보니 동일한 극성 교대 순서에 자화된 지대가 두 대양저에서 대칭적으로 나타나더라는 발견과 함께 찾아왔다. 케임브리지대학의 지구물리학자 프레드 바인Fred Vine과 드러먼드 매튜스Drummond Matthews는 이 발견이 중앙 해령에서 용암이 새로 솟아오르며 대양저를 이루는 새로운 물질이 끊임없이 형성되었다는 증거라고 해석했다. 이는 다시 대류가 이 띠를 따라 상승했다가 천천히 기반암을 양쪽으로 밀어냈다는 증거로 여겨졌다. 이 과정을 지질학적 시간에 맞춰 확대하면, 가령 아프리카와 유럽 대륙을 아메리카 대륙에서 떨어뜨려놓으면서 그 사이에 대서양이 생긴 것일 수도 있었다. 이런 생각에 덧붙여 일전에 페닝 메이너스 등이 내놓은 생각을 발전시켜 해구oceanic trench와 호상 열도island arc가 중앙 해령을 보충하는 띠로서, 해양저 아래의 암석이 '섭입subduct'하는, 즉 하강하는 대류에 따라 아래쪽으로 끌어당겨져 깊숙한 내부로 되돌아가는 곳이라는 해석도 이어졌다. 이 체계는 말 그대로 순환계이자 정상 상태에 놓여 있을 가능성이 다분한 체계였으니, 라이엘도 이를 보았더라면 기뻐했을 것이다.

해저 해양 조사에 대한 '현지 조사'와 고도의 이론적 지구물리학을 조합하며 이 모든 연구들이 도달한 종착점은 바로 대륙 변위에 대한 홈스의 인과적 설명을 수정한 판본이었다. 예전보다도 더욱 부적합한 표현이 된 '표류'의 대상은 더 이상 대륙 자체가 아니라, 대륙을 이고 다닐 수도 그렇지 않을 수도 있는 지각의 단편, 다시 말해 대륙보다 넓은 '지질구조판tectonic plate'이 되었다. 이에 따라 가령 중앙대서양 해령에

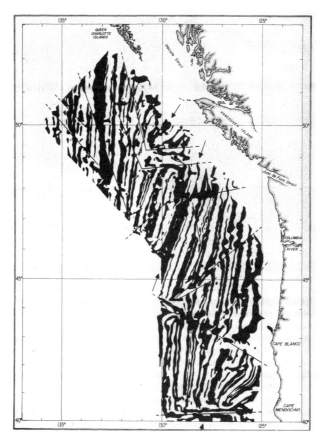

자료 10.7 1961년에 발표된 지도로, 브리티시컬럼비아주와 워싱턴주, 오리건주 앞바다의 동태평양 일부다. 여기 보이는 대양저의 줄무늬는 해양연구선 위에 설치된 기구를 이용해 양의 자성(검은색)과 음의 자성(하얀색)이 반복되는 자기 이상을 기록해 표시한 것이다. 훗날 이 '**얼룩말 무늬**(zebra pattern)'는 반복된 지자기 역전의 역사에 대한 기록으로 해석되었으며, 이 기록은 해양저에서 액체 상태의 용암이 계속 분출하며 형성된 암석에 '화석화'된 채 보존되어 있었다. 따라서 줄무늬는 암석층의 지층 순서와 비슷한 **역사** 기록이었다. 후안 데 푸카 해령(Juan de Fuca Ridge, 지도 한가운데에 폭이 넓은 검은색 줄로 표시되어 있으며 화살표 두 개가 여기를 가리키고 있다)을 기준으로 양쪽의 줄무늬는 대칭을 이뤘으며, 후안 데 푸카 해령은 이 지역에서 현재 마그마가 새로 분출하며 신규 해양저를 형성하는 띠로 확인되었다. 1960년대 자기 이상에 대한 이런 해석은 '**판 구조론**'이라는 지구물리학자들의 이론을 뒷받침하는 증거로 간주되었다. 지질학자들은 지구의 기나긴 역사 속에서 대륙이 옆으로 느릿느릿 움직인다는 점을 뒷받침할 유력한 증거를 발견해왔는데, 판 구조론은 이런 대륙의 운동에 대해 만족스러운 인과적 설명을 제시했다.

서 불어나고 있는 판이 남대서양과 남아메리카 대륙을 지나며 서쪽까지 나아간다는 주장이 제기되었다. 남아메리카 대륙의 서쪽 끝자락은 밀려 올라가 안데스산맥을 형성했다고 여겨졌는데, 그 이유는 동태평양 밑에서 안데스산맥과 동일한 띠를 따라 섭입하는 인접한 판을 올라탔기 때문이었다. 1960년대 후반이 되면 풍부한 지구물리학 증거를 바탕으로 전 지구에 걸쳐 잠정적으로나마 지질구조판 지도를 작성할 수 있었으며, 현재 새로운 물질이 형성되는 속도나 오래된 물질이 각 판의 경계를 따라 섭입하는 속도를 추론할 수도 있었다. 홈스 이론의 이와 같은 새로운 판본은 '판 구조론plate tectonics'이라고 알려지게 되었다. 판 구조론은 예전의 대륙 변위론을 덮어쓰거나 대체하는 것으로 여겨졌지만, 사실 둘 간의 연속성은 새 이론을 강력히 밀어붙인 지지자들이 보통 인정하고 싶어 했던 수준보다 훨씬 컸다. 판 구조론은 무엇보다 지구물리학자와 해양학자의 창조물이었다. 이들은 대륙 변위가 역사적으로 실재한다는 증거 대부분을 내놓은 지질학자와 생물학자의 연구가 그리 정량적이지 않은 데다, 주로 육지에서 수행한 것이라며 대놓고 비웃는 경우가 많았다. 반면 판 구조론은 그 아래에 놓인 인과작용을 훨씬 완벽하고 만족스럽게 설명했다. 바로 이 인과작용의 부재야말로 오랫동안 이동론 일체를 가로막는 주된 장벽으로 여겨진 것이었다.

판 구조론은 여러 과학자의 협동 연구를 통해 수립되었다(과학자의 수가 너무 많아서 대강을 요약할 수밖에 없는 이 지면상에서는 이름을 제대로 거론하기도 어렵다). 미국 과학자가 개중 가장 두드러졌지만, 이들은 이동론 전반에 대한 회의론이라는 거대한 장벽을 넘어서야만 했다. 이 이야기에서 가장 중요한 인물 중 한 명인 프린스턴대학의 해리 헤

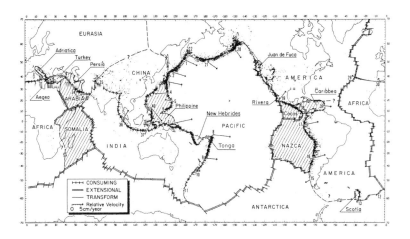

자료 10.8 1973년 자비에 르 피숑(Xavier Le Pichon)과 그의 동료가 발표한 메르카토르 도법의 세계 지도. 당시 알려진 증거를 설명하기 위해 1968년 피숑이 제창한 여섯 개의 거대한 **지질구조판**을 보여주고 있으며, 그보다 소규모의 판(빗금 표시)도 뒤이어 정의했다. 이 지도에는 판들이 서로 멀어진다고 여겨진 '확장' 경계와 판들이 서로 부딪히는 '소모' 경계가 표시되어 있다. 후자의 경계 위와 그 근방에는 지진 기록이 밀집되어 있었다(지진의 진앙은 미세한 점으로 표시되어 있다). 어떤 지점에서는 현재 판의 상대적 운동 속도를 추정하는 것도 가능했다(길이가 기입된 화살표). 이 지도는 판 구조론이 어떻게 대륙 자체에서 대륙을 이고 있을 수도 그렇지 않을 수도 있는 더 넓은 '판'으로 시야를 옮김으로써 대륙 변위 또는 '표류'설을 넘어섰는지 또한 보여준다.

스Harry Hess는 1960년 잠정적 판 구조론 모형을 제안하며 이후 여러 사람들에게 영감을 불러일으켰는데, 이때 헤스가 신중을 기하며 이 모형을 '지구시geopoetry'라고 불러야겠다고 느꼈다는 점은 특기할 만하다. 마치 그렇게 말하지 않으면 받아들여질 수 없는 사변적 이론화에 양해를 구하는 듯한 모습을 보였던 것이다. 그는 자신의 모형과 다소 만족스럽지 못한 베게너의 이론을 대조했지만, 홈스와 두 토이를 비롯해 그간 베게너의 이론을 애써 개선해온 다른 과학자들은 간과했거나 무시했다. 1960년대를 거치며 미국의 지구과학자들은 단체로 이동론에 대해 180도 다른 입장을 취하면서 금세 누구보다 판 구조론을 열렬히 옹호하는 지지자들이 되었으며, 자신이나 선조들이 초기 이동론 지지자를 매섭게 비판했던 것 못지않게 얼마 남지 않은 고정론 지지자를 통렬히 공박하기까지 했다. 과학사학자, 과학철학자뿐만 아니라 과학자들도 막 출간된 토머스 쿤의 『과학혁명의 구조Structure of Scientific Revolutions』(1962)를 광범위하게 논의하던 상황에서 판 구조론은 중요한 '과학혁명'이라고 자랑스럽게 선포되었다. 마치 이동론이 이제 막 등장해 느닷없이 지구과학을 완전히 바꾸어놓은 듯이 말이다. 이런 변화는 오래전부터 어떤 형태로든 이동론을 지지하는 경향을 보인 많은 유럽 지질학자에게 적잖이 당황스러운 것이었다(필자는 직접 관여하진 않았지만 한 명의 지구과학자로서 1960년대 내내 이런 모습을 옆에서 지켜보았다).

곤드와나랜드의 대륙들을 연구하는 지구과학자들은 이런 시끌벅적한 환호에 씁쓸해하며 눈살을 찌푸렸을 테지만, 그러면서도 마침내 자신들의 주장이 입증되었다고 느꼈고 충분히 그렇게 느낄 만했다. 세계 곳곳의 지질학자와 고생물학자들, 적어도 젊은 지질학자와 고생물학자들 사이에는 안도감이 역력했다. 그들은 드디어 지구의 역사를 재구성할 때 지구물리학자들에게 물리적으로 불가능하다는 요소를 끌어들인다며 저격당할 일 없이 세계 지리의 대규모 변화 가능성을 고려할 수 있게 되었다고 생각했다. 20세기 나머지 기간에 과거의 세계 지리를 재구성하는 일은 거의 일상적 활동이 되었다. 예전보다 광범위한 지역, 더욱 다양한 지질시대의 암석으로부터 예전의 위도를 가리키는 고지자기 지표가 보고되었다. 옛 용암류 같은 화성암뿐 아니라 일부 퇴적암에서도 고위도를 파악할 수 있다는 점도 밝혀졌다. 평범한 모래가루(석영)와 함께 바다 밑에 가라앉은 자철석 가루는 마치 조그만 나

372

침반처럼 바로 그 시간과 공간의 지자기장에 맞추어 배열되었기 때문이다. 암석의 고위도 측정은 방사성 연대 측정 못지않게 간단명료한 활동이 되었다. 예전의 경도는 베게너도 겪은 바 있듯이 더 골치 아픈

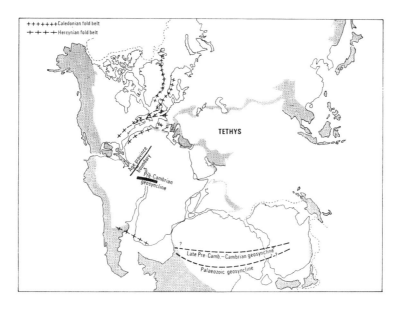

자료 10.9 단일 초대륙 판게아가 쪼개지기 전인 초기 중생대(트라이아스기)의 전 지구 지리. 1973년 잉글랜드의 지질학자 앤서니 할람(Anthony Hallam)이 발표한 이 재구성은 앨런 스미스(Alan Smith)와 조 브라이든(Joe Briden)이 지구 역사상의 각 시기에 대해 편찬한 지도 시리즈를 기반으로 삼았으며 나온 지 얼마 안 된 최신 판 구조론 연구도 통합했다. 그러나 일반적 특징은 베게너의 초기 재구성과 꽤 비슷하다(늘 그렇듯이 대륙은 참고로 삼기 위해 현재의 해안선을 기준으로 나타냈다). 예전부터 **칼레도니아**(Caledonian)와 **헤르시니아**(Hercynian)라고 불린 오래된 산맥 또는 '습곡대(fold-belt)'를 19세기 말에는 현재의 대서양을 가로지르며 뻗어 있는 것처럼 재구성했지만, 그보다 이 위치에 있는 것이 더욱 그럴싸했다. **테티스**(Tethys)라는 이름이 붙은 예전의 거대 해양은 지구의 역사 속에서 아프리카대륙과 아라비아반도, 인도대륙이 모두 북쪽으로 이동해 아시아대륙과 충돌함에 따라 나중에 사라졌다고 여겨졌다. 이 지도에서 점을 조밀하게 찍은 영역은 이후 신생대에 조산운동의 영향을 받은 지역이므로 트라이아스기에 이 지역이 어떤 형태였을지는 매우 불확실했다. 1970년대에 남극 지질 탐사가 진행되면서 광대한 남극 대륙을 이런 재구성에 통합할 수 있다는 훌륭한 증거가 나오기 시작했다.

문제였다. 그러나 대륙과 해양의 지질에서 나온 다른 증거들 덕분에 서로 다른 지질시대의 세계 지도를 점점 더 그럴듯하게 작성할 수 있었다. 그리고 다시 이 덕분에 육상과 해양의 화석 유기체가 과거의 어느 동식물'구province'에 분포했는지를 현생 동식물만큼 잘 이해할 수 있었다. 고기후의 재구성에 대한 자신감도 점차 향상되었다. 특히 유기체 화석의 껍질에 들어 있는 산소 동위원소로부터 해양의 예전 수온을 대체로 추론할 수 있다는 발견이 한몫했다.

이런 연구들은 지구의 역사가 우연에 크게 좌우되어왔으며, 과거를 돌이킨다 하더라도 예측은 도저히 불가능하다는 느낌을 강화하는 효과를 가져왔다. 보아하니 대륙들은 한곳으로 모이면서 곤드와나 랜드 같은 초대륙을 이루거나, 어떨 때는 심지어 단일한 거대 '판게아Pangaea'(지구 전체라는 뜻)로 뭉쳤다가 다시 뿔뿔이 흩어졌다. 대서양같이 새로운 대양이 펼쳐졌다가 메워지고 다른 곳에서 다시 펼쳐지며 이전 대륙의 일부가 다른 대륙에 들러붙은 채로 남기도 했다(예컨대 영국의 북서쪽 가장자리는 예전에 지질학적으로 북아메리카에 속해 있었다는 증거가 있었다). 아프리카대륙과 유라시아대륙 사이에 있었던 '테티스Tethys'라는 이름의 거대한 해로처럼, 이전에 있었던 바다는 완전히 사라지거나 지중해 같은 작은 흔적을 남기기도 했다. 지질구조판이 맞부딪치면 알프스산맥, 안데스산맥, 히말라야산맥 같은 기다란 거대 산맥이 솟아올랐다. 그보다 오래된 산맥은 장기간 지속적으로 침식을 겪으며 스코틀랜드 고지와 애팔래치아산맥처럼 야트막한 밑둥만 남게 되었다. 20세기 후반, 과학자들에게는 지구가 매우 동적인 체계이며 지구의 역사는 상상하기 어려울 정도로 길 뿐 아니라 놀랄 만큼 수많은 사건으로 점철되어 있다고 볼 이유가 그 어느 때보다도 많이 있었다. 이 이야기의 마지막인 다음 장에서는 20세기에 지구가 점점 더 우주에 속한 한 행성으로 취급되면서 이런 동적이고 파란만장한 전 지구 역사가 어떻게 더욱 광범위한 그림에 통합되었는지를 살펴볼 것이다.

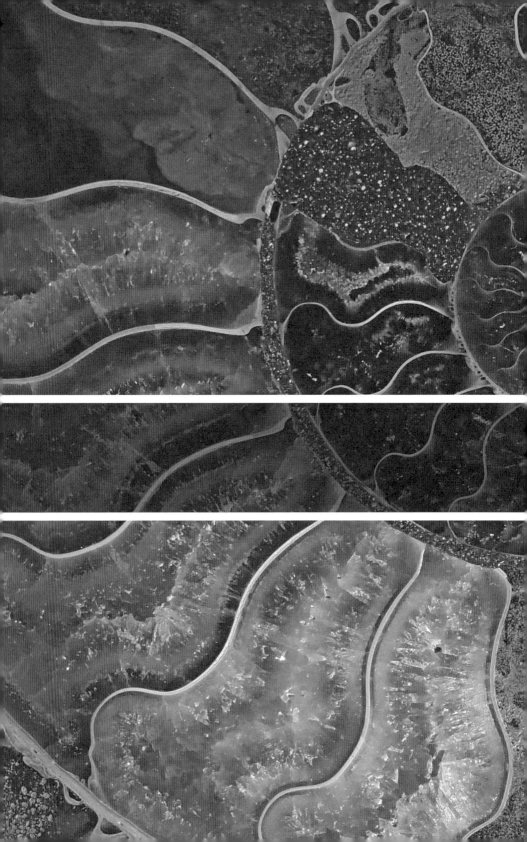

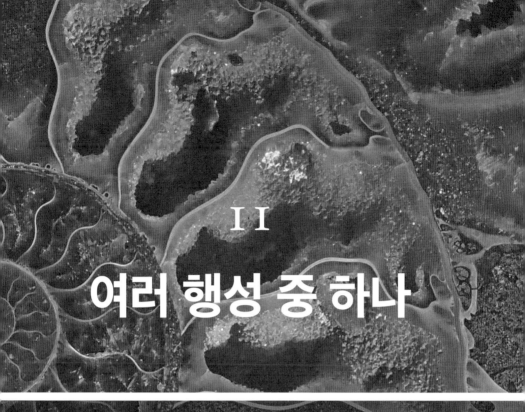

II
여러 행성 중 하나

EARTH'S DEEP HISTORY

지질연대학의 활용

방사성 연대 측정으로 가능해진 '지질연대학geochronology' 덕분에 20세기와 21세기 초를 지나며 대륙 이동설과 판 구조론이 일러주는 극적 변화를 수백만, 수천만, 수억 년의 '절대적' 시간 축 위에 재구성할 수 있었다. 그러나 방사성 연대 측정법은 이 밖에도 지구 역사의 여러 측면에 대한 지질학자의 이해와, 상대적으로 최근부터 가장 오래된 시기까지 지구 역사의 모든 부분에 커다란 영향을 미쳤다.

현재 시점에 가까운 예를 들자면, 지질학은 초기 인류 화석과 유물의 연대 측정을 통해 예전의 선사시대 연구보다도 더욱 끈끈하게 고고학과 결합했다. 지질학자와 고고학자는 서로 협력하면서, 인간의 조상처럼 보이는 신생대 후기 유인원에서 인간종이 출현하는 순간부터 목축과 수렵·채집을 하던 선구자가 불과 수천 년 전 문자 문명을 발전시키는 순간까지 인류 역사의 **연대**를 최대한 정확하게 추정하여 재구성했다. 1920년대에 남아프리카에서 최초로 발견된 사람 모습의 화석 **오스트랄로피테쿠스**('남쪽의 유인원')부터 현생종인 **호모 사피엔스**Homo sapiens까지 인류의 기원도 점차 자신 있게 구성할 수 있었다. 예전에는 이들 사이에 존재하는 '빠진 고리'가 하나일 것이라 예상했지만, 인간을 닮은 수많은 형상이 1950년대부터 다양하게 발견되면서 그 자리를 가득 메우게 되었다. 이들은 특히 아프리카에서 많이 발견되었지만 꼭 아프리카에 국한된 것은 아니었다. 이런 수많은 발견 중 하나가 **호모 에렉투스**Homo erectus(그전에는 **피테칸트로푸스**나 자바인으로 알려졌다)로, 호모 에렉투스는 네안데르탈인 등과 달리 우리의 조상일 것이라고 널리 여겨졌다. 그리고 전 세계의 인간 화석에 대한 방사성 연대 측정을 통해 인간종 자체의 진화를 추적할 수 있었을 뿐 아니라 인류가 아프리카에서 유럽과 아시아를 거쳐 저 멀리 있는 오스트레일리아, 그다음에 아메리카 대륙, 마지막에는 태평양에 흩어져 있는 섬까지 퍼져나간 것처럼 보인다는 점도 알아낼 수 있었다. 이와 같은 기나긴 인류의 선사시대는 이제 적어도 이론상으로는 플라이스토신 기간에 북부 대륙에 빙하기가 닥쳤다가 온화한 간빙기 환경이 이어지고, 저위도 지방과 남부 대륙에서도 이에 상응하는 기후 변동이 일어나는 과정과 관련지을 수 있었다. 이제 초기 인류와 그들의 선조가 생활하고 진화했던 국지적 환경의 변화를 재구성할 수 있게 된 것이었다. 이런 복잡한 역사의 세부 사항은 대개 논란의 소지가 많았다. 그러나 20세기 후반과 21세기 초에 이르면 대강의 윤곽은 점차 뚜렷해졌다. 세계 곳곳의 여러 지역에서 새로운 화석 표본 증거가 쌓인 데다, 한층 더 정밀하게 지질시대를 측정하고 각 지질시대를 대표하는 생물의 물리적 활동 및 정신적 능력을 더욱 자신 있게 재구성하게 된 덕분이었다.

방사성 연대 측정법은 캄브리아기부터 플라이스토신에 이르는 지구 역사의 중간 부분, 19세기 지질학자들이 그토록 성공적으로 탐구한 바로 그 시기를 재구성하는 데에도 크나큰 영향을 미쳤다. 단지 관련 과학자 집단 밖에서 이 부분이 그다지 떠들썩한 특종거리가 못 되었을 뿐이었다. 과학자들은 심원한 시간의 은행에 예금된 '무한한 자산'을 연이은 지질학적 기period와 그에 속하는 세epoch에 점점 더 정밀하게 할당해나갔다('epoch'라는 단어는 이제 결정적 순간을 의미하는 '신기원'이 아니라 시간 범위를 의미하는 단어로 사용되었다). 실루리아기와 데본기의 경계처럼 각각의 이름이 붙은 시간 범위의 경계는 본질적으로 관례에 따라 편의상 정해진 것으로 인식되었다. 20세기를 거치며 이런 경계는 더 이상 머치슨 같은 몇몇 유력 인사가 결정하는 것이 아니라 과학자들의 공식적 국제 합의에 의해 정해지게 되었다. 그러나 지질학자들은 이런 경계 중 일부가 화석으로 보존된 유기체에 급속한 또는 급격한 변화가 일어난 시점을 실제로 나타낸다면 자연적인 것일 수도 있다고 인정했다. 시간 척도가 점점 더 정확해짐에 따라 심원한 시간 속에서 새로운 동식물군이 화석 기록에 나타나거나 기존 동식물군이 화석 기록에서 사라지는 시점을 표시하는 일이 처음으로 가능해졌고, 이를 바탕으로 새로운 생명 형태의 진화와 옛 생명 형태의 멸종에 따른 변화율을 추정할 수 있었다. 방사성 연대 측정을 통해 눈금을 매김으로써, 가령 고생대와 중생대 말 화석 기록에 중대한 불연속이 나타나는 이유가 상대적으로 갑작스러운 대량 멸종 사건이 일어났기 때문인지(19세기 중반 필립스와 당대인들에게 이는 너무나 당연해 보였다) 아니면 라이엘의 생각대로 실제로는 매우 서서히 점진적으로 일정하게 변화가 일어났지만 보존된 기록에 중대한 공백이 있을 뿐인지를 밝혀내리라 기대할 수 있었던 것이다.

지구의 역사에 눈금을 매기고 생명의 역사를 상세히 기록하는 흐름은 디지털 기술의 급속한 발달로 방대한 자료를 한결 쉽게 가공하는 것이 가능해지기 전부터 일찌감치 모습을 드러냈다. 이런 흐름을 알리는 초기의 신호가 바로『현생대의 시간 척도The Phanerozoic Timescale』(1964, 현생대라는 난해한 용어는 곧 설명할 것이다)와『화석 기록The Fossil Record』(1967)이라는 두 권의 중요한 공동 편집 저서 출간이었다. 두 책의 출간을 추진한 사람은 케임브리지대학의 지질학자 브라이언 할랜드Brian Harland로, 아직 해결되지 않은 지질학의 주요 문제에 누구보다도 명확한 식견을 갖추고 있는 인물이었다(필자는 그의 고생물학 동료로서 이 프

자료 11.1 인간을 닮은 개체가 남긴 발자국 화석. 1978년 케냐의 과학자 메리 리키(Mary Leakey)가 발견했다. 발자국은 탄자니아 라에톨리의 화산재 표면에 보존되어 있었으며, 연대는 신생대 후기 플라이오세인 약 3.6Ma으로 추정되었다. 1979년 이 사진이 수록된 발굴 보고서에는 이렇게 적혀 있었다. "라에톨리의 플라이오세 원인은 완전히 직립해 두 발로 자유롭게 걸은 것으로 보인다." 그러나 현장에서 발견된 비슷한 시기의 두개골 화석으로부터 추론한 바에 따르면 이들의 뇌는 아마도 침팬지의 뇌와 유사했을 것이다. 이는 현생 인류로 이어지는 계보의 특징이라 생각된 뇌 크기의 급격한 증가 이전부터 다른 작업을 위해 앞발을 자유롭게 활용할 수 있도록 이족보행 습관이 발달했을 것이라는 뜻이었다. 이 화석은 인류의 기원에 대한 중요한 새 증거였으며, 인간종의 방사성 연대를 정확히 측정하는 데에도 크나큰 도움이 되었다.

로젝트 중 두 번째에 일부 참여했다). 종합해서 보자면, 이 책들에는 몇몇 과학자가 오랫동안 의심해온 바를 뒷받침하는 듯한 자료가 담겨 있었다. 바로 지구상 생명의 역사가 라이엘과 다윈이 가정한 대로 순조롭거나 균일하게 이어지지 않았을지도 모른다는 의심이었다. 어쩌면 19세기의 사람들 중에 이 파란만장한 과정을 더욱 현실성 있게 그려낸 사람들은 격변론자들일 수도 있었다. 격변론의 부활은 더 일찍 찾아왔어야 했을 것 같았다.

격변의 귀환

그러나 지구과학자들은 20세기 대부분의 기간 동안 이런 추론을 그리 반기지 않았다. 예외에 해당한 독일의 탁월한 고생물학자 오토 쉰더볼프Otto Schindewolf는 1963년 '신격변론neo-catastrophism'이란 용어를 고안했지만, 그 밑에 깔린 생각은 대체로 받아들여지지 않았다. 그는 진화론에 대한 신다윈주의 해석으로 널리 알려져 있었지만 이 사실도 그리 도움이 되지 않았다. 특히 영미권 과학자들은 여전히 현재의 관찰이나 인류사의 기록을 뛰어넘을 정도로 격렬한 '격변' 사건이 있었다는 의견이라면 일단 무시하고 보는 경향이 강했다. 격변론을 부활시키자는 제안은 좋은 과학적 방법에 어긋날뿐더러 지금보다 과학적이지 못했던 시대로 되돌아가려는 개탄스러운 시도라고 단호히 거부했으며, 역사에 대한 총체적 무지에 힘입어 이런 제안이 암암리에 성서 축자주의를 내포하고 있다고 보기까지 했다. '절대적 균일성'을 옹호하는 라이엘의 유창한 언변은 처음 나온 지 한 세기가 지나도록 설득력을 발휘했다.

이런 편견(이건 정말 편견이었다)을 보여주는 뚜렷하면서도 전형적인 사례가 워싱턴주 오지에 있는 스포케인강의 지질에 관한 연구였다. 1923년, 지질학자 핼런 브레츠Harlen Bretz는 어느 지역에 대해 설명하면서 목축인들이 메마른 땅을 일컬을 때 쓰던 표현을 따 '홈이 파인 불모지channeled scabland'라고 불렀다. 이 지역의 건조한 계곡은 침식을 심하게 겪었으며 커다란 표석이 여기저기 널려 있었지만, 한때 얼음으로 덮였던 흔적은 없었다. 그는 플라이스토신의 어느 시점에 갑자기 맹렬하고 규모가 엄청난 홍수가 일어났다고 보지 않고서야 이런 기이한 특징을 설명할 수 없다고 주장했다. 그러나 1927년에 열린 한 학술회의에 참여한 다른 미국 지질학자들은 브레츠가 내놓은 '스포케인 대홍수' 안을 단호히 배격했다. 표면상의 이유는 브레츠가 사건의 원인을 제시하지 않았다는 것이었지만, 본질적으로는 그의 주장이 '균일성'이라는 성스러운 교리를 위배하는 것으로 여겨졌기 때문이었다. 의미심장하게도 이해는 미국 지질학자들이 또 다른 회합에서 대륙이 움직인다는 베게너의 생각을 거부한 다음 해였다. 브레츠의 홍수는 심지어 추정상의 지질학적 대범람을 성서의 대홍수와 동일시하는 초기의 범람 이론과 닮았다고 여겨졌다. 마침 이때는 스스로를 '근본주의자'라고 부르는 사람들이 미국에서 정치 세력화에 나선 시점이었으니, 미국의 과학자들이 경각심을 가질 만한 상황이었다. 그랬으니 브레츠가 주변으로 밀려나고 그의 생각이 받아들여지지 않은 것도 이상한 일이 아니었다. 그러나 1940년 또 다른 지질학자 조 파디Joe Pardee는 홈이 파인 불모지의 상류 지역을 연구하다가 예전에 있었던 커다란 호수의 물이 갑자기 빠져나갔다는 증거를 여럿 발견했다. 빙하 얼음으로 이뤄진 자연 댐이 녹으면서 막대한 양의 물이 단번에 좁은 틈으로 쏟아져 나와 스포케인

강 분지로 흘러들었다는 것이었다(지질학자들이 지질학의 역사에 조금 더 익숙했다면 이보다 규모는 작지만 비슷한 사건으로 19세기 초 발 드 바니Val de Bagnes에서 일어난 유명한 자연 댐 붕괴 사례를 떠올렸을지도 모른다). 브레츠의 정당성은 1965년이 되어서야 입증되었다. 1965년에 직접 홈이 파인 불모지를 연구한 한 국제 지질학 단체는 확신에 이른 후 브레츠에게 이런 축전을 부쳤다. "이제 우리는 모두 격변론자입니다."

격변론에 대한 지질학자들의 반대는 차츰 잦아들었지만, 그 속도는 이 축전이 암시하는 것보다 훨씬 느렸다. 1970년대를 거치면서, 지구과학자들은 플라이스토세 한참 이전까지 지구의 역사를 멀리 되짚어 올라가면 스포케인 홍수보다 규모가 큰 격변들이 수두룩할 수도 있다는 생각을 진지하게 따져보기 시작했다. 심지어 미국의 지구과학자들도 그랬다. 가령 1982년, 중국 태생이지만 미국에서 교육을 받았으며 스위스에서 연구를 펼친 저명한 지질학자 케네스 수Kenneth Hsü는 과학자로서 누리던 명성에 아무런 타격도 입지 않은 채 지중해의 격변에 대한 주장을 펼쳤다. 신생대 후기를 지나면서 지중해를 이루는 광대한 분지가 대양과 분리되어 서서히 말라가다가(훨씬 규모는 작지만 현재 사해에서 일어나고 있는 일이다) 현재의 지브롤터해협이 뚫리면서 갑자기 물이 쏟아져 들어왔다고 추정하면, 다른 식으로는 영 해석하기 까다로운 지중해 주위와 바닥의 여러 증거를 설명할 수 있다는 것이었다. 물론 이렇게 규모가 큰 격변 사태를 일으킨 것은 완벽히 자연적인 원인이었다. 1990년대에는 이보다 훨씬 최근에 이스탄불 앞의 보스포루스 해협이 열리면서 흑해 분지에 갑자기 홍수가 밀어닥쳤으며, 이 홍수가 고대 근동 지역의 문자 기록에 보존되어 있는 대홍수 이야기의 역사적 바탕일 가능성이 있다는 견해도 나왔다. 이런 주장이 등장하자 과학자들이 노아의 홍수에 이런저런 역사적 토대가 있을지도 모른다는 의견을 내놓으면서 성서 축자주의자들을 돕는 셈 아니냐는 비난이 쏟아졌다(이렇게 비판을 하던 지질학자들이 자기 학문의 역사를 알았더라면 이런 식의 '에우헤메로스 식' 추리가 낳은 매우 뛰어난 선례를 떠올렸을지도 모른다. 19세기 말 쥐스가 내놓은 포괄적 지질 종합 같은 예 말이다).

먼 옛날 지구에 자연적 격변 사태가 일어났을 가능성은 진화생물학자들에게도 매우 흥미로운 주제였겠지만, 이들은 20세기 대부분의 기간 동안 새로운 종이 어떻게 출현했는지를 다루는 다윈의 아이디어를 발전시키는 데 여념이 없었다. 명성이 자자한 1953년의 DNA 해독을 기점으로 진화생물학자들은 '소진화'의 원인을 끈질기게 파고들어 훌륭한 결실을 맺었다. 진화생물학자들은 진화 서사의 거시적 측면과 관련이 있는 화석 증거를 사실상 쓸모없는 것으로 무시하곤 했고, 진화생물학자 다수는 대놓고 고생물학을 조악하며 시대에 뒤진 분야로 취급했다. 그러나 1970년대에 일군의 젊은 미국 고생물학자들이 급속히 향상되는 컴퓨터의 잠재력을 활용하여 일찍이 언급되었던 화석 기록의 세부 정보를 분석하기 시작했다. 이들은 1975년 『순고생물학Paleobiology』(이 제목은 사실 1920년대에 쉰더볼프가 예견한 바 있었다)이라는 새 정기간행물을 발행해 전통적 고생물학보다 화석 기록이 제기하는 생물학의 '중대 쟁점big issues'을 더욱 면밀히 살펴보는 연구를 장려했다. 그들은 고생물학을 진화론 논쟁의 '주빈석'에 다시 올려놓고 싶었으며, 그간 고생물학이 어리석은 이유로 부당하게 배제되어 있었다고 느꼈다. 1982년 그중 두 명인 데이비드 라우프David M. Raup와 잭 셉코스키Jack Sepkoski는 알려진 화석 기록을 총망라해 통계 분석한 결과를 정리하면서, 대량 멸종 사태의 강력한 증거가 있는 다섯 지점을 식별해냈다. 이 다섯 지점 중에 겉보기 멸종 속도가 제일 **빠른** 두 지점은 페름기와 트라이아스기의 경계, 백악기와 제3기의 경계였다. 이 결과는 필립스가 한 세기 전에 내렸던 평가, 즉 이 두 지점을 생명의 역사에 있었던 고생대, 중생대, 신생대라는 세 커다란 시대의 경계로 규정하겠다는 판단을 풍부한 증거로 뒷받침해주었다.

이 분석에 따르면 가장 규모가 큰 대량 멸종 사태는 페름기와 트라이아스기의 경계에서 일어났다. 다시 말해 고생대와 중생대 사이에 대량 멸종이 일어난 것이었다. 이 지점의 화석 기록에 익숙한 고생물학자들에게 이는 놀라운 결론이 아니었다. 이 경계는 오랫동안 지질학자들이 논의해온 문제였기 때문이다. 페름기 생명 형태의 멸종과 그 이후 트라이아스기 생명 형태의 출현이 갑작스러운지 점진적인지를 알아내려면 서로 다른 지역의 유관 암석층을 조심스럽게 비교하는 수밖에 없었다. 의심 많은 스탈린이 모스크바에서 개최하는 것을 마지못해 허가한 1937년의 세계지질과학총회에서는 전 세계의 증거를 검토했는데, 소련에 있는 페름층도 그중 하나였다(페름층은 일찍이 1841년에 머치슨이 우랄산맥 근처에 있는 도시 페름의 이름을 따서 명명했다). 1950년대에 쉰더볼프는 소련의 페름층보다 빠진 부분이 적은 독립 신생국 파키스탄의 소금산맥Salt Range 층서를 연구하여 멸종이 갑작스럽게 일어났음이 분명하다고 결론 내렸지만, 다른 과학자를 설득하지는 못했다. 그러나 1961년 커트 타이처트Curt Teichert와 속칭 '버니Bernie'라 불린 버나드 커멀Bernhard Kummel 등 두 명의 고생물학자는 페름기와 트라이아스기 경계의 층서가 있다고 알려진 전 세계의 현장을 **빠짐없이** 방문했다. 이런 현장이 점차 늘어나면서 다른 사람들의 후속 연구도 이어졌는데, 이런 연구들은 멸종 사태가 시간 면에서는 갑작스럽게, 성격 면에서는 격렬하게 일어났다는 타이처트와 커멀의 결론을 입증해주었다(국제적일 수밖에 없는 이런 연구는 냉전의 영향으로 수년간 곤란을 겪었다. 왜냐하면 가장 유망한 층서 다수가 소련과 중국에 있었기 때문이었다. 그러나 1980년대부터 러시아와 중국의 지질학자 및 고생물학자와 서구 학식인들의 협력이 늘어난 덕택에 두 학문 모두 크게 발전했다).

1960년대에 이와 같은 대량 멸종의 증거가 쌓이자, 이에 설복된 과학자들은 대량 멸종을 일으킬 만한 원인이 아직 나타나지 않았다고 해서 실제로 대량 멸종이 일어났을 가능성을 무시해서는 안 된다고 주장했다(필자도 그중 한 사람이었다. 나는 주요 무척추동물군으로 페름기까지 번성했으나 다시는 그때에 필적하는 다양성에 이르지 못한 완족류의 화석 기록을 인용했다). 다만 당시에는 별로 효과가 없었다. 이맘쯤 되면 페름기-트라이아스기의 경계 전후에 대량 멸종이 급격히 일어나는 순간이나 기간이 역사상 실재했다는 점은 거의 반박 불가능했다. 그러나 대량 멸종의 잠재적 원인에 대한 의견은 격변론을 향한 만연한 적대감이 가라앉기 시작한 후에야 제시되었다. 아주 거칠게 요약하자면, 1970년대에는 당시 막 받아들여지던 대륙 이동설로 대량 멸종을 설명하는 방법이 매력적이었다. 1980년대에는 대량 멸종을 우주 공간에서 온 혜성이나 소행성이 미치는 잠재적 영향과 관련지었다. 1990년대에는 멸종이 일어났을 시점에 이례적인 화산 대폭발이 일어났다는 뚜렷한 흔적과 연결 지어 설명했다. 21세기 초, 관련 과학자들의 의견은 지구에 국한되는 복합적 원인에 의해 대량 멸종이 일어났다고 설명하는 쪽으로 기울었다. 반면 중생대와 신생대의 경계인 백악기 말에 일어난 2차 대량 멸종이자 가장 급격한 대량 멸종 사태에 대해서는 지구 밖의 원인에 기대어 설명하는 것이 가장 인기 있었으며 설득력도 컸다(이 장 뒷부분에서 요약할 예정이다). 두 번의 주요 대량 멸종 사태와 이보다 덜 뚜렷한 최소 세 번의 멸종 사태가 있었다는 증거가 쌓이면서, 지구과학자의 견해도 급격한 변화를 겪었다. 이는 대륙과 대양이 이동한다는 판 구조론을 뒤늦게 받아들인 것 못지않게 놀라운 일이었다. 20세기 후반 지구과학자들은 라이엘 식 '균일성'에 대한 다소 엄격하면서도 독단적인 해석을 포기하고, 그 대신 인간의 경험을 아득히 뛰어넘는 사건이 지구와 생명의 심원한 역사에서 중요한 역할을 했을지 모른다고 기꺼이 생각할 준비가 되어 있었다.

머나먼 과거를 밝혀내다

그러나 방사성 연대 측정으로 가능해진 지질연대학이 제일 지대한 영향을 미친 시기는 지구의 역사에서 가장 오래된 끝자락이었다. 홈스가 추정한 연대를 비롯해 초창기에 나온 방사성 측정 연대는 19세기 말 몇 안 되는 지질학자들이 오래된 암석에 대한 현지 조사를 토대로 어렴풋이 알아챈 결과를 뒷받침했다. 플라이스토세에서 캄브리아기에 이르기까지 순서가 확립된 지질시대를 다 합쳐도 그보다 훨씬 긴 캄브리아기 이전 또는 '선캄브리아Precambrian'의 역사에 비하면 아무것도 아니라는 사실이었다. 이는 20세기 초 여러 지질학자를 깜짝 놀라게 했다. 계속해서 방사성 연대 측정이 이루어지면서, 선캄브리아시대는 상대적으로 길이가 짧은 전주곡이라 고생대보다 짧거나, 아무리 길어봤자 고생대 시점부터 현재에 이르는 기간과 비슷할 것이라는 생각은 사실과 거리가 먼 것으로 판명되었다. 오히려 선캄브리아시대는 지구의 전체 역사에서 월등히 많은 부분을 차지하는 듯이 보였다. 따라서 새로운 방사성 연대 측정은 지질학자들에게 급격하게 관점을 바꿀 것을 요구했다. 고생대·중생대·신생대 전체, 또는 캄브리아기가 시작된 이후 지구 전체의 역사를 가리키기 위해 1930년 '눈에 보이는 생명'이라는 뜻인 '현생Phanerozoic'이라는 새로운 용어를 도입한 것은 이런 변화를 간접적으로 보여주는 신호였다. 그러나 방사성 연대 측정 증거에 입각해 대략 500Ma 정도로 추정된 이 기나긴 기간도 명백히 '눈에 보이는' 생명의 흔적이라곤 찾아볼 수 없는 장구한 선캄브리아의 역사에 비하면 별것 아닌 듯이 보였다.

선캄브리아시대로 거슬러 올라가면 화석 기록이 거의 하나도 없다는 사실은 더 이상 지구의 초기 역사에 대한 이해를 가로막는 커다란 장벽이 아니었다. 방사성 연대 측정으로 선캄브리아시대 내의 상이한 암석들을 식별하기 한결 쉬워졌기 때문이었다. 일부 지질학자들은 이미 19세기 후반부터 현지 조사에서 나온 증거를 활용해 선캄브리아시대 대다수 층의 '기반'을 이루고 있는 **시생대**Archaean 암석과, 그 위에 놓여 있으며 일부 지역에서는 생명의 초기 흔적이 나올 것 같았던 **원생대** Proterozoic 암석층을 구분한 바 있었다(이 암석층은 분명히 캄브리아기나 기타 고생대 화석이 들어 있는 암석층 아래에 놓여 있었기 때문에 선캄브리아시대 암석층이 분명했다). 방사성 연대 측정은 시생대 암석이 아주 오래되었고 원생대 암석은 그만큼 오래 되지 않았다는 점을 밝혀냄으로써 이런 구분을 뒷받침했다. 그러나 방사성 연대 측정으로 원생대 내 상이한 암석층의 상대적 나이를 분별하는 것도 가능해졌다. 사실상 현생대의 역사 수립에 유용했던 화석의 도움 없이도 층서학의 성공적 기법을 선캄브리아시대의 지구 역사로 확장할 수 있는 셈이었다(여기에는 한때 지구구조학에서 사용한 방법을 재발견하거나 재사용하는 것도 포함되었다. 화석의 활용이 더해지며 윌리엄 스미스의 **층서학**으로 변모하기 전의 지구구조학 말이다). 방사성 연대 측정의 도움을 받아 현지 조사를 진행하면서 기나긴 선캄브리아시대도 현생대 못지않게 중요한 변화로 가득하다는 점이 밝혀졌다. 예컨대 선캄브리아시대에는 세계 각지에서 조산운동이 잇따랐다. 20세기 말이 되면 이런 조산운동은 매우 오래된 지질구조판의 움직임으로 해석되었다. 더욱 놀랍게도 선캄브리아 암석에서는 오래된 표력암도 발견되었다. 이 말은 곤드와나랜드 대륙들에 석탄기 빙하기가 찾아오기 한참 전인 선캄브리아시대에도 빙하기가 한 번 이상 있었다는 뜻이었다. 마치 최근 북반구 대륙에 플라이스토세 빙하기가 찾아오기 전에도 빙하기가 있었던 것처럼 말이다.

이런 발견은 지구가 정상 상태에 있다는 라이엘 식의 관점, 아니면 그 정도까지는 아니더라도 증거를 되짚을 수 있는 과거에 지금과 유사한 사건과 작용이 일어났다는 관점과 부합하는 듯했다. 그러나 다른 증거에 따르면 초기 지구를 이후의 지구와 근본적으로 다른 곳으로 만드는 장기 추세도 있었다. 가령 1963년 미국의 고생물학자 존 웰스John Wells는 온전히 보존되어 일간 나이테가 보이는 산호 화석의 미세 구조를 바탕으로 고생대 중반에는 한 해가 400일이었음을 보여주었다. 고생대 중반이면 현재에서 비교적 오래지 않은 시점인데도 말이다. 지구의 자전이 느려지는 현상은 조석 마찰 때문이라고 추정했다. 이런 결론을 선캄브리아시대로 외삽하면, 지구의 역사 초기에는 지구가 자전축을 따라 지금보다 훨씬 더 빠르게 회전했을 터이므로 낮과 밤이 더욱 짧았을 수도 있다는 말이었다. 예전 지구의 '균일성'은 이처럼 근본적 측면에서 완벽과 거리가 멀었다.

이에 못지않게 놀라운 초기 지구의 특징은 몇몇 선캄브리아층에서 발견되지만 현생대층에는 없는 특이한 '호상철광층banded iron formation'에서 추론해냈다. 호상철광층은 이후의 철광석과 달리 화학적으로 볼 때 산소가 풍부히 함유된 물에서 퇴적되지 않은 듯했다. 이 말인즉 초기 선캄브리아시대의 해양과 대기에는 산소가 희박했거나 아예 없었을지도 모른다는 뜻이었다. '지구 대기의 진화'를 표제로 내건 1965년의 학술대회는 대기와 같은 기초적 특징이 지구의 역사 전반에 걸쳐 일정했다는 예전의 암묵적 가정을 수면 위로 끌어올려 새로 논의하는 시발점이었다. 이 가정은 라이엘의 '균일성'이 발휘한 지속적 영향력 아래 지질학자 대다수가 받아들이던 가정이었다(석탄기 이후 대기 조성이 크게 바뀌었을 수도 있다는 19세기 초 아돌프 브롱니아르의 추측은 무시되거나 잊혔다). 20세기 후반, 일부 지질학자들은 유리遊離 산소가 대기에 유입되기 시작한 시점이 지구 전체의 역사에서 가장 중요한 순간이었다는 주장을 펼쳤다. 그 시점은 원생대 초기로 추정되었으며 다소 과장이 섞이기는 하지만 '산소화 대사태great oxygenation event'라는 이름으로 불렸다.

광대한 선캄브리아시대의 역사에 해당하는 화석 기록은 별로 없었지만, 그렇다고 하나도 없는 것은 아니었다. 역설적이게도 선캄브리아시대의 생명과 뒤이은 현생대 생명의 차이는 1909년 월콧이 캐나다 로키산맥 고지대의 버제스 셰일Burgess Shale이라는 암석층에 캄브리아기 화석 무리가 엄청나게 많이 들어 있다는 사실을 발견하면서 부각되었다. 조개껍질 같은 '경질부'만이 아니라 유기체 화석의 '연질부'도 보존하고 있는 보기 드문 다른 퇴적층들(라거슈태텐)이 그렇듯이, 버제스 셰일도 당시의 풍부한 생명을 들여다볼 수 있는 뜻밖의 창문 역할을 했다. 버제스 셰일은 흔하디흔한 사원이나 극장 터에 비교했을 때 로마 세계의 일상생활을 온전히 보여준 18세기의 폼페이와 헤르쿨라네움 발굴지에 가까웠다. 버제스 셰일은 머나먼 과거를 들여다볼 수 있는 귀중한 창문들 가운데 제일 오래된 것이었고, 캄브리아기의 바다는 캄브리아기 생명으로 가득했음을 보여주었다. 20세기 후반에 크게 개량된 기법을 바탕으로 버제스 셰일 화석을 집중 연구하며 비로소 밝혀진 결과이긴 하지만, 캄브리아기 동물군은 복잡할뿐더러 예상보다 훨씬 다양했다. 이 때문에 그 이전인 선캄브리아시대에 어떤 종류의 생명이 있었는지를 이해하는 문제는 더욱 중요해졌다.

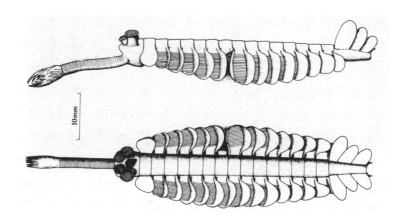

자료 11.2 캐나다 로키산맥의 유명한 버제스 셰일에 보존된 특이한 캄브리아기 동물 화석 중 하나. 동일 암석에서 발견된 삼엽충과 달리 눈이 다섯 개인 기묘한 **오파비니아**(Opabinia, 그림은 오파비니아를 옆과 위에서 바라본 모습)에는 일반적 환경에서 보존되는 '경질부'나 골격이 없었다. 진흙이 셰일로 압축되는 과정에서 그 안에 묻힌 표본도 납작하게 눌렸는데, 이 그림은 납작해진 표본을 토대로 오파비니아를 재구성한 것이다. 월콧의 초기 표본을 20세기 후반에 다시 연구하고 여러 표본을 추가로 수집한 연구 집단의 수장인 해리 휘팅턴(Harry Whittington)이 1975년 발표했다. 버제스 셰일은 생명의 '캄브리아기 대폭발' 때 갑자기 등장한 몸집이 크고 다양한 동물의 진화적 기원이라는 수수께끼를 부각시켰다. 왜냐하면 지구의 기나긴 선캄브리아 역사에서 그보다 전에 있었던 생물이라곤 고작해야 미생물 형태뿐인 것처럼 보였기 때문이었다.

새로운 방사성 측정 연대가 보여준 대로 선캄브리아시대를 대폭 확장하면 캄브리아기에 갑자기 나타난 것처럼 보이는 복잡하고 다양한 유기체들이 느릿느릿 진화하고도 남을 만한 시간이 있었다는 다윈의 대담한 가정이 입증되는 것처럼 보일지도 모른다. 버제스 셰일에서 뜻밖에 발견된 유기체도 포함해서 말이다. 그러나 선캄브리아 암석층에서는 여전히 이런 점진적 진화를 뒷받침할 아무런 증거도 나오지 않았다. 20세기 초에 월콧을 비롯한 사람들이 동물 화석이라며 선캄브리아 암석에서 찾아낸 희귀한 조각들은 19세기에 악명이 높았던 에오존처럼 비유기물에서 유래했다거나 진지하게 받아들이기엔 미심쩍은 구석이 많다며 무시되는 일이 다반사였다. 1930년대 선도적 고식물학자였던 잉글랜드인 앨버트 시워드Albert Seward는 월콧의 베개 모양 크립토존 구조같이 선캄브리아시대의 화석이라는 다른 물건들에도 이와 비슷한 회의감을 드러냈다. 그의 권위 있는 견해 때문에 선캄브리아시대의 화석에 대한 지속적 탐사를 단념하는 사람들도 있었다. 그러나 1953년 미국 지질학자 스탠리 타일러Stanley Tyler는 명백히 선캄브리아시대에 해당하는 슈피리어호 기슭의 암석을 연구하다가 건플린트 암석층에서 우연히 부싯돌처럼 단단한 암석인 각암chert을 발견했는데, 여기에는 현미경으로만 볼 수 있는 수많은 '미화석microfossil'이 잘 보존되어 있었다. 타일러는 이 미화석을 하버드대학의 고식물학자 엘소 바곤Elso Barghoorn에게 보여주었고, 바곤은 미화석들이 유기질 섬유와 포자가 틀림없다는 감정 결과를 내놓았다. 그러나 건플릭트 화석은 한동안 논쟁거리였으며 특이한 사례로 여겨졌다. 우랄산맥의 선캄브리아 암석에서 또 다른 미화석을 발견했다는 러시아 지질학자들의 보고는 서양 과학자들의 의심을 샀는데, 이는 부분적으로 소련 과학자들의 방법과 기준에

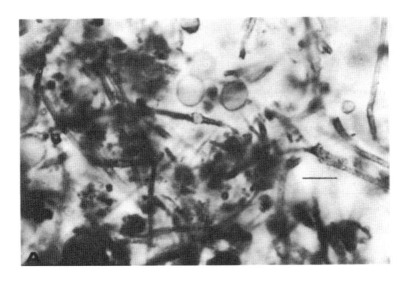

자료 11.3 2000Ma 무렵 형성된 슈피리어호 북쪽 기슭의 건플린트 암석층에서 1953년 처음 발견된 선캄브리아 미화석. 이 포자와 섬유는 부싯돌 같은 암석의 얇은 절편을 현미경 아래 놓고 들여다봐야만 볼 수 있다. 이런 절편 하나의 너비는 약 0.1밀리미터에 불과하다. 이 미화석은 세균 같은 매우 작은 생명 형태가 그보다 커다란 동물이 나타난 진화의 '캄브리아기 대폭발' 한참 전에도 존재했다는 점을 드러냈다.

대한 냉전기의 불신과 의혹 때문이었다. 그러나 1965년 건플린트 화석을 주로 연구하던 바곤의 제자 윌리엄 쇼프J. William Schopf가 이와 유사한 오스트레일리아의 선캄브리아 각암에서 미화석을 발견했고, 추가 발견도 뒤를 이었다. 쇼프와 미국의 선도적 고생물학자 프레스턴 클라우드Preston Cloud는 증거에 따르면 화석 기록의 '캄브리아기 대폭발'이란 대형 유기체(삼엽충 같은 다세포 동물 또는 "후생metazoan" 동물)가 상대적으로 갑작스럽게 출현했다는 뜻일 가능성이 있으며, 그 전에는 미생물 형태만 존재했던 더욱 기나긴 역사가 있었을지도 모른다고 결론 내렸다.

이런 생각은 오스트레일리아 남부의 오지인 에디아카라 구릉지대에서 몸집이 크지만 '연조직'으로만 이루어진 화석이 여럿 발견되면서 수정되었지만 그렇다고 부정되지는 않았다. 이 화석들은 지금의 해안에 해파리가 떠밀려 올라와 남긴 것처럼 보이는 암석의 표면 자국에 불과했다. 이 이야기는 건플린트 사례와 꽤 비슷한 구석이 있다. 이 화석은 1943년 오스트레일리아의 광산지질학자 레그 스프리그Reg Sprigg가 처음 발견했다. 그러나 이 화석들은 원래 유기체에서 나온 물질인지 의심스럽다거나 너무 커서 캄브리아기나 그 이후 시대의 유기체일 것이라며 일반적으로 무시되었다. 1960년대 들어서야 오스트리아 태생이지만 오스트레일리아로 이주해 이 지역을 주로 연구한 고생물학자 마틴 글래스너Martin Glaessner가 이 화석이 초기 캄브리아기의 지표 화석을 함유한 암석층 아래에서 나왔음을 입증했다. 이런 결론은 나중에 에디아카라 화석이 원생대의 것은 분명하지만 지질학적 기준으로 볼 때 캄브리아기가 시작된 시점에서 그리 예전에 생긴 화석은 아니라는 방사성 연대 측정 결과로 뒷받침되었다. 이렇게 매우 기묘하게 생긴 생명 형태는 화석종과 현생종을 막론하고 이미 알고 있는 후대의 동물군에 집어넣기 어려웠으며, 심지어는 이런 배정이 불가능한 경우도 있었다. 다른 곳에서는 이와 유사한 표본이 일찍이 1957년에 잉글랜드 찬우드 숲의 선캄브리아 암석에서 발견된 바 있었고, 나중에 뉴펀들랜드섬 해안의 미스테이큰 포인트, 중국 남부의 두샨투오 암석층을 비롯해 세계 각지에 있는 엇비슷한 시기의 암석에서 풍부한 표본들이 발견되었다. 2004년 이런 표본을 이용해 캄브리아기 바로 앞에 해당하며 다른 시기와 구분되는 전 세계적 에디아카라기Ediacaran period가 규정되었다.

에디아카라 화석을 그보다 훨씬 전의 선캄브리아시대 미화석과 연관 지어 고찰하면, 캄브리아기 '대폭발' 때는 먼저 몸집이 불어나는 진

자료 11.4 오스트레일리아 남부 에디아카라에서 나온 기묘한 선캄브리아 후기 화석 중 하나인 디킨소니아(Dickinsonia, 폭은 약 6센티미터). 암석 표면에 남은 자국이 보존되어 있다. 1950년대, 디킨소니아를 비롯한 에디아카라의 "연조직" 화석은 '후생동물'일 가능성이 큰 첫 대형 동물군으로 받아들여졌다. 에디아카라 동물군의 연대는 지질학적으로 캄브리아기의 첫 조개 껍질 화석이 나오기 직전으로 추정되었으며, 생명의 '캄브리아 대폭발'에서 초기 국면을 보여줬다. 이 사진은 '에디아카라기' 화석을 처음으로 널리 알린 마틴 글래스너가 1961년 발표했다.

화가 일어났고 그 후 약간 시간이 흐른 뒤 일반적 환경에서도 화석으로 보존될 수 있는 딱딱한 껍질이 일부 동물들에서 진화한 것 같다는 함의를 이끌어낼 수 있었다. 이 두 번째 국면은 1970년대 이후 캄브리아기 초기 암석층, 특히 시베리아와 중국의 일부 오지에 있는 암석층에 대해 상세한 연구가 이루어지면서 명확히 밝혀졌다(여기서도 소련이 해체되고 중국이 문화대혁명이라는 참사를 극복하는 와중에 러시아와 중국의 여러 훌륭한 과학자가 내놓은 연구가 매우 중요했다). 이 현지 조사를 통해 껍질이 있어 버제스 셰일이나 에디아카라의 화석보다 평범한 환경에서 보존될 수 있는 초기 동물은 단번에 등장한 것이 아니라 꽤 서서히 나타났다는 점이 밝혀졌다. 첫째, 가장 밑에 있는 제일 오래된 캄브리아기 암석층에는 알 수 없는 유기체가 만들어낸 껍질 같은 작은 화석이 있었다. 그다음 암석층에는 완족류처럼 현재의 동물과 비슷한 구석을 찾아볼 수 있는 화석이 함유되어 있었다. 나중에 여기에 첫 삼엽충이 추가되었으며, 캄브리아기 남은 기간 동안 삼엽충은 더욱 커지고 다양해졌다. 이는 어떤 동물에 껍질이 생기고 뒤이어 다른 동물에 껍질이 생기는 식으로 껍질이 상대적으로 오랜 기간에 걸쳐 퍼져나갔다는 뜻이었다. 늘 그렇듯 이런 일의 원인에 대한 질문 역시 역사적 순서 그 자체와 별개였다. 껍질의 진화를 일으킬 수 있는 잠재적 원인은 여럿이었는데, 그중에서도 껍질의 진화가 해수 조성의 변화로 껍질을 이루는 물질의 분비가 비로소 가능해지면서 촉발되었는지 아니면 첫 포식자의 등장에 대한 진화적 반응이었는지가 주로 논쟁의 도마 위에 올랐다.

그러나 지구의 역사에서 선캄브리아시대가 엄청나게 길다는 점을 고려하면, 다양하고 복잡한 캄브리아기 동물의 첫 등장은 여전히 비교적 갑작스러워 보였다. 이는 과장을 섞어 캄브리아기 **대폭발**이라고 부른대도 무리가 아닌 사건, 또는 일련의 사건들이었다(캄브리아기 대폭발의 초기 국면인 에디아카라기는 현재 공식적으로 선캄브리아시대 말기에 해당하지만 말이다). 그러나 1960년대가 되면 에디아카라 국면에 접어들기 전에 한 번 또는 여러 차례에 걸쳐 매우 파국적인 기후 격변 사태가 일어났을 가능성이 제기되기 시작했다. 선캄브리아시대의 표력암과 이것이 나타내는 빙하기는 일찍이 1937년 세계지질과학총회에서 논의된 바 있었다. 그러나 이 수수께끼는 1964년 할랜드가 고지자기 증거로 보건대 현재 북극 지역이나 그 근처에 있는 선캄브리아 후기 암석층의 표력암 가운데 **적도 부근**에서 퇴적된 것이 분명한 암석이 있다는 주장을 펴면서 새로운 전기를 맞이했다. 이 말은 선캄브리아시대 이후에 관련 땅덩어리의 위도가 극적으로 바뀌었을 뿐 아니라(할랜드는 예전부터 '대륙 표류'가 실재한다고 믿어온 유럽 학자였다) 선캄브리아 후기 빙하기가 그 후인 현생대에 있었던 것으로 알려진 두 번의 빙하기보다 훨씬 격심했다는 뜻이기도 했다. 빙상이 지구 대부분 또는 전 지역을 뒤덮고 있었거나, 그 정도까지는 아니어도 유빙이 현재 표력암에 들어 있는 표석을 싣고 지구 전역으로 퍼져나갔다는 말이었기 때문이다. 거의 전 지구를 뒤덮은 빙하기 환경이 한 번 이상 닥친 후에는 머지않아(늘 그렇듯 지질학사들이 보는 관점에서 그렇다는 것이다) 캄브리아기 생명의 대폭발이 뒤따른 것처럼 보였다. 이런 모습은 우열을 가릴 수 없는 두 극적 사태가 인과적으로 연결되어 있을지도 모른다는 점을 시사했다. 전 지구적 빙하기는 분명 이전의 환경을 격변 수준으로 뒤흔들어 놓을 테고, 그 후에 지구가 다시 따뜻해지면서 새로운 생명 형태가 번성하기 좋은 흔치 않은 기회가 마련될 수도 있었다(이 효과에 대해 내가 발표한 짤막한 의견은 거의 지구 전체를 아우르는 빙하기가 있었다는 할랜드의 유력한 주장과 연결되었다). 그러나 이런 생각은 별다른 지지를 얻지 못하다가, 1990년대 후반에 하버드대학의 폴 호프먼Paul Hoffman과 동료들이 전 세계에서 추가 현지 조사를 수행해 에디아카라기 이전부터 선캄브리아시대가 끝날 때까지 이런 '눈덩이 지구Snowball Earth' 사태가 수차례 일어났다는 주장을 펼친 다음에야 상황이 달라졌다. 선캄브리아시대가 끝날 즈음에 대기 중 유리 산소의 농도가 급격히 증가했다는 증

자료 11.5 노르웨이에 있는 선캄브리아 시대 후기 표력암. 브라이언 할랜드와 나는 얼음의 움직임을 뚜렷이 보여주는 흔적인 표력암과 이 지역 일대가 당시 **적도 부근**에 있었다는 고지자기 증거를 토대로 선캄브리아시대 후기에 지구가 '**눈덩이 지구**'(후대의 용어)였다고 주장했는데, 이 사진은 그런 주장을 뒷받침하기 위해 할랜드와 내가 1964년 발표한 사진 중 하나다. 현장에 방문하지 못해 이 표력암이 단단한 암석이며 명백히 선캄브리아시대의 것임을 모르는 채로 사진을 본 지질학자라면 최근인 플라이스토세 빙하기에 생긴 평범한 표력토나 '표석 점토'라고 생각했을 것이다. 이 표력암은 그보다 예전의 암석 표면(망치가 놓인 면)에 얹혀 있는데, 예전 암석에 남아 있는 깊은 상처도 플라이스토세와 현대 빙하에 포함된 비슷한 돌 때문에 생긴 상처와 구분하기 어렵다.

거도 나왔다. 이 덕분에 에디아카라기 동물과 캄브리아기 초기 동물같이 상대적으로 몸집이 큰 동물의 진화가 일어난 것일 수도 있었다.

캄브리아기 대폭발로 현생대를 거쳐 현재까지 줄곧 이어지는 '눈에 띄는' 대형 생명의 진화가 촉발되기 전에 이런 파란만장한 전주곡이 있었다면, 그보다도 이전의 생명 역사를 보여주는 훌륭한 기록이 장구한 선캄브리아시대에서도 서서히 나오기 시작했다. 다양한 미생물을 보여주는 화석이 여러 원생대 암석에서 발견되었는데, 건플린트 각암보다 나중에 생긴 화석도 있었지만 그보다 더 오래된 화석도 있었다. 성격은 다르지만 그에 못지않게 흥미로운 사건은 월콧이 발견한 베개 크기의 **크립토존** 구조가 명예를 회복해 중요한 초기의 생명 형태를 보여주는 진짜 기록으로 받아들여지게 된 일이었다. 이 '**스트로마톨라이트**stromatolite'(바위로 된 베개)는 상이한 시대의 암석층에서 발견되었는데, 대부분은 선캄브리아 암석층이었지만 현생대층에서도 드물게 나타났다. 이제 스트로마톨라이트는 '미생물 매트'를 형성한 미생물이 광물질을 분비하거나 포집함으로써 서서히 위쪽으로 자라나 커다란 둔덕을 이루며 만들어진 산물로 해석되었다. 이런 해석은 1954년 석유지질학자들이 오스트레일리아 서부 해안 샤크만의 석호에서 현생 스트로마톨라이트가 형성되는 모습을 우연히 발견하면서 화려하게 입증되었다. 이 스트로마톨라이트는 지금껏 발견된 '살아 있는 화석' 가운데 가장 중요한 것이었다. 20세기 말, 스트로마톨라이트는 시생대부터 있었던 것으로 알려지게 되었고, 일부 스트로마톨라이트의 연대는 약 3500Ma로 추정되었다. 현생 스트로마톨라이트를 만들어내는 미생물 유기체는 프로카리오트prokaryotes라는 매우 단순한 생물 형태로 확인되었기 때문에 고대에 스트로마톨라이트가 있었다는 말은 지구가 행성이 된 후 상대적으로 그리 오래지 않은 시점부터 생명(적어도 이런 부류의 생명)이 존재했다는 뜻이었다. 이런 화석 증거는 그보다도 앞서는 생명 자체의 기원을 둘러싸고 생물학자들이 계속해서 치열하게 논쟁을 펼치는 배경이 되었다.

구체적으로 살펴보면 현생 스트로마톨라이트는 광합성으로 살아가는 미세 '**남조류**(남세균cyanobateria)' 때문에 형성되었는데, 이 점 또한 시사

자료 11.6 선캄브리아시대의 스트로마톨라이트. 베개 모양의 석회암 더미로, 자연적으로 부서져 쪼개졌으며 점진적 축적을 통해 크기가 얼마나 늘어났는지를 보여주는 띠 모양이 보인다. 그랜드캐니언의 원생대 암석층에서 나온 이 사례는 프레스턴 클라우드가 생명의 역사에 대한 자신의 해석을 시각적으로 보여주기 위해 1988년 발표한 것이다. 그의 해석에 따르면 현재에도 여전히 스트로마톨라이트를 만들어내는 '남세균' 같은 미생물 형태는 그보다 큰 생명 형태가 진화하기 한참 전부터 존재했다. 스트로마톨라이트 화석 기록은 생명의 기원을 지구 전체의 역사에서 꽤 이른 시점으로 앞당겼다.

하는 바가 컸다. 미세 남조류는 일반 조류나 해초 등의 현생 식물처럼 태양광에서 에너지를 얻은 후 산소를 노폐물로 배출했다. 이런 특징은 지구의 초기 해양과 대기에 산소가 전혀 없었다는 증거와 연관이 있을 수도 있었다. 원생대 초기의 '산소화 대사태'는 **생명체**가 지속적으로 산소를 발생시키다가 유리 산소가 특정 농도에 도달해 지구 해수와 그 위의 대기에 축적이 가능해진 시점을 나타내는 것일 수도 있었다. 이것만으로도 이후 생명 과정에 산소가 필요한 모든 유기체의 진화가 가능해졌을 터였다. 이런 식으로 생명의 역사는 '지구 시스템Earth system'

의 일부로서 예전에 상상했던 것보다 훨씬 긴밀하게 지구 자체의 역사와 통합될 수 있었다(제임스 러브록이 1970년대에 내놓은 '**가이아 가설**Gaia hypothesis'은 이 지구 시스템에 스스로를 조절할 줄 아는 유기체 같은 속성을 부여해 논쟁의 대상이 되었다).

우주 속의 지구

지질학자들은 이런 발견에 힘입어 지구와 태양계의 천체들을 면밀히 비교해봐야겠다고 마음먹었다. 그러면서 지질학자들은 지구를 바깥의 사건이나 과정으로부터 대체로 단절되어 있는 천체로 보는 대신 지구를 우주의 맥락 속에서 파악하게 되었다. 이런 생각은 지구과학이 나아갈 새로운 방향, 아니 더 정확히 말하자면 예전 사고방식의 부활이었다. 일찍이 17세기와 18세기에는 지구와 나머지 우주가 당연히 긴밀한 관계를 맺고 있다고 보았으며, 이런 인식은 '지구 이론' 장르에서 두드러졌다. 데카르트와 뷔퐁의 이론이 유력한 예였다. 그러나 19세기 초 지질학자 대다수는 이런 식의 사변적 이론화를 단호히 거부했다. 그들은 대신 직접 관찰할 수 있는 대상, 순전히 지상에서 일어나는 사건과 작용에 주목했으며 우주의 차원은 도외시했다(앞서 언급했듯이 드라 비치는 보기 드문 예외였다). 19세기를 거치며 과학이 점차 세분화하면서 이런 현상은 더욱 심해졌다. 각각의 '과학지식인' 집단은 다른 집단에서 무슨 일을 하는지 잘 알았고 서로 우호적 관계를 유지했지만, 실은 자신들이 정당하게 권위와 전문성을 내세울 수 있는 독자적인 지적 영역을 확보해나가는 중이었다. 그래서 가령 지구과학은 19세기 후반만 되어도 지구 바깥의 우주를 다루는 학문과 거의 연결고리가 없었다. 물리학과 우주론이 지구의 시간 척도에 엄격하게 한계를 설정한다는 켈빈의 독단적 주장은 지질학을 침범하는 행위나 다름없었다. 지질학자들은 켈빈의 주장을 반기지 않았으며 그의 주장을 끝끝내 거부했는데, 여기에는 그럴 만한 이유가 있었던 것이다.

19세기 후반 이런 추세와 어긋나는 몇 안 되는 긍정적 예외 사례가 있었는데, 장기 플라이스토세 빙하기에 빙기와 간빙기가 번갈아가며 찾아 온 것이 천문학적 원인 때문이라는 크롤의 생각도 그 중 하나였다. 이 생각은 20세기 초에 되살아나 다듬어졌지만, 여전히 유별난 예외 사례였다. 1930년 세르비아의 천문학자 밀루틴 밀란코비치Milutin Milanković는 태양 주위를 도는 지구의 궤도에 대해 알고 있는 세 변수, 즉 이심률eccentricity과 자전축 경사axial tilt, 세차precession의 영향을 계산했다. 이들 변수가 결합하면 우리가 '밀란코비치 주기Milankovitch cycles'라 부르는 효과가 지구의 기후에 나타날 수 있었다. 그러나 이 생각에는 결함이 있었고, 영미권에서 1976년 「지구 궤도의 변동: 빙하기의 주기 결정 요인pacemaker」이라는 제목의 중요한 논문이 발표되고 나서야 비로소 지질학과 천문학을 한결 만족스럽게 통합하여 이 문제를 다룰 수 있는 길이 열렸다. 방사성 연대 측정법과 옛 기후를 알려주는 방사성 동위원소 증거(이런 증거는 대양저에서 추출한 퇴적물 기둥과 지구상의 잔존 거대 빙상에서 추출한 얼음 기둥에서 끄집어냈다)를 결합함으로써 밀란코비치 주기가 기본적으로 타당하다는 사실이 입증되었다. 이에 따르면 밀란코비치 주기는 약 10만 년마다 가장 강력한 효과를 일으키는 것으로 밝혀졌다. 밀란코비치 주기는 플라이스토세의 기후 변동 아래 깔려 있는 중요한 요인으로 받아들여지게 되었지만, 이것만으로는 그보다 훨씬 복잡해 보이는 플라이스토세 기후 변동의 원인을 완벽하게 해명할수 없었다. 밀란코비치 주기로도 지질학적으로 최근에 해당하는 지구 기후의 역사에서 우연성을 덜어내기에는 역부족이었던 것이다. 이는 앞으로 다가올 기후의 우연성도 마찬가지다.

1908년 사람이 살지 않는 시베리아의 드넓은 삼림지대에서 나무들이 쓰러지며 먼 하늘까지 섬광이 번쩍였다. 이 불가사의한 사건은 지구 바깥의 우주가 여러 측면에서 영향을 미쳤을 가능성을 나타내는 또 다른 징후였다. 당시 러시아는 정치적 혼란을 겪는 중이었고 사건이 일어난 곳도 오지였기 때문에 과학자들은 1927년에 들어서야 이 "퉁구스카 사건Tunguska event"에서 무슨 일이 일어났는지에 대한 현지 조사를 실시하게 되었다. 신기하게도 그곳에는 크레이터가 없었고 거대 운석의 흔적도 남아 있지 않았지만, 무언가가 대기권 상공에서 폭발하며 거의 완벽하게 기화되어 사라지면서 지상에 격렬한 충격파를 일으킨 듯했다(후속 연구에 따르면 이 폭발의 위력은 첫 번째 수소폭탄의 위력에 견줄 만했다). 폭발한 물체가 암석질 소행성인지 얼음으로 이루어진 혜성인지를 두고 논란이 분분했지만, 어느 경우건 퉁구스카 사건은 자주 목격되는 소규모 운석의 추락 말고도 지구 바깥의 태양계에서 무언가가 침입하는 현상이 일어난다는 점을 보여주었다. 그러나 지질학자들은 우주에서 가해지는 커다란 '격변'의 충격이 지구 역사를 이루는 중요한 요소일 가능성을 인정하려 하지 않았다. 실제 연구에서 지질학자들은 계속해서 지구가 태양계의 다른 부분과 사실상 단절되어 있는 닫힌계인 양 다뤘다.

그러나 애리조나주의 외딴 사막에서 지름이 1킬로미터가 넘는 크레이터가 아주 잘 보존된 상태로 발견되면서 퉁구스카 사건이 일어나기 한참 전에도(그러나 지질학적 기준에서는 마찬가지로 매우 최근에) 그와 비슷한 충격을 가한 사건이 있었다는 의견이 제기되었다. 1891년, 미국 지질조사국 국장 그로브 칼 길버트Grove Karl Gilbert는 당시 지질학자들이 대체로 받아들이던 가정을 따르며 움푹 파인 흔적이 지하의 화산 폭발 때문이지 충격 때문은 아닐 것이라고 결론 내렸다. 다른 미국 지질학자들도 그의 판단을 받아들였다. 그런데도 1903년 광업가 대니얼 배린저Daniel Barringer는 거대하고 매우 값어치가 높은 철질 운석이 아래에 묻혀 있을지도 모른다며 그에 대한 소유권을 주장했다. 배린저의 프로젝트는 수지가 맞지 않는 사업이었다. 운석에서 나온 철 쪼가리만 발견되었기 때문이다. 그러나 배린저의 해석은 1960년 미국 지질학자 진 슈메이커Gene Shoemaker가 코펜하겐의 세계지질과학총회에서 그간 실험실 내의 실험으로만 구할 수 있다고 알려진 **코사이트**coesite라는 특이한 석영을 크레이터 주위의 암석뿐 아니라 네바다주의 핵폭발 시험 지구에서도 찾았다고 주장하면서 비로소 입증되었고, 이와 함께 현재 이 크레이터를 부르는 이름인 '미티어 크레이터Meteor Crater', 즉 운석공도 정당한 명칭으로 인정되었다. 이 특이한 '**충격 석영**shocked quartz'은 매우 높은 압력에서만 형성되었기 때문에 순전히 우주 공간에서 비롯된 영향이 있었음을 가리키는 믿을 만한 '화석' 흔적 또는 표지로 간주할 수 있었다.

슈메이커는 지름이 약 24킬로미터로 운석공보다 넓은 바이에른주의 리스 크레이터에서도 동일한 주요 물질을 찾아냈다. 리스 크레이터는 보존 상태가 그리 좋지 않았고, 지질학적 증거를 따져보면 더 예전인 신생대 마이오세의 산물로 추정되었다. 슈메이커의 발견은 같은 미국 지질학자인 로버트 디츠Robert Dietz가 리스 크레이터의 가장자리

자료 11.7 전에는 배린저 크레이터라고 알려졌던 애리조나주의 운석공으로, 지름은 약 1킬로미터다. 이런 조감도를 보면 달의 크레이터와 유사성이 뚜렷이 나타나지만, 운석공이 충돌이 일어난 장소인지, 화산의 분화로 생겼는지 등 운석공의 기원을 두고 19세기 말과 20세기 초에 지질학자들이 처음 논쟁을 펼칠 당시에는 이런 조감도를 볼 수 없었다. 크레이터의 밑바닥에는 광산 채굴의 흔적이 있다. 배린저는 채굴 작업을 하며 땅에 묻힌 거대 운석을 찾으려 했지만 성과를 거두지 못했다.

에 있는 암석에서 높은 압력으로 생긴 또 다른 특징인 **충격 원뿔 무늬**shatter-cone를 찾아낸 후 내놓은 이전의 추론 결과를 뒷받침했다. 디츠는 충격 크레이터인데도 화산 활동 때문에 생긴 것으로 잘못 추측을 했거나 침식이 워낙 많이 진행되어 예전에 크레이터였다고 알아보기 어려운 경우가 전 세계에 많이 있다고 확신했다. 그는 이런 흔적들을 통틀어 별이 남긴 상처라는 뜻인 **천체 충격흔**astrobleme이라 불렀다. 예를 들어 그는 1961년 남아프리카에 있는 매우 거대한 원형 지질구조인 브레드포트 고리Vredefort Ring를 선캄브리아시대에 생겼을 것으로 추정되는 거대 크레이터가 심하게 침식을 겪고 나서 남은 흔적이라고 해석했다. 실은 캐나다 천문학자인 칼라일 빌스Carlyle Beals가 이미 광대한 캐나다 순상지의 옛 암석에 그와 같은 무늬가 있는지 상공에서 체계적으로 탐색하는 작업을 시작한 상태였고, 1965년 무렵 그곳에서 해당 무늬를 스무 군데 넘게 찾아냈다.

이는 지구의 역사 전반에 걸쳐 소행성이나 혜성이 이따금씩 커다란 영향을 미친 것이 사실이라는 뜻이었다. 그러나 지질학자들은 여전히 이런 결론을 받아들이기 주저했다. 지질학자의 생각을 한꺼번에 뒤바꿔놓은 사례는 이와 유사한 달 표면의 크레이터였다. 당연히 망원경 관측 말고는 접할 길이 없었던 달 크레이터는 오랫동안 사화산으로 여겨졌다. 소수의 천문학자들과 그보다도 적은 지질학자들만 달 크레이터가 충격 크레이터일지도 모른다고 주장했다(베게너는 그 소수의 지질학자 중 한 명이었다). 1960년대에 슈메이커는 달 크레이터에 관한 논의에서 여전히 소수파에 속했고 자신의 생각을 지상의 크레이터까지 확장하는 일이 꽤 이단적 행위라고 생각했다. 어찌 됐건 20세기 초의 천문학자들은 달에 별다른 관심을 보이지 않았다. 달과 행성은 태양이나 다른 별에 비해 그다지 매혹적이지 않은 주제라 여겨졌다. 우주가 예전에 상상했던 것보다 드넓고 계속 확장되고 있다는 인식을 바탕으로 당시 제일 활기차게 연구되며 우주론의 변혁을 이끌던 주제는 성운이었다. 성운은 당시 은하수보다 멀리 떨어져 있는 또 다른 은하계로 새로 인정받고 있었다.

이런 상황을 극적으로 뒤바꿔놓으면서 제일 가까이 있는 우주 이웃인 달을 면밀한 과학적 탐구의 대상으로 부각한 사건이 바로 미국의 우주 프로그램이었다. 미국의 우주 프로그램은 냉전의 와중에 소련이 1957년 세계 최초의 인공위성인 스푸트니크호를 발사하자, 이에 맞대응하며 시작되었다. 그러나 슈메이커가 스스로 '천체지질학astrogeology' 이라 부르던 분야를 우주 프로그램에 포함시키려고 백방으로 압력을 가하지 않았다면 이후의 아폴로 달 탐사 임무에 지질학자가 참여할 일 도, 아폴로 임무가 지구과학에 영향을 미칠 일도 없었을 것이다(어원 이 '천체비행사'인 '우주비행사astronaut'라는 용어 못지않게 '천체지질학'도 어울 리는 단어였다. 둘 다 말 그대로 저 멀리에 있는 천체, 즉 항성star까지 나아간 것은 아니지만 말이다!). 달의 지도는 1969년 최초의 유인 달 착륙을 준 비하며 어느 때보다도 상세하게 작성되었다. 지구 층서학에서 빌려 온 방법을 통해 달의 '상대적' 연대기도 만들어나갔다(예컨대 지층의 부정합 처럼 나중에 생긴 크레이터는 이전에 만들어진 크레이터에 절단면을 형성했 다). 달의 역사는 재구성되었고 여러 시대로 구분되었으며 각 시대에는 지구 역사의 시대 구분에 대응하는 이름이 붙었다. 유인 탐사선 착륙 으로 달 크레이터가 충격 때문에 생겼다는 점을 확고히 입증하는 암석 표본을 얻었고, 광물질도 넉넉히 확보해 방사성 연대 측정을 바탕으 로 '절대적' 연대기의 윤곽을 그릴 수 있었다. 달의 나이는 지구 및 운 석 대다수의 나이와 거의 같은 것으로 밝혀졌다. 달의 역사 초창기에 는 거대 소행성이나 그에 준하는 천체가 '대량 폭격'하는 대사건이 일어 났다가 이후에는 점차 그보다 규모가 작은 충격이 전에 비해 낮은 빈 도로 일어난 듯했다(달 크레이터는 전시에 폭격으로 생긴 조그만 크레이터와 물리적 특성이 동일하므로 '폭격'이 딱 맞는 단어다). 달에서는 침식이 일어 날 일도 없고 대기도 없기 때문에 선캄브리아시대 초창기의 크레이터 와 나이가 엇비슷한 오래된 달 크레이터도 훌륭히 보존되어 있었다.

이후 달의 역사를 지구의 역사와 더욱 면밀히 비교하는 연구가 활 발히 이루어졌다. 지구에는 충격 크레이터가 별로 없는 반면 달 표면

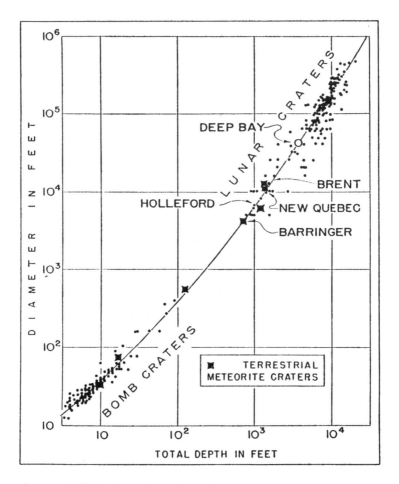

자료 11.8 칼라일 빌스와 동료가 1963년 발표한 그래프로, 지구상에 충격 크레이터가 실재한다는 사실을 뒷받침했다. 폭격 크레이터와 달 크레이터에 대한 자료는 1949년 발표되었는데, 달 크레이터가 대부분 화산 활동이 아니라 운석이나 소행성의 충돌로 생긴 것이라는 주장의 일환이었다. 이 그래프에는 지구상의 크레이터도 충격 때문에 생겼다는 주장을 뒷받침하고자 지구 크레이터에 대한 자료가 추가되었다. 잘 알려져 있으며 지질학적으로 최근에 생긴 애리조나주의 '배린저' 크레이터, 즉 운석공을 제외하면 여기에 이름이 표시된 지상 크레이터는 당시 캐나다에서 갓 발견된 크레이터들이었다. 로그 척도를 사용함으로써 형태가 유사하지만 지름이 수 미터에서 약 200킬로미터에 이르기까지 크기가 다양한 크레이터를 한데 표현했다.

은 울퉁불퉁하다는 사실은 더 이상 놀라워 보이지 않았다. 지구에는 대기가 있고, 침식이 더욱 활발히 일어나며, 해양이 넓게 분포하고, 판 구조론에서 말하는 작용으로 옛 대륙이 부분 부분 파괴되었다는 점만 들어도 이 차이는 충분히 설명되었다. 그러나 사실 1980년대 무렵이 되면 지구상의 충돌 현장 또는 천체 충격흔이 도합 200곳 넘게 확인되었다. 배린저 크레이터나 리스 크레이터처럼 상대적으로 보존이 잘 이루어진 크레이터와 그 정도는 아니어도 브레드포트 고리처럼 크레이터가 심하게 침식된 '화석' 잔존물로 보이는 원형 구조까지 합해서 말이다. 그리고 달의 역사와 비교하면서 지구의 역사를 선캄브리아시대에서도 머나먼 과거까지, 심지어는 시생대 이전까지 확장할 수 있었다. 아직까지 남아 있는 직접 흔적은 없더라도 지구 또한 틀림없이 달과 동일한 '대량 폭격'을 겪었을 터였다. 1972년 클라우드는 누구든지 썩 달갑게 여기지 않을 그리스 신화 속 지옥 이름을 따서 이 시대에 '하데스Hadean'대 또는 명왕대란 그럴듯한 이름을 붙였다. 20세기가 끝날 무렵에는 이런 폭격이야말로 훗날 생명을 가능케 하는 필수 요소인 물이 지구에 유입되는 경로였으리라는 추측도 나왔다.

1970년대의 과학자 대다수는 소규모 운석의 잦은 추락부터 이따금씩 일어나는 거대 혜성이나 소행성의 충돌에 이르기까지 우주에서 비롯된 온갖 크기의 천체가 지구 역사 전반에 걸쳐 지표면에 부딪혀왔으리라는 사실을 받아들이게 되었다. 그러면서 지질학자들은 이제 지구상에서 간혹 벌어졌다고 인정하는 중대한 격변들, 특히 대량 멸종처럼 보이는 사태들을 일으킨 잠재적 원인이 바로 우주에서 유래한 대규모 사건이라고 생각하게 되었다. 이런 생각은 구체화되지 않은 채 널리 '퍼져in the air' 있다가, 1980년에 어떤 주장이 본격적으로 제기되면서 비로소 광범위한 과학자들이 이 논제에 주목하게 되었고 일반 대중도 머지않아 그 뒤를 따랐다. 저명한 미국 물리학자 루이스 알바레즈Luis Alvarez는 지질학자인 자신의 아들 월터 알바레즈 및 다른 동료들과의 협동 연구를 통해 이탈리아 북부 구비오 근교의 지층 가운데 제일 어린 **백악층**Kreide(독일어로 백악이라는 뜻)과 제일 오래된 **제3층** 사이의 얇은 층인 'K/T 경계'에서 희귀한 원소인 이리듐의 농도가 "툭 튀어 오른다"라는 사실을 보고했다. 이 암석층은 깊은 물속에서 퇴적되었고, K/T 경계 근처에서 발견된 화석은 미생물 유기체 화석뿐이었다. 그러나 알바레즈 그룹의 보고는 중생대의 막을 내린 대량 멸종의 잠재적 원인이 바로 거대 소행성이 일으킨 강력한 충돌이었다는 훨씬 포괄적인 주장을 담고 있었다(거대 소행성은 일부 운석처럼 이리듐 함량이 지상의 암석에 비해 뚜렷이 높을 수 있었다). 이것만 해도 놀라웠지만, 중생대 공룡이 갑자기 대량으로 학살되었다는 언론이 널리 퍼뜨린 충격적 멜로드라마는 더더욱 선풍을 불러일으켰다. 공룡은 첫 발견 후 150년이 지나도록 대중이 제일 좋아하는 야생동물 화석이었다.

이 문제에 대해 최선의 판단을 내릴 수 있는 사람들은 한결 회의적이었다. 특히 공룡 전문가들은 세계 각지의 상세한 공룡 화석 기록을 바탕으로 이 파충류군 전체가 백악기가 끝나기 한참 전부터 이미 하나하나 멸종하면서 서서히 감소하고 있었으며, 백악기가 끝날 무렵 절멸한 종들은 얼마 안 되는 최후의 낙오자에 불과할 것이라고 주장했다. 그러나 루이스 알바레즈가 노벨상 수상자로서 명성을 누린 데다가 일류 과학 정기 간행물인 《사이언스》에 논문이 발표되었고, 무엇보다 매우 복잡한 실험실 기법을 활용한 덕분에 우주발 격변이 일어났다는 주장에 힘이 실렸다. 회의론자들은 자신들이 소수파임을 알아차렸다. 그러나 과학 논쟁에서 종종 벌어지는 일처럼, 이런 주장이 제기되면서 양측 모두가 더 나은 증거를 찾아나서는 노력이 뒤따랐다. 전체적으로 볼 때 이 논쟁에서 추가 증거를 확보한 쪽은 충돌론이었다. 전 세계에 널리 흩어져 있는 K/T 경계에서 보기 드문 사건이 일어났다는 또 다른 징후가 발견된 것이었다. 이리듐 농도만 "툭 튀어 오른" 것이 아니라 그 정도로 큰 충격이 가해질 때 틀림없이 나타날 거대 쓰나미와 광역 산불의 흔적이 있었다. 충돌론의 심각한 약점은 예상되는 크기의 충돌 부지가 눈에 띄지 않았다는 것이었다. 그러나 1991년, 신생대 퇴적층 아래 묻혀 있어 오로지 지구물리학 방법론을 통해서만 탐지할 수 있는 멕시코 유카탄반도의 커다란 원형 구조가 지금껏 나타난 적 없는 바로 그 충돌 부지일 가능성이 크다는 의견 일치가 폭넓게 이루어졌다. 이 지하 크레이터는 그 위에 있는 한 마을의 이름을 따서 칙술루브Chicxulub 라고 불렸다. 그러나 칙술루브 크레이터로도 회의론자의 목소리는 잦아들지 않았고, 21세기 초 많은 지질학자는 충돌과 무관한 다른 이유로 환경 위기가 이미 진행 중이었으며 우주 공간에서 들어온 침입자가 환경 위기의 맨 위에 '마지막 지푸라기'를 얹는 역할을 한 것일 수도 있다는 결론에 도달했다.

우주 공간에서 유래한 충돌을 더 손쉽게 받아들이고 이것이 K/T 대량 멸종을 일으킨 유일한 요인은 아니더라도 최소한 주요 요인이었다고 인정하게 되면서 지질학자들은 그보다 규모가 큰 페름기−트라이아스기 경계의 사건을 비롯해 지구의 역사에서 대량 멸종에 대해서도 이와 비슷한 설명을 적용하고자 했다. 현생대 화석 기록 전부를 정량적으로 분석하여 해당 시점을 식별하는 데 이바지한 라우프와 셉코스키는 한발 더 나아가 1984년 이런 사건들이 26Ma마다 주기적으로 나타났을 수도 있다는 의견을 제시했다. 그들이 네메시스라 이름 붙인 가상의 이웃별이 태양과 일종의 쌍성계double star system를 이루며 묶여 있다면 태양계 제일 바깥쪽에 있는 혜성의 궤도를 주기적으로 교란할 수 있고, 그러면 섭동이 일어난 혜성이 진로를 이탈해 지구와 부딪칠 확률도 크게 늘어날 터였다. 이런 네메시스 이론은 폭넓은 지지를 받지는 못했지만, 20세기 말이 되면 지질학자들이 지구에 대해 사유할 때 우주 차원을 얼마나 철저하게 받아들이게 되었는지를 보여줬다. 1994년 슈메이커와 그의 아내, 동료의 성을 딴 '슈메이커-레비 9' 혜성이 예상대로 목성에 충돌하며 엄청난 충격 효과를 낳는 모습을 전 세계의 천문학자들이 면밀히 관찰하는 순간, 지구가 다른 태양계와 끊임없이 상호작용 한다는 슈메이커의 통찰이 화려하게 입증되었다고 봐도 무방했다(물론 목성은 암석질 행성이 아니라 '거대 가스 행성'이기 때문에 영구적 흔적은 남지 않았다). 퉁구스카 사건보다 훨씬 대규모로 일어나는 파국적인 우주발 충격은 진정한 '현 원인', 또는 라이엘이 정의한 대로 관찰 가능한 '작동 중 원인'으로 보였다.

우주 프로그램의 부산물로 지질학자들이 지구도 행성이라는 우주적 관점을 더욱 완전히 받아들이게 되었다면, 지질학자들도 10년 안에 은혜를 갚았다. 천문학자들은 점차 지구의 심원한 역사를 모델 삼아 태양계의 다른 천체를 '행성 역사planetary history'의 측면에서 해석해나갔다. 예전에 천문학자들은, 예컨대 화성이나 금성을 이론상으로 어떻게 생각했는지와 무관하게, 실제로는 행성과 위성을 궤도 같은 물리적 속성은 정확히 알아도 각각의 역사를 알지는 못하는 대상으로 취급했다. 먼 옛날 태양계가 생겼을 때 같이 만들어졌을 것이라는 추측 말고는 말이다. 그러나 일단 달 착륙 전후에 '천체지질학'을 적용하여 달을 철저하게 역사가 있는 대상으로 인식하게 되자 행성들의 무인 탐사로 밝혀진 결과에 동일한 해석을 적용하는 일은 적어도 개념상으로는 어려운 일이 아니었다. 예컨대 화성에는 브레츠가 서술한 워싱턴주의 홈이 파인 불모지와 똑같지만 규모가 훨씬 커다란 지형이 있었고, 이는 먼 옛날 화성 표면에 물이 풍부하게 존재했지만 그 이후에 건조한 사막이 되었다는 증거가 되었다. 반대로 두꺼운 구름층으로 가려져 있는 금성의 표면에서 명왕대 같은 상황이 뚜렷이 발견되는 이유는 옛날에 지구나 화성과 같은 출발선상에 있었던 금성이 그후 이들과 판이하게 다른 행성 역사를 겪었기 때문이라고 해석할 수 있었다. 달과 크기가 비슷한 목성 위성 유로파는 표면이 두꺼운 얼음판으로 완전히 뒤덮여 있어 눈덩이 지구의 소규모 판본이나 다름없는 반면, 이오에는 활화산이 산재해 있다는 발견은 태양계의 천체가 예상보다 다양하며 각각의 현재 모습을 낳은 역사도 마찬가지로 다양하다는 점을 다시 한번 확인해주었다.

20세기 후반과 21세기 초반, 지구의 역사는 우주를 포괄하는 이와 같은 새로운 관점을 바탕으로 광범위한 여러 갈래의 행성 역사 가운데 하나의 특정한 사례로 재인식되었다. 지구의 역사는 여러 행성들이 겪은 경로 가운데 하나의 특정한 변화 경로였고, 행성들 각각의 경로는 모두 독특하며 우연한 것이었다. 이런 인식은 지구 특유의 역사에 깔려 있는 매우 특수한 상황, 가령 태양에 너무 가깝지도 않고 너무 멀리 떨어져 있지도 않는 상황 등을 부각시켰고, 천문학자들은 다시 이런 관심을 토대로 태양 말고 다른 별의 주위를 도는 '태양계외 행성exoplanet'에서 간접 증거를 찾으며(첫 태양계외 행성은 1992년에 처음 보고되었다) 얼마나 많은 태양계외 행성이 암석질로 이루어져 있는지 또는 한발 더

자료 11.9 우주에서 바라본 지구라는 행성. 1972년 아폴로 17호 유인 우주선이 달을 향해 나아가는 도중에 찍은 유명한 '푸른 구슬(Blue Marble)' 사진이다. 남대서양과 인도양에 면한 아프리카 대륙 전체와 그 위에 있는 아라비아반도, 아래에 있는 남극이 보이며 구름과 소용돌이치는 폭풍 전선도 보인다. 이 사진 및 이와 유사한 다른 이미지는 대중이 지구를 '우주에 떠 있는' 위태로운 '공(ball in space)'으로 이해하는 데 엄청난 영향을 미쳤다. 그러나 과학자들이 이 사진에서 받은 인상은 더욱 구체적이었다. 과학자들은 지구가 고체, 액체, 기체(지권, 수권, 대기권)로 이루어진 복잡하지만 통일된 체계이며, 이 모습이 지구가 걸어온 장구한 역사와 앞으로 다가올 미래를 아우르는 기간 중에서 바로 현재 시점의 지구를 보여준다는 강렬한 인상을 받았다. 이런 생각을 바탕으로 지구와 마찬가지로 길지만 매우 상이한 '행성 역사'들을 살펴보면서 지구를 다른 행성 및 위성과 비교하는 작업이 활발히 일어났다.

나아가 얼마나 많은 태양계외 행성이 지구와 비슷한지를 추산했다. 여기에 다른 행성에서 생명의 출현을 가능하게 하거나 가로막을 수 있는 추가적 상황에 대한 생물학자들의 추측이 결합되었다. 이런 맥락에서 '다수 세계'가 가능하다는 예전 추측에서 중요한 역할을 한 고도로 복잡한 지적 생명체의 진화는 더더욱 부자연스럽고 일어나기 어려운 일이 되었다. 우리 근처의 별 주위를 맴도는 어느 암석질 행성이 살아 있는 유기체의, 그리고 종국에는 자신 있게 과거의 역사를 발견하고 재구성하여 믿음직스러운 결과를 내놓을 수 있는 지적 존재의 터전이 되었다는 사실이야말로 복잡하게 얽혀 있는 이 모든 우연 가운데 가장 놀라운 것이었다.

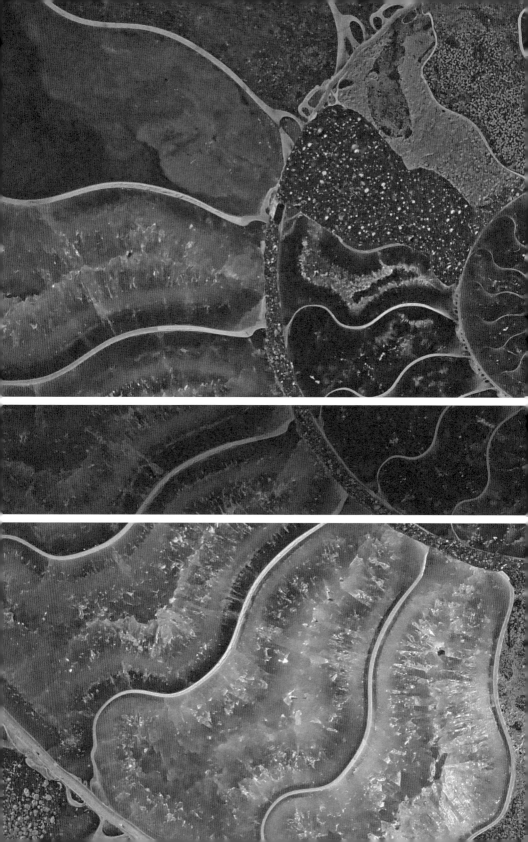

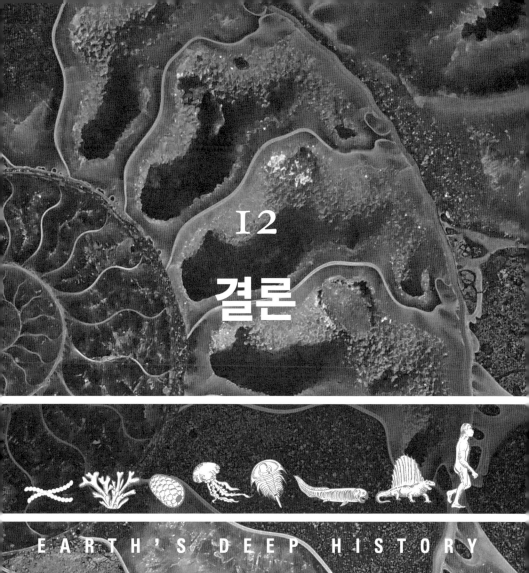

12

결론

EARTH'S DEEP HISTORY

지구의 깊은 역사를 되돌아보며

21세기 초까지 지구라는 행성이 걸어온 독특한 역사는 치밀하게 재구성되었고, 놀랍도록 많은 사건으로 점철되어 있다는 것이 밝혀졌다. 지구의 깊은 역사를 아우르는 큰 줄거리를 두고 논란이 일어날 소지는 점차 사라져갔다. 기저의 모든 원인을 알아낸 것은 아니더라도 최소한 구별 가능한 시기와 주목할 만한 사건의 올바른 순서를 정했다는 의미에서는 그랬다. 일단 지질시대를 나누고 각 기간에 이름을 붙이는 일이 규약과 편의의 문제라고 지질학자들이 인정하자, 기간들을 어떻게 규정할지에 대한 논쟁은 토론과 협상으로 해소할 수 있었고 실제로도 보통 해소되었다. 누대aeon, 대era, 기period, 세epoch 및 그보다 짧은 단위에 이르는 기간의 계층은 지구의 역사를 이루는 폭넓은 요소와 세부 항목을 기술하고 설명할 때 유용하다는 의견 일치가 이루어졌다. 비록 처음에는 시대 계층의 절대 연대까지 정하지는 못했지만, 이러한 계층은 길고 파란만장한 역사를 서술하는 데 매우 귀중한 것이었다.

20세기를 거치며 화석 기록이 꽤 완전하게 남아 있고 기록에 연속성이 있는 현생누대aeon는 지구의 역사에서 가장 최근에 해당하는 주요 기간일 뿐이라 여겨졌다. 그 앞으로 원생누대, 시생누대, 명왕누대 등 최소한 세 개의 광대한 누대가 펼쳐졌다. 이때의 화석 기록은 현생누대에 비해 희박하거나 하나도 없었다. 현생누대는 신생대, 중생대, 고생대 등 필립스가 19세기에 이름을 붙인 생명 역사상의 세 대era로 나뉘었으며, 20세기 후반에는 이들이 두 번의 큰 대량 멸종으로 구분된다고 보았다. 필립스의 대 각각에는 머치슨의 실루리아기처럼 19세기 층서학이 내놓은 인상적 성과인 기period가 있었다. 기는 합의를 통해 규정되어 환경 변화, 대륙 이동, 간헐적 위기와 격변 등 지구 및 생명의 역사를 추적할 때 매우 유용했다. 19세기에 라이엘이 신생대 내에서 정의한 플라이스토세와 에오세같이, 기보다 더욱 정교하게 시간과 역사를 분할한 세epoch 또한 지구의 역사를 상세히 재구성할 때 진가를 발휘했다.

지구의 역사 구분은 추후에도 얼마든지 정교화할 수 있었다. 가령 21세기 초에 일부 지구과학자들은 라이엘의 세에다가 현재 진행형의 새로운 세인 **인류세**anthropocene epoch('인류의 관점에서 최근인' 세)를 추가하자고 제안했다. 이 제안은 산업혁명이 시작된 후 지질학적으로 미미한 기간 동안 인간 종이 지구에 심대한 **물질적 충격**을 남겼음을 인정하는 것이었다. 예를 들어 외딴 지역의 해안에서도 눈살을 찌푸리게 하는 현대 세계의 1회용 플라스틱 폐기물은 새롭고 독특하며 갑자기 나타났고 전 세계에 걸쳐 분포하기 때문에, 과거 몇백 년간 형성된 퇴적물이나 지층을 확인하는 먼 훗날의 층서학자들이 보기에, 분명 대표적 '지표 화석'이 될 터였다. 더욱 심각한 것은 인간 종의 수가 급격히 불어나고 인간 종이 환경에 미치는 파괴적 영향이 증가하면서 중대한 대량 멸종 사태를 일으키는 듯이 보인다는 점이었다. 현대의 대량 멸종 사태는 규모로 보았을 때 화석 기록에서 찾아낸 다섯 번의 대규모 멸종 사태에 육박해, 지구의 현생누대 역사에서 일어난 여섯 번째 대량 멸종 사태가 될 예정이었다. 그리고 수천만 년 내지 수 억 년간 지하에 묶여 있던 화석 연료의 대량 연소로, 지질학적으로 매우 짧은 기간 동안 대기 중에 막대한 양의 이산화탄소가 갑자기 유입되면서 그에 못지않게 갑작스럽고 거대하며 오래 지속되는 효과가 나타날 가능성이 높

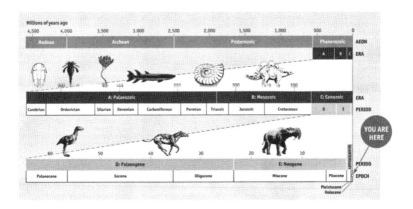

자료 12.1 지구의 깊은 역사. 수백만 년을 단위로 과거를 세 개의 상이한 척도 위에 표시했으며, 각 기간에 붙은 명칭도 일부 보여준다. 이 도표는 《이코노미스트》를 구독하는 전 세계의 지적인 대중을 대상으로 2011년 디자인된 것으로, 21세기 초 과학자들이 재구성한 지구의 파란만장한 역사 전체를 개괄했다. 100년간 방사성 연대 측정법이 나날이 향상된 덕분에 방대한 기간에 걸쳐 정량적 척도를 제시하면서 점차 신뢰도와 정확도를 향상시킬 수 있었다. 캄브리아기(중간과 아래 척도)의 시작과 함께 펼쳐진 현생누대에는 도표에 삼엽충부터 코끼리처럼 생긴 포유류까지 각 시기 특유의 동물도 몇몇 그려놓았다. 그보다 이전인 선캄브리아 시대의 역사(위 척도)에도 이와 비슷한 지표를 표시할 수 있었을 것이다. 가령 명왕누대에 우주에서 쏟아지는 '대량 폭격', 시생누대에 첫 미생물 형태의 등장, 원생누대 초기에 시작된 산소의 대기 유입, 현생누대 초창기 '캄브리아기 대폭발'로 상대적으로 몸집이 큰 유기체의 대량 출현 등 말이다. 그러나 이 도표는 무엇보다 19세기 초에 대체로 라이엘에 의해 정의된 신생대의 '세(epoch)'(아래 척도)에 '**인류**'세를 추가해야 한다는 최근의 제안을 설명하기 위해 고안된 것이었다. 인류세는 너무 짧아서 "당신의 현 위치"라는 푯말이 아니고서는 표현하기도 어렵다. 인류세는 산업혁명이 시작된 이후의 시기를 나타내며, 논란의 여지가 있긴 하지만 이 시기에 인간 종의 **물질적** 영향력은 플라이스토세 대빙하기에 일어난 거대 기후 변화에 필적할 만한 수준에 이르렀다.

다고 널리 여겨졌다. 그 효과는 가까운 미래에 도저히 못 보고 지나칠 수 없는 수준이 될 터였다. 지구가 온갖 사건을 겪으면서도 앞으로도 행성으로서 과거 못지않게 오래도록 물리적으로 존속하리라는 점에는 의문의 여지가 없지만, 장기적으로 **호모 사피엔스**가 지구에서 계속 서식할 수 있으리라 장담하기는 어려워 보였다. 이 문제에 최선의 판단을 내릴 수 있는 위치에 있는 과학자들도 인간 종이 가까운 장래에 행실을 바로잡지 않는다면 21세기가 인류의 마지막 세기가 될 수 있다고 염려했다.

정성적으로 탐구해 온 지구의 깊은 **역사**는 20세기 초부터 심원한 시간이라는 정량적 척도로 눈금을 매기면서 한결 풍부해졌다. 이후 100년간의 기술 향상으로 21세기 초에는 정밀도와 신뢰도, 일관성이 계속 높아지면서 광물과 암석의 방사성 연대 측정은 일상적 활동이 되었다. 지구의 전체 나이뿐 아니라 역사 전반에 걸쳐 사건의 복잡한 순서를 추정하는 더욱 중요한 문제에 대해서도 비교적 세세한 지점들 빼고는 논란이 잦아들었다. 지질연대학은 방사성 동위 원소의 붕괴율이 물질의 다른 기초적 속성과 마찬가지로 시간에 따라 변하지 않을 것이라는 물리학자들의 가정에만 전적으로 의존하지도 않았다. 퇴적물이 매년 쌓이며 만든 층(연층varve)과 얼음 기둥의 연간 층처럼 방사성 연대 측정법 외에 독자적 연대 측정법을 쓰더라도 최소한 최근의 역사에 대해서는 예상치와 정확히 들어맞았다. 이런 방법을 통해 매우 긴 플라이스토세 빙하기가 끝난 후로도 수천 년의 시간이 흘렀다는 사실은 합리적 의혹을 이겨내고 확고히 입증되었고, 플라이스토세 빙하기조차도 지구 전체의 역사에서 맨 끄트머리에 불과할 뿐이라는 점 또한 분명해졌다. 그러니 방사능이 발견되기 직전에 물리학자 켈빈이 지구의 나이라며 내놓은 고작 수천만 년 정도의 수치보다 지구라는 행성이 처음 만들어진 후 수십억 년이 흘렀다는 방사성 연대 측정 결과가 더욱 적절하며 일관성 있는 듯이 보였다. 의심할 여지 없이 지구는 말 그대로 상상할 수 없을 만큼 오래된 셈이었다(우주는 말할 것도 없었다. 이에 대해서는 우주론자들이 대체로 독자적 근거를 활용해 결론을 도출했다).

상상하기 힘들 정도로 긴 지구의 역사에서 제일 놀라운 특징을 하나만 꼽자면, 그것은 생명의 역사였다. 이는 우리 자신이 생명의 역사가 낳은 산물이기 때문만은 아니다. 생명이 줄곧 거의 동일한 형태로 존재한 것이 아니라, 생명에 진정한 역사가 있다는 사실은 19세기 초에 퀴비에를 비롯한 사람들이 멸종이 실재함을 입증하기 전까지만 해도 전혀 확실치 않았다. 멸종이 정말 일어났다는 입증을 통해 현 세계의 생명이 그 이전 시기의 생명과 뚜렷이 구분된다는 점이 밝혀졌다. 그리고 나서 19세기 후반 퀴비에의 후계자들은 화석 기록을 점점 더 풍부하게 찾아내면서 생명의 역사가 선형적이며 한 방향으로 나아갈 뿐 아니라 어떤 면에서 '진보적'이기까지 하다는 점을 입증했다. 포유류처럼 생물학자들이 '고등'하거나 복잡하다고 간주한 생명 형태는 어류처럼 그보다 단순하거나 '하등'한 생명 형태보다 화석 기록에서 대체로 나중에 나타났다. 그와 달리 이런 입장을 거부하며 화석 기록이 세계에 대한 균일론적 해석 또는 허턴 식의 '정상 상태' 해석을 지지한다고 주장한 라이엘의 승산 없는 시도는 타당성을 완전히 상실했다. 진짜 인류 화석은 한동안 없는 것처럼 보인 데다, 19세기 중반에 나온 인류 화석 기록도 가장 최근인 제4기에 국한되어 있다는 발견이 이루어지면서 인간 종은 상대적으로 최후의 순간에야 출현했음이 확실해졌다.

화석 기록의 다른 쪽 끝에서도 다양한 일이 벌어졌다. 19세기 후반, 캄브리아기 암석에는 후대의 유기체만큼이나 다양하고 복잡한 유기체의 잔해가 들어 있는 반면, 그 아래에 놓인 선캄브리아시대 암석에는 뚜렷한 화석이 없다는 점을 발견했다. 그러면서 생명의 역사가 어떻게 시작되었나라는 매우 까다로운 수수께끼가 떠올랐다. 그러나

20세기 초 방사성 연대 측정법의 발전으로 이 시기를 바라보는 지질학자와 고생물학자의 관점이 급격히 바뀌게 되었다. 지구의 전체 나이가 늘어난 것보다 선캄브리아시대가 지구의 전체 역사에서 제일 커다란 비중을 차지하는 부분으로 확장된 것이야말로 이런 관점 변화에 큰 영향을 미쳤다. 선캄브리아시대의 화석 기록은 얼마 없을 뿐 아니라 미심쩍은 상태로, 20세기 후반 들어 새로운 발견을 통해 선캄브리아시대에는 생명체 거의 대부분이 현미경으로 봐야 할 정도로 크기가 작으며 구조도 상대적으로 단순했다는 견해가 힘을 얻었다. 캄브리아기가 시작할 무렵 일어난 '캄브리아기 대폭발'로 비로소 그보다 커다랗고 복잡한 생명 형태(후생동물)가 번성하게 되었다는 것이었다. 소규모이고 상대적으로 단순한 형태이기는 하지만, 생명이 지구 전체의 역사에서 꽤 이른 시점인 시생누대에 처음 출현했다는 발견도 꽤나 예상 밖이었다. 그런 생명체가 지구의 대기에 산소를 더하는 역할을 했을 것이란 증거 또한 놀라웠다. 대기 중 산소 덕분에 드디어 더욱 복잡한 생명 형태가 발전할 수 있었고, 우리 자신도 그중 하나였다.

과거의 사건과 그 원인

화석 기록으로부터 예상보다 복잡한 생명의 역사를 재구성해냈다면, 그 배후에는 이와 구분되는 인과적 질문, 즉 이런 변화가 어떻게 일어났는가 하는 질문이 놓여 있었다. 초기의 여러 자연사학자들은 후대의 생명 형태가 모종의 자연적 작용을 통해 그 전의 생명 형태에서 유래했거나 무생물로부터 직접 나타났으리라 추측했다. 그러나 이 작용이 무엇이었는지는 몹시 애매모호했다(새로운 종이 신의 직접적 개입 행위로 출현했다는 견해는 신앙심이 깊은 인물이건 아니건 간에 훗날 스스로 과학자라고 부르게 되는 사람들 사이에서 흔한 의견이 **아니었다**). 다윈은 자신이 제시한 특정한 진화, 즉 알아채기 어려울 정도로 느리게 진행되며 주로 자연선택을 원동력으로 삼는 진화야말로 진정으로 과학적인 유일한 진화라 주장하면서 이를 뒷받침하는 증거를 풍부하게 제시했기 때문에 때때로 진화는 '다윈주의' 식 진화와 동일시되어왔다. 그러나 실은 논쟁의 각 단계마다 매우 다양한 진화론이 있었고, 그 범위는 예컨대 19세기의 '라마르크주의'부터 상대적으로 급격한 변화가 이따금씩 일어난다는 20세기 후반의 '단속평형'론까지 아울렀다. 이런 진화론은 모두 다윈주의와 마찬가지로 자연적 성격을 띠었으며, 증거를 다윈주의와 동등한 수준으로 설명하거나 그보다 잘 설명한다고 여겨지는 경우도 많았다. 그러나 지질학자와 고생물학자는 진화 아래에 놓여 있을 인과적 과정을 두고 때로 격렬하게 전개된 이런 생물학적 논변에 별반 도움을 줄 수 없었다. 한편 이들은 아무리 화석 기록이 불완전하더라도 오로지 화석 증거만이 역사적 실재에 기반해 진화 과정을 재구성할 수 있는 길이라 주장할 수 있었고 실제로도 그런 주장을 펼쳤다. 이는 20세기 후반 유전학과 DNA 염기 서열에서 나온 증거가 진화를 옹호하는 해부학과 생리학상의 몇몇 전통적 증거에 추가될 때에도 마찬가지였다. 유전학과 DNA 염기 서열 증거 역시 거의 전적으로 진화의 현 시점에 존재하는 생명을 바탕으로 한 증거일 뿐, 먼 옛날의 생명에 대한 것이 아니었기 때문이다. 초창기의 화석 증거는 현대의 세균류처럼 매우 단순한 생물 형태(원핵생물)를 띠고 있었다. 그러나 이마저도 미시적 수준에서 보면 굉장히 복잡했기 때문에 고생물학자들은 그보다도 앞서는 생명 자체의 기원을 두고 생물학자들이 치열하게 벌이던 논쟁에 도움을 줄 수가 없었다.

이처럼 진화를 뒷받침하는 역사적 증거(이는 때때로 '사실fact로서의 진화'라 잘못 불린다)와 진화에 대한 인과적 설명('이론theory으로서의 진화')의 구분은 지구의 심원한 역사를 발견하는 과정에서 되풀이하여 나타나는 여러 사례 가운데 하나에 불과했다. 꼭 살아 있는 유기체와 관련한 사건이 아니더라도, 어떠한 사건이든 먼 옛날 역사적으로 정말 일어났음을 입증하는 일은 그에 맞는 인과적 설명을 찾아내는 일과 늘 별개였다. 과거의 사건이나 사건들의 실재가 그것의 원인 또는 원인들을 완전히 이해하기 전에 확립되는 일은 지질학 연구 과정에서 되풀이되었다. 사건들이 정말 일어났다고 주장하는 사람들은 납득이 가는 원인이 없다고 해서 사건의 역사적 실재를 부정할 수는 없다고 누누이 주장해야만 했다. 이 이야기에서 다루는 역사 중 눈에 띄는 최근 사례로는 플라이스토세 빙하기, 알프스를 비롯해 산맥들에서 나타나는 거대한 내프와 과습곡, 그리고 무엇보다 전 지구에 있는 대륙들의 이동에 얽힌 수수께끼가 있다.

역사적 실재를 입증하는 일과 인과적 설명을 찾아내는 일의 구분에는 역사학 같은 과학(이때 '과학sciences'은 학문이라는 원래의 의미로 썼다. 독일어 단어인 'Wissenschaften'에는 이런 뜻이 아직 보존되어 있다)과 물리학 같은 과학(자연에 대한 여러 과학, 즉 'Naturwissenschaften' 중 하나)의 차이가 놓여 있다. 자연에 대한 과학과 인간에 대한 과학 모두 다양하다는 점을 온전히 인식하면 과학이 하나의 단일한 '과학적 방법'을 공유하고 있다거나 공유해야 한다는 잘못된 가정, '영어권 이단'이 떠받쳐온 단일한 '과학Science'이라는 이 가정이 부과하는 온갖 구속으로부터 과학을 해방시킬 수 있다. 지구의 깊은 역사를 발견해온 역사는 인류 세계에 대한 연구에서 이미 확고히 자리 잡은 역사학 고유의 관점을 자연 세계에 대한 연구에 도입하는 일이 얼마나 중요한 역할을 수행했는지 보여주었다. 인류사 연구에 사용된 방법과 개념은 지구와 크고 작은 지형에 대한 연구로 옮겨졌다. 산맥과 화산, 암석과 화석은 자연의 역사가 낳은 산물로 인식되었다. 이들을 무시간적 '자연법칙'이 관장하는 원인의 측면에서만 이해할 수는 없었다. 그리고 현재 남아 있는 모습에서 추론할 수 있는 과거 사건의 특징은 인류사와 마찬가지로 그것들이 한결같이 우연히 일어났다는 것이었다. 과거의 사건은 되짚어보더라도(전문 용어로는 이를 추견retrodict이라 한다) 예측이 불가능했다. 과거 사건과 사건이 연이어 일어나는 순간마다 고정불변의 '자연법칙'을 위배하지 않으면서도 다른 시으로 사태가 진행되어 상이한 귀결이 잇따르는 경우를 얼마든지 생각하거나 상상할 수 있었다. 반사실적 역사 또는 '만약 이러저러했다면?what if?' 역사는 언제나 가능했고, 이해를 돕는 경우도 많았다. 마치 1914년 사라예보를 방문한 오스트리아 대공이 암살자가 쏜 총알에 맞지 않았더라면 제1차 세계대전이 일어났을까 하는 물음처럼 6억 5000만 년 전 지구에 소행성이 충돌해서 최후의 공룡을 쓸어버리지 않았더라면 무슨 일이 벌어졌을까 상상해보는 것이었다.

지구의 심원한 역사가 전개되는 동안 정말로 어떤 일이 일어났는지 학식인이나 자연사학자, '과학지식인', 과학자(이들을 가리키는 호칭의 변천)가 하나하나 짜 맞춰온 과정 또한 이런 우연성의 요소로 점철되어 있었다. 이 이야기에서 거듭 강조했듯이 새로운 증거를 발견하고 설득력 있는 새로운 해석을 내놓는 작업은 매번 그와 관련된 모든 사람의 예상을 벗어나는 놀라운 것이었다. 이 이야기에서 눈에 띄는 최근

자료 12.2 지구의 심원한 역사 속 한 장면을 재구성한 그림. 오스트리아 고생물학자 프란츠 웅거(Franz Unger)가 상상하여 『원시 세계(Die Urwelt)』(1851)에 발표한 그림이다. 중생대, 더 정확히는 백악기 초기의 한 장면을 보여주고 있는데, 공룡으로 규정된 첫 파충류 화석 가운데 하나인 이구아노돈 두 마리가 짝을 두고 경쟁하고 있으며 주변 환경에도 이와 비슷하게 지금과 다른 모습의 식물이 가득하다(웅거의 전문 분야가 바로 식물학이었다). 사실 이 그림은 하나의 단일한 "원시 세계"가 아니라 '**상이한 암석층의 시기에**' 연속해서 변화하는 세계의 모습을 보여주는 대형 판화 시리즈의 일부였다. 웅거는 이 장면에서 당시의 대기에는 현재 세계보다 아직 이산화탄소가 더 풍부했기 때문에 식물이 무성하게 자라나 있을 것이라는 의견을 내놓았다. 생물계의 발달이 지구와 모종의 통합 시스템을 이루며 연결되어 있을 수도 있다는 암시였다. 이 장면은 17세기 이래 지구의 심원한 역사를 발견하는 과정에 들어가는 작업을 압축적으로 담고 있다. 현재 이용 가능한 증거(이 경우에는 뼈와 이빨 및 식물의 줄기와 잎 화석 파편들, 이들 화석이 보존된 암석)를 빠짐없이 찾아내고 이들을 활용함으로써, 어쩔 수 없이 추측에 기대긴 하지만 추가 증거를 바탕으로 언제든지 **수정하고 개선할 수 있는** 역사를 재구성하는 것이 바로 그것이었다. 이 사례의 경우, 19세기 후반에 더욱 완전한 이구아노돈 잔해 화석이 발견되면서 코뿔소처럼 코에 달린 뿔이 사실 발톱이었으며, 동물의 전체 모습도 웅거와 당대의 사람들이 상상했던 것과 크게 달랐다는 점이 밝혀졌다.

사례로는 에디아카라 화석과 건플린트 각암 화석의 우연한 발견이 있다. 둘 다 생명의 초기 역사에 대한 과학적 이해를 극적으로 바꾸어놓았다. 머나먼 과거에 대한 역사적 추론 과정은 언제나 다소간 추측에 가까울 수밖에 없는 재구성으로 이어졌는데, 이는 단순히 그런 사건을 직접 관찰할 수 없기 때문이었다. 그러나 이런 재구성은 늘 새로운 증거에 비추어 자유롭게 수정하고 개선할 수 있는 것이기도 했다. 예컨대 이전에 접할 수 있었던 화석 표본보다 더 보존 상태가 좋거나 온전한 화석 표본이 발견되면서 재구성도 계속해서 개선되었고 이에 따라 관찰할 수 없는 머나먼 과거의 재현을 더욱 신뢰할 수 있게 되었다.

깊은 역사에 대한 지식은 얼마나 신뢰할 수 있는가?

지구 고유의 역사를 발견하는 이 짤막한 역사는 이제 21세기 초에 다다랐다. 하지만 역사가의 작업에서 항상 돋보이는 과거 시제를 이 이야기가 끝날 때까지 계속 씀으로써 아직 결론이 난 것은 아니라는 점을 나타내고자 했다(요즘 많은 역사가는 현재 시제를 쓰는 편이 더욱 매력적이라고 여기는 것 같지만 말이다). 서사가 끝날 무렵 간단히 정리한 해석은 대개 '현재 진행형의 작업'을 가리킨다. 관련 과학자들이 이 문제들에 대해 언제 어떻게 합의를 이루게 될지, 합의에 도달하기는 할지, 합의에 도달한다면 그 내용은 도대체 무엇일지는 앞으로 두고 볼 일이다. 지구의 역사에 대한 현 상태의 지식이 확고하며 영원히 변치 않을 진리라 볼 이유는 없다. 전 세대의 과학자들도 다들 자신의 생각이 확고한 진리라고 생각하지 않았던가. 과학자들이 이전 사람들의 결론을 폐기하거나 조롱할 때 곧잘 사용하는 "그러나 우리는 이제 이러저러함을 알고 있다"라는 구절은 언제든지 예고 없이 되돌아와 1년 후든, 10년 후든, 아니면 100년 후든 과학자들을 궁지에 몰아넣을 수 있다.

그러나 이 책의 역사적 서사를 폭넓은 시각에서 바라보면, 앞으로 새로운 발견이나 새로운 생각이 나타나더라도 지구의 깊은 역사가 지닌 주된 특징이 완전히 무너지거나 파괴될 가능성은 거의 없다고 봐도 무방하다. 이런 특징들은, 물론 대폭 수정되고 명확해지는 과정을 거치긴 했지만, 지난 몇 세기에 걸쳐 서서히 재구성되어왔다. 최근 수십 년간 과학지식의 역사를 급진적 혁명과 공약 불가능한 '패러다임'(현재의 지적 담론에서 가장 남용되는 용어 중 하나다)의 연속이라고 묘사하는 것이 지적 유행이었다. 한때 확고한 지식이라고 공언하던 내용이 훗날 완전히 뒤집히면서 다른 지식으로 대체된다는 식이었다. 이런 모형이 지구과학 외의 분야에는 얼마나 들어맞는지 모르겠지만, 지구의 심원한 역사를 발견하는 과정에서는 얻을 수 있는 증거를 점점 더 만족스럽게 설명하는 재구성과 해석으로 나아가는 경향이 뚜렷이 나타난다. 대체로 진보가 일어난 셈이다. 20세기의 판 구조론 수용이나 19세기의 '격변' 거부, 18세기의 장구한 시간 척도에 대한 깨달음 등등 견해가 갑작스럽고 극적이며 '혁명적'으로 바뀐 것처럼 보이는 경우도, 당대의 사람들이 그렇게 믿기를 원하던 자칭 승자들의 바람이었을 뿐 역사가가 면밀히 살펴보면 그 아래에 놓인 풍부한 연속성이 모습을 드러낸다. 과학사에서 종종 일어나는 일이지만 이런 논쟁은 유익한 새 연구 노선을 자극했고, 이런 연구를 통해 '승자'라고 주장하는 견해의 요소 못지않게 '패자'의 중요한 요소도 포괄하는 참신한 해석이 나왔다.

이렇게 지질학 같은 과학의 역사가 전반적으로 진보하도록 이끈 눈에 띄는 원인 중 하나는 관련 증거가 명확히 누적적 성격을 띤다는 점이었다. 예컨대 일단 어떤 화석 표본이 발견되어 그에 대해 연구하고 기술하면 다음 세대의 연구자도 이를 활용해 표본을 다시 살펴보고 새로운 해석 틀에 통합할 수 있었다(물론 표본이 사라지거나 파괴되지 않았다면 말이다). 17세기에 실라가 수집하고 묘사한 바로 그 상어 이빨 화석은 18세기에 우드워드의 소장품에 포함되어 범람 이론의 일부가 되었고, 19세기와 20세기의 고생물학자들에 의해 진화론의 용어로 재차 서술·해석되었다. 이 모든 과정은 비교할 수 있는 표본이 점점 더 늘어나는 상황에서 이루어졌다. 마찬가지로 미탐사 지역이나 전에 살펴본 적이 없는 장소에 대한 현지 조사를 통해 예전의 해석과 새로운 해석을 무너뜨리거나 확고히 하는 증거가 계속해서 늘어났다. 에디아카라에서 발견한 기묘한 화석이 예상과 달리 오스트레일리아에 있는 한 장소에 국한되지 않고 전 세계에서 지구 역사의 특정 시점을 나타낸다는 점을 알게 된 것이 좋은 예다. 조사 기법의 향상은 진보라 불러도 무방한 비가역적 변화를 일으켜왔고 지금도 계속해서 일으키고 있는 또 다른 원인이었다. 예를 들어 생명의 초기 역사를 보여주는 중요한 증거였던 건플린트 각암 증거는 견고한 암석에서 떼어낸 얇은 조각의 미세한 특징을 현미경으로 연구하는 기법이 발달하지 못했더라면 얻을 수 없었을 것이다. 무엇보다 지구의 역사 각 부분의 연대를 정확하고 믿을 만하게 정할 수 있게 된 것은 원래 전혀 다른 목적으로 고안된 질량 분석기의 잠재력을 활용함으로써 미량의 방사성 동위원소를 분석하는 기법이 점차 향상된 덕이었다.

19세기 말 새로이 등장한 과학 분야인 지질연대학의 명칭이 17세기의 학문인 연대학에서 유래했다는 사실은 하찮은 우연에 불과한 것이 아니다(연대학은 고대 역사와 고대 문화상의 사건 또는 유물에 BC나 BCE 같은 연대를 붙일 때마다 살아 숨쉬고 있다). 두 학문 모두 **역사적** 기획이다. 17세기에 스테노와 후크 같은 자연사학자들은 스칼리제와 어셔 같은 연대학자에게 의존했다. 자연사학자들은 암석과 화석의 자연적 특징을 지구의 연대학이란 측면에서 해석했고, 인류사를 다루는 연대학과 이론상으로 차이가 없는 듯이 취급했다. 따라서 17세기 학술적 연대학자가 했던 활동과 21세기 초 지질연대학자가 계속 수행 중인 활동 사이에 있는 지적·개념적 연속성은 깨지지 않았다. 다만 양자가 대상으로 삼는 시간 척도에 뚜렷한 차이가 있을 따름이다. 게다가 이는 단순한 연속성에 그치지 않는다. **자연**의 동전과 유적, **자연**의 기록과 기록 보관소 같은 비유를 널리 사용한 것에서 드러나듯이, 문화에서 자연으로 개념과 방법을 의도적으로 옮기는 작업은 암석과 화석, 산맥과 화산을 지구의 심원한 역사가 남긴 해독 가능한 흔적으로 탈바꿈시키는 추론 습관의 발달에 반드시 필요했다. 17세기의 후크, 18세기의 술라비처럼 이런 비유를 가장 효과적이고 일관되게 활용한 인물들은 당대의 역사가들에게서 빌려 온 방법과 통찰을 주의 깊게 적용하고 있었다. 따라서 이 역사가들(연대학자들은 역사가 중에서 연대를 정확히 추정해 역사적 '연보'를 집대성하는 데 몰두하는 사람들을 말한다)은 나중에 지질학자라 불리는 사람들이 지구 고유의 역사를 재구성할 때 매우 중요한 역할을 했다.

지질학과 창세기 다시 보기

근대 이후로 초기 연대학자들은 부당한 비판에 시달려왔다. 이는 주로 연대학자들이 성서, 그중에서도 특히 창세기를 활용하여 연대기의 시작점을 확정했기 때문이다. 그러나 이를 두고 '종교'가 '과학'을 왜곡하거나 지체시킨 사례라고 매도한다면 연대학자의 작업을 잘못 이해하는 것이다. 연대학자들은 이용 가능한 사료를 모조리 활용해 세계사 전체를 최대한 정확하게 그리고자 했고, 그 사료란 실상 세속의 자료인 경우가 대부분이었다. 물론 연대학자 대부분은 당시의 문화적 맥락 속에서 장구한 인류사를 신의 자기 현현, 즉 '계시'와 관련지어 해석했고, 인류사의 이야기가 성스러운 주요 '신기원' 또는 결정적 순간에 의해 구분된다고 보았다. 그러나 그렇다고 연대기에 불어넣고자 했던 역사의 특성이 사라진 것은 아니었다. 처음에 연대기는 창세기에 나오는 첫 창조 이야기에서 시작했는데, 이는 창세기에 "태초에…"라는 인상적인 출발점이 나오기도 하거니와 성서 텍스트가 초창기의 사건을 기록하고 있는 유일한 역사적 전거라고 생각했기 때문이었다. 연대기 뒷부분에서는 가까운 과거와 관련이 있는 세속 기록을 얻을 수 있게 되면서 이런 세속 기록을 처음에는 보조 증거로, 나중에는 사건의 연대를 추정하는 주된 전거로 받아들였다.

따라서 인류사(천지창조 이야기에서는 짧게나마 만물의 기원까지 아우른다)를 바라보는 초기 연대학자들의 관점 덕분에 훗날 역사적 사고방식이 자연 세계의 연구로 손쉽게 이전되었다고 확고하게 결론 내릴 수 있다. 천지창조가 "6일"간 일어났다는 서사는 훗날 지구 고유의 역사가 발전하는 밑바탕이 되었다. 이러한 틀은 18세기에 지구 역사의 시간 척도가 연대학자들의 가정보다 훨씬 길다는 사실을 자연사학자들이 확고히 깨닫게 되자 가치를 입증했다. 6'일'은 무한히 긴 기간으로 별문제 없이 확장되었으며, 당시 성서학자들은 이런 해석을 받아들였다. 그러면서 지구와 생명은 출현부터 현재에 이르기까지 한 번 거친 과정을 되풀이하는 일 없이 한 방향으로 발전해나가며, 이해할 수 있는 일련의 사건을 거쳐 인류의 도래에 다다른다는 인상은 그대로 이어졌다. 이런 식의 모형 덕분에 19세기의 지질학자들은 별다른 고민 없이 지질학이 자신들의 신앙 활동과 아무런 모순도 일으키지 않는 학문이라고 간주할 수 있었다(이런 모순이 없기를 바라는 지질학자였다면 말이다. 실제로 많은 지질학자가 그랬다). 이 문제를 두고 지질학이라는 학문과 성서 텍스트의 해석에 근본적 갈등은 없었다. 적어도 각 분야에서 유행하는 사조를 알고 있던 사람들 사이에서는 그랬다. 학계 바깥에서도, 성서를 몰역사적으로 취급하면서 성서가 한 점의 모호함도 없이 문자 그대로의 의미를 담고 있는 텍스트의 모음이란 '축자적' 해석을 고수하는 사람들은 지적·문화적 주변부로 밀려났고, 그런 데는 다 이유가 있었다.

지질학과 창세기가 역사적으로 중대한 갈등을 겪었다는 '신화'(말 그대로 신화에 불과하다)는 사람들을 기만하기 쉽다. 진정한 갈등 지점은 딴 데 있었고 이는 지금도 마찬가지다. 19세기에 신앙인들은 지구의 역사가 광대하다는 지질학자들의 새로운 이해가 어떤 함의를 지니고 있는지를 두고 우려를 표했는데, 그 밑바탕에는 이에 못지않게 새로운 생물학자들의 이해, 즉 생명체의 다양성이 진화로부터 나타났다는 이해에 대한 우려가 깔려 있었다. 이런 우려의 중심에는 다시 인간이라는 특수한 종의 본성과 지위에 대한 우려가 있었다. 우리 자신에 대한 이와 같은 근원적 우려는 이해 못 할 일이 아니고, 또 완전히 부적절한 것도 아니었다. 인류의 기원에 대한 과학적 추론, 즉 인간이 유인원에서 모종의 순수한 자연적 진화 과정을 통해 출현했다는 추론이 무신론적 의제를 밀어붙이는 사람들에게 점차 장악되었기 때문이다. 특히 자연선택이란 발상을 통해 처음으로 '변형transmutation'을 인과적으로 타당하게 설명해낸 다윈의 진화론은 다른 사람들에 의해 모든 것을 아우르는 다윈주의(이에 해당하는 독일어 'Darwinismus'는 영어 단어 'Darwinism'에 비해 이런 시도가 지닌 거창한 성격을 잘 담고 있다)라는 '세계관'으로 확장·변형되었다. 19세기 후반, 다윈주의와 진화주의는 사실상 무신론자의 유사 종교가 될 잠재력이 있음을 보여주었다. 이런 모습은 20세기를 거치며 다윈주의의 지지자들이 종교계의 반대파와 어깨를 나란히 할 만큼 공격적·독단적 사고방식을 내비치는 일이 잦아지면서 더욱 뚜렷해졌다. 21세기 초에 세계 일부 지역에서 종교 근본주의자의 정치적 영향력이 과학자들이 내세우는 모든 것을 송두리째 위협하자, 과학자들은 종교 근본주의자들에게 경악을 금치 못하곤 했다. 그러나 과학자들은 과학자로서 자신과 같은 부류의 사람들이 종교 근본주의자 못지않게 악질의 근본주의를 퍼뜨리지 못하도록 다 함께 막는 데 실패했음을 알아챘어야 했다. 진화론이라는 과학 이론을 무신론적 세계관으로 부당하게 확장한 사람들 말이다.

그러나 이런 논의를 더욱 밀고 나가면 이 책에서 제대로 다룰 수 있는 범위를 넘어서게 될 것이다. 이 책은 그저 지구 고유의 깊은 역사를 발견해온 역사적 과정을 대략적으로 추적하는 데 중점을 두었다. 이 책에서 지금껏 강조한 내용은 지구의 시간 척도가 크게 늘어났다는 점만이 아니라(물론 그것도 놀라운 일이지만), 생각지 못할 만큼 파란만장했던 지구의 역사를 이어붙이고 재구성하는 활동이 이루어졌다는 점이었다. 관련 과학자들에게 이런 활동은 그 자체만으로도 충분히 시간과 관심을 쏟기에 매력적이었고 이는 지금도 마찬가지다. 일반 대중에게 20세기의 과학적 '오래된 지구'와 17세기의 전통적 '어린 지구'를 가장 뚜렷하게 구분해주는 요소는 시간 척도의 길이가 아니라 지구의 역사에서 인간이 차지하는 위치였다. 짧은 서곡을 빼면 드라마 전체를 장악하고 있던 인류는 드라마의 마지막 장면에만 출현하게 되면서 입지가 좁아진 듯이 보였다.

19세기 사람들이 자주 쓰던 표현인 '자연에서의 인간의 위치'에 대한 관점이 이처럼 급격히 변화하면서 어떤 문화적 영향을 일으켰는지를 충분히 탐색하려면 책을 한 권 더 써야 할 것이다. 여기서는 이 변화 이전에도 비슷한 변화가 있었다는 점을 지적하는 것으로 족하다. 천문학자들은 앞선 수백 년간 이에 못지않은 극적 발견을 통해 우주에 대한 생각을 '닫힌 세계에서 무한한 우주로'(이 주제를 다룬 고전적 저작의 제목이다) 바꾸어놓은 바 있었다. 이 생각은 공간적 차원에서 '자연에서의 인간의 위치'를 급격히 옮겨놓았고, 이 책에서 요약한 발견은 훗날 이를 시간의 차원에서 옮겨놓은 셈이었다. 거칠게 따지면 두 변화 모두 인류의 비중을 축소했다. 인류가 올라탄 지구는 끝없이 펼쳐진 광막한 공간에서 어느 별 주위를 도는 행성에 불과한 존재가 되었고, 인류는 헤아릴 수 없는 장구한 시간의 마지막 순간에야 지구상에 출현하게 되었다. 그러나 두 차원에서 일어난 이런 극적 변화는 인간 존재의 목적, 그리고 인생을 풍요롭게 영위할 수 있도록 정의와 연민을 바탕으로 사회를 건설하는 과업을 둘러싼 해묵은 질문에 아무런 영향을 미치지 않았다. 이런 실존적 질문은 첫 인류가 불과 수천 년 전에 막 탄생한 유일무이한 세상을 보금자리로 삼았다는 가정이 유효하던 시절이나, 우주에 '우리뿐'이라고 믿건 그렇지 않건 우주 탐사가 이루어지는 시대나 별반 달라지지 않은 채 남아 있었다. 종교적 맥락에서 이런 심오한 질문에 끈질기게 달라붙는 많은 사람에게 지구의 역사가 크게 늘어났다는 사실은 종교적으로 볼 때 대수로운 일이 아니다. 이들도 지구 역사의 확장에 감명을 받고 과학적으로 매료될 수 있으며 또 그렇게 되어야 하지만 말이다. 자신을 비롯해 유대교나 기독교처럼 충분히 발달된 일신교 전통에서 살아가기로 한 사람들은, 태양계 외 행성이나 블랙홀과 마찬가지로 공룡과 대량 멸종에 구애받지 않을 수 있고 또 그래야 한다.

도저히 옹호할 수 없는 주장은 과거에 '종교'가 지구의 깊은 역사를 발견하는 과정을 늦추거나 방해했다는 식의 주장이다. 역사 속의 어떤 시기나 어떤 문화권을 살펴보더라도 바보와 고집불통은 얼마든지 찾을 수 있다. 그러나 바보나 고집불통이 아닌 사람, 스스로를 독실한 신앙인이라 여기면서도 대체로 타당한 이유를 들어 당대의 종교 활동을 비판하는 사람도 많았다. 물론 종교적 관점에서 인생의 의미와 목적을 찾는 사람들은 늘 세상에 대한 기존 관념과 새로운 과학 지식을 통합하고자 했다. 그러나 이런 기획은 과학 지식을 제한하기보다 과학 지식을 확장하는 데 이바지하는 지적 틀을 내놓는 경우가 많았다. 이 책의 서사에서 다루는 어느 시대를 살펴보더라도 과학의 이야기에 누구보다 끈질기게 공헌한 사람들 가운데 일부는 독실한 신앙인이기도 했다. 과학의 다른 여러 측면에 대한 역사와 마찬가지로, 역사를 찬찬히 들여다보면 지구 고유의 역사를 발견하는 과정에 대한 역사에서도 '과학'과 '종교'가 끊임없이 본질적 '갈등'을 겪어왔다는 생각, 현대 근본주의자의 수사에서 핵심을 이루는 이 생각은 유지되기가 어렵다.

그러나 정작 제일 중요한 지점에서는 지구의 깊은 역사를 바라보는 새로운 과학적 관점이 전통적 관점을 전혀 뒤바꾸지 못한 것처럼 보인다. 현대 세계의 실세들은 새로운 과학적 관점이 지닌 실천적 함의를 이해하는 데 완벽히 실패했다. 가령 그들은 지난 10~20년간 일어난 기후변화의 추세에 대해 논의하는 중인데, 이런 단기 추세가 먼 옛날에 일어났거나 다가올 미래에 일어날 거대한 변화에 비하면 별 의미가 없다는 점을 알지 못하는 듯하다. 게다가 그들은 현재의 정책과 실천이 사방에서 지난 5억 년간 간헐적으로 있었던 다섯 번의 대멸종에 맞먹는 여섯 번째 주요 대멸종 사태를 일으키고 있다는 사실이 얼마나 무서운 결과를 초래하는지도 모르는 것처럼 보인다. 최소한 이 현상은 의심할 여지 없이 인간이 일으킨 '인류발생적anthropogenic' 현상이다. 그리고 무엇보다 그들은 수천만 년, 심지어는 수십억 년간 축적되었으며 절대로 새로 만들어낼 수 없는 자연 자원을 고작 지난 몇십 년간 미친 듯이 남용해온 행위가 미치는 영향을 무시하는 듯하다. 이 책에서 간략히 요약한 과학적 발견의 역사에 비추어보면 이와 같이 미래 세대의 필요를 못 본 체하며 등한시하는 모습은 도저히 용납할 수 없다.

하지만 조금 더 긍정적 분위기로 마무리하자. 지난 3~4세기 동안 스스로를 학식인이나 자연사학자, 과학자라고 부른 사람들(요점을 되풀이하자면, 그중 많은 사람이 독실한 신앙인이었다)이 창의적이면서도 꼼꼼히 수행한 연구는 그 어느 때보다 굳건하고 믿을 만한 증거를 토대로 파란만장한 지구와 생명의 심원한 역사를 재구성함으로써 자연 세계 속 인간의 위치에 대한 우리의 시각을 뒤바꾸어놓았다. 이는 지금껏 있었던 과학적 성취에서도 제일 멋진 성취 중 하나로 꼽힐 것이다. 이런 성과를 일궈내는 역사를 짤막하게 설명한 이 책을 통해 더욱 많은 사람이 그 내용을 이해하고 음미할 수 있기를 바란다. 확실히 이 역사는 그럴 만한 값어치가 있다.

부록

심원함에서 헤어 나올 수 없는 창조론자

이 책에서는 지구 고유의 심원한 역사를 발견해온 역사를 살펴보았다. 다시 말해 이 책은 현재의 과학 지식을 간추려 알려주려는 책이 아니다. 그러나 현재 과학을 둘러싸고 벌어지고 있는 일들을 보면 역사적 논평을 요구하는 이상한 모습이 하나 눈에 띄는데, 워낙 이상한데다 주류 과학적 사고 및 활동과도 한참 동떨어져 있는지라 부록으로 다루는 편이 어울린다. '창조론creationism'이라고 알려진 운동이 최근 수십 년간 미국에서 출현한 것 말이다(미국 외 지역의 창조론은 미국에서 파생된 것이다). 창조론은 현재 과학자라 불리는 사람들이 지난 3, 4세기 동안 밝혀낸 지구와 생명의 역사에 대한 해석을 모조리 거부한다고 해도 과언이 아니다. 창조론에서 가장 두드러지는 측면은 진화를 극구 거부한다는 것이며, 특히 진화 이론이 인간의 이해에 던져준다는 함의를 배격한다. 그러나 또 하나 눈에 띄는 모습은 창조론자들이 놀랍게도 지구과학에서 18세기에 일찌감치 정당한 근거에 입각해 폐기한 바 있는 '어린 지구'라는 관념을 재발명했다는 점이다. 아래에서는 창조론의 역사를 간략히 요약하면서, 창조론에서 주류 지구과학을 거부하는 괴상한 모습을 그보다 더욱 격하게 벌어지는 창조론과 생명과학, 특히 창조론과 진화라는 관념의 충돌이란 맥락에서 파악한다.

이 책의 처음 몇 장에서는 지구와 생명의 역사에 대한 관념이 초기에 발전하는 모습을 서술하면서 17세기의 연대학자가 어떻게 성서를 세계사 연표 구성의 출처 중 하나로 활용했는지를 보여주었다. 연대학자들은 고대 로마와 그리스에서 그 이전 시대로 더듬어 올라가면서, 그 시기에 대해 구할 수 있는 역사 기록이라곤 결국 성서 텍스트 하나밖에 남지 않았다고 생각했다. 특히 창세기에 나오는 두 천지창조 이야기는 초창기 시절을 다루는 유일한 이야기로 받아들였다. 두 천지창조 이야기는 신이 직접 아담이나 아담의 자손에게 드러냈음이 분명한 내용을 전하는 것이라 여겨졌다. 성서의 나머지 부분도 어찌 보면 신에게 '영감을 받은' 부분이라고 생각하긴 했지만, 그 다양한 텍스트 모음은 인간이 쓰거나 기록한 것이라고 인식했다. 창세기의 경우에는 모세가 쓴 것이라는 설이 있었다(이와 비슷하게 종교 개혁에 뿌리를 둔 필자의 주류 종교 전통에서는 16세기에 전례를 진행하면서 예배자들에게 가령 "세례자 요한의 말을 들어라… 성서의 말을 듣지" 말라고 권했다). 특정 성서 텍스트를 해석할 수 있는 다양한 층위에 대한 탐구는 이미 초기인 '교부' 시대부터 잘 이루어져 있었다. '축자적' 해석은 여러 해석 가운데 하나일 뿐이었으며 가장 높은 평가를 받는 해석도 아니었다. 게다가 '적응accommodation'의 원리에서 인정하는 대로, 성서에서 사용하는 언어는 설사 신의 영감을 받은 것이라 하더라도 해당 텍스트가 원래 대상으로 삼았던 청중의 능력에 맞춘 것이 분명하며, 그렇지 않았다면 성서의 의미나 교훈을 이해하는 사람은 없었을 터였다. 수백 년이 지난 후에 성서학이 심화되고 초기 문화의 '타자성otherness'에 대한 역사적 인식이 높아지면서, 학자와 신학자들은 예컨대 첫 천지창조 이야기에 나오는 '일day'이 현대적 의미의 하루를 언급하는 것이 아닐 수도 있으며, 노아의 대홍수가 온 세상을 뒤덮었다고 표현하더라도 여기에 나오는 '온 세상'이란 홍수 이야기를 처음에 들었던 사람들이 알고 있던 세상을 언급하는 것일 수도 있음을 알게 되었다. 무엇보다 성서의 주된 목적이란 강생이나 구원 같은 기독교의 중심 개념이 토대로 삼는 역사적 사건을 기록·해석하며 그것이 일상생활에 주는 실천적 함의를 짚는 것이라고 여겨졌고 이를 강조하기도 했다. 성서는 인류에게 과학을 가르치려는 텍스트가 아니었다. 갈릴레오가 빈정거리며 말했다는 표현을 쓰자면, 성서는 우리에게 천국에 가는 방법을 일러주기 위해 있는 것이지 천상계가 어떻게 돌아가는지를 알려주려고 있는 책이 아니었다.

이런 학술적 '해석학' 또는 해석법의 오랜 역사적 전통에 비추어 볼 때, 미국 신교도에서 유난히 두드러지는 19세기 후반과 20세기 초반 성서 '축자주의'의 부활은 나머지 기독교 세계에 충격을 안겨주었다(이와 동시에 전 세계 가톨릭교에서도 이와 비슷하게 기묘한 모습이 나타났다. 루르드 지방 등에서 일어난 국지적 기적을 기반으로 소규모 숭배 행위가 다시 유행하기 시작한 것이다. 이 또한 성서 축자주의의 부활과 마찬가지로 새로운 과학기술 시대의 역설적 특징이다). 더욱 구체적으로 보자면, 미국의 일부 종교 인사에 의해 성서의 언어가 절대적 '무오류성inerrancy'을 띤다는 관념이 제기되었는데 이는 깜짝 놀랄 만한 혁신이었다. 그러나 새롭게 등장한 축자주의는 미국 종교 생활에서 나타난 과격한 '자유주의' 운동에 대한 반발로서 이해할 수 있었고 어느 정도는 타당한 이유도 있었다. 자유주의 운동에서는 신의 초월성을 보여주는 요소를 모두 거부하고, 자유주의 지지자의 표현을 쓰자면 기독교를 기껏해야 '사회적 복음'에 불과한 것으로 격하했다. 20세기 초에『기본 원칙Fundamentals』(1910−1915)이란 제목으로 나왔으며 나중에 '근본주의fundamental'의 어원이 된 유명한 소책자 시리즈는 이런 추세에 맞서 기독교의 기본 교의를 재천명하자는 구상에서 나온 것이었다. 즉, 주된 표적은 과격한 자유주의 신학과 그 아래 깔린 환원주의 부류의 성서 비평이었지 일반적으로 말하는 과학 사상이 아니었다. 그러나 제1차 세계대전 후(미국은 뒤늦게 참전했지만 결정적 영향력을 발휘했다), 정치인 윌리엄 제닝스 브라이언William Jennings Bryan은 도덕성 회복 운동을 이끌면서 전쟁의 끔찍한 잔혹함과 전후의 근대성에서 나타나는 모든 사회적 병폐의 원인으로, 진화 개념을 인간으로까지 확장했을 때 나타날 수 있는 무신론적 함의를 지목했다.

이것이 1925년 테네시주에서 세간의 주목을 끈 재판이 벌어진 배경이었다. 성서 축자주의자라기보다 도덕주의자에 가까웠던 브라이언은 존 스코프스John Scopes가 생물학 수업을 하면서 인간의 진화를 가르쳐 주의 법을 위반했다고 고소했으며 재판을 성공리에 이끌었다. 이 재판에서 피고 측 스코프스의 변호사 클래런스 대로Clarence Darrow가 도덕적 승리를 거두었다고 널리 여겨지지만, 브라이언의 입장은 이후에 미국 신교에서 근본주의 운동이 성장하는 데 귀감이 되었다(브라이언은 스코프스 재판 이후 얼마 지나지 않아 사망했다). 이런 추세 밑바탕에는 북부에 대한 남부의 원망, 오래전부터 정착한 신교도와 가톨릭 이민자의 대립, 보수적 농촌 사회와 세련된 도시 문화의 대립, 충분히 교육받지 못한 사람들과 학계 엘리트의 대립 등등 미국의 정치사회 환경 특유의 다양한 요인이 엉켜 있었으며, 세계 다른 곳에서는 이와 유사한 요소들이 없었다. 무엇보다 미국에는 특이하게도 정교 분리가 헌법에 명시되어 있었고, 이는 공교육 체계에서 무엇을 가르칠 수 있는지 또는 무엇을 가르쳐야 하는지에 대한 질문에 결정적 역할을 했다.

진화 개념은 과학 분야에서 근본주의자의 주된 표적이 되었고 다원주의라 알려진 생각은 더욱 심하게 공격받았는데, 이는 다원주의를 인류의 기원과 본성에 환원주의적으로 적용하면서 우리가 모든 면에서 한낱 벌거벗은 유인원에 **불과하다**고 말하는 경우가 많았기 때문이었다. 그러면서 기나긴 지구의 역사와 과학자들이 대규모 장기 진화의 증거로 본 화석 기록은 과학적 주장의 핵심으로 인식되면서 근본주의자가 반드시 무너뜨려야 할 대상이 되었다. 세기 전환기에 제칠일안식일예수재림교 저술가 조지 매크리디 프라이스George McCready Price는 종파를 창시한 미국인 윌리엄 밀러William Miller의 생각에서 영감을 얻어 지질학의 기본 원리에 치명적 결함이 있다고 주장했다(프라이스는 지질학을 실제로 다뤄본 경험이 아주 일천했다). 그는 과학에서 다루는 지구와 생명의 오랜 역사 전부를 겨우 수천 년 전에 있었던 천지창조의 6일과 그 후에 전 세계적 대홍수가 일어나며 암석층 전부가 한꺼번에 퇴적된 짧은 기간 안에 집어넣을 수 있다고 역설했다. 그중 홍수에 대한 언급은 2세기 전 우드워드의 범람 이론과 놀랍도록 유사했다. 이렇게 부활한 '어린 지구' 관점을 해설하는 프라이스의 책 중에서는 『새로운 지질학The New Geology』(1923)이 미국의 신교도 대중에게 가장 큰 반향을 불러일으켰다. 그러나 선도적 지질학자 찰스 슈처트Charles Schuchert는 프라이스가 "지질학적 악몽을 불러일으킨다"라고 깎아내리면서 그에 대한 과학계의 견해를 요약했다. 좌절을 모르는 프라이스와 그의 친구들은 계속해서 절대적 시간을 줄여 진화의 가능성을 실질적으로 차단하는 '어린 지구' 옹호 운동을 펼쳤다. 이들은 1940년대에 캘리포니아주에서 대범람 지질학회Deluge Geology Society를 결성했지만, 1941년 신학적으로 보수적인 기독교도 과학자를 대변하기 위해 설립된 단체인 미국과학연맹American Scientific Affiliation은 그들이 '오래된 지구'를 뒷받침하는 강력한 지질학적 증거를 제대로 설명하지 못한다고 비판했다.

　그런 까닭에 어린 지구 창조론의 앞날은 그리 유망해 보이지 않았고, 주로 제칠일안식일예수재림교에 한정되어 있었다. 성서 교사 존 위컴John Whitcomb과 엔지니어 헨리 모리스Henry Morris가 『창세기 대홍수Genesis Flood』(1961)를 출간할 때까지는 말이다. 두 사람은 근본주의 배경에서 성장했고, 지질학에 대한 경험도 프라이스와 다를 바 없었다. 이 책이 뜻밖의 성공을 거두고 미국 신교의 견해에 광범위한 영향력을 미치면서 1963년 창세기 연구회Creation Research Society가 창립되었다. 창세기 연구회의 회원은 과학자 자격이 있는 사람들로 제한했으며(하지만 논쟁적 이슈와 관련이 있는 과학 분야에서는 꼭 그렇지도 않았다) 오로지 성서 무오류설이라는 좁은 길로만 파고들었다. 그러나 1970년대가 되면 창조론 운동 내의 전술 다각화가 뚜렷해졌다. 일부 창조론자는 계속해서 매우 가까운 과거에 천지창조와 전 세계적 대홍수가 있었다는 증거를 찾는 데 집중했다. 예컨대 그들은 중생대의 공룡 발자국이 초기 인류의 발자국이라고 판정하고 대홍수 때 거대 암석층이 엄청난 속도로 쌓였다가 곧바로 물이 빠지면서 깊은 협곡의 퇴적물이 급속히 침식되어 그랜드캐니언이 형성되었다고 해석함으로써 '오래된 지구' 층서학과 고생물학을 무너뜨리고자 애썼다. 그리고 이들은 아라랏산 비탈면 높은 곳에서 노아의 방주가 남긴 흔적을 부지런히 찾아다녔다. 다른 창조론자는 전술을 크게 바꾸어 미국 공교육에서 창조론에 '진화론evolutionism'과 '동일한 시간'을 할애해야 한다는 운동에 나섰다. 창조론과 진화론은 과학적으로 대등하며 동일한 해명 기회를 부여받을 자격이 있는 대안 이론들이라는 것이 그 이유였다. 첫 번째 집단은 계속 지질학과 고생물학의 모든 증거를 창세기 서사에 대한 편협한 축자적 독해에 맞추어 재해석할 수 있다고 주장한 반면, 두 번째 집단은 창세기를 완전히 무시하면서 스스로가 엄밀하게 과학적이라는 이미지를 새로 구축하려고 했다. 모리스의 학교 교과서 『과학적 창조론Scientific Creationism』(1974)은 두 판본으로 출판되었다. 하나는 공립학교용으로 참고 문헌에 성서를 전혀 표기하지 않았다. 반면 '기독교'(즉, 근본주의) 학교용 교과서에는 추가로 "성서에 따른 천지창조"라는 장이 들어가 있었다. 그리고 '과학적 창조론'은 나중에 스스로를 '창조과학'으로 재포장했다. 비판하는 사람들이 보기에 이는 속이 빤히 보이는 모순 어법이었다.

21세기 초에 이르는 이후의 창조론 역사는 미국에선 머리기사를 장식하지만 다른 곳에는 거의 알려지지 않은 연이은 공개 재판 사례로 점철되어 있다. 미국 공교육에서 창조론에 '동일 시간'을 할당해야 한다는 창조론자의 주장은 되풀이하여 기사화되었다. 추가적 전술 변화는 1990년대에 새로운 창조론 논변의 부상과 함께 나타났다. 생화학자 마이클 비히Michael Behe가 쓴 『다윈의 블랙박스Darwin's Black Box』로 과학의 외양을 일부 갖춘 '지적 설계Intelligent Design'는 그저 전통적 '설계 논증'을 재탕한 것이었다. 지적 설계론은 19세기가 시작할 무렵 페일리 등이 수립한 자연신학의 특정한 변종을 유기체와 하위 기관 수준에서부터 살아 있는 세포 내부의 미시구조와 분자 차원의 기제까지 확대했다. 그러나 19세기와 20세기에 어마어마하게 복잡한 적응 과정을 거친 사람의 눈을 진화론에 입각해 해석했듯이 생물학자들은 지적 설계론자가 위의 모습들에서 나타난다고 주장하는 '환원 불가능한 복잡성'을 진화론으로 해석할 수 있다고 곧바로 지적했다. 그럼에도 지적 설계론은 21세기 초에 창조론의 전술적 추진력이 되었다. 지적 설계론은 성서 축자주의가 운동의 뿌리임을 조심스럽게 감추었다. 이런 태도를 통해 지적 설계가 정당한 '과학'이라는 주장을 강화했고, 적어도 과학계에 속하지 않은 대중들의 눈에는 그렇게 보였다. 이와 함께 지적 설계론은 '어린 지구' 지질학에 대한 불안한 의존을 줄여나갔다. 지구가 겨우 수천 년 전에 만들어졌고 그 후에 대홍수라는 엄청난 격변이 온 지구를 휩쓸었다는 논변은 누가 보더라도 현 세계와 그 전의 역사 전부가 철저하게 단절되었다는 가정에 입각하고 있었으며, 그러려면 가장 기초가 되는 물리적 '자연법칙'까지 대폭 바꾸어야 했다. 이런 주장을 펼 만큼 경솔한 사람은, 적어도 17세기에 우드워드가 전 세계적 대범람을 설명하기 위해 뉴턴의 만유인력을 잠시 보류하자고 한 이후에는 없었다. '어린 지구' 창조론이 요구하는 격변의 규모는 거의 이 정도로 말도 안 되는 수준이었다.

여기서 되풀이해서 강조하듯이, 다종다양한 창조론은 미국 특유의 운동이었다. 다른 곳의 과학자들은 미국인 동료들이 미국 창조론자들의 최근 활동에 대해 언급할 때마다 깜짝 놀라거나 심지어는 그것이 사실일 리 없다고 의심했다. 창조론은 20세기 후반에 들어서야 세계 다른 지역으로 수출되었으며, 보통 미국 근본주의 세력의 막대한 금전적 지원이 이를 뒷받침했다. 이와 같은 외부의 지원을 받기 전까지 영국 같은 여타 국가에서 자생적으로 나타난 창조론 운동은 대체로 규모가 작고 영향력이 제한적이었으며 지속 기간도 짧았다. 21세기 초에 들어서야 창조론은 더욱 광범위하게 뿌리를 내리기 시작했고, 기독교 근본주의를 넘어 이에 상응하는 유대교, 이슬람교 및 여타 종교 전통의 근본주의 운동으로도 확산되었다. 이런 운동이 다 같이 공유하는 눈에 띄는 요소는 진화 사상 자체에 대한 거부가 이혼, 낙태, 동성애,

심지어는 페미니즘에 이르기까지 근대의 악으로 상정되는 특유의 대상에 대한 엄청난 적개심과 긴밀하게 연결되어 있다는 것이다. 창조론은 특정한 정치 이데올로기와 연결되었으며, 이런 모습은 미국에서 가장 뚜렷하게 나타났다.

폭넓은 맥락에서 볼 때 '어린 지구'라는 관념이 지속되는 것과 가장 유사한 현상은 지구가 사실 평평하며 우주에 떠 있는 공이 아니라는 믿음이 지속되는 현상이다(물론 이렇게 믿는 대중은 훨씬 소수다). 오늘날 어린 지구론자는 철학적으로 볼 때 평평한 지구론자나 다름없다고 봐도 무방하며, 지적 설계의 지지자도 시대에 뒤떨어지기는 마찬가지다. 창조론이 내는 온갖 잡음은 가장 견고하며 신뢰할 만한 인류의 과학적 성취 중 하나를 완강히 거부하는 괴상한 촌극 이상도 이하도 아니다. 슬프게도 창조론자들은 자신의 능력으로는 도저히 심원함에서 헤어나올 수 없는 처지에 놓여 있다out of their depth.

용어 설명

- **간빙기(Interglacial)** 빙하기에서 상대적으로 기후가 따뜻한 시기. 기후가 차가워 빙상이 광범위하게 확장되는 빙기(glacial period)의 사이에 끼어 있다.

- **격변론(Catastrophism)** 이따금씩 갑자기 일어나는 격렬한 사건이 지구 역사상 중요한 역할을 했다고 보는 이론. 이런 사건 중 일부는 인류사에서 목격된 것보다 더욱 격렬하다.

- **고대품 연구자(Antiquary)** 특별히 **고대품**을 연구하는 **학식인**. 오늘날에는 이들 중 많은 사람이 고고학자로 묘사될 것이다.

- **고대품(Antiquities)** 과거에 만들어져 살아남은 인간 유물. 특히 고대 그리스 로마 세계나 인류사에서 그 이전에 해당하는 유물.

- **고생대(Paleozoic)** 지구 역사상 **현생누대**를 이루는 세 개의 **대** 중에서 가장 빠른 시기. 가령 **삼엽충**이 번성했던 시기가 여기에 포함된다.

- **고정론(Fixism)** 지구의 역사를 거치며 대륙의 상대적 위치가 바뀌지 않았다는 이론. 이와 달리 **이동론**은 대륙의 상대적 위치가 바뀌었다고 주장한다.

- **고지자기(Palaeo-magnetism)** 암석에 들어 있는 광물 결정의 자기장으로, 암석이 형성된 때와 장소의 지구 자기장 방향을 기록한다.

- **과학지식인(Man of Science)** 훗날 '과학자'라 불리는 사람들을 지칭하기 위해 19세기에 널리 사용된 젠더 편향적 용어(그러나 당시에는 사실에 입각한 정확한 용어였다).

- **균일론(Uniformitaianism)** 지구가 심원한 역사를 거치는 동안 '정상 상태'에 있었으며 과거의 사건이나 작용은 비율과 강도 면에서 현재와 마찬가지로 균일하게 일어났다는 이론.

- **글로소페트라이(Glossopetrae)** 혀 모양처럼 생긴 돌 같은 물체로, 상어의 이빨과 매우 흡사해 적어도 일부 **화석**은 살아 있는 유기체의 일부였다는 설득력 있는 증거가 되었다.

- **기(Period)** 대를 다시 구획한 지질시대. 예를 들어 **고생대** 안에는 **캄브리아기**와 **실루리아기**가 있다.

- **내프(Nappe)** 지각의 조산운동이 일어나는 동안 다른 암석을 타고 넘은 거대 암석 덩어리로, 구

겨진 식탁보(프랑스어로 '나프')를 닮았다.

- **누대(Aeon)** 지질시대에서 제일 긴 단위. 네 누대 가운데 제일 최근인 현생누대에만 꽤 풍부한 **화석 기록**이 남아 있다.

- **눈덩이 지구(Snowball Earth)** 지구가 대부분 또는 완전히 눈이나 빙상으로 뒤덮여 있었으리라고 여겨졌을 때 해당 사건을 겪는 지구를 일컫는 비공식 용어.

- **다수 세계(Plurality of worlds)** 지구가 우주에서 인간과 유사한 지적 생명체를 부양하는 유일한 천체가 아닐지도 모른다는 추측.

- **대(Era)** 지질시대 가운데 두 번째로 긴 단위. 예를 들어 **고생대, 중생대, 신생대**를 묶으면 **현생누대**를 이룬다.

- **대륙붕(Continental shelves)** 지질학적으로 대륙의 일부이지만 상대적으로 얕은 바다에 잠겨 있는 지역으로, 지질학적 용례에 따르면 계속 바다 밑에 잠겨 있지 않은 경우도 많다.

- **대진화(Macro-evolution)** 파충류와 조류처럼 서로 다른 주요 동식물군을 연결하는 진화. 반대로 새로운 종의 기원은 '소진화'를 수반한다.

- **대형 동물상(Megafauna)** 유난히 몸집이 큰 대형 동물들로, 특히 매머드, 마스토돈 등 플라이스토세 빙하기 특유의 대형 포유류를 일컫는다.

- **맨틀(Mantle)** 대륙과 대양을 이루는 지각의 아래에 놓인 지구의 깊은 내부 구역으로, 그보다 안에 있는 액체 형태의 '핵'에 비해 단단한 암석으로 이루어져 있다.

- **명왕누대(Hadean)** 지구라는 행성의 역사가 시작된 추정상의 선캄브리아 누대. 이 시기에는 달에서와 마찬가지로 대규모 소행성이나 혜성이 충격을 가하는 '대량 폭격'이 격렬하게 일어났다.

- **방사성 측정(Radiometric)** 암석과 광물의 연대를 추정함으로써 지구 역사상에 일어난 사건의 연대를 연 단위로 추정하는 방법이며, 방사성 동위원소의 붕괴율이 일정하다는 사실에 기반을 둔다.

- **범람(Dilluvial)** 전 지구 또는 지구의 상당 부분에 영향을 미쳤다고 여겨지는 '**대범람**'과 관계가 있는 용어. **창세기**에 기록된 **대홍수**와 동일시될 수도 있고 그렇지 않을 수도 있다.

- **벨렘나이트(Belemnites)** 총알처럼 생긴 특이한 **화석**. 암모나이트와 관련 있으며 내부 공간을 갖춘 연체동물 껍질의 일부를 이룬다. **중생대층**의 지표이며 완전 멸종되었다.

- **변성암(Metamorphic rocks)** 지구 깊은 곳에서 심대한 열과 압력을 받아 광물 조성이 급격히 바뀐 암석.

- **빙퇴석(Moraines)** 빙하와 빙상의 가장자리에 있는 바위로 이루어진 둔덕으로, 기반암에서 떨어져 나온 물질이 얼음에 박힌 채로 운반되다가 얼음이 녹으면서 떨어진 것이다.

- **산소화 대사태(Great oxygenation event)** 원생누대 초에 자유산소가 지구 대기상에 축적되기 시작한 시점.

- **살아 있는 화석(Living fossils)** 어떤 화석이 사람들에게 널리 알려지고 오래전에 멸종된 것으로 추정되었는데, 이후 그것과 친척인 유기체가 살아 있는 채로 발견되었을 때 이 유기체를 살아 있는 화석이라 한다.

- **삼엽충(Trilobites)** 외골격에 마디가 있는 동물로 크기와 형태가 다양하며 **고생대층의 화석**에서 풍부히 나타나곤 한다. 그러나 고생대가 끝날 무렵 완전히 멸종했다.

- **선사시대(Prehistory)** 문자 문명이 나타나기 전의 인류사 전부. 19세기에 '석기 시대', '청동기 시대', '철기 시대'로 구분되었다.

- **선캄브리아시대(Precambrian)** 캄브리아기와 **현생누대**가 시작되기 이전의 지구의 역사 전부. **원생누대, 시생누대, 명왕누대**로 구성된다.

- **설계 논증(Argument from design)** 신이 실재한다는 전통적인 철학적 근거 중 하나로, 세계, 특히 유기체가 '설계'된 것처럼 보이는 성질을 띤다는 점에 기반을 둔다.

- **섭입(Subduction)** 밑에 있는 **맨틀** 암석의 대류가 아래쪽을 향하면서 **지각**판의 물질이 끌려들어가는 **판 구조론**의 작용.

- **성서의 대홍수(Flood, biblical)** 창세기서에 기록된 사건으로, '지질학적 **대범람**'과 동일한 사건으로 받아들여질 수도 있고 그렇지 않을 수도 있다.

- **세(Epoch)** 원래 인류사의 결정적 분기점이 되는 연대를 의미했으나, 훗날 지질학에서 **기**를 세부적으로 구획하는 지구 역사의 한 단위가 되었다.

- **수성론자(Neptunists)** 현무암처럼 특이한 특정 암석이 딱딱해진 침전물이지 **화성론자**의 주장처럼 화산 활동의 산물이 아니라고 해석한 **자연사학자**들.

- **시생누대(Archaean)** 선캄브리아의 누대 가운데 가장 이른 시기로, 상당량의 암석이 남아 있으며 이들은 대개 **변성암**이다. 예전에는 1차 암석으로 분류되었다.

- **신생대(Cenozoic)** 지구 역사의 **현생누대**를 이루는 세 개의 **대** 가운데 가장 최근의 시기. 예컨대 포유류가 번성했던 시기는 여기에 들어간다.

- **아틀란티스(Atlantis)** 추측건대 지중해나 대서양에 있었으며 한때 사람이 살았던 전설의 대륙으

로, 후에 바다 아래로 가라앉았다고 한다.

- **암모나이트(Ammonites)** 독특한 연체동물 껍질 **화석**으로, 보통 평면 나선형으로 휘감겨 있으며 형태가 매우 다양하고 중생대층에 풍부하게 들어 있지만 완전히 멸종했다.

- **암석층(Formation)** 구분이 가능한 싱질을 지닌 암석 집합. 드러나 있는 부분(노두)은 시상에서 추적할 수 있고, 지면 아래로 펼쳐진 부분은 구덩이와 시추공으로 확인 가능하다.

- **에우헤메로스 식(Euhemerist)** 신과 초인적 영웅에 대한 고대의 신화를 기억할 만한 인류나 자연적 사건에 대한 기록이 와전된 것으로 해석하는 역사적 방법.

- **연대학(Chronology)** 온갖 전거를 활용하여 인류사의 과거 사건이 일어난 연대를 엄밀히 정하는 역사 연구의 한 갈래. 이렇게 정한 연대는 연보나 연간 기록으로 도표화한다.

- **연층(Varves)** 빙하와 빙상 가장자리에 있는 호수에서 해마다 퇴적된 특이한 퇴적층. 최근의 지구 역사에 대해 정확한 **지질연대기**를 구성할 때 사용한다.

- **영원주의(Eternalism)** 창조 행위나 종말 없이 우주와 그 일부인 지구가 영원히 지속되어왔으며 앞으로도 지속될 것이라는 철학적 주장.

- **원생누대(Proterozoic)** 선캄브리아 누대 가운데 가장 최근의 시기. 이 시기에 일어난 **산소화 대사**태로 대기에 산소가 유입되기 시작했고, 미생물 기록이 드문드문 나타난다.

- **유신론(Theism)** 신은 초월적 존재이며 신이 우주를 창조한 후에도 계속해서 존재하도록 유지하며 줄곧 우주와 상호작용 한다고 보는 신학.

- **육교(Land-bridges)** 현재의 파나마 지협처럼 대륙 간에 예전에 존재했을 수 있는 잠재적 연결부. 육교를 통해 육상 동식물이 대양을 가로질러 전파될 수 있었다.

- **율리우스 시간 척도(Julian timescale)** 세계사의 모든 사건을 기입할 수 있으면서 이데올로기적으로 중립인 연표를 제공하기 위해 16세기에 고안된 인위적 시간 척도.

- **융기 해안(Raised beaches)** 현재의 해안보다 높은 고도에 있는 예전의 해안으로, 지질학적으로 최근에 대륙이 융기했거나 해수면이 하강했다는 점을 보여준다.

- **이동론(Mobilism)** 지구의 역사를 거치며 대륙과 지각 '지질구조판'이 움직여 이들의 상대적 위치가 바뀌었다는 이론. 이에 반해 '고정론'은 이런 움직임을 거부한다.

- **이신론(Deism)** 신이 우주를 창조했지만 그 후에는 우주가 영원한 '자연법칙'에 따라 알아서 돌아가도록 두었다고 보는 신학의 일종.

- **인류세(Anthropocene)** 지구의 역사상 매우 짧으며 현재 진행 중인 **세**로 최근 제안되었으며, 인간 종의 물리적 영향력이 중요한 요인이 된 시기이다.

- **자연사학자(Naturalist)** '자연사' 또는 다양한 '동물, 식물, 광물'(다시 말해 동물학, 식물학, 지질학)을 연구하는 **학식인**의 일종.

- **자연신학(Natural theology)** 인간의 본성을 포함한 자연 세계와 신의 관계에 대한 주장을 검토하는 신학의 갈래.

- **자연의 정밀시계(Natural chronometer)** 몇몇 자연 작용의 일정한 속도에서 끌어낸 증거를 토대로 지질시대를 연이나 그 밖의 단위로 측정할 수 있도록 하는 방법.

- **자연철학자(Natural philosopher)** 온갖 자연현상의 원인에 대한 탐구인 자연철학을 연구한 **학식인**의 일종으로, 자연철학은 그냥 '철학'이라고 부르는 경우가 많았다.

- **전이층(Transition)** 1차층과 2차층 사이에 놓인 과도적 암석층으로 화석은 얼마 함유하고 있지 않다. 이 때문에 두 시대 중간의 것으로 추론되었다.

- **제3층(Tertiary)** 이전에는 **제2층**으로 분류되었지만 독특한 **백악층** 위쪽에, **표층 퇴적층**보다는 아래에 놓여 있는 암석층. 훗날 **신생대**에 축적된 암석층으로 알려졌다.

- **제4기(Quarternary)** **신생대**에서 가장 최근의 부분으로 **제3기**의 뒤를 잇는다. 여기에는 **플라이스토세**, 빙하기 이후의 '홀로세', 현재인 **인류세**가 들어간다.

- **조산운동(Orogeny)** 지구의 지각이 선으로 된 몇몇 영역을 따라 크게 움직이면서 새로운 산맥의 융기가 일어난 시기.

- **중생대(Mesozoic)** 지구 역사상 **현생누대**를 이루는 세 개의 **대** 중 가운데 시기. 가령 공룡 및 기타 다양한 파충류가 번성했던 시기가 여기에 들어간다.

- **지각 평형설(Isostasy)** 대륙에서 **지각**을 이루는 가벼운 암석이 그보다 깊은 곳에 있는 밀도 높은 층 위에서 "균형을 이루며" 사실상 떠다닌다는 **지구물리학** 이론.

- **지각(Crust)** 지구의 고체 부분에서 가장 위쪽이자 바깥쪽에 있는 주요 층. 대륙과 대양저를 구성하고 있는 '기반'암(이전에는 **1차**암이라 불렸다).

- **지구 이론(Theory of the Earth)** 지구가 총체적 '체계'로서 불변하는 '자연법칙'에 의해 과거, 현재, 미래에 어떻게 작동하는지를 설명하고자 하는 특정한 종류의 이론.

- **지구구조학(Geognosy)** 지표면이나 그 아래의 광산 등에서 보이는 암석의 3차원 구조에 초점을 맞춘 과학. '지구구조학자'들이 수행했다.

- **지구물리학(Geophysics)** 주로 기구를 이용한 방법을 통해 발견할 수 있는 지구의 물리적 성질과 작용에 초점을 맞추는 과학으로, 특히 지구의 보이지 않는 내부에 주목한다.

- **지온 경사(Geothermal gradient)** 암석의 온도가 광산 등의 깊이에 따라 올라가는 정도로, 지구 이 '내부 역'을 나타낸다

- **지질연대학(Geochronology)** 지구의 역사에 대한 연대학으로 지구에서 일어난 사건의 연대 추정을 통해 확립한다(현재는 **방사성 연대 측정**법을 널리 사용한다). 인류사의 **연대학**과 유사하다.

- **지질학적 대범람(Deluge, geological)** 지질학적으로 최근의 과거에 지구 일부를 황폐화시킨 것으로 널리 여겨지는 사건이며, 일종의 대규모 쓰나미 같은 것으로 이해하는 경우가 많다.

- **지층(Strata)** 원래는 퇴적물이 연속적으로 층을 이루며 형성된 암석의 각 층들로, 보통 사암, 셰일, 석회암 같은 퇴적암이 '층리를 이룬' **암석층**을 의미한다.

- **질량 분석기(Mass spectrometer)** 극도로 정확한 화학 분석을 할 수 있는 기기. 광물에 든 방사성 동위원소를 측정하여 **방사성 측정** 연대를 도출할 때 사용한다.

- **창세기(Genesis)** 다섯 권으로 된 모세 5경 중 첫 번째 책으로 유대교 경전의 핵심이자 기독교 '구약성서'의 첫 부분. 전통적으로 모세가 쓴 것으로 본다.

- **천체 충격흔(Astrobleme)** 보존 상태가 좋은 크레이터나 크레이터가 침식되고 남은 잔존물로 해석되는 환형 암석 구조물 등 지표면에 남은 충격 사건의 흔적.

- **천체지질학(Astrogeology)** 지구를 다루는 지질학에서 발전한 방법과 개념을 태양계의 달과 여타 천체나 심지어는 태양계를 넘어서는 천체에 적용한 것.

- **충격 석영(Shocked quartz)** 핵폭발이나 우주에서 온 충격 등 매우 높은 압력 조건에서만 형성되는 다양한 석영으로 '코사이트(coesite)'라고도 부른다.

- **충적층(Alluvium)** 지표면에 있는 퇴적층. 모든 **암석층** 위에 놓여 있으며 뚜렷하게 그로부터 나온 잔해로 구성되어 있기 때문에 가장 최근의 퇴적층이다.

- **층서학(Stratigraphy)** 상이한 지역의 암석층 순서를 서술하고 비교하는 학문. **지구구조학**이라는 이전의 학문과 비슷하다.

- **캄브리아기 대폭발(Cambrian explosion)** 캄브리아기가 시작하며 이전의 **선캄브리아시대**가 끝날 무렵 꽤 몸집이 큰 다양한 동물이 상대적으로 갑자기 출현한 사건.

- **캄브리아기(Cambrian period)** 고생대 최초의 기로, 그 이전의 **선캄브리아시대**와 달리 꽤 몸집이 큰 동물이 다양하게 서식했음을 보여주는 **화석**들이 있다.

- **태양계외 행성(Exoplanets)** 태양계보다 멀리 떨어져 있는 다른 별 주위를 도는 행성. 목성 같은 '거대 가스 행성'일 수도 있고 지구와 비슷하게 암석질 행성일 수도 있다.

- **퇴적암(Sedimentary)** 물밑이나 땅 위에서 무기물이나 유기물이 퇴적되어 형성된 암석. 보통 연달아 **층**을 이루고 있다.

- **판 구조론(Plate Tectonics)** 지구의 **지각**이 서로 분리된 "판"으로 이루어져 있으며, 이들의 움직임으로 대륙의 상대적 위치가 바뀐다는 **이동론**.

- **표력토(till)** 독특한 **표층 퇴적층**으로, '표석 점토(boulder clay)'로도 알려져 있다. 종류와 크기가 천차만별인 온갖 모난 암석 덩어리가 포함되어 있다. 점토가 굳으면 '표력암(tillite)'이 된다.

- **표석(Erratic blocks)** 동일한 암석이 기반암을 이루는 먼 지역에서 이동해 온 거대 암석 덩어리. '**범람**'이나 빙하 작용이 이동의 원인일 수 있다.

- **표층 퇴적층(Superficial deposits)** 지표면의 일종으로, 충적층뿐 아니라 홍적층으로 구분될 수 있는 초기 퇴적층도 포함하며 지질학적 '**대범람**' 때문에 형성되었다.

- **플라이스토세(Pleistocene)** 지구의 역사 가운데 **신생대**에서 최근에 해당하는 세. 빙기, **간빙기**가 연달아 찾아오는 주요 '빙하기' 중 가장 최근의 사건이 이 시기에 일어났다.

- **학식인(Savant)** 현대적 용어로 따지면 자연과학과 인간과학, 인문학에 해당하는 분야의 전부 또는 일부에 식견을 갖춘 교양 있는 지식인.

- **현무암(Basalt)** 단단하고 어두운 색이며 입자가 고운 암석으로, 예전에는 유래가 불확실해서 **화성론자**는 현무암이 화산의 용암에서 생겼다고 주장했지만 **수성론자**는 침전물이 딱딱해지면서 생겼다고 주장했다.

- **현생누대(Phanerozoic)** 지구의 역사에서 가장 최근의 누대로 **선캄브리아시대**가 끝난 후의 모든 시기, 즉 **고생대**, **중생대**, **신생대** 전부가 여기에 포함된다.

- **현재론(Actualism)** 먼 과거의 흔적을 해석할 때 '현 원인', 다시 말해 현재 진행 중인 관찰 가능한 작용을 가장 믿을 만한 열쇠로 대우하는 방법.

- **홍적층(Diluvium)** 지질학적 대범람(꼭 성서의 **대홍수**일 필요는 없다)으로 형성되었다고 여겨진 표층 퇴적층. 훗날 예전에 있었던 빙하와 빙상의 흔적이라고 재해석되었다.

- **화석 기록(Fossil record)** 연이은 암석층에 **화석** 형태로 보존되어 있는 유기체 및 그들의 활동 흔적 전체. 단편적이긴 하나 생명의 역사가 기록되어 있다.

- **화석(Fossils)** 원래 현대의 '화석연료'처럼 그저 '파낸 물질'이라는 의미였다. 나중에는 그중에서

유기물에서 유래한 것을 가리키는 용어로서, 암석에 보존된 유기 생명체의 잔존물이나 흔적을 의미하게 되었다.

- **화성론자(Vulcanists)** 현무암을 비롯한 특이한 암석이 화산 활동의 산물이지 수성론자의 주장처럼 딱딱해진 퇴적물이 아니라고 해석한 자연사학자.

- **1차암(Primary)** 지구 가장 깊은 곳에서 발견되는 **화석** 없는 암석(그러나 일부 지역에서는 지표면까지 솟아오르기도 한다). 이들은 지구의 역사에서 가장 먼저 형성된 암석이라고 추론되었다.

- **2차암(Secondary)** 1차암 위에 놓여 있거나 때로 **1차암**의 잔해로 구성되어 있어 그보다 나중에 생겼으리라 추정되는 암석층. **화석**을 함유한 경우가 많다.

- **6일 창조(Hexameron)** 창세기에 나오는 '엿새'간의 천지창조 서사. 일곱 번째 날인 안식일에 신이 휴식을 취하며 마무리되었다.

- **K/T 경계(K/T boundary)** 백악기(독일어로 'Kreide')와 **제3기** 사이의 경계이며, 명백한 대량 멸종 사태의 흔적이 담겨 있다.

- **Ma** '100만 년(millions of years)'의 약자(보통 '현 시점 이전'을 의미한다). 다양한 연대 추정법을 통해 산정되며, 오늘날에는 주로 방사성 연대 측정을 쓴다.

- **SETI** 지구 너머 우주 다른 곳의 '외계 지적 생명 탐사(Search for Extra-Terrestrial Intelligence)'. 그냥 생명체가 아니라 기술적으로 진보했을 것이라 여겨지는 고도로 복잡한 생명체를 탐사한다.

더 읽을 거리

이 책은 무엇보다 이 주제를 깊이 파고들 시간이 없는 사람들을 위한 책이지만, 특정 주제의 읽을거리를 더 추천해주면 반가워할 사람도 있을 것이다. 아래 언급한 간행물은 학술 연구에 기초면서도 관련 역사나 과학에 대한 배경 지식이 없는 독자가 상대적으로 다가가기 쉬운 것 중에 선정했다. 이런 저작 일부는 각 분야의 '고전'으로 여겨지지만 그보다 최근에 나온 작품도 있으며, 각 저작에 달린 주석과 참고 문헌은 그러한 저작과 이 책의 토대를 이루는 최신 연구를 상세히 가리키고 있다. 아래의 간행물 목록은 영어로 쓰여 있거나 영어로 번역본을 구할 수 있는 작품에 국한되어 있고 단행본이 대부분이다. 이 분야에서 중요한 연구 결과는 학술 논문으로 발표되었지만 아무래도 접근하기 어려운 경우가 많아 제외했다. 어떤 항목은 지구과학의 역사 대부분을 포괄하지만, 선택을 할 때 이 책의 특정한 주제, 곧 지구 자체의 역사를 발견하고 재구성해온 역사와 관련이 있는지를 고려했다. 그리고 아주 최근의 연구를 다루는 책은 명확히 역사적 접근법을 취하는 책으로 국한했는데, 지구의 역사에 대한 현재의 과학 지식을 설명하는 훌륭한 책은 수두룩하기 때문이다. 언급한 항목의 세부 사항은 참고 문헌 목록에 제시했으며, 디지털 형식으로 얻을 수 있는 문헌도 많다.

전 시기에 걸친 저작(17세기~21세기 초)

리셰Pascal Richet의 『시간의 자연사Natural History of Time』와 와이즈 잭슨Wyse

Jackson의 『연대학자의 모험Chronologers' Quest』은 지구의 시간 척도에 대한 신뢰할 만한 사상사다. 고스트Martin Gorst의 『누대Aeons』도 지구의 시간 척도에 대한 생각을 우주의 우주론적 시간 척도와 연결시킨다. 세 책 모두 고대부터 20세기까지 인류사 전체를 다룬다. 루이스Cherry Lewis와 넬S. J. Knell의 『지구의 나이The Age of the Earth』에는 17세기부터 20세기에 걸친 논쟁의 역사를 다룬 유용한 논문이 여럿 수록되어 있다.

스티븐 제이 굴드Stephen Jay Gould의 『시간의 화살, 시간의 순환Time's Arrow, Time's Cycle)』에는 통찰력 있는 분석이 담겨 있는데, 특히 버넷, 허턴, 라이엘의 '지구 이론'에 대한 분석이 그렇다. 굴드가 남긴 자연사에 관한 짧은 평론을 묶은 몇 권의 책에는 지구과학의 역사 속 특정 인물을 다룬 귀중한 글이 여기저기 흩어져 있다. 허깃Richard Huggett의 『격변론과 지구사Cataclysm and Earth History』는 고대부터 20세기에 격변론이 부활할 때까지 나온 다양한 판본의 '대범람' 이론을 분석했다.

쾰블에베르트Martina Kölbl-Ebert의 『지질학과 종교』에 수록된 여러 논문 중에는 마크루더K. V. Magruder가 쓴 「6일 창조라는 [17세기] 관용구」, 마틴 러드윅Martin J. S. Rudwick의 「성서의 대홍수와 [19세기] 지질학적 대범람」이 있으며, 함께 실린 페테르스R. A. Peters의 「신정론적 창조론」은 한때 창조론자였던 저자가 창조론을 소박한 축자주의보다 심오한 프로젝트로 해석하려는 시도로 주목할 만하다.

『지구과학사Earth Science History』는 학술 논문을 발표하는 국제 저널이며, 여기에 실린 여러 논문이 이 책의 주제와 관련 있다.

초기(17세기~18세기 중반)

　로시Paolo Rossi의『시간의 심연Dark Abyss of Time』은 후크부터 초기 뷔퐁까지 여러 나라를 다루는 고전이다. 포터Roy Porter의『지질학의 형성Making of Geology』은 영국에 초점을 맞추며 허턴의 시기까지 범위를 넓힌 또 다른 고전이다. 라파포트Rhoda Rappaport의『지질학자가 역사가였을 때When Geologists Were Historians』는 이 시기에 대한 걸출한 연구로, 프랑스어권에 집중한다. 풀William Poole의『세계 제작자World Makers』는 더 최근에 나온 작품으로 지구를 이론화 한 17세기 잉글랜드의 학식인을 다룬 문화사다.

　그래프튼Anthony T. Grafton의『텍스트의 수호자Defenders of the Text』는 스칼리제의 연대학이 속해 있던 지적 세계에 대한 권위 있는 논평이다. 임피Oliver Impey와 맥그레거Arthur McGregor의『박물관의 기원Origins of Museums』은 '진귀한 것의 방cabinets of curiosities'에 대한 고전적인 논문 선집이다. 러드윅의『화석의 의미Meaning of Fossils』 1, 2장에서는 '화석'의 본성을 둘러싼 초기 논쟁과 이들을 자연의 고대품으로 해석하는 모습을 서술한다. 커틀러Alan Cutler의『산을 오른 조개껍질Seashell on the Mountaintop』은 스테노의 전기로 쉬운 문체로 되어 있으면서도 믿을 만한 내용을 담고 있다.

중기(18세기 중반~19세기 후반)

　이 책의 중간에 있는 장은 사실상 러드윅의『시간의 한계를 깨트리다Bursting the Limits of Time』와 그 후속편인『아담 이전의 세계Worlds Before Adam』를 대폭 축약한 판본으로, 둘을 합치면 원전에서 가져온 방대한 도해를 바탕으로 상세하면서도 이해할 수 있는 내러티브를 볼 수 있다. 러드윅의『지질학이라는 새로운 학문New Science of Geology』과 『라이엘과 다윈Lyell and Darwin』은 특정 이슈들을 다룬 여러 논문을 재수록하고 있다.

로저Jacques Roger가 쓴 『뷔퐁Buffon』은 20세기의 선도적 뷔퐁 학식인이 쓴 뛰어난 전기다. 하일브론J. L. Heilbron과 시그리스트René Sigrist의 『장 안드레 드 뤽Jean-André Deluc』은 드뤽에 대한 최근 연구를 비평하고 있다. 코시Pietro Corsi의 『라마르크의 시대Age of Lamarck』는 다윈 이전의 진화 이론에 대한 고전적 설명이다. 러드윅의 『조르주 퀴비에Georges Cuvier』는 화석에 대한 퀴비에의 가장 중요한 연구를 번역하고 논평한다. 제임스 시코드James Secord가 출간한 라이엘의 『지질학 원리Principles of Geology』 축약본은 이 중요한 저작과 사회적 맥락에 대한 귀중한 소개를 담고 있다. 허버트Sandra Herbert의 『지질학자 찰스 다윈Charles Darwin, Geologist』은 다윈이 과학자로서 밟은 첫 이력에 대한 상세한 연구다.

러드윅의 『학석의 의미Meaning of Fossils』 중 3장에서 5장은 19세기 중반까지 심원한 역사와 생명 진화의 흔적을 찾을 때 화석을 어떻게 활용했는지를 서술한다. 러드윅의 『심원한 시간의 장면Scenes from Deep Time』은 그림을 통해 과거를 재구성한 여러 초기 사례를 싣고 있으며 그런 사례가 보여주는 도상학에 대한 논평도 담고 있다. 그레이슨Donald K. Grayson의 『인류 태고의 확립Establishment of Human Antiquity』는 19세기 논쟁에 대한 고전적 설명이다. 반 리퍼A. Bowdoin Van Riper의 『매머드에 둘러싸인 인간Men among the Mammoths』은 19세기 중반 영국의 결정적 연구에 주로 초점을 맞춘다.

오코너Ralph O'Connor의 『무대에 오른 지구Earth on Show』는 축자주의자나 '성서를 따르는' 저술가를 비롯해 더욱 광범위한 '대중' 과학이라는 공적 영역에서 지질학 연구를 활용한 사람들과 영국 지질학자의 관계를 다룬 빼어난 문화사로서 매우 재미있는 책이다. 조르다노바L. J. Jordanova와 포터가 편집한 『지구의 이미지Images of the Earth』에는 유용한 논문이 여럿 실려 있지만 특히 존 헤들리

브룩John Hedley Brooke이 쓴 「지질학자들의 자연신학」, 지질학과 다른 자연사 분야의 관계를 다룬 데이비드 앨런David Allen의 글이 수록되어 있다. 러드윅의 『데본 대논쟁Great Devonian Controversy』은 이 시기 지질학 '전문가' 논쟁의 성격을 잘 보여주는 상세한 내러티브다.

임브리John Imbrie와 임브리Katherine Palmer Imbrie의 『빙하기Ice Ages』는 플라이스토세 빙하 작용이 역사적으로 실재했다는 19세기의 인식과 그 원인을 둘러싼 20세기의 논쟁을 추적한다. 그린Mott T. Greene의 『19세기의 지질학Geology in the Nineteenth Century』은 조산 작용과 전 지구적 지질구조에 대한 베게너 이전 시대의 이론을 서술한다. 버치필드Joe D. Burchfield의 『켈빈 경과 지구의 나이Lord Kelvin and the Age of the Earth』는 방사능 발견 이전의 논쟁에 대한 고전적 설명이다. 보울러Peter J. Bowler의 『인류 진화론Theories of Human Evolution』은 이론을 만들려는 20세기 초의 시도와 그런 시도의 19세기 뿌리를 다룬다.

후기(19세기 후반~21세기 초반)

보울러와 픽스톤John V. Pickstone의 『현대 생명 및 지구과학』에는 모트 그린이 쓴 '지질학', 로널드 레인저Ronald Rainger의 '고생물학', 헨리 프랭클Henry Frankel의 '판 구조론' 등 유용한 요약이 실려 있다. 올드로이드David R. Oldlyod가 편집한 『지구의 안과 밖The Earth Inside and Out』에는 방사성 연대 측정법과 대륙 이동설을 연결하는 체리 루이스의 「아서 홈스의 통일 이론」이 수록되어 있다. 크리거John Krige와 페스트르Dominique Pestre의 『20세기의 과학』에는 도엘R. E. Doel의 「지구과학과 지구물리학」이 실려 있는데, 이 글은 행성 관점에서 바라보는 새로운 접근에 대해 유용한 정보를 제공한다.

루이스의 『데이팅 게임Dating Game』은 아서 홈스 전기이며 방사성 연대 측정법에 대한 홈스의 연구에 대한 설명이다. 할람A. Hallam의 『지구과학 혁명Revolution in the Earth Sciences』은 대륙 이동설과 판 구조론에 대해 지질학자가 쓴 훌륭한 역사서로 이를 둘러싼 혼란이 가라앉은 직후에 집필되었다. 르그랑H. E. Legrand의 『표류하는 대륙과 이동하는 이론Drifting Continents and Shifting Theories』은 과학 지식의 성장이란 관점에서 이 이슈를 평가한 서술이다. 오레스케스Naomi Oreskes의 『대륙 이동설의 거부Rejection of Continental Drift』는 원래 과학 훈련을 받았던 역사가가 대륙 이동설을 다룬 걸출한 역사 및 분석서로, 미국 과학자가 처음에 대륙 이동설에 보인 부정적 반응에 초점을 맞추지만 북아메리카 밖에서 일어난 발전도 서술하고 있다. 오레스케스가 쓴 『판 구조론Plate Tectonics』은 자신이 쓴 서론과 함께 판 구조론에 참여한 여러 주요 인물의 글을 담고 있는 중요한 선집이다.

쇼프J. William Schopf의 『생명의 요람Cradle of Life』 1, 2장에는 당사자의 입장에서 쓴 선캄브리아 화석의 발견과 해석에 대한 귀중한 역사가 담겨 있다. 브레이저Martin Brasier의 『다윈의 잃어버린 세계Darwin's Lost World』는 또 다른 당사자가 한층 격식 없이 남긴 이야기다. 아르노Emmanuele Arnauld 등이 편집한 『신원생누대 빙하 작용Neoproterozoic Glaciations』에는 선캄브리아시대에 빙하기가 있었음을 알아낸 주요 당사자인 폴 호프먼Paul F.Hoffman의 「신원생누대 빙하 작용의 역사, 1871-1997」가 실려 있다.

베이커Victor R. Baker의 「홈이 파인 불모지」는 이 초기 '신격변론' 논쟁에 대한 역사적 설명이다. 셉코스키David Sepkoski의 『화석 기록 다시 읽기Rereading the Fossil Record』는 대량 멸종일 가능성이 큰 사건을 알아낸 정량적 '고생물학' 운동을 다룬 훌륭한 역사서다. 셉코스키와 루스Michael Ruse의 『고생물학 혁명Paleobiological Revolution』에는 수전 터너Susan Turner와 데이비드 올드로이드의 「레그 스프리그와 에디아카라 동물군의 발견」을 비롯해 선도적 고생물학자들이 쓴 귀중한 글이 여럿 수록되어 있다. 글렌William Glen의 『대량 멸종 논쟁Mass Extinction Debates』 도 이와 비슷한 선집으로 이 논쟁에 대한 편집자 글렌의 해석이 담겨 있다. 라우프David M. Raup의 『네메시스 사건Nemesis Affair』은 우주로부터 온 대규모 충격에 대해 당시에 진행 중이던 논의를 당사자의 눈으로 생생하게 설명했다.

넘버스Ronald L. Numbers의 『창조론자들Creationists』은 창조론 운동에 대한 표준적 역사서로, 최근에 '지적 설계' 논의도 포괄하는 방향으로 개정되었다. 마티Martin E. Marty와 애플비R. Scott Appleby의 『근본주의와 사회Fundamentalisms and Society』에는 근본주의의 역사적 근원에 대한 훌륭한 해석인 제임스 무어James Moore 의 「개신교 근본주의의 창조론적 우주」가 실려 있다. 슈나이더만Jill S. Schneiderman과 올먼Warren D. Allmon의 '어린 지구'론과 '지적 설계'론에 대한 지질학자들의 응답을 담은 『암석 기록을 지지하며For the Rock Record』에는 티모시 히튼Timothy H. Heaton의 역사적 비평인 「지질학에 대한 창조론의 관점」이 수록되어 있다.

감사의 말

이 책에는 내가 역사가라는 두 번째 직업을 택한 후 걸어온 이력 전부가 담겨 있으며, 첫 번째 직업인 과학자로서 했던 경험도 언뜻 녹아 있다. 따라서 내가 신세를 진 동료들을 일일이 적기란 불가능하다. 케임브리지대학의 동료들은 처음에 내가 과학사학자로서 사고하는 법을 익힐 수 있도록 도움을 주었고, 나중에는 전 세계 각국의 동료들이 펼친 활발한 논의와 연구 발표가 나 자신의 작업에 귀중한 자극제가 되었다. 학생들에게도 신세를 졌다. 나는 케임브리지대학을 필두로 암스테르담대학, 프린스턴대학, 샌프란시스코대학 샌디에이고 분교에서 학생들을 가르쳤고 위트레흐트대학에서도 잠깐 머무르면서 이 책에 담긴 내러티브와 해석을 여러 판본으로 계속 시험해보았다. 전문 과학사학자가 되려는 학생은 별로 없었기 때문에 학생들을 이 책에 흥미를 느낄 법한 교양 있는 일반 독자의 표본으로 삼아도 무리가 없었다. 또 다른 표본은 내 친구들이었다. 친구들은 대부분 학계 바깥에 있었지만 너그러이 시간을 내 이 책의 초고를 한 장 이상 읽으며 글과 그림이 이해할 만한지, 흥미로운지를 이야기해주었다. 일부는 이름을 밝히길 원하지 않았기 때문에 전부 익명으로 처리할 생각이다. 그러나 내가 친구들의 논평을 얼마나 높이 평가했는지, 또 지나치게 단순화하지 말고 지금 같은 수준으로 완성하라는 친구들의 격려를 얼마나 소중하게 여겼는지 알아주었으면 한다. 마지막으로 시카고대학 출판부의 편집자와 디자이너 등등에게도 크나큰 빚을 졌다. 출판부 사람들은 수년 간 어떤 내용에 관한 책이건 내 책들을 손이 가는 책, 읽고 싶은 책으로 만들어주었다. 특히 캐런 달링Karen Darling에게 큰 신세를 졌다. 달링은 내 마지막 책인 이 책의 제작을 담당하면서 두터운 전문성과 통찰을 발휘했을 뿐만 아니라 한결같은 호의와 사려를 베풀었다.

옮긴이 후기

　지구의 역사는 현대인의 인식 지평에서 중요한 일부를 차지하게 되었다. 지구의 평균 기온 상승이 불러올 파국을 우려하며 온실 기체의 감축 방안을 모색하거나, 현재 진행 중인 생물의 대멸종에 대해 논할 때 준거로 삼는 것이 바로 기나긴 지구의 역사다. '인류세'라는 용어가 제안될 만큼 인간이 지질학적 차원의 변수로 부각되는 상황에서 이를 피할 길은 없어 보인다. 지구의 역사를 직간접적으로 다루는 글이 과거에 비해 자주 눈에 띄는 이유도 바로 이러한 인식 때문일 것이다.

　이처럼 지구의 역사를 다루는 책이 조금씩 늘어나는 가운데, 마틴 러드윅이 쓴 『지구의 깊은 역사』는 그 가운데서도 독특한 위치를 점한다. 이 책은 최신의 지구과학 지식을 전달하는 데 주력하기보다, 지구의 역사가 어떤 과정을 거쳐 발견되었는지를 보여준다. 이를 위해 러드윅은 17세기부터 21세기까지 여러 학자의 생각과 활동을 추적했다.

　그의 서술에서 중요한 키워드는 '역사'다. 흔히 지구의 역사라고 하면 '심원한 시간'을 떠올리기 마련이지만, 저자는 '심원한 시간'에서 '심원한 역사'로 시선을 돌리라고 촉구한다. 지구의 시간 척도가 45억 년으로 대폭 늘어난 것도 물론 중요하지만, 저자가 보기에는 그동안 지구상에서 무수히 많은 사건이 벌어졌다는 인식, 즉 지구에 '역사'가 있다는 인식이 더욱 중요했다. 이런 인식을 바탕으로 사건들을 분별하고 사건과 사건의 관계를 확정하는 작업이 줄곧 이어진 것이야말로 지구과학이 거둔 크나큰 성과라고 저자는 주장한다. 이렇게 지구가 겪은 역사를 재구성하는 과정에서 인류사라는 빙산의 일각 아래에 놓인 방대한 지구 고유의 역사, 말 그대로 심원한 역사가 모습을 드러냈다는 것이다.

이렇게 시각을 달리하면 서사의 중심도 달라진다. '심원한 시간'에 초점을 맞춘다면 20세기 초부터 발전한 방사성 연대 측정법 등의 주제가 부각될 테지만, '심원한 역사'의 측면에서 보면 18세기 후반과 19세기 초반에 암석층의 순서를 토대로 지구의 역사를 구분하고 정렬해나간 여러 학자의 활동이 중요해진다. 기실 지구의 시간 척도가 매우 길다는 인식은 방사성 연대 측정법이 등장하기 전부터 지구의 역사를 탐사하는 학자들에게 자연스럽게 받아들여졌다. 또한 이런 관점에서 보면 이전 세계와 다음 세계가 동일하지 않음을 밝힘으로써 지구의 역사성을 부각한 퀴비에나 증거에 입각해 자연의 역사를 생생하게 그려낸 버클랜드처럼 전통적 지구과학사에서 '올바른 과학'의 적으로 여겨지는 인물들의 역할이 두드러진다.

이렇게 지구의 역사가 발견되는 과정을 보여주며 저자는 흥미로운 의견을 많이 선보이고 있다. 지질학이 역사학으로부터 기록을 이용해 역사를 재구성하는 방법을 차용했다는 주장도 그중 하나다. 특히 러드윅은 과학과 종교의 '갈등'과 '투쟁'이라는 단순한 구도에 반기를 들면서, 종교가 과학 활동을 저해했다는 주장에는 근거가 없다고 성토한다. 오히려 성서 해석은 자연에 역사가 있다는 생각에 학자들이 쉽게 익숙해질 수 있게 해주는 배경이 되었으며, 대체로 지질학자들은 자신들의 과학 활동과 신앙의 부조화를 경험하지 않았다는 것이다. 그 밖에도 역사적 실재에 대한 탐구와 인과적 설명의 모색이 구분된다는 통찰, 지구과학의 누적적·종합적 성격 등 과학과 관련해 생각해볼 만한 지점을 여럿 찾아볼 수 있다. 이런 면에서 『지구의 깊은 역사』는 독자에게 상당한 지적 만족감을 선사해줄 것이다.

이처럼 흥미로운 논의가 풍부하게 녹아 있는 것은 이 책이 저자가 그간 수행한 연구 성과를 집약한 판본이기 때문이다. 러드윅은 오랫동안 지구과학의 역사를 깊이 연구해온 원로 학자다. 처음에 과학자로서 학계에 첫발을 내딛은 그는 1953년 케임브리지대학교 지질학과를 졸업한 뒤 고생물학자로서 완족동물 화석을 주로 연구했으며, 화석의 형태로부터 유기체의 기능을 추론하는 기법을 고안하기도 했다. 그러다가 1967년부터 과학사 및 과학철학과로 자리를 옮겨 꾸준히 지구과학의 역사에 관한 논문과 저서를 발표했고, 유럽과 미국 등지의 여러 대학에서 지구과학의 역사에 대한 강의와 연구를 지속했다. 지구과학사에 대한 오랜 탐구의 결실은 이 책에 아낌없이 담겨 있다. 가령 『지구의 깊은 역사』의 5장과 6장은 러드윅이 각각 2005년과 2008년 출간한 같은 제목의 저작을 요령껏 정리하는 부분이다(두 책의 분량은 708쪽, 614쪽에 달한다). 또한 과학계에 몸담은 경험을 토대로 일찍부터 과학의 시각 문화에 주목해온 학자답게, 이 책에도 많은 도표와 그림을 활용하고 있다.

그렇기 때문에 독자들에게는 이 책에 담긴 논의의 밀도가 다소 높다고 느껴질 수도 있다. 게다가 저자가 용어의 역사적 변천을 섬세하게 추적하고 있기 때문에 현재의 지구과학 용어에 익숙한 사람들에게는 다소 어색하게 여겨질지도 모른다. 예컨대 '세epoch'라는 용어가 오늘날처럼 지질시대를 구분하는 단위로 사용된 지는 얼마 되지 않았다. 대륙 이동설continental drift이라는 번역어도 현재 지구과학 분야에서 널리 사용되고 있지만, 저자가 지적하듯이 처음에는 '표류'에 가깝게 해석되었기 때문에 얼토당토않은 아이디어로 받아들이는 학자들이 많았다. 이렇게 용어의 용법이 시기, 지역에 따라 다른 경우에는 최대한 저자의 의도를 살리고자 그에 맞는 번역어를 썼다. 하지만 늘 이런 원칙을 적용하지는 못했고(가령 '화석'의 경우 '묻힌 물건'을 의미하는 경우에도 화석으로 번역했다), 이런 방식에 혼란을 느끼는 독자가 있을 수도 있으므로 이 점 미리 양해를 구한다.

　끝으로 이 자리를 빌려 이 책이 출간될 수 있도록 애써 주신 동아시아 출판사의 관계자분들에게 감사의 말씀을 전하고 싶다. 저자의 바람처럼 부디 많은 독자가 이 책을 읽고 지구의 깊은 역사에 흥미를 느끼기를 바란다.

2021년 8월

김준수

참고 문헌

Arnaud, Emmanuele, Galen P. Halverson, and Graham Shields-Zhou (eds.), The Geological Records of Neoproterozoic Glaciations, Geological Society, 2011.

Baker, Victor R., "The Chaneled Scabland: a retrospective," Annual Reviews of Earth and Planetary Sciences, vol. 37, pp.393-411, 2009.

Bowler, Peter J., Theories of Human Evolution: A Century of Debate, 1844-1944, Basil Blackwell, 1986.

Bowler, Peter J., and John V. Pickstone (eds.), The Modern Biological and Earth Sciences [Cambridge History of Science, vol. 6], Cambridge University Press, 2009.

Brasier, Martin, Darwin's Lost World: The Hidden History of Animal Life, Oxford University Press, 2009. [마틴 브레이저, 노승영 역, 『다윈의 잃어버린 세계: 캄브리아기 폭발의 비밀을 찾아서』 (반니, 2014)]

Burchfield, Joe D., Lord Kelvin and the Age of the Earth, Science History, 1975.

Corsi, Pietro, The Age of Lamarck: Evolutionary Theories in France, 1790-1830, University of California Press, 1988 [Oltre il Mito, Il Mulino, 1983].

Cutler, Alan, The Seashell on the Mountaintop: A Story of Science, Sainthood, and the Humble Genius Who Discovered a New History of the Earth, Dutton, 2003. [앨런 커틀러, 전대호 역, 『산을 오른 조개껍질』 (해나무, 2004)]

Glen, William, The Mass Extinction Debates: How Science Works in a Crisis, Stanford University Press, 1994.

Gorst, Martin, Aeons: The Search for the Beginning of Time, Fourth Estate, 2001.

Gould, Stephen Jay, Time's Arrow, Time's Cycle: Myth and Metaphor in the Discovery of Geological Time, Harvard University Press, 1987. [스티븐 제이 굴드, 이철우 역, 『시간의 화살, 시간의 순환: 지질학적 시간의 발견에서 신화와 은유』 (아카넷, 2012)]

Grafton, Anthony T., Defenders of the Text: The Traditions of Scholarship in an Age of Science, 1450-1800, Harvard University Press, 1991.

Grayson, Donald K., The Establishment of Human Antiquity, Academic Press, 1983.

Greene, Mott. T., Geology in the Nineteenth Century: Changing Views of a Changing World, Cornell University Press, 1991.

Hallam, A., A Revolution in the Earth Sciences: From Continental Drift to Plate Tectonics, Clarendon Press, 1973.

Heilbron, J. L., and René Sigrist (eds.), Jean-André Deluc: Historian of Earth and Man, Slatkine Érudition, 2011.

Herbert, Sandra, Charles Darwin, Geologist, Cornell University Press, 2005.

Huggett, Richard, Cataclysms and Earth History: The Development of Diluvianism, Clarendon Press, 1989.

Imbrie, John, and Katherine Palmer Imbrie, Ice Ages: Solving the Mystery, Harvard University Press, 1986. [존 임브리, 김인수 역, 『빙하기: 그 비밀을 푼다』 (아카넷, 2015)]

Impey, Oliver, and Arthur MacGregor (eds.), The Origins of Museums: The Cabinet of Curiosities in Sixteenth- and Seventeenth-Century Europe, Clarendon Press, 1985.

Jordanova, L. J., and Roy Porter (eds.), Images of the Earth: Essays in the History of the Environmental Sciences, 2nd ed., British Society for the History of Science, 1997.

Kölbl-Ebert, Martina (ed.), Geology and Religion: A History of Harmony and Hostility, Geological Society, 2009.

Krige, John, and Dominique Pestre (eds.), Science in the Twentieth Century, Harwood Academic, 1997.

LeGrand, H. E., Drifting Continents and Shifting Theories: The Modern Revolution in Geology and Scientific Change, Cambridge University Press, 1988.

Lewis, Cherry, The Dating Game: One Man's Search for the Age of the Earth, Cambridge University Press, 2000. [체리 루이스, 조숙경 역, 『데이팅 게임』 (바다출판사, 2002)]

Lewis, Cherry, and S. J. Knell (eds.), The Age of the Earth: From 4004 BC to AD 2002, Geological Society, 2001.

Marty, Martin E., and R. Scott Appleby (eds.), Fundamentalisms and Society, University of Chicago Press, 1993.

Numbers, Ronald L., The Creationists: From Scientific Creationism to Intelligent Design, University of California Press, 2006 [first edition, 1993]. [로널드 L. 넘버스, 신준호 역, 『창조론자들: 과학적 창조론에서 지적 설계론까지』 (새물결플러스, 2016)]

O'Connor, Ralph, The Earth on Show: Fossils and the Poetics of Popular Science, 1802-1856, University of Chicago Press, 2007.

Oldroyd, David R. (ed.), The Earth Inside and Out: Some Major Contributions to Geology in the Twentieth Century, Geological Society, 2002.

Oreskes, Naomi, The Rejection of Continental Drift: Theory and Method in American Earth Science, Oxford University Press, 1999.

Oreskes, Naomi (ed.), Plate Tectonics: An Insider's History of the Modern Theory of the Earth, Westview Press, 2001.

Poole, William, The World Makers: Scientists of the Restroation and the Search for the Origins of the Earth, Peter Lang, 2010.

Porter, Roy, The Making of Geology: Earth Science in Britain, 1660-1815, Cambridge University Press, 1977.

Rappaport, Rhoda, When Geologists Were Historians, 1665–1760, Cornell Univesity Press, 1997.

Raup, David M., The Nemesis Affair: A Story of the Death of Dinosaurs and the Ways of Science, W. W. Norton, 1986.

Richet, Pascal, A Natural History of Time, University of Chicago Press, 2007 [L'Age du Monde, Éditions du Seuil, 1999].

Roger, Jacques, Buffon: A Life in Natural History, Cornell University Press, 1997 [Buffon: Un Philosophe au Jardin du Roi, Fayard, 1989].

Rossi, Paolo, The Dark Abyss of Time: The History of the Earth and the History of Nations from Hooke to Vico, University of Chicago Press, 1984 [I Segni di Tempo, Feltrinelli, 1979].

Rudwick, Martin J. S., Bursting the Limits of Time: The Reconstruction of Geohistory in the Age of Revolution, University of Chicago Press, 2004.

――――, Georges Cuvier, Fossil Bones, and Geological Catastrophes, University of Chicago Press, 1997.

――――, The Great Devonian Controversy: The Shaping of Scientific Knowledge among Gentlemanry Specialists, University of Chicago Press, 1985.

――――, Lyell and Darwin, Geologists: Studies in the Earth Sciences in the Age of Reform, Ashgate, 2005.

――――, The Meaning of Fossils: Episodes in the History of Paleontology, 2nd ed., University of Chicago Press, 1985.

――――, The New Science of Geology: Studies in the Earth Sciences in the Age of Revolution, Ashgate, 2004.

――――, Scenes from Deep Time: Early Pictorial Representations of the Prehistoric World, University of Chicago Press, 1992.

――――, Worlds Before Adam: The Reconstruction of Geohistory in the Age of Reform, University of Chicago Press, 2008.

Schneiderman, Jill S., and Warren D. Allmon (eds.), For the Rock Record: Geologists on Intelligent Design, University of California Press, 2010.

Schopf, J. William, Cradle of Life: The Discovery of Earth's Earliest Fossils, Princeton University Press, 1999.

Secord, James A. (ed.), Charles Lyell: Principles of Geology, Penguin Books, 1997.

Sepkoski, David, and Michael Ruse (eds.), The Paleobiological Revolution: Essays on the Growth of Modern Paleontology, University of Chicago Press, 2009.

Sepkoski, David, Rereading the Fossil Record: The Growth of Paleobiology as an Evolutionary Discipline, University of Chicago Press, 2012.

Van Riper, A. Bowdoin, Men among the Mammoths: Victorian Science and the Discovery of

Human Prehistory, University of Chicago Press, 1993.

Wyse Jackson, Patrick, The Chronologers' Quest: The Search for the Age of the Earth, Cambridge University Press, 2006.

삽화 출처

1장

자료 1.1, 1.4	Ussher, Annales Veteris Testamenti, 1650, pp.1, 4.
자료 1.2	저자의 도안
자료 1.3	Lloyd (ed.), Holy Bible, 1701, p.1.
자료 1.5, 1.6	Kircher, Arca Noë, 1659, opp. pp.159, 192.

2장

자료 2.1	Worm, Museum Wormianum, 1655, 권두화
자료 2.2	Scilla, Vana Speculazione, 1670, pl.XVI.
자료 2.3, 2.4	Steno, Myologia Specimen, 1667, Tab. IV, VI.
자료 2.5	Lister, Historia Conchyliorum, 1685–92, pl.1046.
자료 2.6	Steno, De Solido…Prodromus, 1669, plate.
자료 2.7	Hooke, Posthumous Works, 1705, p.321.
자료 2.8	Scheuchzer, Homo Diluvii Testis, 1725, plate.
자료 2.9	Scheuchzer, Physica Sacra, vol.1 (1731), Tab.XXII.

3장

자료 3.1	Descartes, Principia Philosophiae, 1644, p.215.
자료 3.2	Burnet, Sacred Theory of the Earth, vol.1, 1684, 권두화
자료 3.3	Buffon, Époques de la Nature, 1778, p.1, 저자의 번역
자료 3.4	저자의 도안
자료 3.5, 3.6	Hutton, Theory of the Earth, 1795, vol.1, pl.3 and p.200.

4장

자료 4.1, 4.8	Knorr and Walch, Merkwürdigkeiten der Natur, vol.1, 1755, Tab.XIIIb, Tab.XIa.
자료 4.2	Trebra, Erfahrungen vom Innern der Gebirge, 1785, Taf.VI.
자료 4.3	Arduino, MS Section of Valle d'Agno, 1758, in Arduino archive, bs.760, IV.c.11, Biblioteca Civica di Verona
자료 4.4	Hamilton, Campi Phlegraei, 1776, pl.6.
자료 4.5	Faujas, Volcans éteints, 1778, pl.10.

자료 4.6   Desmarest, "Détermination de trois époques" in Mémoires de l'Institute National, vol.6, pl.7.

자료 4.7   Lamanon, "Fossiles de Montmartre" in Observations sur la Physique, vol.19 (1782), pl.3

자료 4.9   Hunter, "Observations on the bones near the River Ohio" in Philosophical Transactions of the Royal Society, vol.58 (1769), pl.4.

5장

자료 5.1   Bru de Ramón, print in Cuvier archive 634(2), Bibliothèque Centrale, Muséum National d'Histoire Naturelle, Paris.

자료 5.2   Tilesius [Wilhelm von Tilenau], "De skeleto mammonteo Sibirico" in Mémoires de l'Academie Imperiale des Sciences de St Pétersbourg, vol.5 (1815), pl.10.

자료 5.3   Cuvier, MS drawing, in Cuvier archive 635, Bibliothèque Centrale, Muséum National d'Histoire Naturelle, Paris.

자료 5.4   Cuvier, Ossemens Fossiles (1812), vol. 1, p.3, 저자의 번역

자료 5.5   De la Beche, MS drawing, 1820, in De la Beche archive, MS 347, Department of Geology, National Museum of Wales, Cardiff.

자료 5.6   Hall, "Revolutions of the Earth's surface" in Transactions of the Royal Society of Edinburgh, vol.7 (1814), pl.9.

자료 5.7, 5.9   Buckland, Reliquiae Diluvianae, 1823, pls.17, 21.

자료 5.8   Conybeare, "Hyaena's den at Kirkdale," lithographed print, 1823.

6장

자료 6.1, 6.2   Cuvier, Ossemes Fossiles, 1812, vol.1, part of "Carte géognostique" and pl.2, fig.1.

자료 6.3   Englefield, Isle of Wight, 1816, pl.25.

자료 6.4   De la Beche, "Duria antiquior" print, 1830.

자료 6.5, 6.6   Buckland, Geology and Mineralogy, 1836, vol.2, parts of pl.1.

자료 6.7   Brongiart and Desmarest, Crustacés Fossiles, 1822, part of pl.1.

자료 6.8   Goldfuss, Petrifacta Germaniae, vol.3, 1844, 권두화.

자료 6.9   De la Beche, Researches in Theoretical Geology, 1834, 권두화

7장

자료 7.1   Mary Buckland to Whewell, 12 May 1833, MS letter in Whewell papers, a 66/31, Trinity College, Cambridge.

자료 7.2   [Rennie], Conversations on Geology, 1828, pls.[3, 5].

자료 7.3	Mantell, Wonders of Geology, 1838, 권두화.
자료 7.4	Scrope, Geology of Central France, 1827, p.165.
자료 7.5	Lyell, Principles of Geology, vol.1, 1830, 권두화
자료 7.6	De la Beche, Awful Changes print [1830].
자료 7.7, 7.8	Rudwick, Worlds Before Adam, 2008, fig.13.7 and fig.35.3.
자료 7.9	Agassiz, Études sur les Glaciers, 1840, pl.17.

8장

자료 8.1	Geikie, Great Ice Age, 1894, plate XIV.
자료 8.2	Schmerling, Recherches sur les Ossemens Fossiles, 1833–34, vol.1, plate I.
자료 8.3	Boucher de Perthes, Antiquités Celtiques et Antédiluviennes, vol.1, 1847, Donald K. Grayson, Establishment of Human Antiquity, Academic Press, 1983, p.124에서 재인용.
자료 8.4	Prestwich, "Exploration of Brixham Cave," Philosophical Transcations of the Royal Society, vol.163, 1873, p.550.
자료 8.5	Agassiz, Recherches sur les Poissons Fossiles, 1833–43, vol.1, plate at p.170.
자료 8.6	Gaudry, Animaux Fossiles et Géologies de l'Attique, vol.2, 1867, p.354.
자료 8.7	S. J. Mackie, "Aeronauts of the Solenhofen Age," Geologist, vol.6, 1863, plate I.
자료 8.8	Boitard, "L'Homme Fossile," Magasin Universel, vol.5, 1838, p.209.

9장

자료 9.1	Smith, Chaldean Account of Genesis, 1876, p.10.
자료 9.2	Hawkins, "Visual education as applied to geology," Journal of the Society of Arts, vol.2, 1854, p.446.
자료 9.3	Prévost, "Formation des terrains," in Candidature de Prévost, 1835, plate.
자료 9.4	Lugéon, "Grandes Nappes de Recouvrement des Alpes," Bulletin de la Sociéte Géologique de France, ser.4, vol.1, 1902, fig.3, p.731.
자료 9.5	Bertrand, "Châine des Alpes," Bulletin de la Sociéte Géologique de France, ser.3, vol.15, 1887, p.442, fig.5.
자료 9.6, 9.9	Phillips, Life on the Earth, 1860, pp.66, 51.
자료 9.7	Barrande, Système Silurien du Centre de la Bohême, vol.1, 1852, pl.10.
자료 9.8	Dawson, Life's Dawn of Earth, 1875, pl.IV.

10장

자료 10.1   Zeuner, Dating the Past: An Introduction to Geochronology, Methuen, 1946, fig.17, p.51.

자료 10.2   Wegener, Entstehung der Kontinente und Ozeane, 1922, fig.2, p.5.

자료 10.3   Köppen and Wegener, Klimate der geologischen Vorzeit, Borntraeger, 1924, fig.3, p.22.

자료 10.4   Du Toit, Our Wandering Continents: An Hypothesis of Contiental Drifting, Oliver & Boyd, 1937, fig.9, p.76.

자료 10.5   Holmes, "Radioactivity and Earth Movements," Transactions of the Geological Society of Glasgow, vol.18, 1931, figs. 2, 3, p.579.

자료 10.6   J. E. Everett and A. G. Smith, "Genesis of a geophysical icon...," Earth Sciences History, vol.27 (2008), p.7, fig.5, E. Bullard, J. E. Everett, and A. G. Smith, "The fit of the continents...," Philosophical Transactions of the Royal Society of London, vol.A 258 (1965), pp.41–51, fig.8.에서 재인용.

자료 10.7   Naomi Oreskes, Plate Tectonics, Westview, 2001, p.48, A. D. Raff and R. G. Mason, "Magnetic survey...," Bulletin of the Geological Society of America, vol.72 (1961), pp.1267–70.에서 재인용.

자료 10.8   Xavier Le Pichon, Jean Francheteau, and Jean Bonnin, Plate Tectonics, Elsevier, 1973, fig.27, p.83.

자료 10.9   Anthony Hallam, A Revolution in the Earth Sciences: From Continental Drift to Plate Tectonics, Clarendon, 1973, fig.34, p.79.

11장

자료 11.1   Mary Leakey and Richard Hay, "Pliocene footprints in Lateolil beds at Lateoli, northern Tanzania," Nature, vol.278, 22 March 1979, fig.7, p.322.

자료 11.2   Whittington, The Burgess Shale, Yale University Press, 1985, fig.4.70.

자료 11.3, 11.6   Preston Cloud, Oasis in Space: Earth History from the Beginning, Norton, 1988, fig.10.9 A, p.239; and fig.11.5 A, p.262.

자료 11.4   Glaessner, "Pre–Cambrian animals," Scientific American, vol.204, 1961, p.74.

자료 11.5   Harland and Rudwick, "The Great Infra–Cambrian Ice Age," Scientific American, vol.212, 1964, p.30.

자료 11.7   Arizona meteor crater, Wikimedia Commons.

자료 11.8   C. S. Beals, M. J. S. Innes, and J. A. Rothenberg, "Fossil meteorite craters," fig.1, in Barbara M. Middlehurst and Gerard Peter Kuiper,

The Moon, Meteorites and Comets, University of Chicago Press, 1963, p.237.

자료 11.9   "The Blue Marble," Wikimedia Commons.

12장

자료 12.1   "A man-made world," The Economist, 28 May 2011, p.81.

자료 12.2   Unger, Die Urwelt, 1851, Atlas, Taf.9

지구의 깊은 역사

지구의 기원을 찾아가는 장대한 모험

초판 1쇄 펴낸날 2021년 8월 27일
초판 2쇄 펴낸날 2021년 10월 20일
지은이 마틴 러드윅
옮긴이 김준수
펴낸이 한성봉
편집 하명성·신종우·최창문·이종석·조연주·이동현·김학제·신소윤
콘텐츠제작 안상준
디자인 정명희
마케팅 박신용·오주형·강은혜·박민지
경영지원 국지연·강지선
펴낸곳 도서출판 동아시아
등록 1998년 3월 5일 제1998-000243호
주소 서울시 중구 퇴계로30길 15-8 [필동1가 26] 2층
페이스북 www.facebook.com/dongasiabooks
인스타그램 www.instagram.com/dongasiabook
블로그 blog.naver.com/dongasiabook
전자우편 dongasiabook@naver.com
전화 02) 757-9724, 5
팩스 02) 757-9726

ISBN 978-89-6262-383-3 03450

만든 사람들
편집 하명성
크로스교열 안상준
본문 조판 김경주